高等学校规划教材

有色金属及合金的熔炼与铸锭

王文礼　王快社　等编著

北京
冶金工业出版社
2020

内 容 简 介

本书主要介绍了有色金属及合金熔铸的理论基础和具体熔铸生产技术与设备等。全书共分两篇，上篇为有色金属及合金熔铸的基础知识，主要内容包括有色金属及合金材料的分类，熔铸的任务、要求及工艺规程，有色金属及合金熔炼与凝固基础，其中论述了金属熔炼特性，熔体净化技术和成分控制，凝固过程的动量、热量及质量传输，凝固过程组织的控制等；下篇为有色金属及合金熔铸技术与设备，主要介绍了一些常规或新开发的熔炼和铸造技术及设备，常见有色金属如铝、镁、铜及合金的熔铸工艺和特点等。

本书可作为金属材料工程、材料成形与控制工程专业本科生，材料加工专业研究生教材，也可供从事有色金属材料科研、生产的技术人员及管理人员参考。

图书在版编目(CIP)数据

有色金属及合金的熔炼与铸锭/王文礼等编著．—北京：冶金工业出版社，2009. 8（2020. 2 重印）
高等学校规划教材
ISBN 978-7-5024-4997-1

Ⅰ. 有…　Ⅱ. 王…　Ⅲ. ①有色金属冶金—熔炼—高等学校—教材 ②有色金属冶金—铸锭—高等学校—教材　③有色金属合金—熔炼—高等学校—教材　④有色金属合金—铸锭—高等学校—教材　Ⅳ. TF80

中国版本图书馆 CIP 数据核字(2009) 第 148492 号

出 版 人　陈玉千
地　　址　北京市东城区嵩祝院北巷 39 号　邮编　100009　电话　(010)64027926
网　　址　www. cnmip. com. cn　电子信箱　yjcbs@ cnmip. com. cn
责任编辑　李培禄　美术编辑　彭子赫　版式设计　张　青
责任校对　卿文春　责任印制　李玉山
ISBN 978-7-5024-4997-1
冶金工业出版社出版发行；各地新华书店经销；北京捷迅佳彩印刷有限公司印刷
2009 年 8 月第 1 版，2020 年 2 月第 3 次印刷
787mm × 1092mm　1/16；16. 75 印张；446 千字；255 页
39. 00 元

冶金工业出版社　投稿电话　(010)64027932　投稿信箱　tougao@cnmip. com. cn
冶金工业出版社营销中心　电话　(010)64044283　传真　(010)64027893
冶金工业出版社天猫旗舰店　yjgycbs. tmall. com
（本书如有印装质量问题，本社营销中心负责退换）

前　言

有色金属是国民经济发展的基础材料，航空、航天、汽车、机械制造、电力、通讯、建筑、家电等绝大部分行业都以有色金属材料为生产基础。随着现代化工、农业和科学技术发展的突飞猛进，有色金属在人类发展中的地位愈来愈重要。它不仅是世界上重要的战略物资，而且也是人类生活中不可缺少的生产资料和消费资料。中国在21世纪前20年，仍将处于工业化过程，而作为工业基础的有色金属工业的发展对中国经济能否继续保持相对较高的增长率显得尤为重要，中国对有色金属的需求仍将保持稳定增长趋势。

有色金属及其合金主要是以铸锭冶金产品（包括管、棒、线、型材、板带材、箔材等）形式应用于实际生产生活的。这些产品的加工成材率和使用性能与铸锭质量密切相关，而铸锭质量又与熔炼工艺、熔体净化及铸锭生产工艺等密切相关。因此，本书除了系统地论述有色金属熔铸的基本知识、熔炼与凝固理论基础以及熔铸的成熟技术外，还介绍了作者课题组前期参与的国家“973”研究项目中关于铝、镁合金铸锭组织控制的科研成果。

全书分为两篇，上篇为有色金属及合金熔铸的基础知识，主要内容包括有色金属的分类，熔铸的任务、要求及工艺规程，有色金属及合金熔炼与凝固基础以及凝固过程组织的控制等；下篇为有色金属及合金熔铸技术和设备，主要介绍了一些常规或新开发的熔炼和铸造技术及设备，常见有色金属的熔铸工艺和特点等。本书是作者在历年使用的讲义基础上，综合近年的科研成果，国内一些企业的生产成就和新技术、新工艺、新设备，以及中外文资料等内容精心编著而成。为了适合教材使用，在各章都设有“本章要点”，对学习重点内容进行了提示，方便学生学习。

本书第3、4、5章由王庆娟编写，第10、11章由刘明华编写，其余章节由王文礼编写。全书由王文礼统稿，由王快社负责审核。

本书的编写得到西安建筑科技大学冶金工程学院老师和同志们的热情支持，李志坚、周俊松同学对书稿图表的收集和整理做了大量的工作，在此一并表示衷心的感谢。同时对本书所引用的文献资料的作者致以诚挚的谢意。

鉴于有色金属合金品种繁多，其熔铸特性各不相同，影响熔铸工艺及质量因素较多，以及受作者水平所限，书中不妥之处，读者与同行如能不吝赐教，当不胜感激。

编著者
2009 年 5 月于西安

目　录

上篇　有色金属及合金熔铸的基础知识

上 篇

有色金属及合金熔铸的基础知识

1 有色金属及合金材料

本章要点：本章主要介绍了有色金属及合金的材料学基础知识，包括有色金属的种类、特性及其现状和发展前景。学习本章应重点掌握下列内容：（1）铝、镁、铜等常见有色金属的分类及合金牌号；（2）不同合金的主要物理化学性能和应用范围。

1.1 概述

有色金属通常指除去铁、锰、铬和铁基合金以外的所有金属，一般可以分为四大类：

（1）重金属。一般密度在 4.5g/cm^3 以上，如铜、铅、锌等；

（2）轻金属。密度小，约为 0.53 ~ 4.5g/cm^3，化学性质活泼，如铝、镁等；

（3）贵金属。地壳中含量少，密度大且化学性质稳定，如金、银、铂等；

（4）稀有金属。如钨、钼、锗、锂、镧、铀等。

由于稀有金属在现代工业中具有重要意义，有时也将其从有色金属中分出来单独成为一类，而与黑色金属、有色金属并列，成为金属的三大类别。

在历史上，生产工具所用的材料不断改进与人类社会发展的关系十分密切。因此历史学家曾用器物的材质来标志历史时期，如石器时代、青铜器时代、铁器时代等。到 17 世纪末被人类明确认识和应用的有色金属共 8 种。进入 18 世纪后，科学技术的迅速发展促进了许多新有色金属元素的发现，除在 17 世纪前已被认识应用的 8 种外，在 18 世纪共发现 13 种，19 世纪发现 39 种，进入 20 世纪后，又发现 4 种。到目前为止，发现并被应用的有色金属共 64 种。

1.2 铝及铝合金

铝是一种轻金属，其化合物在自然界中分布极广，地壳中铝的含量约为 8%（质量分数），仅次于氧和硅而位居第三位。铝被世人称为第二金属，产量及消费仅次于钢铁。铝具有特殊的化学、物理特性，是当今最常用的工业金属之一。铝不仅重量轻，质地硬，而且具有良好的延展性、导电性、导热性、耐热性和耐核辐射性，是国民经济发展的重要原材料。

1.2.1 纯铝

纯铝中主要含有铁、硅、铜、锌等杂质元素，按纯度可分为工业纯铝、工业高纯铝和高纯铝。

纯铝的牌号由 1 × × × 表示，其中最后两位数字表示纯铝的纯度为 99. × × %，如 1A97 表示铝含量为 99.97%。工业纯铝的牌号主要有 1070A（原 L1）、1060（原 L2）、1050（原 L3）、1035（原 L4）。高纯铝的牌号主要有 1A85（原 LG5）、1A90（LG2）、1A93（原 LG3）、1A97（原 LG4）、1A99（原 LG5）。

工业纯铝主要用来制作铝箔、电缆、日用器皿等。高纯铝及工业高纯铝主要用于科学研究，制作电容器、铝箔、包铝等。

1.2.2 铝合金

纯铝强度较低，使用受到一定的限制。在铝中适量加入合金元素，可以配制出各种成分的铝合金。铝合金经变形强化或热处理强化，可显著提高强度，可用来制造承受较大载荷的重要结构部件。

1.2.2.1　铝合金的分类

根据铝合金的成分及生产工艺特点，可将铝合金分为两类，即变形铝合金和铸造铝合金，如图 1-1 所示。

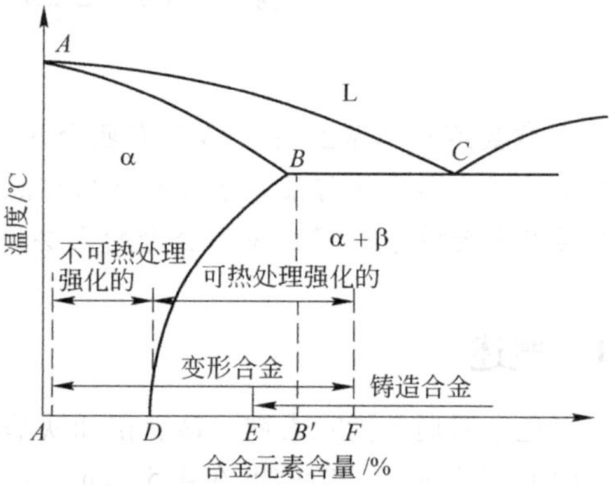

图 1-1　铝合金分类示意图

由图 1-1 可以看出，成分位于 *B* 点左侧的合金，加热时能形成单相固溶体，其塑性好，适于加工成形，故称为变形铝合金。成分位于 *B* 点右侧的合金，具有共晶组织，且共晶点温度低，这种组织塑性差，不适于塑性加工，但其流动性好，适合于铸造，故称为铸造铝合金。

变形铝合金又分为热处理不能强化和热处理可强化两类。成分在 *D* 点左侧的合金，温度变化时无溶解度变化，属于不能热处理强化的铝合金；而成分点在 *B* 和 *D* 之间的合金，由于溶解度随温度变化，可以用热处理来强化，称其为热处理强化铝合金。

1.2.2.2　变形铝合金

变形铝合金具有优良的塑性，可以在热态及冷态进行深加工变形。依据其热处理及性能特点，可分为不能热处理强化的防锈铝合金以及可以热处理强化的硬铝、超硬铝及锻造铝合金。各种变形铝合金的牌号、性能及用途见表 1-1。

以下将针对各种变形铝合金的牌号及主要性能作简单介绍。

（1）防锈铝合金。防锈铝合金的代号为 LF，常用牌号有 LF2、LF5、LF12 等，主要为铝-锰系和铝-镁系合金。这类合金因时效强化效果不明显，属于不能用热处理强化的变形铝合金，合金主要通过冷加工塑性变形来提高强度和硬度。这类合金具有优良的抗蚀性，故称为防锈铝合金。合金还具有良好的塑性和焊接性能，适宜制作需要深冲、焊接以及一定腐蚀环境下服役的零部件。

（2）硬铝合金。硬铝合金代号为 LY，是热处理强化铝合金。合金为铝-铜-镁系列合金，另外含有少量锰。合金中除固溶强化外，主要形成强化相 θ 相（$CuAl_2$）和 S 相（$CuMgAl_2$）。合金经固溶处理后时效析出强化相，显著提高合金的强度和硬度。合金中镁含量低时，强化效果小；铜、镁含量高时，强化效果显著。由于该合金强度、硬度高，故称为硬铝，又称为杜拉铝。

表 1-1 常用变形铝合金牌号、性能及用途

类别	牌号	化学成分(质量分数)/%					热处理状态	力学性能			用途
		Cu	Mg	Mn	Zn	其他		σ_b/MPa	δ/%	硬度 HBS	
防锈铝合金	5A02 (LF2)	0.1	2.0~2.8	0.1~0.4		Si 0.4 Fe 0.4	退火	190	23	45	焊接油箱、油管及低压容器
	5A05 (LF5)	0.1	4.8~5.5	0.3~0.6		Si 0.5 Fe 0.6	退火	260	22	65	焊接油管铆钉及中载零件
	3A21 (LF21)	0.2	0.5	1.0~1.6		Si 0.6 Fe 0.7	退火	130	23	30	焊接油管铆钉及轻载零件
硬铝合金	2A01 (LY01)	2.2~3.0	0.2~0.5	0.2	0.1	Si 0.5 Fe 0.5 Ti 0.2	淬火+自然时效	300	24	70	中等强度、温度低于 100℃ 的铆钉
	2A11 (LY11)	3.8~4.8	0.4~0.8	0.4~0.8	0.3	Si 0.7 Fe 0.7 Ni 0.1 Ti 0.2	淬火+自然时效	420	15	100	中等强度结构件
	2A12 (LY12)	3.8~4.9	1.2~1.8	0.3~0.9	0.3	Si 0.5 Fe 0.5 Ni 0.1 Ti 0.2	淬火+自然时效	500	10	131	高强度结构件及 150℃ 下工作零件
超硬铝合金	7A04 (LC4)	1.4~2.0	1.8~2.8	0.2~0.6	5.0~7.0	Si 0.5 Fe 0.5 Cr 0.2 Ti 0.1	淬火+人工时效	600	12	150	主要受力构件，如飞机起落架
	7A09 (LC9)	1.2~2.0	2.0~3.0	0.2	5.1~6.1	Si 0.5 Fe 0.5 Cr 0.3 Ti 0.1	淬火+人工时效	570	11	150	主要受力构件,如飞机大梁
锻铝合金	2A50 (LD5)	1.8~2.6	0.4~0.8	0.4~0.8	0.3	Si 0.8 Fe 0.7 Ni 0.1 Ti 0.1	淬火+人工时效	420	13	105	形状复杂和中等强度的锻件及模锻件
	2A70 (LD7)	1.9~2.5	1.4~1.8	0.2	0.3	Si 0.3 Fe 1.5 Ni 1.2 Ti 0.1	淬火+人工时效	440	12	120	高温下工作的复杂锻件及结构件
	2A14 (LD10)	3.9~4.8	0.4~0.8	0.4~1.0	0.3	Si 1.0 Fe 0.7 Ni 0.1 Ti 0.2	淬火+人工时效	490	12	135	承受重载荷的锻件及模锻件

硬铝合金常用牌号有 LY1、LY11、LY12 等。其中 LY1 含铜、镁量低，强化效果小，属于低合金硬铝，硬铝合金强度低、塑性好，常用作铆钉等。LY11 含铜、镁量适中，强度较高，塑性很好，主要用于中等强度的结构部件，如螺旋桨等。LY12 含铜、镁量较高，属于高合金硬铝，时效处理后强度高，塑性低，主要用作高强度结构部件，如航空模锻件和重要的梁、轴等。硬铝合金耐蚀性差，常在其表面复合一层纯铝，称为包铝处理，以此来提高耐蚀性能。硬

铝合金一般采用自然时效处理。

（3）超硬铝合金。合金代号用 LC 表示，属于铝-锌-镁-铜系列，是在硬铝合金基础上添加锌元素而形成的合金。合金中的强化相除 θ 相和 S 相外，还能形成含锌的强化相，如 η 相（$MgZn_2$）和 T 相（$Al_2Mg_3Zn_3$）等。由于其强度超过硬铝，故称为超硬铝合金。超硬铝合金经固溶处理及人工时效后，强度、硬度很高，但耐蚀性能差，故需包铝保护。由于超硬铝电位比铝低，因此包铝材料采用电位更低的含锌 10% 的铝锌合金。

超硬铝合金主要牌号为 LC4，它是综合性能优良、使用最广的一种超硬铝材料。主要用于受力大的重要结构部件，如飞机大梁、起落架等。

（4）锻造铝合金。锻造铝合金的代号为 LD，属于铝-铜-镁-硅系列合金。由于合金中每种元素含量少，因而合金热塑性好，可用于加工形状复杂的锻件，故称为锻造铝合金。合金中可能存在的强化相有 Mg_2Si、W 相（$Cu_4Mg_5Si_4Al$）、θ 相（$CuAl_2$）以及 S 相（Al_2CuMg）。

锻造铝合金主要牌号有 LD5、LD7 和 LD10 等，主要用于制作形状复杂、受力较大的锻件，如航空发动机活塞、直升机桨叶等。

1.2.2.3　铸造铝合金

铸造铝合金代号为 ZL，这类合金有较好的铸造性能和抗蚀性能，但塑性差，常用变质方法热处理提高性能。铸造铝合金为铝-硅系、铝-铜系、铝-镁系及铝-锌系合金。其牌号、成分、性能见表 1-2。

表 1-2　常用铸造铝合金的牌号、成分及性能

类别	牌号	化学成分（质量分数）/%				铸造方法	热处理状态	力学性能			用途
		Si	Cu	Mg	Mn			σ_b/MPa	δ/%	硬度 HBS	
铝硅合金	ZAlSi7Mg （ZL101）	6.5～ 7.5		0.25～ 0.45		金属型 砂型 变质	淬火＋人工时效	185 225	4 1	50 70	形状复杂的零件
	ZAlSi2 （ZL102）	10～13				砂型 变质	退　火	135 145	4 3	50 50	形状复杂的铸件
	ZAlSi9Mg （ZL104）	8.0～ 10.5		0.17～ 0.35	0.2～ 0.5	金属型	人工时效＋淬火＋人工时效	195 235	1.5 2	65 70	形状复杂、工作温度在 200℃ 以下的零件
	ZAlSi5CuMg （ZL105）	4.5～ 5.5	1～ 1.5	0.4～ 0.6		金属型 金属型	淬火＋不完全时效 淬火＋稳定回火	235 175	0.5 1	70 65	
	ZAlSi7Cu4 （ZL107）	6.5～ 7.5	3.5～ 4.5			砂型 变质 金属型	淬火＋ 人工时效	245 275	2 2.5	90 100	强度和硬度较高的零件
铝铜合金	ZAlCu5Mn （ZL201）		4.5～ 5.3		0.6～ 1.0	砂型 砂型	淬火＋自然时效 淬火＋不完全时效	295 335	8 4	70 90	工作温度为 175～300℃ 的零件
	ZAlCu10 （ZL202）		9.0～ 11			砂型 金属型	淬火＋人工时效 淬火＋人工时效	163 163		100 100	高温下不受冲击的零件

续表 1-2

类别	牌号	化学成分(质量分数)/%				铸造方法	热处理状态	力学性能			用途
		Si	Cu	Mg	Mn			σ_b/MPa	δ/%	硬度 HBS	
铝镁合金	ZAlMg10 (ZL301)			9.5 ~ 11.0		砂型	淬火 + 自然时效	280	10	60	承受冲击载荷,外形不太复杂的零件
	ZAlMg5Si (ZL303)	0.8 ~ 1.3		4.5 ~ 5.5	0.1 ~ 0.4	砂型 金属型	退　火	145	1	55	
铝锌合金	ZAlZn11Si7 (ZL401)	6.0 ~ 8.0		0.1 ~ 0.3		金属型	人工时效	245	1.5	90	结构复杂的汽车、飞机、仪器零件
	ZAlZn6Mg (ZL402)			0.5 ~ 0.65		金属型	人工时效	235	4	70	

(1) 铝-硅系铸造铝合金。铝-硅系合金是工业上使用最广泛的铸造合金。该合金流动性好，热裂倾向小，补缩能力强。铝-硅系铸造铝合金又称硅铝明。仅由铝、硅两个组元构成的二元合金，称为简单硅铝明；含有铝、硅及其他多种合金元素的合金，称为特殊硅铝明。

简单硅铝明铸造后组织中含有粗大针状的初晶硅、共晶体 α 相与硅晶体，这种组织严重降低了合金的力学性能。生产上经常采用变质处理，即浇注前向液相中加入约 2% 的变质剂，经变质处理后组织明显细化，性能显著改善。常用来制造形状复杂但强度不高的铸件，如内燃机缸体、缸盖等。

简单硅铝明不能采用热处理强化，但加入 Cu、Mg、Mn 等元素后制成特殊硅铝明。此时组织中可能出现强化相 $CuAl_2$、Mg_2Si、Al_2CuMg 等，经变质和时效处理后强度能得到很大的提高，可用来制作汽缸体、风扇叶片等铸件。

(2) 铝-铜系铸造铝合金。这类合金中铜的质量分数约为 4% ~ 14%，具有较高强度和耐热性，但铸造性能、抗蚀性能差。当含铜量高时，耐热性明显降低。常用牌号如 ZL201、ZL202 等。其中 ZL201 为铝-铜-锰系合金，室温强度和塑性较高，适于作内燃机气缸盖、活塞等。ZL202 的合金强度及塑性低，主要用作高温下不受冲击的部件。

(3) 铝-镁系铸造铝合金。铝镁系铸造合金密度小，耐蚀性好，强度高，抗冲击性能好，易切性能好，但铸造性能和耐热性较差。常用牌号有 ZL301 和 ZL302 等。该合金主要用于承受冲击、耐海水腐蚀的部件，如舰船配件等。

(4) 铝-锌系铸造铝合金。铝锌合金价格便宜，铸造性能优良，抗蚀性差，热裂倾向大。常用牌号有 ZL401 和 ZL402 等。常用于制造工作温度在 200℃ 以下、形状复杂受力不大的部件，如汽车发动机零件。

1.3　镁及镁合金

镁(Mg)是地壳中分布最广的元素之一，约占地壳质量的 2.77%，其探明储量仅次于金属铝和铁。镁的化学活性极强，在自然界中只能以化合物的形态存在。在已知的 1500 多种矿物中，含镁的矿物有 200 多种，主要为碳酸盐、硅酸盐、硫酸盐、氧化物。

镁除了具有密度小、质量轻的特点之外，另一个显著特性是比强度高，甚至可与合金结构钢媲美。但纯镁的塑性和力学性能较差，变形伸长率只能达到 10% 左右，因此不能单独作结构材料使用。工业应用的镁系材料多是以镁作为金属基体添加某些合金元素，如铝、锌、锰、锆等形成镁合金。在本章中，主要对纯镁的性能、镁合金的分类、性能及应用作一概要的叙述。

1.3.1 纯镁

室温下纯镁的密度为1.738g/cm³，在接近熔点(650℃)时，固态镁的密度约为1.65g/cm³，液态镁的密度约为1.58g/cm³。凝固结晶时，纯镁体积收缩率为4.2%。固态镁从650℃降温至20℃时体积收缩率为5%左右。镁在铸造和凝固冷却时收缩量大，导致铸件容易形成微孔，使铸件具有低韧性和高缺口敏感性。

1.3.1.1 纯镁的力学性能

室温下纯镁的拉伸和压缩性能指标如表1-3所示。室温下纯镁的纯度为99.98%时，动态弹性模量为44GPa，静态弹性模量为40GPa；纯度为99.8%时，动态弹性模量为45GPa，静态弹性模量为43GPa。随着温度的增加，纯镁的弹性模量下降。

表1-3 室温下纯镁的典型力学性能

试样规格	σ_b/MPa	$\sigma_{0.2}$/MPa	$\sigma_{0.2}$(压缩)/MPa	δ/%	硬度	
					HRE	HB
砂型铸件	90	21	21	2~6	16	30
挤压件	165~205	69~105	34~55	5~8	26	35
冷轧薄板	180~220	115~140	105~115	2~10	48~54	45~47
退火薄板	160~195	90~105	69~83	3~15	37~39	40~41

1.3.1.2 纯镁的工艺性能

镁为密排六方晶格，室温变形时只有单一的滑移系{0001}<1120>，因此镁的塑性比铝要低，各向异性也比铝显著。随着温度的升高，镁的滑移系会增多，在225℃以上发生（1011）面上［1120］方向滑移，从而塑性显著提高，因此镁合金可以在300~600℃温度范围内通过挤压、轧制和锻造成形。此外，镁合金还可通过铸造成形，且镁合金的压铸工艺性能比大多数铝合金好。

镁容易被空气氧化生成热脆性较大的氧化膜，该氧化膜在焊接时极易形成夹杂，严重阻碍焊缝的成形，因此镁合金的焊接工艺比铝合金复杂。

1.3.2 镁合金

1.3.2.1 镁合金的牌号

镁合金包括铸造镁合金和变形镁合金。铸造镁合金适合于铸造工艺，用于生产各种铸件，如砂型铸件、金属型铸件、蜡模铸件、压铸件等。变形镁合金适合于各种变形加工工艺，用于生产各种加工材，如板、棒、线、型、管等。由于镁合金类型及用途不同，其牌号也不同。

镁合金牌号的标示方法有多种，国际上目前尚没有统一的规定，但倾向于采用美国材料试验学会使用的系统，即美国ASTM标准。按ASTM标准的标记规则，镁合金名称由字母-数字-字母三部分组成，第一部分由两个代表主要合金元素的字母组成，字母的顺序按在实际合金中含量的多少排列，含量高的化学元素在前，如果两种元素的含量相同，则按英文字母的先后顺序排列。第二部分由代表两种主要合金元素在合金中含量的数字组成，表示该元素在合金中的名义成分，用质量分数表示，四舍五入到最接近的整数。第三部分由指定的字母如A、B、C、D等组成，表示合金发展的不同阶段，大多数情况下，该字母表征合金的纯度，区分具有相同名称、不同化学组成的合金。例如，AZ91D 表示合金 Mg-9Al-1Zn，但该合金的实际化学成分中含铝 8.3% ~9.7%、含锌 0.40% ~1.0%。该合金中，A 代表铝，Z 代表锌，铝和锌的含量经四舍五入后分别是 9% 和 1%，D 表示是第四种登记的具有这种标准组成的镁合金。ASTM 标准中镁合金牌号中的字母所代表的合金元素见表 1-4。

表 1-4　ASTM 标准中镁合金牌号中的字母所代表的合金元素

英文字母	元素符号	中文名称	英文字母	元素符号	中文名称
A	Al	铝	M	Mn	锰
B	Bi	铋	N	Ni	镍
C	Cu	铜	P	Pb	铅
D	Cd	镉	Q	Ag	银
E	RE	混合稀土	R	Cr	铬
F	Fe	铁	S	Si	硅
G	Mg	镁	T	Sn	锡
H	Th	钍	W	Y	钇
K	Zr	锆	Y	Sb	锑
L	Li	锂	Z	Zn	锌

镁合金的性能不仅与化学成分有关，而且还与热处理和冷加工状态有关。对镁合金铸件，铸件力学性能可通过固溶和时效的方式改善；对变形镁合金，既可单独使用，也可以并用冷加工、退火、固溶和时效等方式来进一步调整其力学性能。所以有时为了能更清楚地描述某种镁合金铸件或变形材的特性，往往需要同时给出镁合金的牌号与其成形、加工或热处理状态的标记符号。通常是在镁合金牌号后加一横杠，接着由一个字母和一位或两位数字组成。如 AZ91D-F 表示铸态 Mg-Al-Zn 合金。ASTM 标准中镁合金牌号中字母所代表的性质见表 1-5。

表 1-5　ASTM 标准中镁合金牌号后的字母代表的性质

代码		性质
一般分类	F	铸态
	O	退火，再结晶
	H	应变硬化
	T	热处理获得不同于 F、O、H 的稳定性质
	W	固溶处理
H 部分	H1	应变硬化
	H2	应变硬化和部分退火
	H3	应变硬化后稳定化

代码		性质
T 细分	T1	冷却后自然时效
	T2	退火态
	T3	固溶处理后冷加工
	T4	固溶处理
	T5	冷却和人工时效
	T6	固溶处理和人工时效
	T7	固溶处理和稳定化处理
	T8	固溶处理、冷加工和人工时效
	T9	固溶处理、人工时效和冷加工
	T10	冷却、人工时效和冷加工

我国的镁合金牌号由两个汉语拼音和阿拉伯数字组成，不同的汉语拼音字母将镁合金分为 4 类，即变形镁合金、铸造镁合金、压铸镁合金和航空镁合金。变形镁合金用 MB 两个汉语拼

音字母表示，M 表示镁合金，B 表示变形；铸造镁合金用 ZM 两个汉语拼音字母表示，Z 表示铸造，M 表示镁合金；压铸镁合金虽然也属于铸造镁合金，但还是专用两个汉语拼音字母 YM 来表示，Y 表示压铸，M 表示镁合金；用于航空的铸造镁合金与其他铸造镁合金在牌号上略有区别，即 ZM 两个汉语拼音字母与代号的连接加一个横杠。牌号中阿拉伯数字表示合金名称相同、化学成分不同的合金，如 ZM1、ZM2 分别表示 1 号、2 号铸造镁合金，YM5 表示 5 号压铸镁合金，ZM-5 表示 5 号航空铸造镁合金。MB1、MB2 分别表示 1 号、2 号变形镁合金。我国镁合金的牌号和主要成分见表 1-6 和表 1-7。

表 1-6　中国铸造镁合金的牌号和主要成分

牌　号	化学成分(质量分数)/%									
	Al	Mn	Si	Zn	RE	Zr	Ag	Cu	Ni	杂质
ZM1 ZMgZn5Zr				3.5~5.5		0.5~1.0		0.10	0.01	0.30
ZM2 ZMgZn4RE1Zr				3.5~5.0	0.75~1.75	0.5~1.0		0.10	0.01	0.30
ZM3 ZMgRE3ZnZr				0.2~0.7	2.5~4.0	0.4~1.0		0.10	0.01	0.30
ZM4 ZMgRE3Zn2Zr				2.0~3.0	2.5~4.0	0.5~1.0		0.10	0.01	0.30
ZM5 ZMgAl8Zr	7.5~9.0	0.15~0.50	0.30	0.2~0.8				0.20	0.01	0.50
ZM6 ZMgRE2ZnZr				0.2~0.7	2.0~2.8	0.4~1.0		0.10	0.01	0.30
ZM7 ZMgZn8AgZr				7.5~9.0		0.5~1.0	0.6~1.2	0.10	0.01	0.30
ZM10 ZMgAl10Zn	9.0~10.2	0.1~0.5	0.3	0.6~1.2				0.20	0.01	0.50

表 1-7　中国变形镁合金的牌号和主要成分

牌号	主要成分(质量分数)/%					杂质(质量分数,不高于)/%				
	Al	Mn	Zn	Ce	Zr	Cu	Ni	Si	Be	Fe
M2M(MB1)		1.3~2.5				0.05	0.01	0.15	0.02	0.05
AZ40M(MB2)	3.0~4.0	0.15~0.50	0.2~0.8			0.05	0.005	0.15	0.02	0.05
AZ41M(MB3)	3.5~4.5	0.3~0.6	0.8~1.4			0.05	0.005	0.15	0.02	0.05
AZ61M(MB5)	5.5~7.0	0.15~0.5	0.5~1.5			0.05	0.005	0.15	0.02	0.05
AZ62M(MB6)	5.0~7.0	0.2~0.5	2.0~3.0			0.05	0.005	0.15	0.02	0.05
AZ80M(MB7)	7.8~9.2	0.15~0.5	0.2~0.8			0.05	0.005	0.15	0.02	0.05
ME20M(MB8)		1.5~2.5		0.15~0.35		0.05	0.01	0.15	0.02	0.05
ZK61M(MB15)			5.0~6.0		0.3~0.9	0.05	0.005	0.05	0.02	0.05

目前世界一些国家都有各自铸造镁合金和变形镁合金的国家标准。关于铸造镁合金，美国ASTM B93M含20个牌号；日本JISH2221、JISH2222含6个牌号；俄罗斯含14个牌号；德国DIN1729.2含5个牌号；英国BS2970含9个牌号；法国NF A5-102含5个牌号；ISO目前只有一个委员会草案ISO/CD3115.2，规定了15个牌号。关于变形镁合金，美国有两个标准，它们是ASTM B93M和ASTM B107M，含11个牌号。日本有4个标准，即JISH4201、JISH4202、JISH4203、JISH4204，含6个牌号。俄罗斯标准规定了13个牌号。德国标准DIN1729.1规定了4个牌号。ISO3116规定了6个牌号，我国变形镁及镁合金牌号标注于1984年修订，1985年内以GB/T 5153—1985发布，当时主要是参照俄罗斯标准修订的，将俄罗斯标准中的8个镁合金牌号转化为我国标准，另外加了两个纯镁牌号。

1.3.2.2 镁合金的分类

一般镁合金的分类依据是合金的化学成分、成形工艺和是否含锆。

（1）化学成分。镁合金是以金属镁为基础，通过添加一些合金元素形成的合金系，通常可分为二元、三元及多组元系合金。二元系如Mg-Al、Mg-Zn、Mg-Mn、Mg-RE、Mg-Zr等；三元系如Mg-Al-Zn、Mg-Al-Mn、Mg-Al-Si、Mg-Al-RE等；多组元系如Mg-Th-Zn-Zr、Mg-Al-Th-RE-Zr等。因为大多数镁合金含有不止一种合金元素，习惯上依据镁与其中的一个主要合金元素，将其划分为二元合金系。

如前所述，镁合金系按合金中的主要合金元素来划分，按美国ASTM标准，镁合金的牌号着重反映了镁合金中的主要化学成分，定量地给出了其中主要合金元素的质量分数。显然，同一个镁合金系包含着一系列的镁合金牌号，镁合金牌号是具体合金的名称。由镁合金牌号既可以确定其所属的镁合金系列，也可以大致确定其主要合金元素的含量和成分特点，这是用ASTM标准标示的优点。

合金元素影响镁合金的力学、物理、化学和工艺性能。铝是镁合金中最重要的合金元素，通过形成$Mg_{17}Al_{12}$相显著提高镁合金的抗拉强度，锌和锰具有类似的作用；银能提高镁合金的高温强度；硅能降低镁合金的铸造性能并导致脆性；锆与氧的亲和力较强，能形成氧化锆质点细化晶粒；稀土元素钇、钕和铈等的加入可大幅度提高镁合金强度；铜、镍和铁等因影响腐蚀性而很少采用。大多数情况下，合金元素的作用大小与添加量有关，在固溶度范围内作用大小与添加量呈近正比关系。特别值得注意的是，镁合金用作结构材料时，合金元素对加工性能的影响比对物理性能的影响重要得多。

（2）成形工艺。按成形工艺，镁合金可分为铸造镁合金和变形镁合金，两者在成分、组织性能上存在很大差异。铸造镁合金主要用于汽车零件、机件壳罩和电气构件等。镁合金的铸造方法有砂型铸造、金属型铸造、挤压铸造、低压铸造、高压铸造和熔模铸造等。由于密排六方的镁变形能力有限，易开裂，因此早期的变形镁合金要求其兼有良好的塑性变形能力和尽可能的强度，对其组织的设计，大多要求不含金属间化合物，其强度的提高主要依赖合金元素对镁合金的固溶强化和塑性变形引起的加工硬化。变形镁合金主要用于薄板、挤压件和锻件等。虽然该合金的强度较低，但具有很好的耐蚀性能和焊接性能。铸造镁合金比变形镁合金的应用要广泛得多。

（3）是否含锆。根据是否含锆，镁合金可划分为含锆和无锆两大类。最常见的含锆合金系是Mg-Zn-Zr、Mg-RE-Zr、Mg-Th-Zr、Mg-Ag-Zr系。不含锆的镁合金有Mg-Al、Mg-Mn和Mg-Zn系列。目前应用最多的是不含锆压铸镁合金Mg-Al系列。含锆镁合金与不含锆镁合金中均既包含着变形镁合金，又包含着铸造镁合金。锆在镁合金中的主要作用就是细化镁合金晶粒。关于锆细化晶粒作用是在第二次世界大战期间发现的，那时镁合金铸件容易产生不均匀的大晶粒、这使其力学性能恶化，还导致其组织中含有较多的显微疏孔。变形部件的性能具有很大的方向性，特别是屈服应力相对于抗拉强度总是偏低。在 1937 年德国 IG 法本工业公司的索尔沃尔德（Sauerwald）发现，锆对镁具有强烈的细化晶粒作用，但是又过了 10 年时间才找到一个锆和镁形成合金的可靠方法。这导致发展了全新系列的含锆铸造镁合金和变形镁合金。这类镁合金具有优良的室温性能和高温性能。但锆不能用于所有的工业合金中，对于 Mg-Al 和 Mg-Mn 合金，熔炼时锆与铝及锰会形成稳定的金属间化合物，并沉入坩埚底部，无法起到细化晶粒的作用。

1.4 铜及铜合金

铜及铜合金有许多优异的性能，作为工程材料有着广泛的用途。高的导电性和导热性、易于成形以及在一定条件下良好的耐蚀性是铜及铜合金引人注目的三大特性。

1.4.1 工业纯铜

纯铜外观呈现紫红色，又称紫铜。晶格结构为面心立方，无同素异构转变，无磁性。主要物理性能如表 1-8 所示。

表 1-8 纯铜的主要物理性能

性 能	数 值	性 能	数 值
密度(20℃)/g·cm^{-3}	8.94	电阻率(20℃)/Ω·m	1.78×10^{-8}
质量热容(0~100℃)/J·(kg·K)$^{-1}$	386	熔点/℃	1083
导热系数(0~100℃)/W·(m·K)$^{-1}$	397	沸点/℃	2595

纯铜具有良好的导电、导热性，仅次于银而居第二位。铜的化学性能稳定，在大气、淡水及蒸汽中具有良好的耐蚀性，但在海水中的抗蚀性较差，在氨盐、氯盐、氧化性酸和含硫气体中的抗蚀能力低。

纯铜的强度低，塑性好。可采用冷加工进行强化，但会使塑性显著降低。比如冷变形 50%，抗拉强度可从 230~250MPa 增加到 400~500MPa，布氏硬度从 40~50HBS 提高到 100~120HBS，但伸长率从 40%~50% 降低至 1%~2%。纯铜具有优良的加工成形性和焊接性能，可进行各种冷、热变形和焊接。

工业纯铜含有 Pb、Bi、O、S、P 等杂质，它们对纯铜的性能影响很大，因此必须严格控制纯铜中杂质的含量。工业纯铜有 T1、T2、T3、T4 四个牌号，T 为铜的汉语拼音首字母，其后的数字越大，表明铜的纯度越低。纯铜广泛用作电工导体、传热体和防磁器械等。

1.4.2 铜合金

1.4.2.1 黄铜

以锌为主要合金元素的铜合金称为黄铜。黄铜不仅具有良好的力学性能、耐蚀性能、导电导热性能和加工工艺性能，而且价格低廉、色泽美丽，是重要的有色金属材料。

通常把 Cu-Zn 二元合金称为普通黄铜，在普通黄铜的基础上加入 Sn、Pb、Mn、Fe、Si、Ni 等元素形成的铜合金称为复杂黄铜或特殊黄铜。普通黄铜的牌号以字母“H”加数字表示，数字代表 Cu 的质量分数；特殊黄铜的牌号以字母“H”加主添加元素的化学符号再加铜含量和主添加元素的含量表示；铸造黄铜的牌号表示方法是字母“Z”加“Cu”加主添加元素的化学符号及含量再加其他合金元素化学符号及含量。常用黄铜的牌号、化学成分、性能及用途如表

1-9 所示。

表 1-9 常用黄铜的牌号、成分、性能及用途

类别	牌号	化学成分(质量分数)/%				铸造方法	力学性能			用途
		Cu	Pb	Si	Al		σ_b/MPa	δ/%	硬度 HBS	
普通黄铜	H70	69 ~ 72					660	3	150	制造弹壳、冷凝管等
	H62	60.5 ~ 63.5					500	3	164	垫圈、弹簧、螺钉、螺母等
	H59	57.0 ~ 60.0					500	10	103	热轧、热压零件
特殊黄铜	HPb59-1	57.0 ~ 60.0	0.8 ~ 1.9				650	16	140	销子、螺钉等冲压或加工件
	HAl59-3-2	57.0 ~ 60.0			2.5 ~ 3.5		650	15	150	高强度和性能稳定的零件
	HMn58-2	57.0 ~ 60.0					700	10	175	船舶和弱电流用零件
铸造黄铜	ZCuZn38	60 ~ 63				砂型 金属型	295 295	30 30	590 685	机械、热压轧制零件
	ZCuZn33Pb2	63 ~ 67	1.0 ~ 3.0			砂型	180	12	490	
	ZCuZn40Pb2	58 ~ 63	0.5 ~ 2.5		0.2 ~ 0.8	砂型 金属型	220 280	15 20	785 885	制作化学稳定的零件
	ZCuZn16Si4	79 ~ 81		2.5 ~ 4.5		砂型 金属型	345 390	15 20	885 980	轴承、轴套

黄铜具有良好的耐海水和大气腐蚀的能力，但经冷加工的黄铜制品存在残余应力。当处于潮湿大气或海水中，特别是在含有氨的环境中容易发生应力腐蚀开裂，又称“季裂”。因此，冷加工后的黄铜制品要进行去应力退火。

一般而言，工业黄铜中 Zn 的含量不超过 47%。特殊黄铜中还加入一些合金元素以改善某些性能，如加入 Al、Si、Ni、Mn 等可提高黄铜的强度和耐蚀性，加入 Si、Pb 等可提高耐蚀性并改善其切削加工性能。

1.4.2.2 青铜

最早的青铜为铜锡合金，现在工业上将除 Zn、Ni 以外的其他合金元素为主要添加元素的铜合金统称为青铜，并在青铜合金前冠以主要合金元素的名称，如锡青铜、铝青铜、硅青铜、铍青铜等。加工青铜的牌号以“青”字的汉语拼音首字母“Q”加主要合金元素的化学符号及含量表示。铸造用青铜的牌号表示与铸造黄铜相同，如 QSn4-3 表示含 4% Sn、3% Zn 的锡青铜。

(1) 锡青铜。锡青铜是以 Sn 为主加元素的铜合金，Sn 的含量对锡青铜的力学性能有着显著的影响。工业用锡青铜的 Sn 含量一般为 3% ~14%。Sn 含量小于 8% 的锡青铜塑件好，适于压力加工；Sn 含量大于10%的锡青铜塑性低，只适于铸造。锡青铜的铸造流动性较差、易形成分散缩孔，铸件的致密度低，但是其线收缩小，适于铸造外形及尺寸要求精密的铸件。

锡青铜的抗蚀性好，在大气、海水中的抗蚀性优于铜及黄铜，但在酸类及氨水中的耐蚀性较差，广泛用于制造蒸汽锅炉和海船的零构件。此外，锡青铜还具有良好的耐磨性，可用来制造轴瓦、轴套等零件。

(2) 铝青铜。铝青铜是以铝为主加元素的铜合金，其力学性能受 Al 含量的影响很大。当 Al 含量小于7%时，合金塑性好，适于冷加工；当 Al 含量在7%～10%时，合金强度高，但塑性差，适于热加工或铸造。常用的铝青铜有 QAl15 和 QAl17 两种，铝青铜具有强度高、冲击韧性高、耐磨、耐蚀及耐疲劳等特点，主要用来制造耐磨、耐蚀和弹性零件，如齿轮、摩擦片、涡轮、弹簧等。

(3) 铍青铜。铍青铜是以铍为主加元素的铜合金。其含铍量约为1.7%～2.5%。Be 在 Cu 中的溶解度在866℃时达到最大，为2.7%，而在室温时溶解度仅为0.2%，所以铍青铜能够进行固溶时效处理。经过适当的热处理后，铍青铜的强度可达到1250MPa。铍青铜不仅强度高、抗疲劳能力高、弹性好，而且抗蚀、耐热、耐磨，还具有导电、导热性能优良，无磁性，受冲击时无火花等一系列优点。主要用于制造精密仪器、仪表的弹性元件，耐磨零件以及防爆工具。

常用青铜的牌号、化学成分、性能及用途见表1-10。

表1-10 常用青铜的牌号、成分、性能及用途

类别	牌号	化学成分(质量分数)/%					铸造方法	力学性能			用途
		Sn	Pb	Al	Zn	其他		σ_b/MPa	δ/%	硬度 HBS	
锡青铜	ZCuSn5Pb5Zn5	4.0～6.0	4.0～6.0		4.0～6.0		砂型 金属型	200	13	590	耐磨、耐蚀零件
	ZCuSn10Pb5	9.0～11	4.0～6.0				砂型 金属型	195 245	10 10	685 685	耐蚀配件及衬套
	ZCuSn10Zn2	9.0～11			1.0～3.0		砂型 金属型	240 245	12 6	685 785	中等载荷工作的管配件
铅青铜	ZCuPb10Sn10	9.0～11	8.0～11				砂型 金属型	180 220	7 5	635 685	表面压力高的轴承
	ZCuPb30		27～33				金属型			245	双金属轴瓦、减磨零件
铝青铜	ZCuAl9Mn2			8.0～10		Mn 1.5～2.5	砂型 金属型	390 440	20 20	835 930	耐蚀耐磨件及大型铸件
	ZCuAl10Fe3Mn2			9.0～11		Fe 2.0～4.0	砂型 金属型	490 540	15 20	1080 1175	强度高的耐蚀耐磨件
铍青铜	QBe2					Be 1.8～2.1	热处理 淬火+ 时效	500 1250	35 4	100 330	各种精密仪器的弹性元件和耐磨零件
	QBe1.7					Be 1.6～1.85	热处理 淬火+ 时效	440 1150	50 3.5	85 360 HV	

1.5　钛及钛合金

钛及钛合金以其密度低、比强度高、耐蚀性好等特点，在航空、航天、造船、石油和天然气、电力、汽车、化工、医疗及体育等领域得到广泛的应用。

1.5.1　工业纯钛

钛是银白色金属，密度约为钢的3/5，熔点为1668℃，导热性差。钛存在同素异构转变，在882.5℃以下为密排六方结构的α-Ti，在882.5℃以上为体心立方结构的β-Ti。钛的化学性质极为活泼，可以与O、H、N、C等形成稳定的化合物，因此钛的冶炼很困难，钛的冶炼主要采用还原法和碘化法。高纯钛的纯度可达99.9%，工业纯钛的纯度一般为99.5%。

工业纯钛的强度很高，其抗拉强度可达到550MPa以上，接近高强度铝合金的水平，可直接用作工程材料。钛在大气、淡水及海水中有较高的耐蚀性，在海水中的耐蚀性高于铝合金、不锈钢及镍基合金。室温下钛在硝酸和铬酸中有极高的稳定性，同时在碱溶液和大多数有机酸中有很好的耐蚀性。工业纯钛被广泛用于化学装置、海水淡化器、舰船用部件、石油化工用热交换器等方面。

1.5.2　钛合金

通常根据钛合金在退火状态下的相组成，将钛合金分为α钛合金、β钛合金和α+β钛合金。在我国，以TA表示组织为α相的钛合金，以TB表示组织为β相的钛合金，以TC表示组织为α+β的钛合金。TA、TB、TC符号后的数字表示顺序号。常见钛合金的牌号、成分、性能见表1-11。

表1-11　工业纯钛和部分钛合金的牌号、成分、性能

类别	牌号	成分	室温力学性能			高温力学性能		
			热处理	σ_b/MPa	δ/%	温度/℃	σ_b/MPa	σ_{100}/MPa
工业纯钛	TA1	Ti（微量杂质）	退　火	300~500	30~40			
	TA2	Ti（微量杂质）	退　火	450~600	25~30			
	TA3	Ti（微量杂质）	退　火	550~700	20~25			
α钛合金	TA4	Ti-3Al	退　火	700	12			
	TA5	Ti-4Al-0.005B	退　火	700	15			
	TA6	Ti-5Al	退　火	700	12~20	350	430	400
β钛合金	TB1	Ti-3Al-8Mo-11Cr	淬　火	1100	16			
	TB2	Ti-5Mo-5V-8Cr-3Al	淬　火	1000	20			
α+β钛合金	TC1	Ti-2Al-1.5Mn	退　火	600~800	20~25	350	350	350
	TC2	Ti-3Al-1.5Mn	退　火	700	12~16	350	430	400
	TC3	Ti-5Al-4V	退　火	900	8~10	500	450	200
	TC4	Ti-6Al-4V	退　火	950	10	400	630	580
			淬火+时效	1200	8			

1.5.2.1　α钛合金

α钛合金的组织为单相α固溶体。主要加入α相稳定元素Al及中性元素Sn和Zr，以固溶强化α相。少数合金中加入 Cu 以提高强度和蠕变抗力。随着合金元素含量的增加，钛合金的抗拉强度和高温瞬时强度升高。α钛合金的主要优点是焊接性能好，组织稳定，抗蚀性高；缺点是强度较低，热加工性差，且不能进行热处理强化。

常用的α钛合金有 TA7 和 TA5。TA7 的合金牌号为 Ti-5Al-2.5Sn，该合金的轻度较高，长期使用温度可达 500℃，同时具有良好的焊接性能，主要用于制造航空发动机压气机叶片和管道。此外，TA7 合金还具有良好的低温性能，常用于制造火箭、航天飞行器中的低温高压容器。TA5 合金的牌号为 Ti-4Al-0.005B，该合金强度适中，耐海水腐蚀，主要作为船舶板材使用。

1.5.2.2　β钛合金

β钛合金的组织为单相β固溶体，其主要合金元素为 Cr、Mo、Mn、Fe、V 等β稳定元素。β钛合金在室温和高温下的晶体结构均为体心立方，具有良好的塑性，在淬火状态下具有很好的冷成形性能。β钛合金可以进行热处理强化，经时效强化后兼有高的屈服强度和断裂韧性，而且淬透性高，可使大尺寸零件热处理后得到均匀的高强度。其缺点是密度大，弹性模量低，高温和低温性能差，冶炼困难，价格较高。

相对α钛合金，β钛合金的牌号较少，仅有 TB1 和 TB2 两种。目前获得实际应用的只有 TB2 合金。

1.5.2.3　α+β钛合金

α+β钛合金中同时加入α相稳定元素和β相稳定元素，其组织由α固溶体和β固溶体两相组成，因而兼有α钛合金和β钛合金的优点。

α+β钛合金具有良好的高温强度和塑性，并可以进行热处理强化，而且生产工艺简单，可以通过改变成分和选择热处理工艺参数，在很宽的工艺范围内改变合金的性能，因此这类钛合金得到了比较广泛的应用。常用的α+β钛合金有 TC3、TC4、TC6、TC8、TC10 等。其中最常用的是 TC4，其年消耗量占钛合金总量的 50% 以上，TC4 的合金牌号为 Ti-6Al-4V，既可以进行固溶强化，也可进行淬火和时效强化，因此具有很高的强度。TC4 合金具有良好的综合力学性能，组织稳定性也较高，通过调整合金成分和控制杂质的含量，既可用作低温结构材料，也可制作高温构件，经热处理后还可用作常温构件，因此是一种多用途的钛合金。TC4 钛合金在航空航天及非航天领域均得到广泛应用，可用于制作航空发动机叶片、火箭发动机的外壳及冷却喷管、飞行器用特种压力容器和工作温度在 400℃ 以下的零部件以及化工用泵、蒸汽轮机等。

2 熔铸的基本任务、要求及工艺规程

本章要点：本章主要介绍了有色金属及合金熔铸的基本任务、要求及工艺规程制定的基本原则。学习本章应重点掌握下列内容：(1) 熔炼与铸锭对合金成分、组织缺陷控制的基本要求；(2) 常见有色金属熔铸的典型工艺流程。

2.1 熔铸的基本任务

熔炼与铸锭生产是金属压力加工生产中首要的环节，也是必不可少的组成部分。它不仅供给加工部门所必需的原料——铸锭，而且在很大程度上影响着以后加工制品的质量和工艺性能。因此，熔炼与铸锭生产就是提供符合压力加工生产要求的优质铸锭。熔铸的任务主要有如下6个方面：

(1) 获得化学成分均匀的金属。从冶炼厂提供的纯金属，因冶炼操作技术条件有差异，生产的小锭块成分和质量不会绝对相同，必须经过一次冶炼过程，将品质各异的纯金属小锭块熔成大量的品质均匀的金属，才能形成适合压力加工的原料。

(2) 配制所需的各种合金。因为大多数纯金属存在力学性能等方面的缺陷，在实际生产生活中往往需要使用以纯金属为基体的合金材料。因此，必须通过熔炼过程，才能有效地将各种所需的合金配料，如将铜、镁、锰等元素加入铝中制成铝合金；将锌、锡、铝等元素加入铜中制成铜合金。

(3) 精炼获得质量优异的金属。金属及合金中存在的气体及氧化物夹杂会严重损害金属及合金的使用性能。因此需要通过熔炼过程，除去各炉料中气体、氧化物及其他夹杂，提高金属的纯净度。

(4) 铸成适于压力加工的形状和尺寸的铸锭。不同加工成形方法所需要的铸锭形状、尺寸都不相同。如，用以制造板带材者多为长方形扁锭，用于制造管、棒、型、线材者多为圆形铸锭或空心圆锭。因此，熔铸的基本任务之一就是根据加工实际需要浇注各种满足形状和尺寸要求的铸锭。

(5) 控制铸锭的结晶组织、形态及分布。铸锭不同的结晶组织和晶粒形态与分布对压力加工工艺性能有着很大的影响。在浇注过程中，通过适当的工艺措施控制铸锭的结晶组织、晶粒形态及分布可以获得加工工艺性能良好的铸锭组织。

(6) 重熔回收各种废料。回收废料混杂，通过重熔可以获得明确的化学成分，并铸成适于再次入炉的锭块。熔铸车间最后的产品是铸锭，无论铸锭的形状、尺寸及用途如何不同，但对质量的要求是相同的。

2.2 熔铸的基本要求

熔铸的基本要求包括如下6点：

(1) 化学成分必须符合规定。规定的化学成分包括主要成分范围及杂质最大允许量。化学成分不符合规定的标准范围，就会使制品力学性能失去控制。杂质成分如果超出规定标准不仅会影响铸锭的力学性能，而且更影响加工工艺性能。

即使铸锭中个别元素或微量杂质超出国家标准，也是不能允许的。对微量杂质敏感的合金铸锭，即使杂质总量不超标，但如果对加工和使用性能有明显不利影响的个别杂质超标，也算废品。

为使化学成分符合规定，必须严格控制合金元素及杂质含量。除了合理地选用炉料及正确地进行配料计算外，还需根据合金的使用性能和加工性能、炉料性状、氧化和挥发熔损、加料顺序、熔炼温度及时间等情况，综合考虑来确定计算成分。对于炉衬、熔剂及操作工具等污染情况，应作出估计，并在熔炼后期进行炉前分析以便确定进行补料或冲淡与否。

有时合金成分及杂质量均在国标范围以内，但铸锭中有少量针状或粗大金属间化合物，或易生冷热裂纹、区域偏析等缺陷。为此，有必要借助相图，了解溶质元素的溶解度变化、溶质的平衡分配系数、形成多元化合物或非平衡共晶的可能性，只有找出了产生上述缺陷的内因，便可在国标范围内调整某些元素的含量，辅以某些工艺参数的调配或加入变质剂以细化晶粒，改善化合物夹杂的形态及低熔点相的分布状况以达到消除缺陷的目的。

（2）铸锭内部无气孔、裂纹等组织缺陷。铸锭内部不能存在气孔、气眼、疏松、夹杂物、裂纹等组织缺陷。缺陷的存在使压力加工成品率降低，而且使压力加工工艺性能下降。

铸锭易于产生气孔和疏松，一般是与熔体中的含气量有关，但关键是由于在铸锭固液区内气体溶解度变化较大之故。因为凝固速度小且固液区宽时，溶解度变化大的气体来得及在固-液界面上析出，界面处金属凝固收缩所形成的缩松也利于气体的析出；气体析出于缩松中长大为气泡，阻碍缩松的补缩，促进缩松的扩展。熔体中气体的主要来源是炉料本身的含气量，尤其是电解阴极金属及含油、水的碎屑废料，还与炉气组成及性质、熔炼温度及时间、熔剂及操作工具的干净程度、去气和去渣精炼好坏等有关。此外，合金元素也有影响。一些能分解水及氧化膜吸附水分强的元素，或与基体金属形成共晶及降低气体溶解度的元素，均有增强熔体含气量及促进产生气孔的倾向。熔体在转注过程中还可与流槽、漏斗、涂料及润滑油作用而吸收气体。易挥发金属的蒸气，也能使铸锭产生皮下及表面气孔。控制熔体含气量的关键，主要是作好精炼去气并防止在转注时吸收或裹入气体。

缩松是青铜及轻合金铸锭中最常见的缺陷之一。凡结晶温度范围或凝固过渡带较大的合金，或凝固收缩率大，热容较大，结晶潜热大，在冷却强度不够大时，铸锭中部常易形成缩松。含气量和夹杂较多的轻合金，形成缩松的倾向更大。成分较复杂且导热性较低的锡锌铅青铜等，即使加大冷却强度，铸锭中部也难免形成疏松。只有在液穴浅平，以轴向顺序结晶的铸锭条件下，才能较有效地降低铸锭中部产生缩松的倾向。缩松是铸造致密大锭坯的难题之一。

裂纹是强度较高的复杂黄铜、青铜及硬铝系合金半连续铸锭时常见的缺陷之一。合金成分复杂，一般其导热性较小，铸锭断面温度梯度和热应力较大，加上某些非平衡易熔共晶分布晶间，降低合金的高温强度和塑性，在三态收缩应力大于铸锭局部区域当时的强度，或收缩率及变形量大于当时的伸长率时都会形成晶间热裂纹。晶间裂纹沿晶扩展可导致整个铸锭热裂。半连续铸锭中部、平模铸锭表面、立模铸锭表面及头部浇口附近，均易出现大量晶间裂纹。紫铜及纯铝锭，在表面冷却强度较大时由于收缩速率大和模壁有摩擦阻力，也常产生表面晶间微裂纹。控制热裂的主要措施是注意控制那些易于形成非平衡共晶的元素量。其次是调整铸锭工艺和冷却强度，还须注意熔体的保护，防止二次氧化生渣。

冷裂多见于强度或弹性高而塑性较差的合金大锭。在铸锭冷却不匀且冷却强度大时，因合金导热性较低，铸锭断面温度梯度及收缩率较大，故热应力较大；当平衡这种热应力时也可突然断裂。半连续铸造的硬铝扁锭，最易产生冷裂，甚至在吊运和存放过程中也会崩裂。也有可能是先热裂而后冷裂的综合性劈裂。半连铸的复杂铝黄铜及 LC4 圆锭，都是从中心热裂纹开始，而后沿径向发展为劈裂。硬铝扁锭的四个棱一旦产生热裂，往往易于扩展为横向张开式冷裂纹。

总之，不管是热裂还是冷裂，都必须从合金成分及铸锭条件两方面去控制。因为合金的强度、弹性模量、收缩系数、塑性、导热性及铸锭断面的温度梯度主要取决于合金成分及杂质限量；而热应力或收缩阻力的大小，则与铸锭的冷却强度、均匀性及收缩速率、浇速、锭模涂料、二次氧化渣等密切相关。

熔体中的夹杂主要来源于炉料表面的氧化膜，熔体的残渣、尘埃、炉气中的烟灰、炉衬碎屑、熔剂元素间相互作用形成的化合物夹杂等。它们在熔体中的分布状态则与其密度、尺寸、形态及是否为熔体所润湿等有关。如 Al_2O_3 多成薄膜状，常悬浮于熔体面上；搅拌成碎片时可混入熔体内部。MgO 及 ZnO 等多为疏松块粒状，虽可浮于熔体表面但无保护作用。Cu_2O、NiO 可分别溶解于 Cu 及 Ni 熔体中，氧化熔体中氧位更低的其他合金元素，易生成分散度大且不溶解的氧化夹杂。这些夹杂留在金属中就成为板带材起皮、分层及起泡的根源之一，降低塑性并损伤模具。因此，近年来在精炼阶段着重注意去渣。对于轻合金来说，炉内去渣效果很有限，现已研究出多种炉外熔体过滤法。不少青铜锭坯也易产生夹杂，故推广过滤法是一重要的课题。

（3）铸锭表面光洁。铸锭表面要求光洁，无冷隔、重叠、结疤及表面裂纹等缺陷。尽管表面缺陷可通过铣面工序加以消除，但如果缺陷太深，铣面也不能消除。刨削太深会使金属损失过多。

（4）铸锭内部化学成分无偏析现象。化学成分偏析容易引起铸锭表面结瘤、性能不均匀及易造成热脆性。固、液相线间水平距离大的合金，其平衡分配系数大于或小于 1 的元素，一般易于偏析。溶解度小且密度差大的元素，元素间相互作用形成密度不同的化合物初晶，常易造成偏析。结晶温度范围大或固液区宽的合金，易形成枝晶较发达的柱状晶；在铸锭凝壳与锭模间形成气隙后锭面温度回升，体收缩系数较大的合金，有利于反偏析瘤发展。在合金一定时，冷却强度和结晶速度对各类偏析起决定性作用。过渡带大小、固液两相的流动、枝晶的熔断、元素的扩散系数及平衡分配系数等也有着重要影响。在半连续铸锭时，中注管宜浅埋，结晶器要短，加大二次水冷强度，使液穴浅平，过渡带窄小，有利于减小偏析倾向。加入少量元素细化晶粒也能收到较好效果。

（5）铸锭结晶组织细密均匀。粗大或分布不均匀的结晶组织降低了金属的延伸性，在压力加工时容易遭受破裂，如轧制时易发生裂纹、裂边等缺陷。晶粒粗大、结晶分层、晶间裂纹、夹杂或易熔杂质偏聚晶间等，均不利于均匀变形，易于热轧开裂。分散性针孔、缩松及夹杂等小缺陷，常是板带材表面起皮起泡、分层及棒材层状断口的重要根源。由于这类缺陷尺寸小且分散，不易发现，多是在加工率较高时才暴露出来，常造成大量废品和浪费。显然，获得致密匀细的内部组织是非常重要的。

（6）铸锭的形状规整，尺寸符合要求。铸锭的外形和尺寸必须符合压力加工车间的需要。不同产品规格及加工方法不同，对所需锭坯形状及尺寸公差的要求也有所不同。铸锭表面质量对热轧产品的边裂及横裂有重要影响。尺寸大的铸坯易产生尺寸偏差；翘曲变形的小锭，成形性较差。

2.3 熔铸工艺规程制定

熔铸质量最难控制的环节主要有两个：一是熔体中的气体、微量杂质及夹杂的定量控制；

二是大规格铸锭中的缩松、裂纹、偏析及组织不均的控制。有时连表面气孔、夹杂、冷隔及化学废品等问题也会失控。这些熔铸质量问题，归根结底与金属的性质及熔铸工艺条件等密切相关。金属性质是内因，工艺条件是外因。在合金一定时，熔铸工艺条件便是决定熔铸质量的关键因素。因此，制定熔铸工艺时应从实际的工艺条件出发，针对产品使用性能要求和合金的熔铸技术特性，估计可能出现的问题，采取预防措施，制定出一个较合理而切实可行的工艺方案，先进行一段时间的试生产，然后在总结经验的基础上修订出较好的熔铸工艺规程。当然，熔铸工艺规程要考虑到实际条件和人为因素的影响，应该留有余地和补充措施。

以下针对我国某厂铝合金型材熔铸生产的工艺规程作一简单介绍。图 2-1 为其生产工艺流程。

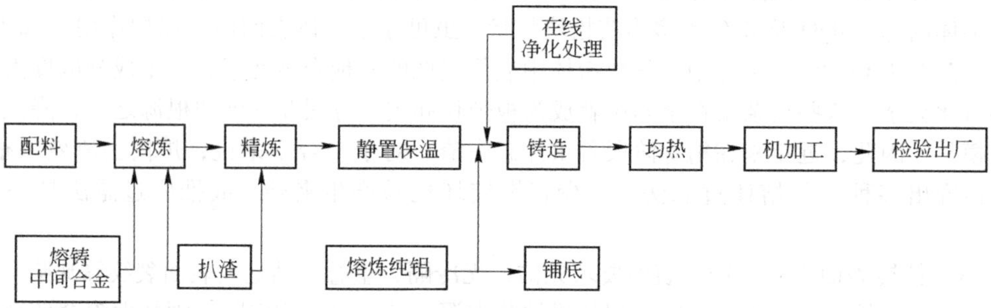

图 2-1　铝合金型材熔铸生产的典型工艺流程

主要的工艺规程如下：

（1）生产前的准备工作。

1）检查贮油罐的油位是否达到最低值，燃烧器、油枪是否正常，炉门开启是否灵活，炉门的密封是否良好？

2）检查铸造平台，供水系统是否正常？

3）熔炼炉停炉达一个月以上或者新制的炉子，必须烘炉后才能使用。首先打开炉门与放水口用木柴点火烘炉，防止大明火，根据炉内温度与火的大小随时调整炉门开启的大小，控制在150℃以下，升温的速度不大于10℃/h；两天后将炉温按10℃/h升到250℃，无水气蒸发后，用一台小燃烧器加热烘；4天后用两台小燃烧器热烘，温升按15℃/h升至500℃；5天后升至600℃；6天后将温度按16℃/h的速度升至800℃，恒温10h以上，烘炉终止。

（2）配料。

1）合金的配比按HD/QB—2004《内部质量控制标准》执行。

2）熔炼工根据配料员填写的《配料、熔炼、铸造及化学分析结果记录表》，作为配料指令，将铝锭、镁锭、铝硅合金（或金属硅）、金属添加剂、型材废料、挤压压余、熔铸锯切头、接料斗中的大块铝块、复熔铝锭等计量后分批运上炉前操作平台，并做好相应记录。

3）覆盖剂、精炼剂、打渣剂烘干备用。

4）各种炉料不准淋雨受潮或与其他料混放，不准混杂其他金属。

（3）熔炼。

1）装炉。炉温升到800℃时，堵好出铝水口，开启炉门开始投料。投料时，先用同牌号短小型材废料铺底，将短型材（最好打成捆）废料从炉门投入炉中，以便保护好炉底。然后再投放铝锭至炉门口。炉内没有废料垫底时，不得投放铝锭等大块金属料，以免将炉底碰坏。

投料时应尽量将金属投在炉膛的中间，以免将燃烧口堵死或炉壁碰坏。首次投放的金属料烧塌完全熔化成铝液后，可以继续从炉门口投放长废料及铝锭、中间合金等。炉内有一定铝液后，6m长的废型材可以从炉门口压入铝液中熔化，以减少烧损。投料顺序一般为短小废型材，铝锭及大块金属料，废铝型材，铝锭等大块金属，长型材。

2）开炉。调节油量大小，调整风，燃油比。以距烧嘴口2m火，不冒烟，火焰明亮、清晰为最佳，实现完全燃烧。

3）熔炼。关闭炉门，进入炉料熔化阶段，等表层金属熔化，底炉铝液达到一定贮量时，用耙子推平后，将干燥的覆盖剂适量（按熔体表面积计算，一般为0.8kg/m^2）从炉门口投入炉内并均匀地覆盖在铝液表面。用热电偶测量铝水温度，当达到工艺规定的温度时，即可在液面撒上打渣剂（即渣铝分离剂，按熔体总质量的0.1%～0.2%加入，实际操作时视炉内熔渣多少酌量增减）。并轻击液面，经过5min后进入搅拌和第一次扒渣，扒出的渣在装车时同时拌些打渣剂以利渣铝分离。第一次扒渣结束后，即可按工艺要求加入铝硅合金、镁锭等合金元素及可回收铝锭，经充分搅拌后立即取样作炉前光谱分析。若成分不合格，则须根据分析结果重新加料调整成分，调整时要计算准确。调整化学成分时温度控制在730～750℃之间。金属料全部加入熔化后，即施以搅拌（若分两次加入铝锭打包料等块状料时，第二次应在第一次铝锭化平前加入或用专用托板平缓加入，以防铝液飞溅伤人或堵塞烧嘴）。搅拌要均匀充分，每15～25min搅拌一次铝液，时间不小于5min，搅拌时炉温在730℃左右。

（4）精炼及除气。

1）精炼温度在720～750℃之间。

2）精炼剂按铝熔体总质量的0.1%～0.2%计算用量，装入精炼缸中，打开喷粉机开关，通入氮气，等精炼管有精炼剂喷出时，即可将之插入炉膛内铝液3/4处缓慢移动。力求平稳，不留死角，不准碰到炉壁炉底，浪花高度控制在15mm以下，时间控制在15min以上（氮气使用量为每炉1～2瓶）。

3）精炼，除气，扒渣后静置20～30min，然后才能放铝液铸造。

4）铝渣从炉内扒出后应迅速转运到炒渣锅中，按每炉铝渣用1～2kg打渣剂的使用量将打渣剂撒在铝渣上，立即进行炒渣，使金属从铝渣中分离出来，将铝水浇到铸铁模中，凝固成铝锭以备用。

5）精炼时，将燃烧器的油枪关闭，暂停加热。

6）连续生产时，放完一炉铝液后，堵上出铝水口，进行下炉的投料熔炼过程。

（5）铸造。

1）铝水流槽和分流盘上应事先用耐火材料敷好内衬，涂上一层滑石粉并烘烤干（包括导管和转接板），而且还要修模到光滑，确保石墨环1/3～1/2高度之间光滑，均匀，凡是与熔体相接触的部分不允许露铁，石墨环涂上猪油。以上工作结束后将引锭头水吹干，放平铸造台，将引锭头上升至规定位置。

2）流槽上装好陶瓷过滤板和分流盘中装好挡铝水闸板，并准备部分堵头放在铸造台上和在流槽应急铝水出口下放好干燥的铝水斗以备用，采用四条卷扬机钢丝绳确保力度基本一致。

3）常见合金的铸造温度为690～730℃（测温点在分流盘中心），铸造速度为50～180mm/min。铸造水压为0.05～0.15MPa。

4）金属合金成分合格开始静置，静置10min后，将陶瓷过滤板进行烘烤，静置时间达到工艺要求后，开始铸造，同时打开喂丝机开关。

5）关闭主水阀，打开排水阀，启动水泵。开水泵前，必须将减压排水阀打开，直至铝液全部充满导管后才能关闭，以免“反水”造成爆盘。给初始水量（开2小格主水阀），检查是否有反水现象和引锭头是否有水，确认一切正常后才能打开流口塞头使铝水流入流槽，并注意铝水能否顺利通过过滤板。

6）待铝水上升至距流槽顶约20mm时，提起挡水闸板让铝水流入分流盘内同时开始计时，当铝水全部充满导管（热帽）后，打开主水阀，迅速关闭排水阀（由于不同材质不同直径的铸棒要求的水量不等，主水阀开在哪一个齿位上需凭一定的经验，一般主水阀可以全部打开，排水阀不一定全部关死），将水压调至正常范围内。

7）当分流盘充液时间达到计时时间时，立即启动调速器并调整至标准速度，使冷却水水压、铸棒下降速度、铝水温度这三个要素相互协调，确保铝棒成形良好。

8）浇铸时要密切注意整个分流盘有无冷却水向上冒泡或铸棒成形不好，若有此类情况应立即采取措施，用备用堵头堵死不正常的热帽下流孔，放水员要随时注意分流液面的高度，随时调整放铝水速度，当铸造正常后，还要测试热帽温度是否在正常范围内并作出相应调整，当铸造到4m左右时，从流槽内取样并作好标识，由检测中心作炉后分析。

9）铸造时，按每吨铝液1~1.5kg在流槽内加入铝钛硼丝，其喂丝机的前进速度为430~450mm/min，以细化晶粒。

10）当铝液温度过高时，应按要求调整温度，不得采取在流槽或分流盘内加冷却的办法降温。

11）铸造机下降后，立即检查是否有铸锭发生悬挂，如有悬挂要及时用硅酸铝棉堵住分流盘出口，将出口处的铝液迅速清理干净，以更换保温圈或结晶器。

12）铸造开始后，看分流盘中的液面高度，随时调整出铝水口的铝液流量，并打净各保温圈内的金属浮渣。在铸造过程中，下降速度，进水水量，铝液温度及铝液的流动要稳定，禁止搅动铝液。

13）当铸棒长度达到7m时，电控柜发出报警后，要随时观察电控柜仪表所显示的铸棒长度。当达到铸井有效深度时（一般为7.5~8m），就要提前停止注入铝水，并将出水口堵死，其余工作人员人工引流将流槽和分流盘积剩铝水全部引进结晶器。当铸棒离开结晶器约300mm时就要停止下降，再冷却2~3min才能关水泵，打开排水阀，关闭主水阀，快速清理流盘残铝。

14）铸造平台翻开，起机，升起铝棒约1m，然后将铸棒吊出放到堆料场，并作好标识。吊棒必须使用专用吊具整排吊起，不能用钢丝绳捆在一起吊棒。

15）铸造平台复位，准备下次的生产。

16）每道工序都必须按《配料、熔炼、铸造及化学分析结果记录表》上的要求做好相关记录。

（6）停炉。

1）停炉操作步骤与开炉相反，首先关闭油阀枪供油，然后停止油泵供油，依次关闭风机、关闭炉门及堵塞出铝水口。

2）冷却风机需待炉温低于300℃才关闭。

3）熔炼各工序都必须按《配料、熔炼、铸造及化学分析结果记录表》的要求做好相关记录。

（7）清炉。

1）每一炉要进行一次小清炉，防止残存积渣堵塞出铝水口。

2）每生产10炉左右应进行一次大清炉。大清炉时，先将炉内残铝金属放干，把炉渣彻底清除，然后撒入干燥的清炉剂，并将炉温升至800℃以上，用三角扁铲把炉墙、炉角、炉底的渣子铲尽，彻底推出。

（8）均质。

1）准备工作。检查设备完好情况及液化气、压缩空气、柴油供给是否正常；用行车将所需均质的铸棒吊至盛料台并分层码好；启动料车电源和油泵，开大车至盛料台并对冷轨道；开小车进盛料台内，升平台接料后开小车出盛料台至大车上；打开均质炉炉门，开大车至均质炉对轨，对轨道后开小车进均质炉，降平台将均质料入置在均质炉的斗台上；所有均质铸棒不准超过8m长，装炉不准超高、超宽，避免碰撞壁和热电偶杆。

2）开炉。在触摸屏上设定好等均质的合金牌号程序；启动燃烧风机，循环风机，开系统开关，系统自动吹扫，完成后自动点火并按设定程序控温，完成均匀化过程；均质完成后，关系统开关、风机开关，松开炉门压紧装置，升起炉门。

3）出炉及冷却。开小车进均质炉，升平台接料后将小车推进冷却室，降平台，将料放置在冷却室盛料台上；当温控器感应到温度后，温控器感应开关接通，冷却风机自动启动并开冷却水；冷却1h后开启炉顶冷却水冷却。冷却总时间为2h，铸棒温度达到常温；当铸棒冷却至常温和冷却时间到2h后，风机自动停止，然后关闭冷却水并出料到盛料台等待锯切；及时认真填写《熔铸车间均质工艺记录卡》。

（9）锯切。

1）锯切前检查锯床开关，锯片是否正常。根据生产计划单放好定尺装置。

2）每根铸棒将头部的100mm，尾部的200mm锯切掉。每批次铸棒应在其中一根头与尾各切取20mm厚的铸棒一块进行低倍组织检查。

3）锯切好的铸棒经检验合格后，按长度、批次放入料框中，标明批号、合金、类别、长度、数量等。

（10）检验出厂。

3 有色金属及合金熔炼的基本原理

本章要点： 有色金属及合金熔炼的基本目的是熔炼出化学成分符合要求，用于铸造各种高质量的合金铸锭的高纯净度合金熔体。本章主要介绍了有色金属及合金熔炼过程的热量、质量传输等基本原理。学习本章应重点掌握下列内容：(1) 熔炼的热交换过程；(2) 熔炼过程金属氧化机理以及防止金属氧化的方法；(3) 控制和减少金属熔体气体夹杂的措施。

3.1 金属熔炼过程的热量和物质交换

3.1.1 金属熔炼过程中的传热

在金属熔炼与铸锭的生产过程中热量的控制是非常重要的，如金属熔炼过程中的热能的利用，金属液保温时的防止散热，铸锭凝固时散热的控制，都是要利用和控制好传热过程才能达到技术要求，热量传输有三种基本方式，即传导、对流和辐射。在金属熔炼过程中传热的主要方式是对流和辐射。

固体金属在炉内加热熔化所需要的能量，要由熔炼炉的热源供给。采用的热源不同，其传热方式也不尽相同。电阻加热时，主要靠辐射传热；火焰加热时，则根据炉型，或者以辐射传热为主，或者以对流传热为主。目前，我国用于生产的厂家多采用液体燃料（重油、轻柴油）作热源的火焰炉进行熔炼。金属熔化所需要的理论总热量 $W_{理}$ 可用式 3-1 计算：

$$W_{理} = \int_{20℃}^{T_M} c_p^S \mathrm{d}T + L + \int_{T_M}^{T} c_p^L \mathrm{d}T \tag{3-1}$$

式中 c_p^S——固体质量热容，kJ/(kg · ℃)；

c_p^L——液体质量热容，kJ/(kg · ℃)；

L——熔化潜热，kJ/kg；

T_M——熔点，℃；

T——金属熔化温度，℃。

此热量为金属从室温加热到熔点所需的热量，金属吸收熔化潜热所需的热量，以及熔体提高到熔炼温度所需的热量。此热量为所需要的最小能量，但实际所消耗的能量 $W_{实}$ 要大得多，它们的比值即为热效率 E，计算式为：

$$E = \frac{W_{理}}{W_{实}} \times 100\% \tag{3-2}$$

铝、铜、铁三种金属的热力学的基本性质见表 3-1。铝虽然熔点很低（660℃），但由于熔化潜热（393.56kJ/kg）、固态质量热容(1.1386kJ/(kg · ℃))和液态质量热容(1.046kJ/(kg · ℃))都比铜大，所以熔化 1kg 铝需要的热量要比熔化等量铜的大得多；而铝的黑度仅是铜、铁的 1/4。因此，铝合金的火焰熔炼很难实现理想的热效率。

表 3-1　铝、铜、铁的部分热力学数值比较

金属		密度 /g·cm^{-3}	质量热容 /kJ·(kg·℃)$^{-1}$	热导率 /kW·(m·℃)$^{-1}$	熔点/℃	熔化潜热 /kJ·kg^{-1}	室温固体加热到熔点的热量 /kJ·kg^{-1}	熔体过热100℃需要的热量 /kJ·kg^{-1}	黑度 ε
铁	固	7.36	0.69	0.029	1536	272.14	1726.97	1419.32	0.8
	液	6.9	1.130						
铜	固	8.62	0.481	0.0316	1083	213.52	678.26	732.67	0.8
	液	8.36	0.544						
铝	固	2.55	1.138	0.242	660	393.56	1080.19	1184.86	0.2
	液	2.38	1.046						

图 3-1 为火焰炉熔炼的热交换过程，火焰提供给被加热物体的热量为：

$$Q = Q_{GC} + Q_{SC} \tag{3-3}$$

$$Q_{GC} = (\alpha_{GC}\varepsilon_C + \alpha_C)(t_G - t_C)$$

$$Q_{SC} = (\alpha_{SC}\phi_{SC} + \alpha_{ab}\varepsilon_b)(t_S - t_C)$$

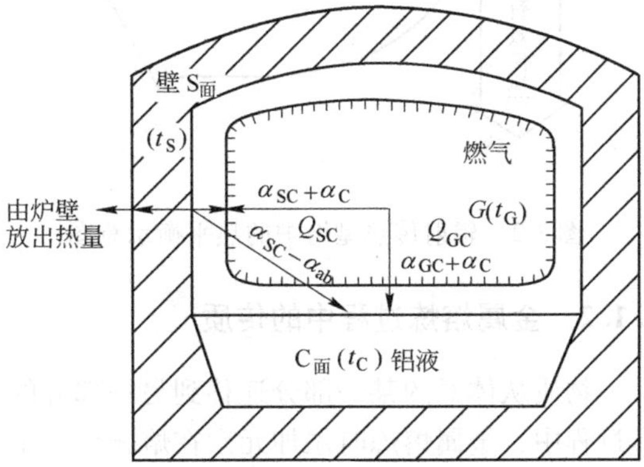

图 3-1　熔炼炉内热交换过程

式中　Q_{GC}——燃烧气体传到熔炼金属受热面上的热量，kJ/h；

Q_{SC}——炉壁传给金属受热面的热量，kJ/h；

α_{GC}——燃烧气体与受热面之间辐射传热系数，kJ/(m^2·h·℃)；

α_C——燃烧气体与受热面之间的对流传热系数，kJ/(m^2·h·℃)；

α_{SC}——炉壁与受热面之间辐射传热系数，kJ/(m^2·h·℃)；

α_{ab}——被燃烧气体吸收的炉壁辐射热量的热辐射系数，kJ/(m^2·h·℃)；

ε_C——炉料受热面的黑度；

ε_b——燃烧气体的黑度；

ϕ_{SC}——炉壁总辐射可用式 3-4 计算：

$$\frac{1}{\phi_{SC}} = \frac{1}{\varepsilon_C} + \frac{F_C}{F_S}\left(\frac{1}{\varepsilon_C} - 1\right) \tag{3-4}$$

式中　F_C——金属受热的面积，m^2；

F_S——炉顶、炉壁的面积，m^2。

从以上各式可以看出，提高金属的受热量，一方面是增大（$t_G - t_C$）和（$t_S - t_C$），即提高炉温，这对炉体和金属熔体都有不利影响；另一方面由于铝的黑度很小，所以对于熔炼铝合金来说提高辐射传热是有限的，因此只能着眼于增大对流导热系数，提高对流传热。对流传热系数与气体流速有以下关系：

当燃烧气体的流速 $v = 5$m/s 时，$\alpha_C = 5.3 + 3.6v$ kJ/(m^2·h·℃)；

当燃烧气体的流速 $v > 5$m/s 时，$\alpha_C = 647 + v^{0.78}$ kJ/(m^2·h·℃)。

可见，提高燃烧气体的流速对提高金属的受热量是有效的，以前多采用低速烧嘴

(5～30m/s)，近年来采用了高速烧嘴（100～300m/s），熔炉的热效率有很大提高。图3-2和图3-3为辐射传热型和对流传热型熔炉的热平衡示意图。由图3-2和图3-3可见，热效率由辐射传热的28%提高到对流传热的46.7%。因此，采用高速烧嘴提高对流传热作用，是提高熔炼炉热效率的有效途径。

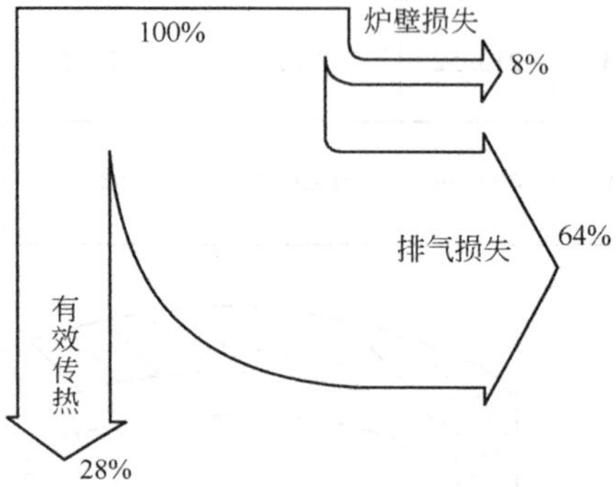

图3-2 辐射传热型熔炉的热平衡示意图

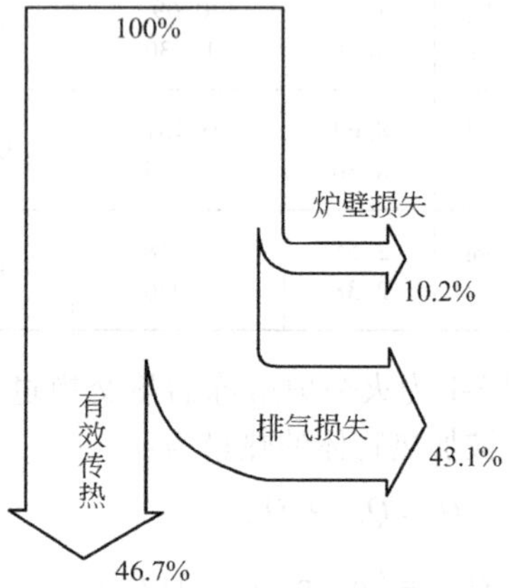

图3-3 对流传热型熔炉的热平衡示意图

3.1.2 金属熔炼过程中的传质

物质从体系的某一部分迁移到另一部分的现象称为质量传输，简称传质。在金属熔炼和成形过程中，金属熔炼时添加元素在熔融金属中成分的均匀化、除气、除渣的精炼过程、金属凝固时晶间溶质的再分配等传质都起着重要作用。传质是由于体系中物质的浓度梯度所引起的原子、分子运动以及由于外力场或密度场造成的流体原子集团的运动而引起物质的迁移。物质的分子或原子在空间迁移形式基本有三种：扩散传质、对流传质和相间传质。在固体中只存在分子或原子等质点的扩散；在流体（液体及气体）中的传质，既有微观质点的扩散，也有流体中自然对流和强制对流传质。

扩散是物质从高浓度区域向低浓度区域移动的过程，一般说来，物质的扩散速率与其浓度成正比。

如果以质量单位表示组分A的浓度，扩散过程的微分方程为：

$$W_{Ax} = -D_A\left(\frac{\partial \rho_A}{\partial x}\right) \tag{3-5}$$

式中 W_{Ax}——组分A在x方向上的质量流率，即物质流A的扩散通量，mol/(cm^2·s)；

ρ_A——组分A的质量浓度，$\partial\rho/\partial x$是x轴上的浓度梯度；

D_A——比例系数，也称组分A的扩散系数，cm^2/s。

冶金中，通常把扩散微分方程写成物质的量浓度形式：

$$J_{Ax} = -D_A\frac{\partial C_A}{\partial x} \tag{3-6}$$

式中 J_{Ax}——组分A在x方向上的摩尔扩散通量，mol/(cm^2·s)；

C_A——组分A的物质的量浓度，mol/L。

式3-5、式3-6均称为菲克扩散第一定律，它们说明物质A沿其浓度降低的方向扩散，如同动量在黏滞流中沿速度降低方向传递和热量通过传导沿温度降低方向流动一样。

在流体中，由于流体中宏观流动引起物质从一处迁移到另一处的现象称为对流传质。对流传质过程中，既存在流体主体运动所引起的传质作用，也会出现流体中某组元的浓度场所引起的扩散传质。对流传质与流体的流动状态、流体动量传输密切相关，其机理与对流传热相似。

前两种传质都是在均一相的内部进行的，而相间传质则是通过不同相的相界面进行的。如铝合金的除气精炼时，气体分子是通过液-气界面迁移的。相间传质既有分子或原子的扩散，又有流体中的对流传质。在相界面上有时会发生集聚状态的变化或化学反应，相界面两边介质的性质和运动状态等都对相间传质有影响。因此，相间传质是多种传质过程的综合。

合金添加元素在熔融金属中的溶解是合金化的重要过程，合金元素通过溶解才能与基体金属或其他元素构成各种固溶体及化合物，形成单相或多相合金。这一过程正是靠传质来实现的。元素在液态金属中的溶解，可根据添加元素与金属的合金相图来确定，通常与合金形式有关。金属形成共晶的元素，一般较易溶解；与金属形成包晶转变的，特别熔点相差很大的元素比较难于溶解。如铝合金中 Al-Mg、Al-Cu、Al-Li 等为共晶型合金，其熔点较接近，合金元素便较容易溶解，在熔炼过程中可直接加到铝熔体中，而不必采用中间合金；但是 Al-Si、Al-Fe、Al-Be 等合金虽然也存在共晶反应，但由于熔点相差较大，溶解得很慢，需要较大的过热才能完全溶解；Al-Ti、Al-Zr、Al-W、Al-Nb 等合金具有包晶相图，属于难熔金属元素，为了使其在铝中尽快溶解，必须以中间合金加入。

3.2 金属的蒸发

当金属被加热到熔点时，便开始由固态向液态转变。液体金属的原子或分子出现连续的无秩序运动，这种无秩序运动使部分表面层具有过剩能量的原子或分子脱离金属表面形成气体，这种现象称之为蒸发，也叫挥发。不仅液体有蒸发，固体也有蒸发。蒸发这一物理现象在熔炼过程中始终存在。

在某些金属原子或分子脱离金属的同时，气相中的另一些金属原子或分子也可能重新回到金属液之中。在某一定温度下，当脱离金属液的原子或分子数与回到金属液中的原子或分子数相等时，也即处于平衡状态时，金属在气相中的分压称为该金属的饱和蒸气压，有时也称为蒸气压，这是金属分子在气相中量的多少的标志。实际上蒸发是相间传质的过程，其传质步骤是：

(1) 某组元在液体或固体内向表面扩散；

(2) 在边界上组元蒸发；

(3) 在气相中扩散，如果是处于真空状态，组元在气相中浓度很小，故可忽略传质在气相中的阻力。

利用蒸发可以用来提纯金属，但在熔炼过程中蒸发主要会造成金属的损失。由于各种合金成分挥发程度不同，挥发损失各异，导致合金成分控制的困难。减少金属损失是熔炼过程控制的重要问题，所以必须对金属的蒸发特性有所了解。

影响金属蒸发的因素主要有如下几个方面：

(1) 金属蒸气压。反映蒸发性的物理量为蒸气压和蒸发热。在相同的熔炼条件下，一般蒸气压高的元素易于挥发。沸点低、蒸发热小，在合金中不溶解或少溶解，而且含量高的元素易挥发。表 3-2 为一些元素的沸点和蒸发热。

表 3-2　一些元素的沸点和蒸发热

元素	沸点/℃	蒸发热/J·mol⁻¹	元素	沸点/℃	蒸发热/J·mol⁻¹	元素	沸点/℃	蒸发热/J·mol⁻¹
P	280	53.34	Bi	1421	172.08	Cr	2482	221.48
Hg	356.7	59.03	Sb	1380	175.85	Sn	2271	270.89
Na	892	99.23	Pb	1740	180.03	Cu	2959	306.89
Cd	765	100.06	Al	2450	291.40	Ni	2732	374.30
Zn	907	120.58	Mn	2150	224.83	Fe	2738	340.39
Mg	1110	127.70	Ag	2210	251.21	W	5927	766.18
Te	1387.9	166.22	Au	2970	259.58	Mo	4799	506.60

（2）温度的影响。蒸气压的变化与温度有关，温度升高，蒸气压也随之升高。这是因为随着温度的升高，金属原子或分子运动的动能增加，易于克服原子或分子间的吸引力而脱离金属液面，进入气相中的原子或分子数目增多，而使蒸气压增大。金属的蒸气压与温度的关系见图 3-4。

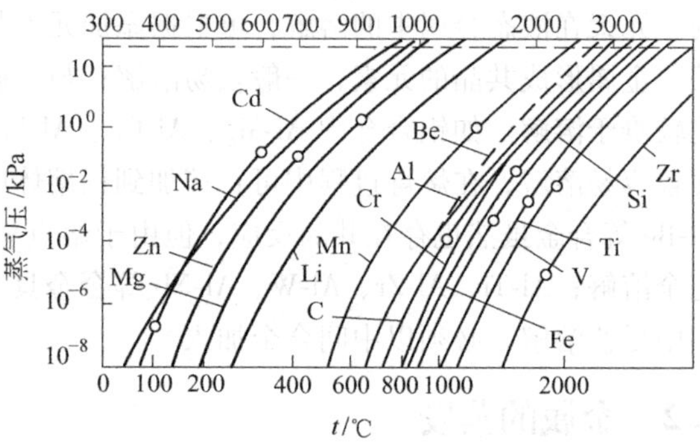

图 3-4　金属的饱和蒸气压与温度的关系

金属在室温下的蒸气压很小，即使在高一些的温度下，固体金属的蒸气压也很低。例如，铜在 230℃时，蒸气压为 577×10^{-27}Pa；锌在 200℃时，蒸气压为 104×10^{-6}Pa。温度升高，蒸气压增高，表面上的蒸发也增大，当蒸气压升至等于大气压时，熔体产生沸腾现象，此时的温度就是沸点。这时的汽化不只是表面现象，而发展成整体的汽化。可见蒸发是在不同温度下产生不同程度的汽化，而沸腾是在一定的大气压力下，保持一定温度（沸点温度）的汽化。在金属熔炼过程中不只是挥发性大的金属才有蒸发现象，即使挥发性小的金属也有蒸发现象。例如，铜的沸点为 2570℃，但铜在一般熔化温度时其蒸气压有显著提高，可以看到铜液表面的火焰有时呈绿色，这是由于炉气中存在着铜的蒸气。甚至在开始熔化以前，从被加热的铜块表面上也可以看到绿色，说明已经产生了铜蒸气。

（3）压力影响。炉内压力对金属的蒸发有很大的影响。一般压力愈低，蒸发愈大。在低压下或在真空状态下熔炼，蒸气压较大的金属其蒸发损失非常严重。例如：在真空炉内熔炼含锰的钛合金时，若措施不当，锰的损失可达 90% ~95% 。

在真空状态下，脱离金属表面的原子或分子的平均自由程大大增加，原子或分子间相互碰撞概率会大大减少，返回金属表面的原子或分子也会相对减少，从而提高了蒸发速度。因此，许多蒸气压较低的金属，如 W、Mo、Ta、Y 等，在真空熔炼时也会有相当大的蒸发损失。此外，真空状态下表面氧化膜大部分被除掉，金属挥发阻力减小，以及某些低价金属氧化物的蒸气压升高，变得易于保护炉压以减少金属的挥发损失。

（4）合金元素的影响。合金中各元素的蒸气分压，不同于该元素纯态的蒸气压，合金的蒸气压也不能用各纯态元素蒸气压按成分比例之和来计算。因为多元合金一般都不是理想溶液，各合金元素间相互作用复杂，溶解状态也各不相同，各元素的蒸气分压与其在合金中的浓度不成比例关系。计算各元素的蒸气压时，通常用活度来代替浓度。活度 a 与浓度的关系为：

$$a = Nr \tag{3-7}$$

式中　a——合金元素的活度；

N——合金元素在合金中的摩尔浓度；

r——合金元素的活度系数。

合金元素的蒸气压 p 为：

$$p = p^0 a = p^0 Nr \tag{3-8}$$

式中　p^0——纯态合金元素的蒸气压。

合金的总蒸气压力 Σp 为：

$$\Sigma p = \sum_{i=1}^{n} p_i^0 a_i = \sum_{i=1}^{n} p_i^0 N_i r_i \tag{3-9}$$

可见，合金元素的活度越大，其蒸气压也越大。一般合金中沸点低，蒸气压高的组元容易挥发，而易挥发元素在合金中含量越高，合金的蒸气压就越高，合金的挥发损失也越大，如铝合金中的锌和镁，铜合金中的锌和镉都是极易挥发的。尤其是镉的蒸发热，沸点及在铜中的溶解度都比较小，所以镉青铜中的镉比黄铜中的锌更易挥发。正因为镉青铜中镉的蒸发性大，所以镉青铜铸锭头、尾部分的含镉量极不均匀。相反，铝合金中的铜、铜合金中的镍，则挥发损失就很小。

（5）其他因素影响。蒸发是一种产生于表面的物理现象，所以金属蒸发损失与金属的表面状态关系很大。金属表面有氧化膜覆盖时，金属的蒸发量可以大为降低，如铜中加铝或铍，铝中加铍，都可以形成致密的氧化膜，阻碍金属的挥发损失。另外，金属熔炼时间越长，熔池表面积越大，搅拌和扒渣的次数越多，则挥发损失越大。炉内气氛对蒸发也有一定的影响，还原性气氛蒸发较强烈，氧化性气氛蒸发就较弱。

3.3　金属的氧化及防护

熔炼过程中，金属以熔融或半熔融状态暴露于炉气并与之相互作用的时间很长，往往造成金属大量吸气、氧化和非金属夹杂。

在熔炼过程中，生成的金属氧化物不仅造成不可回收的金属损失——熔损，并且是导致铸锭产生夹杂的主要根源。因此，研究金属氧化理论，对减少金属的熔损，控制精确的化学成分，提高铸锭质量均有重大意义。

金属所以被氧化，是由于金属与氧之间存在有化学亲和力，金属氧化反应的可能性及反应的强弱，主要取决于金属与氧之间的热力学条件，即进行氧化反应时体系自由能的变化值。

3.3.1　金属氧化的热力学条件

金属氧化热力学主要研究金属氧化趋势，各合金元素的氧化顺序及氧化程度和生成氧化物的稳定性。这主要取决于金属与氧的亲和力，同时也与合金成分、温度及压力等条件有关。根据热力学第二定律，金属氧化趋势可用氧化物生成（吉布斯）自由能变量 ΔG 来衡量，由于氧化物的生成自由能变量 ΔG 和热力学函数分解压 p_{O_2}、生成热 $\Delta H^{\ominus}$ 及反应的平衡常数 K_p 都是氧化过程的状态函数，所以氧化物的 p_{O_2}、$\Delta H^{\ominus}$ 和 K_p 的大小同样可以用来判定金属氧化的方向、趋势和氧化物的稳定性。

在化学反应过程中，如反应体系的始态自由能为 $G_{反}$，终态的自由能为 $G_{产}$，则反应过程的自由能变化为：

$$\Delta G = G_{产} - G_{反} \tag{3-10}$$

ΔG是反应体系的自由能增量，也称为反应的自由能变化。反应过程中：

（1）若$\Delta G<0$，即$G_{产}<G_{反}$，则反应按方程式所给定的方向自动进行；

（2）若$\Delta G>0$，即$G_{产}>G_{反}$，则反应将逆向自动进行；

（3）若$\Delta G=0$，即$G_{产}=G_{反}$，则反应已达平衡状态。

在冶金生产中，一般反应的物质同时有气体、固体、液体或液体中的溶剂或溶质的多相反应。此时自由能变化的等温方程式为：

$$\Delta G = \Delta G^{\ominus} + RT\ln J \tag{3-11}$$

式中，$\Delta G^{\ominus}$被称为标准自由能变化，即在标准状态下，由稳定的单质生成1mol化合物时的吉布斯自由能变化，就是该化合物标准生成自由能，单位为J/mol或kJ/mol。所谓标准状态，按国际单位制规定压力$p=101325\text{Pa}$（即为1atm）时，对温度没有规定，一般都取298K（25℃）；J被称为压力熵，在式3-11中处于对数项内，与$\Delta G^{\ominus}$相比较，绝对值较小，影响不大，故一般用$\Delta G^{\ominus}$就可以判断反应的方向和程度及化合物的稳定性，例如，温度在1000K时：

$$\frac{4}{3}\text{Al} + \text{O}_2 \xlongequal{\quad} \frac{2}{3}\text{Al}_2\text{O}_3 \qquad \Delta G^{\ominus} = -906300\text{J/mol}$$

$$4\text{Cu} + \text{O}_2 \xlongequal{\quad} 2\text{Cu}_2\text{O} \qquad \Delta G^{\ominus} = -190400\text{J/mol}$$

比较两式，氧化铝的生成自由能具有较大的负值，因此它的稳定性比氧化亚铜大。将两式相减得到：

$$\frac{4}{3}\text{Al} + 2\text{Cu}_2\text{O} \xlongequal{\quad} 4\text{Cu} + \frac{2}{3}\text{Al}_2\text{O}_3 \quad \Delta G^{\ominus} = -715900\text{J/mol}$$

$\Delta G^{\ominus}$为负，反应自发进行，Cu_2O被Al还原，说明此时Cu_2O不如Al_2O_3稳定。氧化物的稳定性随温度而变化，$\Delta G^{\ominus}$与T的关系接近直线：

$$\Delta G^{\ominus} = A + BT \tag{3-12}$$

为了比较各种氧化物在各种温度下的相对稳定性，将$\Delta G^{\ominus}$对温度作图（见图3-5），称为标准生成自由能与温度关系图，也称为氧势图或Ellingham图。

图3-5中纵坐标为$\Delta G^{\ominus}$，单位是kJ/mol(O_2)，横坐标为温度（℃）。各直线所代表的反应已在线上注明，这些反应一般都是金属与氧反应生成的金属氧化物。图中各条直线的斜率B相当于各自反应的熵，即：$\partial\Delta G^{\ominus}/\partial T = -\Delta S^{\ominus}$。

随着温度的升高，金属和金属氧化物会发生熔化、沸腾、升华或晶型转变等相变过程。由于相变时熵发生变化，所以直线在相变温度处要发生明显的转折，如达到沸点时$\Delta S^{\ominus}$减小，斜率增大。在冶金生产过程中$\Delta G^{\ominus}$-T图得到了广泛的应用。我们利用它可以分析研究相应的问题。

（1）分析温度对氧化物稳定性的影响并比较各氧化物的稳定性大小。图3-5中直线绝大多数倾斜向上，表明随着温度升高，生成氧化物反应的趋势减小，即氧化物的稳定性减小，但唯独CO的稳定性随着温度的升高而增加。从各直线之间的相互比较看，图3-5中最下方的直线所表示的氧化物是最稳定的，又因其熔点高，常用做高温耐火材料，如CaO、MgO等。当低价氧化物经氧化变为高价氧化物时，其直线倾斜向上，说明随着温度升高，高价氧化物的稳定性减小，低价氧化物的稳定性增加。因此，可以得出一般规律为高价氧化物在低温下较稳定，低价氧化物在高温下较稳定。

（2）可定性地分析元素的氧化还原规律。图3-5中越下部的元素与氧的结合能力越强，可见在高温下金属元素由强到弱的氧化次序是：Ca、Mg、Al、Ti、Si、V、Mn、Cr、W、Fe、P、

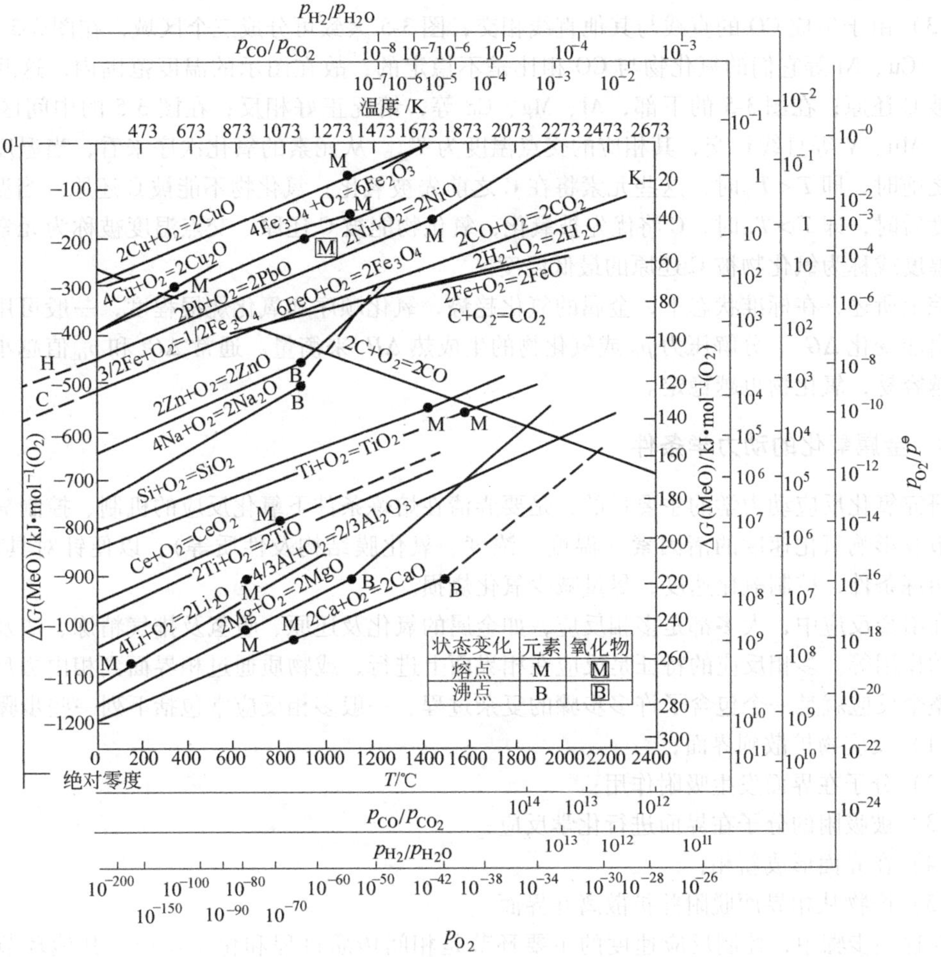

图 3-5 金属氧化物标准生成吉布斯自由能与温度的关系图

Co、Ni、Pb、Cu、Ag。由于前面的元素与氧的亲和力大，所以前面的元素可以还原位置处于后面的元素氧化物。例如，Al 可以还原 TiO_2 而获得金属 Ti，这种用金属作还原剂将另一种金属从其氧化物中还原出来的方法称为金属热还原法，即：

$$Me + MO \xlongequal{} MeO + M \tag{3-13}$$

式中 Me——金属（还原剂）；

MO——金属氧化物（氧化剂）。

反应的热力学条件为：$\Delta G^{\ominus}_{MeO} < \Delta G^{\ominus}_{MO}$，即 Me 对氧的亲和力大于 M 对氧的亲和力。如：

$$4Al + 3TiO_2 \xlongequal{} 3Ti + 2Al_2O_3$$

在 1000K 时，其各自氧化物的自由能为：

$$4Al + 3O_2 \xlongequal{} 2Al_2O_3 \quad \Delta G^{\ominus}_{Al_2O_3} = (-3361500 + 642.6T/K) \ \ J/mol$$

$$Ti + O_2 \xlongequal{} TiO_2 \quad \Delta G^{\ominus}_{TiO_2} = (-943500 + 179.1T/K) \ \ J/mol$$

$$\Delta G^{\ominus}_{Al_2O_3} - \Delta G^{\ominus}_{TiO_2} = -525700 J/mol \ll 0$$

故反应可以进行到底。

（3）由于生成 CO 的直线与其他直线相交，图 3-5 大致可分成三个区域，在图 3-5 的上部，如 Ag、Cu、Ni 等它们的氧化物与 CO 相比是不稳定的，故在图示的温度范围内，这些氧化物均能被 C 还原；在图 3-5 的下部，Al、Mg、Ca 等，情况正好相反；在图 3-5 的中间区域，CO 与 Cr、Mn、V 等直线相交，其相应的交点温度为 $T_{交}$。从元素的氧化次序来看，当温度在交点温度之前时，即 $T < T_{交}$时，这些元素将在 C 之前先被氧化，氧化物不能被 C 还原。当温度在交点温度后时，即 $T > T_{交}$时，C 将优先被氧化，氧化物能被 C 还原。交点温度被称为元素的氧化转化温度或称为氧化物被 C 还原的最低温度。

综上所述，在标准状态下，金属的氧化趋势、氧化顺序和氧化烧损程度，一般可用氧化物的自由能变化 $\Delta G^{\ominus}$、分解压力 p_{O_2}或氧化物的生成热 $\Delta H^{\ominus}$来衡量。通常 $\Delta G^{\ominus}$ 和 p_{O_2}值越小，元素氧化越容易，氧化物也越稳定。

3.3.2 金属氧化的动力学条件

研究氧化反应动力学的主要目的，是要弄清在熔炼条件下氧化反应的机制、控制氧化反应的环节及影响氧化速度的诸因素（温度、浓度、氧化膜结构及性质等），以便针对具体情况，改善熔炼条件，控制氧化速度，尽量减少氧化烧损。

在冶金反应中，大多都是多相反应，如金属的氧化及还原、吸氢及排气精炼、渣及熔体对炉衬的作用等。多相反应的特征是反应在相界面上进行，或物质通过相界面到相内去反应。因此，整个反应就是一个包含了许多步骤的复杂过程。一般多相反应常包括下列一些步骤：

（1）反应物扩散到界面；

（2）分子在界面发生吸附作用；

（3）被吸附的分子在界面进行化学反应；

（4）在界面形成新相；

（5）产物从相界面脱附并扩散离开界面。

在这些步骤中，控制反应速度的主要环节是相间传质过程和化学反应，其他环节影响不大。在有色金属熔炼过程中，固体金属炉料在室温或在炉内加热时，被空气或氧化性炉气氧化是气-固相间的多相反应，金属熔体被氧化是气-液相间的多相反应。

3.3.2.1 金属氧化机理和氧化膜结构

固体金属炉料在室温或在炉内加热时，被空气或氧化性炉气氧化，是气-固相间的多相反应。合金熔体被氧化是气-液相间的多相反应。

固体金属的氧化首先在表面进行。氧化时，氧分子开始是吸附在金属表面上，然后氧分子分解成原子，即由物理吸附过渡到化学吸附。在形成超薄的吸附层后氧化物在基底金属晶粒上的有利位置（如位错或晶界处）外延成核，并在各个成核区逐渐长大，与其他成核区相互接触，直至氧化薄膜覆盖住整个表面为止。其后的氧化过程由以下几个主要环节组成（如图 3-6 所示）。

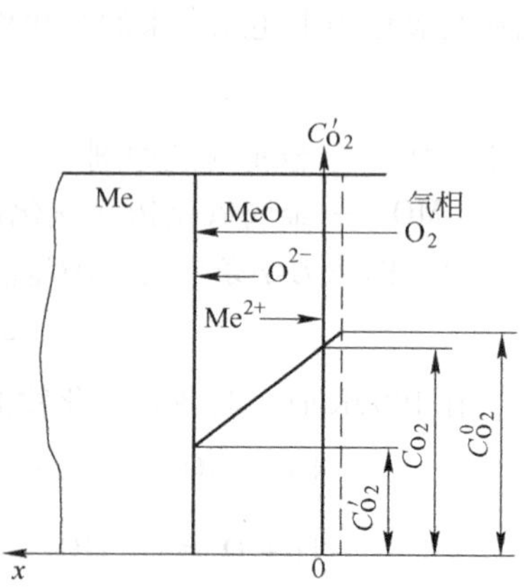

图 3-6 金属氧化机理示意图

（1）氧由气相通过边界层向氧-氧化膜界面扩散（即外扩散）。气相中氧主要是依靠对流和扩散传质来运动，成分比较均匀。由于固相对气相的摩擦阻力和氧化反应分解了氧。在氧-氧化膜界面附近的气相中，存在一个有氧浓度差的气流层，常称为能斯特（Nernst）边界层或叫扩散层，其厚度δ大约为0.03mm。在此边界层中气流呈层流运动，在垂直气流的方向上几乎不存在对流传质，氧主要依靠浓差扩散。故边界层中氧的扩散速度v_D由式3-14决定：

$$v_D = \frac{DA}{\delta}(C_{O_2}^0 - C_{O_2}) \tag{3-14}$$

式中 D——氧在边界层中的扩散系数；

A——边界层面积；

δ——氧化膜的厚度；

$C_{O_2}^0$，C_{O_2}——分别为边界层外和相界面上氧的浓度。

（2）氧通过固体氧化膜向氧化膜-金属界面扩散（即内扩散）。氧化膜因其结构、性质不同，有的连续致密，有的疏松多孔。氧在氧化膜中的扩散速度仍取决于式3-14，此时浓差为$C_{O_2} - C'_{O_2}$，C'_{O_2}为反应界面上氧的浓度。通常金属是致密的，因而反应界面将是平整的，并且随着氧化过程的继续，反应界面平行地向金属内移动，氧化膜逐渐增厚。

（3）在金属-氧化膜界面上，氧和金属发生界面化学反应，与此同时金属晶格转变为金属氧化物晶格。若这种伴有晶格转变的结晶化学反应为一级反应，则其速度为：

$$v_k = KAC_{O_2} \tag{3-15}$$

式中 K——反应速度常数，m^2/s；

A——反应面积，m^2。

金属氧化过程是经由上述三个环节连续完成的。然而，各个环节的速度是不相同的，总的反应速度将取决于其中最慢的一个环节，即控制性环节。在金属熔炼过程中，气流速度较快，常常高于形成边界层的临界速度，因而边界层的外扩散一般不是控制性环节。内扩散和结晶化学变化环节中哪一个是控制环节，这取决于氧化膜的性质。在整个氧化反应中，氧化膜的性质起着重要作用。而氧化物的主要性质是其致密度，氧化物的致密度根据 Pilling-Bedworth 法则，可用氧化物的分子体积V_M与形成氧化物的金属原子体积V_A之比α来判定，即：

$$\alpha = V_M/V_A \tag{3-16}$$

室温下各种金属氧化物的α值列于表3-3中。至于其他温度下的α值，只要知道它们各自的线膨胀系数就可以进行换算。

表3-3 室温下一些氧化物的α近似值

Me	K	Na	Li	Ca	Mg	Cd	Al	Pb	Sn	Ti
Me_xO_y	K_2O	Na_2O	Li_2O	CaO	MgO	CdO	Al_2O_3	PbO	SnO_2	Ti_2O_3
α	0.45	0.55	0.60	0.64	0.78	1.21	1.28	1.27	1.33	1.16

Me	Zn	Ni	Be	Cu	Mn	Si	Ce	Cr	Fe
Me_xO_y	ZnO	NiO	BeO	Cu_2O	MnO	SiO_2	Ce_2O_3	Cr_2O_3	Fe_2O_3
α	1.57	1.60	1.68	1.74	1.79	1.88	2.03	2.04	2.16

各种金属由于其氧化膜结构不同，氧扩散通过的阻力也不一样，因而氧化反应的控制性环节及氧化速度随时间的变化规律也各不相同。

当$\alpha<1$时，生成的氧化膜是疏松多孔的、无保护性。氧在这种氧化膜内扩散阻力要小得多。在这种情况下，控制性环节将由内扩散转变为结晶化学反应。氧化反应速度为一常数。

当$\alpha>1$时，生成的氧化膜一般是致密的、连续性的、有保护作用的。氧在这种氧化膜内扩散无疑会遇到较大阻力。在这种情况下，结晶化学反应速度快，而内扩散速度慢，因此氧化膜中的内扩散成为控制性环节。

一些金属的 $\alpha >> 1$，这种金属氧化膜十分致密但内应力很大，氧化膜增长到一定厚度时会周期性的自行破裂，此现象周期性出现，故氧化膜也是非保护性的。大量过渡族金属（如铁）的氧化膜就是如此。

严格地讲，金属的氧化不仅依靠氧在氧化膜中的扩散，还存在着金属正离子向气相-氧化膜界面扩散和氧负离子向金属-氧气膜界面的扩散。当氧化膜很致密且氧的扩散阻力很大时，氧化膜内离子的扩散将占很大比重。研究表明，氧化物的晶体与金属一样，在绝对零度以上的温度时具有点阵缺陷，例如阴离子空位或阳离子空位及间隙原子等。离子的迁移速率取决于氧化膜的点阵缺陷性质。

3.3.2.2 金属氧化的动力学方程

高温下固态纯金属的氧化速率受氧化膜的性质所控制，并且与反应温度、反应物面积以及氧的浓度有关。不同金属的氧化动力学，随时间的增加呈现不同的变化规律。平面金属的氧化速度可用质量随时间的变化来表示，也可用氧化膜的厚度随时间的变化来表示。

在温度、面积一定时，氧通过氧化膜的内扩散速度为：

$$\left(\frac{\mathrm{d}x}{\mathrm{d}t}\right)_D = \frac{D}{x}(C_{O_2} - C'_{O_2}) \qquad (3\text{-}17)$$

式中 x——氧化膜厚度；

t——时间；

其他符号的意义同前。

结晶化学反应速度为：

$$\left(\frac{\mathrm{d}x}{\mathrm{d}t}\right)_k = KC'_{O_2} \qquad (3\text{-}18)$$

式 3-17 和式 3-18 中，反应界面上氧的浓度 C'_{O_2} 是不可测的。如果扩散速度慢而结晶化学反应速度很快，C'_{O_2} 将接近反应的平衡浓度；相反，则将高于反应的平衡浓度，介于平衡浓度与 C_{O_2} 之间。然而由于扩散和结晶化学反应是连续进行的，因而两式中的 C'_{O_2} 都是同一数值。若两阶段速度相等，则氧化反应的总速度为：

$$\frac{\mathrm{d}x}{\mathrm{d}t} = \left(\frac{\mathrm{d}x}{\mathrm{d}t}\right)_D = \left(\frac{\mathrm{d}x}{\mathrm{d}t}\right)_k \qquad (3\text{-}19)$$

将式 3-17、式 3-18 代入式 3-19 整理后得：

$$\frac{1}{D}x\mathrm{d}x + \frac{1}{K}\mathrm{d}x = C_{O_2}\mathrm{d}t$$

当时间 t 由 $0 \to x$，积分后得：

$$\frac{1}{2D}x^2 + \frac{1}{K}x = C_{O_2}t \qquad (3\text{-}20)$$

式 3-20 即为扩散和结晶化学反应综合控制金属氧化反应的一般动力学方程。可见，氧化膜厚度 x 与时间 t 呈曲线关系。

对于 $\alpha > 1$ 的金属，氧化膜连续致密而且稳定，氧化膜逐渐增厚，扩散阻力越来越大，氧化速度将随时间的延续而降低，这时 $D << K$。式 3-20 等式左边第二项可忽略不计，则式 3-20

变为：

$$x^2 = 2DC_{O_2}t \tag{3-21}$$

式3-21为该类金属氧化的动力学方程。可以看出，氧化速度随时间的增长而减小，这类金属氧化物初期氧化膜很薄，氧扩散并不十分困难，所以此时氧化过程处于动力学范围，遵守直线规律。氧化膜增厚以后，服从抛物线规律，Al、Be、Si等大多数金属生成的氧化膜具有这种特性。

对于$\alpha<1$的金属，氧化膜疏松多孔，氧在其中扩散阻力小，扩散系数D与反应速度常数K比较，有$D>>K$，式3-20等式左边第一项可忽略不计，则：

$$x = KC_{O_2}t \tag{3-22}$$

可以看出，$\alpha<1$的金属氧化反应速度受结晶化学限制。炉气中氧的浓度一定时，x与t呈直线关系。也就是说，这类金属氧化以恒速持续进行。碱金属及碱土金属（如Li、Mg、Ca）的氧化膜具有这种特性。

上述氧化动力学方程是在面积和温度一定的条件下推导出来的。显然，多相化学反应的表观速率与界面面积成正比。因此，固体炉料的形状对氧化速度有很大的影响，碎屑及薄片料的氧化速度快。式3-20中的K和D都与温度有关。一般认为，低温条件下氧化过程受化学反应控制；而在高温下化学反应速度迅速增大，以致大大超过扩散速度，这时氧化过程由扩散控制。

进一步研究表明，固体纯金属的氧化动力学规律也适用于液态纯金属，但是由于氧化膜的特性产生了变化或发生熔化和溶解，实际情况就要复杂得多。根据金属氧化速度与时间的关系，通常也把液态金属的氧化分为两类：第一类金属氧化遵守抛物线规律，其氧化速度随时间递减，例如，800℃以前的铝的氧化，470～626℃铅的氧化和600～700℃锌的氧化，这是因为氧在这些金属液中的溶解度很小或在金属表面形成致密固态氧化膜；第二类金属氧化遵守直线规律，这是因为氧或氧化物在液态金属中有较大的溶解度或者生成的固态氧化膜呈疏松多孔状，例如，在熔融状态下，氧化亚铜产生溶解，镁的氧化膜呈现疏松多孔状，都是遵守这一规律；还有一些金属，在某一情况下遵守抛物线规律，另一种情况下遵守直线规律，铋的氧化就是如此。

添加合金元素能强烈地影响金属的氧化特性。含镁铝合金的氧化膜成分是可变的，含镁量低时（0.005%），氧化膜结构与γ-Al_2O_3相同（MgO固溶于γ-Al_2O_3中）。含镁量为0.01%～1.0%时，氧化膜由可变成分的尖晶石（$MgO \cdot Al_2O_3$）MgO组成。含镁量超过1.5%时，氧化膜几乎全是MgO。熔体中加入活性高于镁的元素，氧化膜的组成发生变化，如含镁10%的铝合金熔体氧化很快，其表面为一层厚而疏松的氧化浮渣所覆盖。熔体中加入0.15%的铍，氧化膜中BeO达到45%时，氧化受到抑制。纯铝、含镁和含镁、铍的铝合金氧化特性的差别主要是由氧化膜的性状所决定的。

图3-7显示了铝合金中添加元素对铝氧化物质量增加的影响。可以认为，与氧亲和力大的元素优先氧化，其氧化速度遵守动力学的质量作用定律，氧化膜的性质控制合金的氧化过程。因

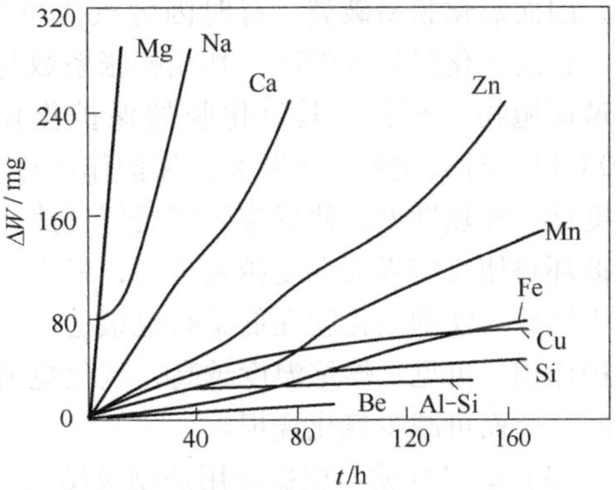

图3-7　几种元素对铝氧化增重的影响

此，加入少量使金属氧化膜致密化的元素，能改变熔体的氧化行为并降低氧化烧损。

3.3.3 影响氧化过程的因素及降低氧化烧损的方法

3.3.3.1 影响金属氧化烧损的因素

熔炼过程中金属因氧化而造成的损失称为氧化烧损，其程度取决于金属氧化的热力学和动力学条件，即与金属和氧化物的性质、熔炼温度、炉气性质、炉料状态、熔炉结构以及操作方法等因素有关。

（1）金属和氧化物的性质。如前所述，纯金属氧化烧损的大小主要取决于金属与氧的亲和力和金属表面氧化膜的性质。金属与氧的亲和力大，且其氧化膜呈疏松多孔状，则其氧化烧损大，如镁、锂等金属就是如此。铝、铍等金属与氧的亲和力大，但氧化膜的 $\alpha>1$，故氧化烧损较小。金、银及铂等与氧的亲和力小，且 $\alpha>1$，故很少氧化。

有些金属氧化物虽然 $\alpha>1$，但其强度较小，且线膨胀系数与金属不相适应，在加热或冷却时会产生分层、断裂而脱落，CuO 就属于此类。有些氧化物在熔炼温度下呈液态或是可溶性的，如 Cu_2O、NiO 及 FeO；有些氧化物易于挥发，如 Sb_2O_3、Mo_2O_3、MoO_3 等。显然这些氧化物不但对金属无保护作用，反而会促进金属的氧化烧损。

合金的氧化烧损程度因加入合金元素而异。与氧的亲和力较大的表面活性元素多优先氧化，或与基体金属同时氧化。这时合金元素氧化物和基体金属氧化物的性质共同控制着整个合金的氧化过程。氧化物 $\alpha>1$ 的合金元素能使基体金属的氧化膜更致密，可减少合金的氧化烧损，如镁合金或高镁铝合金中加入铍，就可提高合金的抗氧化能力，降低氧化烧损。黄铜中加铝，镍合金中加铝和铈，均有一定的抗氧化作用。氧化物 $\alpha<1$ 的活性元素，使基体金属氧化膜变得疏松，一般会加大氧化烧损，如铝合金中加镁和锂都更易氧化生渣。含镁的铝合金表面氧化膜的结构和性质，随着镁含量的增加而变化。镁含量在 0.6% 以下时，MgO 溶解于 Al_2O_3 中，且 Al_2O_3 膜的性质基本不变；当镁含量在 1.0% ~1.5% 时，合金氧化膜由 MgO 和 Al_2O_3 的混合物组成。镁含量越高，氧化膜的致密性越差，氧化烧损越大。合金元素与氧的亲和力和基体金属与氧的亲和力相当，但不明显改变合金表面氧化膜结构的合金元素，如铝合金中的铁、镍、硅、锰及铜合金中的铁、镍、铅等，一般不会促进氧化，本身也不会明显氧化。合金元素与氧亲和力较小且含量少时，自身将受到保护，甚至还会因基体金属及其他元素的烧损而相对含量有所增加。

（2）熔炼温度。在温度不太高时，金属的氧化多遵循抛物线规律；高温时多遵循直线规律。因为温度高时扩散传质系数增大，氧化膜强度降低，加之氧化膜与金属的线膨胀系数有差异，因而氧化膜易破裂。有时因为氧化膜本身的溶解、熔化或挥发而使其失去保护作用。例如，铝的氧化膜强度较高，其线膨胀系数与铝接近，熔点高且不溶于铝，在400℃以下铝的氧化遵循抛物线规律，其氧化膜的保护作用好。但在 500℃ 以上铝的氧化遵循直线规律，在750℃以上时氧化膜易于断裂，保护作用逐渐失去。镁氧化时放出大量的热，氧化镁疏松多孔，强度低、导热性差，使反应区域局部过热，因而会加速镁的氧化，甚至还会引起镁的燃烧，如此循环将使反应界面温度越来越高，最高可达2850℃，此时镁会大量变成气体，并加剧燃烧而发生爆炸。钛的氧化膜在低温时也很稳定，但升温至600 ~800℃以上时，氧化膜会溶解而失去保护作用。可见，熔炼温度越高，氧化烧损就越大。但在高温快速熔炼时，因大幅度减少熔炼时间，反而可减少氧化烧损。

（3）炉气性质。根据所用炉型及结构、热源或燃料燃烧程度的不同，炉气中往往含有各种不同比例的 O_2、$H_2O(g)$、CO_2、CO、H_2、C_mH_n、SO_2、N_2 等气体。从本质上讲，炉气的性质取决于该炉气平衡体系中氧的分压与金属氧化物在该条件下的分解压的相对大小，即炉气的性质要由炉气与金属之间的相互作用性质而定。因此，同一组成的炉气，就其性质而言，对一些金属是还原性，而对另一些金属则可能是氧化性。在实际条件下，若金属与氧的亲和力大于碳、氢与氧的亲和力，则含有 CO_2、CO 或 $H_2O(g)$ 的炉气就会使金属氧化，这种炉气是氧化性的。否则便是还原性的或中性的。如 CO_2 和 $H_2O(g)$ 对铜基本上是中性气体，但对含铝铜合金则是氧化性的。铝、镁是很活泼的金属，它们与氧的亲和力大，可被空气中的氧气氧化，也可被 CO_2、$H_2O(g)$ 氧化，因此，含有这些成分的炉气对它们来说是氧化性的。使用燃料的熔炼炉炉气成分，一般通过调节空气过剩系数和炉膛压力来控制。在熔沟式低频感应炉内熔炼无氧铜时，加入活性木炭覆盖，严闭炉盖，就可以使铜的氧化烧损减到最小。因为在弱的氧化气氛中，氧的浓度小，铜的氧化速度很慢。而对于氧化物分解压很小的金属，即使在一般的真空炉内也很难避免氧化现象。针孔电弧炉熔炼钛、镁合金时，仍有微量氧化物呈溶解状态存在。在氧化性炉气中，氧化烧损将难以避免。炉气的氧化性强，一般氧化烧损程度也高。

(4) 其他因素。生产实践表明，使用不同类型的熔炉时，金属的氧化烧损程度有很大差异。这是因为不同的炉型，其熔池形状、面积和加热方式不同。例如，熔炼铝合金，用低频感应炉时，其氧化烧损为0.4% ~0.6%；用电阻反射炉时氧化烧损为1.0% ~1.5%；用火焰炉时氧化烧损为1.5% ~3.0%。炉料的状态是影响氧化烧损的另一个重要因素。炉料块度越小，表面积越大，与氧的接触面积越大，其烧损也越严重。通常原铝锭烧损为0.8% ~2.0%；打捆的薄片废料的烧损为3% ~10%；碎屑料烧损最大可达30%。在其他条件一定时，熔炼时间越长，氧化烧损也越大。反射炉加大供热强度或采用富氧鼓风，电炉采用大功率送电，或在熔池底部用电磁感应器加以搅拌，均可缩短熔炼时间，减少氧化烧损。搅拌、扒渣等操作方法不合理时，易把熔体表面的保护性氧化膜搅破而增加金属的氧化烧损。

3.3.3.2　降低氧化烧损的方法

如前所述，在氧化性炉气中熔炼金属时氧化烧损难以避免，只是在不同情况下其损失程度不同而已。必须采取一切可能的措施来降低氧化损失，以提高金属的收得率和质量。从分析影响氧化烧损的诸因素可以看出，当所熔炼的合金一定时，主要应从熔炼设备和熔炼工艺两方面来考虑。

(1) 选择合理炉型。尽量选用熔池面积较小、加热速度快的熔炉。目前广泛选用工频或中频感应电炉熔炼铜、镍及其合金。推广用 ASARCO 竖炉熔炼紫铜和铝，以天然气和液化石油气作燃料，热效率高，可以连续生产，熔化速率高达10 ~85t/h。另外它还具有工艺简单，占地面积小，炉衬寿命长，可实现机械化、自动化操作等优点，是熔炼紫铜和工业纯铝的高效率设备。采用单向流动熔沟低频感应电炉和快速更换感应器等新技术熔炼铜合金，采用圆形火焰炉和炉顶快速加料技术熔炼铝合金，可缩短装料及熔化时间，降低能耗和熔损。

(2) 采用合理的加料顺序和炉料处理工艺。易氧化烧损的炉料应加在炉下层或待其他炉料熔化后再加入到熔体中，也可以中间合金形式加入。碎屑应重熔或压成高密度料包后使用。

(3) 采用覆盖剂。装炉时在炉料表面撒上一层薄层熔剂覆盖，也可以减少烧损。易氧化的金属和各种金属碎屑应在熔剂覆盖下熔化、精炼。

(4) 正确控制炉温。在保证金属熔体流动性及精炼工艺要求的条件下，应适当控制熔体温度。通常，炉料熔化前宜用高温快速加热和熔化；炉料熔化后应调控炉温，勿使熔体强烈过热。

(5) 正确控制炉气性质。对于氧化精炼的紫铜及易于吸氢的合金，宜采用氧化性炉气。在紫铜熔炼的还原阶段及无氧铜熔炼时，宜用还原性炉气，并且用还原剂还原基体金属氧化物。所有活性难熔金属，只能在保护性气氛或真空条件下进行熔炼。

（6）合理的操作方法。铝和硅的氧化膜熔点高、强度大、黏着性好，在熔炼温度下有一定的保护作用。在熔炼铝合金及含铝、硅的青铜时，应注意操作方法，避免频繁搅拌，以保持氧化膜完整。这样即使不用覆盖剂保护，也可有效地降低氧化烧损。

（7）加入少量 $\alpha>1$ 的表面活性元素。其目的是改善熔体表面氧化膜的性质，能有效地降低烧损。

3.4　金属熔体的气体夹杂及控制

熔炼过程中，多数金属及合金熔体除了可能通过炉料带入一些气体之外，还可能从炉气、炉衬等各个方面或多或少地吸收一些气体。这些气体是造成铸锭气孔、气眼、夹杂缺陷的重要根源。所以金属熔炼过程防止气体和设法排除金属中的气体是金属熔炼的重要宗旨之一。

一般情况下，金属液中均含有气体。由于合金不同，其中所含气体也有差异，如氢在铝、镁及一些高熔点金属中的溶解度是比较高的，而在铅、锌等低熔点金属中的溶解度就要低得多。氢与一些普通金属如铝、镁、硅及锰等形成的氧化物很稳定，而且不易溶解于金属或含有这些元素的合金液中。氧在合金中的溶解度是很有限的，熔融金属中的碳、氢、硫含量与其中的含氧量有关。当含氧量多时，它们的含量往往也大。氮在金属中的溶解度是极小的，氯和其他卤族元素也是如此，所以它们都可用来除气。由于气体种类不同，气体的来源、存在形式也不同。

3.4.1　气体在金属中存在的形式与种类

研究气体-金属间相互作用时，弄清气体在金属中的存在形态是非常重要的。概括起来，气体在金属中以下述三种形态存在：

（1）气体以原子存在。由于气体原子半径很小，多以离子或原子状态溶解于金属晶格内，形成间隙固溶体。

（2）气体以分子存在。超过溶解度的气体及不溶解的气体，则以气体分子状态吸附在不被金属液润湿的界面上，以气体夹杂或气泡存在于固、液金属中。

（3）形成化合物。若气体与金属中某元素的化学亲和力大于气体原子间的亲和力，则可与该元素形成固态化合物，存在于固、液态金属中。

在熔炼过程中，气泡、固态化合物和吸附在金属及熔渣表面的气体，在金属中以独立相存在，所以便于除去；而溶解于金属中构成固溶体的气体就较难除去，在凝固时析出最易形成气孔，往往易于造成铸锭缺陷。

3.4.2　气体的来源

在铸锭中形成铸造缺陷的气体并非是金属本身固有的，而是金属在熔炼过程中和浇注过程中，从外界吸收来的气体，在凝固过程中来不及逸出，以气孔、气眼等形式存在于铸锭中。气体的来源主要有以下几方面：

（1）来自炉料本身的气体。装入熔炉的原料包括新金属、回炉废料、中间合金或其他金属原料，以及熔炼过程中加入的熔剂、覆盖剂、添加剂、细化剂、变质剂等。这些炉料一般都带有水分、污泥、油垢等，一经入炉所蒸发出大量的水蒸气，就会与熔体反应造成吸气。如铝合金中的气体，虽然主要是氢，但它并不是来源于大气、炉气中呈游离状态存在的氢气，而主要来源于水蒸气。生产实践和科学实践证明，铝液中的氢和氧化物来自铝液和水蒸气的反应。

低于250℃时，铝和空气中的水蒸气接触发生下列反应：

$$2Al + 6H_2O = 2Al(OH)_3 + 3H_2 \tag{3-23}$$

$Al(OH)_3$是一种白色粉末，没有防氧化作用且易吸潮，称为“铝锈”。在高于400℃的熔体温度下，铝与水蒸气发生下列反应：

$$2Al + 3H_2O = Al_2O_3 + 6[H] \tag{3-24}$$

生成的游离态的原子［H］，极易溶解于铝液中，此反应为铝液吸氢的主要途径。高温下$Al(OH)_3$在炉内也发生分解反应：

$$4Al(OH)_3 = 2Al_2O_3 + 6H_2O \tag{3-25}$$

反应生成的H_2O又可与铝反应生成［H］，进入铝液。铝和水蒸气反应生成的氢之所以极易溶于铝中，是因为此反应中产生的氢的分压力远比氢分子离解时的分压力大得多。如在727℃时大气中水蒸气气压保持在$p_{H_2O} = 1.3kPa$（这是大气中水蒸气的正常含量），在金属-气体反应界面处氢的平衡分压可达到$p_{H_2} = 9.02 \times 10^{15} Pa$。因此，即使大气中水蒸气的浓度很小，也可导致铝的强烈吸氢。

各种油脂都具有复杂结构的碳氢化合物，铝液和油脂接触会产生下列反应：

$$\frac{4m}{3}Al + C_mH_n = \frac{m}{3}Al_4C_3 + n[H] \tag{3-26}$$

这一反应也是铝液吸氢的途径，所以生产中，严禁任何夹带水分、污泥、油垢等原料入炉。炉料不应露天存放，对已潮解的溶剂在入炉前应在一定温度下预热，以去除夹带水分。

（2）来自炉气的气体。非真空熔炼时，金属与炉气的作用复杂而强烈，是金属吸气的主要阶段。炉气中除含有氮气和氧气外，还含有一氧化碳、二氧化碳、二氧化硫、氢气和水蒸气。例如，铜液在炉气作用下会发生反应。原子状态的氢可大量溶于铜液中；氧气与铜可发生化学反应：$4Cu + O_2 = 2Cu_2O$，生成的Cu_2O溶于铜液中；一氧化碳与铜液中的Cu_2O可发生反应：$CO + Cu_2O = 2Cu + CO_2\uparrow$，结果是铜液中的$Cu_2O$含量减少，生成的二氧化碳容易从铜液中逸出；二氧化碳与铜之间不直接发生反应；二氧化硫与铜可发生反应：$SO_2 + 6Cu = 2Cu_2O + Cu_2S$，生成物均可溶于铜中。从上述这些气体与铜液的反应来看，铜液中吸收的气体主要是氢气和氧气。

（3）来自耐火材料和工具的气体。耐火材料表面吸附水分，停炉后残留炉渣及溶剂也能吸附水分。若烘炉未彻底去掉这些水分，将使金属大量吸气，尤其新炉开始生产时更为严重。熔炼操作工具使用时，表面常涂抹涂料，如涂料未彻底烘干或放置时间较长，表面吸附水分，入炉也会使金属吸气。

（4）来自浇注过程的气体。除上述熔化时期所吸收的气体外，金属在浇注时期，即熔融金属离开熔炉和进入铸模中凝固前后的过程中，也能大量吸收气体。其中的主要气体是熔体流放及转注过程中吸收的气体，同时也从铸模挥发性涂料中吸收气体。

3.4.3　气体的溶解度及影响因素

液态金属是由松散的存在很多“空穴”的游动的原子集团组成。由于许多气体原子半径很小，活性很大，所以很容易溶入液态金属中。在单质气体中，氢的原子半径（0.037nm），几乎能溶入所有金属与合金中。经研究表明，溶入有色金属的气体80%～90%是氢。所以金属含气量往往可以近似地认为就是“含氢量”。

3.4.3.1　气体的溶解度

气体的溶解过程一直进行到溶解在金属中的气体与周围介质达到平衡状态为止，通常用气体在金属中的溶解度来表示。溶解度就是：在一定的温度和压力条件下，金属吸收气体的饱和浓度。常用100g金属中在标准状态下所含饱和气体的体积来表示，单位为 $cm^3/(100g)$。

反映双原子气体在金属中的溶解度与金属温度及金属上方该气体分压之间关系的函数表达式称作气体溶解度方程式。对于氢气，这个方程式可写为：

$$\ln S = -\frac{A}{T} + B + \frac{1}{2}\ln p_{H_2} \tag{3-27}$$

式中　S——气体在金属中的溶解度，$cm^3/(100g)$；

T——金属温度，K；

p_{H_2}——金属上方氢分压，Pa；

A，B——常数。

Ransley 求出氢在熔融纯铝中的溶解度公式为：

$$\ln S = -\frac{2760}{T} + 1.356 + \frac{1}{2}\ln p_{H_2} \tag{3-28}$$

3.4.3.2　影响气体的溶解度因素

影响气体溶解度的因素如下。

（1）压力的影响。双原子气体的溶解度遵循平方根规律。即在一定的温度条件下，金属中气体的溶解度与金属和气相接触处该气体分压力的平方根成正比。即

$$S = K_1\sqrt{p} \tag{3-29}$$

$$K_1 = S_0\exp[-\Delta H/2RT] \tag{3-30}$$

式中　K_1——与金属及溶解气体的性质、温度和气体溶解度量单位选择有关的常数，被称为西维尔常数；

S——溶解度，$mL/(100g)$ 或 $cm^3/(100g)$；

p——气相中溶解气体的分压，Pa；

S_0——常数；

R——气体常数；

T——金属的热力学温度，K；

ΔH——气体在金属中的溶解热，J/mol。

在实际生产中，常用平方根定律来控制气体在金属中的溶解度，从而减少或避免铸锭内的气眼、气孔的危害。但对于铝合金，由于液面有致密的氧化膜存在，常破坏这个规律。

（2）温度的影响。当气体分压一定时，气体在金属中的溶解度公式可以写成如下形式：

$$S = K_2\exp[-\Delta H/2RT] \tag{3-31}$$

式中　K_2——与压力有关的常数。

由式3-31可知，温度对溶解度的影响取决于溶解热。当气体在金属溶体中溶解过程是吸热反应，即溶解热为正值时，则气体溶解度随温度的升高而增大。如氢在铝、铜、镁中的溶解度随温度升高而增大；但氢在钛、锆、钒以及氮在铝、钛等金属中的溶解度为放热反应，即溶解热为负值，溶解度随温度的升高而降低。

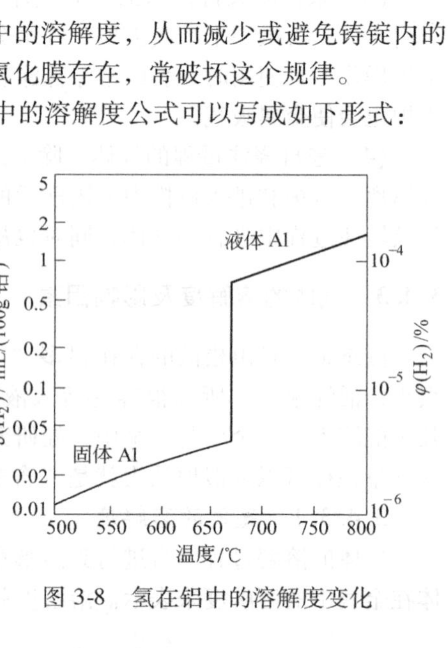

图 3-8　氢在铝中的溶解度变化

当溶解热是正值时，溶解金属的温度提高后，金属和气体原子的热运动增高，气体在金属内部的扩散速度也增加。因而，一般情况下，气体在金属中的溶解度随温度升高而增加。图3-8和表3-4表示了氢在

铝中溶解度与温度的关系。

表 3-4　铝中气体溶解度与温度的关系

温度/℃		300	400	500	600	660	700	750	800	850	900	1000
溶解度 $/cm^3\cdot(100g)^{-1}$	固	0.01	0.005	0.011	0.024	0.034	—	—	—	—	—	—
	液	—	—	—	—	0.65	0.86	1.15	1.56	2.01	2.41	3.9

由图 3-8 和表 3-4 可知，在铝的熔点温度（660℃）上，气体在金属中的溶解度有一飞跃变化。即在同一温度上，当金属在固体状态时气体溶解度要比在液体状态时之气体溶解度突然减小几乎 95%。在此温度上气体溶解度的突然降低，使气体大量析出。此时金属已进入凝固或半凝固状态，析出的气体来不及从液面析出，就以气眼、气孔形式存在于铸锭中。

在液态时，氢在金属中的溶解度随温度的升高而增加，任何过高的温度都会导致金属大量地吸收气体。因此，在熔炼过程中，在不降低金属流动性的前提下，采取低温熔铸，对消除铸锭气眼、气孔缺陷是有利的。过高的熔炼温度不仅增加气体的吸收，而且会导致凝固后的结晶组织粗大。

（3）合金元素的影响。在金属中如加入其他元素，往往可以改变金属对气体的吸收能力。这是因为其他元素加入后，能改变金属及金属表面氧化物的结构，从而影响气体原子向金属内部的扩散速度；或者改变金属的蒸气压力，而产生复杂的物理化学反应。所以合金元素对吸气的影响与元素本身的性质有关。

一般说来，与气体有较大亲和力的合金元素，往往使合金中气体溶解度或含气量增高，而与气体亲和力较小的合金元素则相反。蒸气压高的合金元素，由于有蒸发去气作用，可以减少吸气和降低含气量。图 3-9 为合金元素对氢在金属熔体中溶解度的影响。在铝中加入铜、锌等元素，可使氢在铝中溶解度降低。这是因为它们在铝中不是表面活性元素，不富集于金属表面，不改变表面氧化膜的性质。在铝中加入镁、钠、钾等，它们在铝液中是表面活性物质，密度较轻，富集于铝液表面，并且优先氧化生成疏松的表面氧化膜，失去对铝液的保护作用，所

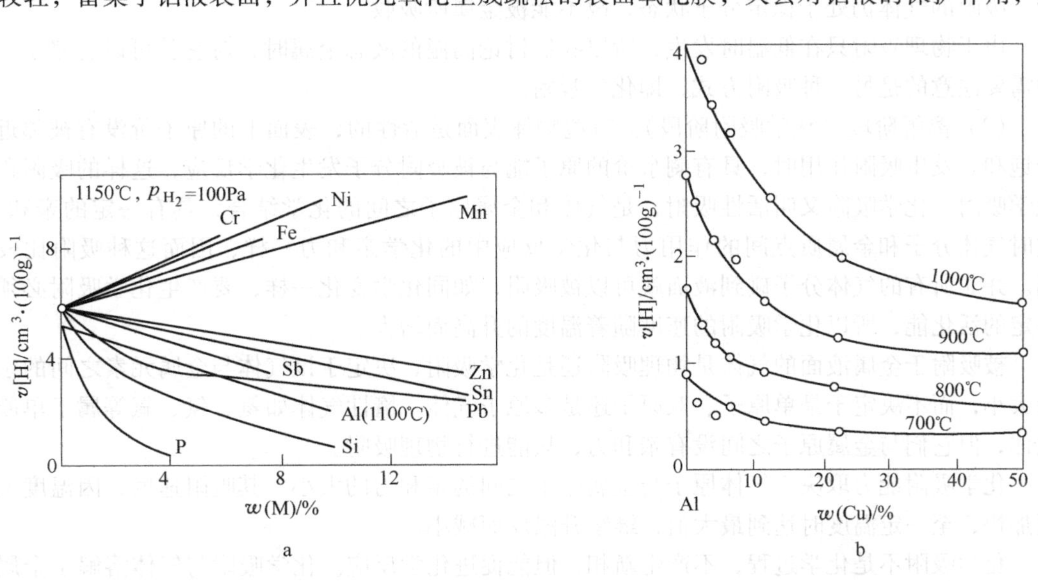

图 3-9　合金元素对氢在金属熔体中溶解度的影响

a—铜液；b—铝液

以往往使合金的气体含量增加。铍也是表面活性元素，富集于表面而且极易氧化，但它形成的氧化膜是致密的，对铝液有很好的保护作用，可防止合金的大量吸气。锆、钛、铈等元素与气体的亲和力较大，它们作为合金元素易使合金含气量增加。镍和锰对铝的吸气没有大的影响。铜合金中锡、铝、锌、铅、镉和磷等合金元素可降低氢在铜中的溶解度；而镍、锰、铂和铁则能增大氢在铜中的溶解度。由于铝的加入，铜的熔体表面形成致密的 Al_2O_3 膜，阻碍了氢的溶解，因此氢的溶解度降低；而镍的表面吸附有很多的氢原子，镍加入铜液以后必然使氢含量增加。

3.4.4 熔体的吸气过程

3.4.4.1 液态金属吸气的动力学过程

通过分析金属吸气动力学过程，可以了解金属熔体吸气速度和最终结果。金属从周围介质中吸收气体的过程，是一个相间传质过程，大致可分为三个阶段，即吸附→离解→扩散。

（1）吸附阶段（物理吸附）。气体吸附是一个发生在金属-气体界面上的过程，即大气中的气体分子受固体或液体表面上原子的吸引力作用形成的。由于液体表面质点所受四周的作用力是不平衡的，但它们力求所受的力达到平衡，结果便把气体中的分子吸附到液体金属的表面上。

当气体吸附和蒸发是以分子状态进行时，其过程是由范德华力引起的。由于表面质点力场的不均匀性，当气体分子碰到金属液表面时，气体分子被吸引而黏附在金属液表面，这种现象称为物理吸附。物理吸附主要取决于表面状态，它的吸附是不牢固的，很快就达到了吸附与脱附的平衡状态。物理吸附中，分子不离解，气体本身仍为稳定的相，具有较大的体积。物理吸附能覆盖单分子层或多分子层厚。气体能否稳固吸附在金属表面，取决于表面力场的强弱、温度和压力。如表面力场较强，则易吸满，不易脱离。对于金属而言，物理吸附只能在低温时发生。随着温度的升高或金属表面压力的减少，吸附的气体浓度也就降低，物理吸附速度也就缓慢下来。显然，温度较低、压力较大，有利于物理吸附。物理吸附热不大，很快就能达到平衡。吸附的气体仍处于稳定分子状态，故不能被金属所吸收。

由于物理吸附只在低温时发生，所以我们讨论高温的液态金属时，对它就可以忽略了。我们需要注意的是另一种吸附方式，即化学吸附。

（2）离解阶段（化学吸附阶段）。有些物体表面是活性的，表面上的原子价没有被邻近原子饱和。发生吸附作用时，具有剩余价的原子能与被吸附分子发生化学反应，这样的吸附称为化学吸附。化学吸附又叫活性吸附，是气体和金属原子之间的化学结合，具有一定的亲和力。这时气体分子和金属质点间的作用力与化学反应中的化学亲和力一样，因而这种吸附比较牢固。并非所有的气体分子碰到液面就可以被吸附，如同化学变化一样，要产生化学吸附必须有一定的活化能，所以化学吸附的速度随着温度的升高而增大。

被吸附于金属液面的气体是物理吸附还是化学吸附，决定于该气体与金属元素之间的亲和力大小，而不决定于是单原子、双原子还是多原子气体。惰性气体如氦、氖、氩等属于单原子气体，但它们与金属原子之间没有亲和力，只能进行物理吸附。

化学吸附能力取决于气体原子与金属原子之间的亲和力的大小。其吸附速度，因温度上升而加快，至一定温度时达到最大值，继续升温反而减小。

化学吸附不是化学过程，不产生新相，但能促进化学反应。化学吸附与气体溶解于金属有所不同，前者的浓度要比该气体溶解的浓度大得多。它是金属吸收气体最关键的过渡阶段。气体分子被化学吸附之后，其内部的运动性质就发生变化，称为“应变”，并促使分子离解为原子。由于原子体积小而且活跃，所以容易钻入液态金属中去。

（3）扩散阶段（溶解阶段）。被吸附在金属表面的气体原子，只有向金属内部扩散，才能溶解于金属中。扩散过程就是气体原子从浓度较高的金属表面向气体浓度较低的金属内部运动的过程，使浓度趋于平衡。浓度越大，气体压力越高，温度越高，扩散速度越快。在金属中的气体是以离子和原子两种状态存在。

金属吸收气体时，占支配地位的是扩散过程，它决定着金属的吸气速度。在达到饱和浓度以前，金属吸气速度越快，金属与气体的接触时间越长，金属吸收的气体量就越多。

3.4.4.2 气体在金属内的扩散

气体原子在金属内部扩散速度，直接影响金属吸收气体的能力。气体在金属中的扩散能力大致与温度、气体本身的结构、气体在金属中的溶解度有关。表征气体在金属中的扩散能力的两个物理量是：一是扩散系数 D，表示在单位浓度梯度下，单位时间内物质通过单位面积的扩散量；二是扩散速度 J，表示在单位时间内，通过单位面积迁移的物质的量。对于金属中的气体来说，扩散系数 D 与温度服从指数关系：

$$D = D_0 \exp(-Q/RT) \tag{3-32}$$

式中 D_0——和温度有关的常数；

Q——活化能。

根据菲克扩散定律，扩散速度与扩散系数有如下关系：

$$J = -D\frac{\partial C}{\partial X} \tag{3-33}$$

式中 C—气体的物质的量浓度，mol/cm^3。

考虑气体溶解和分压力的关系，扩散速度方程如下：

$$J = \frac{K}{d}\sqrt{p} \cdot \exp(-Q/2RT) \tag{3-34}$$

式中 d——扩散层厚度；

K——常数；

p——气体的分压力。

由式3-34可见，气体的扩散速度因温度升高而急剧增加，并与金属的厚度成反比，与作用于表面的气体分压力的平方根成正比，扩散系数越大，金属吸气速度就越快。这种现象称为机械扩散。其作用就像流体流过筛子一样，是原子在晶格中的移动。所以氢原子在高温最易扩散，而化合物气体则比单元素气体难于扩散。

金属中的气体扩散系数与合金元素有关。如镁和钛都显著降低其在铝液中的扩散系数。气体原子通过金属表面致密氧化膜或溶剂的扩散速度比在液体金属中慢得多，故氧化膜和覆盖剂越致密越厚时，金属吸气量越少。氢通过铝表面的致密氧化膜的扩散速度仅为通过纯洁铝表面时的1/10。气体分压越大，气体在金属表面的浓度就越高，故气体在金属中的浓度梯度大，致使扩散速度加快。

在熔炼一定成分合金时，熔体的实际含气量主要取决于熔炼工艺和操作。了解金属吸气的热力学和动力学条件，正确地执行“以防为主”的原则，严防水分和氢的载体接触炉料或熔体，再配合有效的脱气措施，就能使金属熔体的含气量达到制品可以接受的水平。

3.4.5 气体从熔体中的析出

气体在金属中的溶解是一个可逆过程。高温时，气体在液态金属中的溶解度较高；温度降低，溶解度也随之下降，此时即有气体析出。气体析出的多少及排除的好坏对于铸锭的质量是有很大影响的。析出的气体由液态金属向外排除有两种方式。

3.4.5.1　溶解的逆过程

溶解的逆过程为表面气体的脱附及内部气体向表面扩散的过程。金属温度从 T_1 下降到 T_2 时，就出现气体析出分压力，T_2 愈低，此分压力愈大，溶解的气体愈处于过饱和状态，气体将自动向外扩散。同样，如果减少金属外部的气体压力（如真空铸造），即使温度变化不大，气体也处于过饱和状态。金属表面气体浓度的降低，就导致内部气体向表面扩散，使金属内部气体不断析出。但这种逆过程的进行是很慢的，它的速度决定于气体由内部到表面的扩散速度。由于在表面上同时存在着吸附和脱附的正反两个过程，气体在金属内部和表面的浓度差也就不大，因而扩散速度较慢。气体以扩散方式析出，只有在非常缓慢的冷却条件下才能充分进行，这在实际生产条件下一般难以实现。这种脱附的方式不是气体排出的主要方式。

3.4.5.2　形成气泡及气泡上浮

金属中形成气泡必须具备以下条件：

（1）金属液溶解的气体处于过饱和状态而具有析出分压力 Δp。

（2）气泡内各种气体的分压总和 Σp_G 大于作用在该气泡的外压力总和 Σp_E，气泡才能产生并在金属液中稳定存在。

气体析出的总压力等于每一种气体分压力之和。气体析出时的这种压力，受到外压力 Σp_E 的反抗，包括外部气体压力 p_a、金属静压力 p_M 和表面张力，即：

$$\Sigma p_E = p_a + p_M + p_{表} = p_a + h\rho + 2\sigma/r \tag{3-35}$$

式中　h——产生气泡处的金属液面高度；

ρ——金属液的密度；

σ——金属液的表面张力；

r——形成气泡半径。

如果气体析出的压力大于外压力之和，则会形成气泡并且力图上浮。否则，气泡不可能形成。可见，其他外界条件不变时，金属中含气量越高，气体析出的压力越大，气泡形成的可能性也越大。压力差越大，气体析出也就越强烈。所以在真空中气体从金属中析出的倾向特别大，而在压力下凝固时，气体析出量最少。

液态金属中气泡的出现与其中气泡胚胎（气核）的产生有关，即要形成气泡，必须先形成气核，如同金属结晶一样，气核大小也必须大于某临界尺寸。

分析式 3-35 可以看出，当 p_a 和 p_M 不变的情况下，表面张力项愈小时则形成气泡的条件愈易具备。众所周知，温度的增高是会使表面张力下降的。但是在极纯的液态金属中，纵然升高温度，表面张力项之值仍然相当大以致根本不可能出现 $\Sigma p_G > \Sigma p_E$ 的条件，所以气泡胚胎自发产生的可能性是极小的。但是在实际金属液中往往还存在着很多气态、液态和固态的杂质。这些由微小晶体、非金属夹杂物、气泡、容器壁以及破坏液态组织连续性的类似因素所构成的界面为气泡胚胎的形成创造了条件，因而不需要克服巨大的表面张力值，气泡就很容易形成了。有的研究者认为，机械扰动对气泡的生成极为重要。当液体受扰动时，自由的涡旋作用是生成气泡的原因，扰动作用是在表面张力作用项上增加一负项，因此就加强了生成气泡的条件。金属液在铸型中流动时，极可能发生扰动。因为液态金属流动的速度容易超过层流的临界速度，所以铸造金属中这种紊流可能促使气泡的形成。

金属凝固时所发生的容积变化形成的低压空隙，对气泡在该处的形成是起相当作用的。特别是凝固温度范围较宽的合金在凝固的后期，残留的液相在枝晶的空隙中很容易产生无数的小气孔。

依附在外来物表面的气核形成以后，溶解在金属中的气体由于压力差必将自动向气泡内扩散，当气泡长大到一定尺寸时就脱离该表面上浮。

气泡上浮过程中，还能不断从金属液中吸收扩散来的气体或由于两个气泡上浮速度不同可能相碰而合并，这都会使气泡不断变大，上浮速度也不断加快。金属液温度愈高，动力黏度愈小，上浮阻力也愈小。依附在非金属夹杂物表面的气泡，最初可能一起上浮，但由于气泡不断长大，加之气泡与夹杂物重度不同，造成两者上浮的速度差增大，最终可能将夹杂物甩下而各自上浮。

气泡愈小，上浮速度愈慢，因此尺寸太小就可能浮不出来。要使气泡及时上浮而排出液面，应具有一定尺寸，一般应大于 $10^{-2} \sim 10^{-3}$ cm 数量级，否则将难以排除。铸型内的液体金属由于温度下降快，气泡上浮将更困难。若铸锭表面已凝固，气泡将来不及排出而保留下来形成气孔。

还应指出，以上讨论的气体在金属内的溶解和析出，没有考虑金属表面状况。若金属表面有氧化膜就会影响气体的吸附和扩散，气体在金属中的溶解和析出速度都将降低。

3.5　杂质的吸收与积累

在有色金属及合金的熔炼过程中，除了会发生某些合金元素的蒸发、氧化等熔炼损失之外，熔体还可能吸收某些杂质。

除了炉料本身会给熔体带进一些杂质以外，旧料之间的混料，熔炼过程中某些合金元素与炉衬、熔剂之间发生化学作用，某些添加剂的残余与积累，工具被熔蚀、变料时洗炉不彻底等，都可以使熔体吸收某些杂质，造成化学成分废品。

3.5.1　杂质形成途径

3.5.1.1　混料

某一种金属或合金的配料中混进了其他牌号的金属或合金旧料的现象，称之为混料。混料是直接造成金属或合金中杂质增高，以致发生化学废品的主要原因。

3.5.1.2　金属与炉衬之间的作用

熔炼过程中，当高温熔体或熔体中的某些元素与炉衬（耐火材料）之间发生某些化学反应，而且反应产物又能被熔体吸收时，则会造成金属或合金熔体中相应杂质元素的含量增高。

熔融金属与炉衬相互作用，不仅会降低炉衬寿命，而且会使某些杂质进入金属，因而造成金属的污染和损耗。表现有以下几个方面：

（1）金属在高温下与炉衬的物理作用。熔炉的炉衬要承受熔体的压力和炉衬内高温的作用。金属的密度越大，在炉池内的液面越高，炉底和炉壁所承受的压力也越大。在高温下，特别是在过热的温度下，温度和压力综合作用的结果，往往会使炉衬材料熔融破损，使炉衬变薄或漏裂。

（2）金属在高温下与炉衬的化学作用。熔融金属与炉衬的化学作用大致有两种情况：纯金属和合金与炉衬的作用；金属氧化物及杂质与炉衬的作用。

纯金属和合金与炉衬间的作用主要是以置换反应形式，即熔融金属与炉衬中氧化物相作用，使其还原，而本身成为氧化物。被还原的元素或溶于金属中，或形成金属化合物，因而污染了金属炉衬侵蚀。熔炼温度越高，金属在炉内的运动越剧烈，这种液固两相间的反应进行得也越剧烈。当然每次熔炼所吸收的杂质量是有限的，但由于部分炉料的反复使用，故杂质会逐步积累增多。

上述反应的进行，取决于炉衬材料中氧化物与反应后生成氧化物间的分解压力差。分解压力大的氧化物容易分解，分解压力小的氧化物不容易分解，它们之间能产生置换的化学反应。如

$$M + M'O = MO + M'$$

式中 M——熔化的金属；
M′——熔炉炉衬中氧化物的金属；
M′O——炉衬中的氧化；
MO——反应后生成的氧化物。

如果M′O的分解压大于MO的分解压，则反应向右进行，炉衬受到侵蚀，其生成物（MO）进入炉渣中，被还原后炉衬中氧化物金属（M′）进入金属液中造成污染。

通常炉衬用耐火材料是由各种氧化物所组成，如 MgO、Al_2O_3、SiO_2、FeO、Cr_2O_3、ZrO_2等。被熔化的金属氧化物，如果其分解压力比炉衬中氧化物的分解压力小，那么被熔化的金属就将和炉衬进行反应。各种金属氧化物的分解压力依其大小，可以排成有规律的序列。这种序列也就是生成热量的顺序：

生成热量大（氧化物稳定）→生成热量小（氧化物不稳定）；
分解压力小（不易分解）→分解压力大（容易分解）。

在熔化铜时，可以使用上述任何氧化物的耐火材料而不起化学反应，但若用硅砂炉衬熔炼铝青铜时，由于铜液中的铝与硅砂之间发生反应：

$$4Al + 3SiO_2 = 2Al_2O_3 + 3Si$$

结果炉衬被侵蚀，从硅砂中还原出来的硅可被铜液吸收。

在熔炼铝及其合金时，炉衬与铝及其他活性金属发生如下反应：

$$2Al + 3FeO = Al_2O_3 + 3Fe$$

$$2Al + Cr_2O_3 = Al_2O_3 + 2Cr$$

$$4Al + 3SiO_2 = 2Al_2O_3 + 3Si$$

$$2Mg + SiO_2 = 2MgO + Si$$

由以上氧化物构成的炉衬易于损坏，而且反应生成的硅、铁等元素进入铝液中，使熔体受到污染。为了避免上述反应所产生的后果，近来十分注意选用适宜的耐火材料。经验表明，紫铜、黄铜、硅青铜、锡青铜等宜在硅砂炉衬中熔炼；铝青铜、低镍白铜及铝合金宜采用高铝砂炉衬或镁砂炉衬熔炼。

3.5.1.3 从炉气中吸收杂质

使用含硫的重油或煤气做燃料时，加热和熔炼铜、镍的过程中，就可使下列反应向右进行而增硫：

$$2[Cu] + \{S\} = [Cu_2S]$$

$$3[Ni] + 2\{S\} = [Ni_3S_2]$$

即使吸收的硫极微，例如含硫达0.0012%以上的镍锭热轧即裂，对于铜则显著降低热态和冷态压力加工时的塑性。

3.5.1.4 从其他炉料、炉渣或覆盖剂、添加剂中吸收杂质

同一熔炉先后熔炼两种成分不同的合金时，由于两种合金中的主要成分及杂质含量各不相同，若前一种合金的主要成分对后一种合金正好是有害杂质，在此情况下，如不经过洗炉就直接熔炼后一种成分的合金，则前一炉残存在炉衬及炉渣中的部分合金将会使后者的成分改变和杂质增多，甚至造成严重的化学废品。混料时带入的杂质与此类似。

覆盖剂选用不当，不仅无精炼作用，有时会出现相反的结果。如用木炭覆盖白铜，高温下会使熔体的含碳量增加；如用含钠的熔剂覆盖高镁铝合金，则会使合金钠含量增加而使合金呈现“钠脆性”。

在熔炼多数铜及其合金时，大都需要向熔体中加入一定数量的脱氧剂、变质剂等添加物，当旧料多次被往返使用时，这类添加剂的残余量及其积累也可能使杂质含量增高。

3.5.2 减少杂质污染金属的途径

当前对材料的纯度和性能的要求都日益提高，而杂质的吸收和积累使得废料的经济价值降低，直接回炉用量受到限制。例如，断口发黑或带有明显裂纹、分层的钛合金废料就不能直接用于配料。钛合金废料的处理和利用，目前还没有找到理想的处理方法。因此，防止或减少杂质的吸收、积累对于废料的利用和合金成分的控制具有重要的意义。

为减少杂质对金属的污染可采用下列措施：

(1) 选用化学稳定性高的耐火材料。根据所熔炼金属或合金化学性质不同，分别选用不同性质的耐火材料。紫铜、黄铜、硅青铜、锡青铜可用硅砂炉衬；铝合金、铝青铜、低镍白铜宜选用高铝耐火炉衬；真空炉熔炼钛、锆合金时需用水冷铜坩埚。

(2) 在可能条件下采用纯度较高的新金属料以保证某些合金的纯度要求。如熔炼 LT66 特殊制品时最好不要使用返回料。

(3) 火焰炉应选用低硫燃料。

(4) 所有与金属炉料接触的工具，尽可能采用不会带入杂质的材料制作，或用适当的涂料保护好。

(5) 变料或转换合金时，应根据前后两种合金的纯度和性能的要求，对熔炉进行必要的清洗处理。

(6) 注意辅助材料的选用。

(7) 加强炉料管理，杜绝混料现象。

4　有色金属及合金熔体的净化

本章要点： 有色金属及其合金熔体在熔炼过程存在气体、各种非金属夹杂物，影响金属的纯净度，往往会使铸锭产生气孔、夹杂、疏松、裂纹等缺陷，影响有色金属的加工性能及制品的强度、塑性、耐蚀性和外观质量等。同时，在有色金属中还含有少量的金属杂质，如铝合金中的钠、钙等低熔点金属易引起热裂敏感性；铜合金中的铅、铋、锡、锑、砷等低熔点金属，导致金属的热脆性。这些有害物质应设法在熔炼或铸造之前除去，以提高有色金属材料的质量。有色金属及其合金熔体净化就是利用物理化学原理和相应的工艺措施，从熔体中除去气体、夹杂物和有害元素，以获得纯净度高的优良合金熔体。本章主要介绍了熔体净化的基本原理和对应的净化处理技术。学习本章应重点掌握下列内容：(1) 熔体脱气和除渣精炼的几种基本原理；(2) 铝合金熔体净化的炉外在线处理技术；(3) 不同金属的熔体保护措施。

4.1　熔体净化原理

4.1.1　脱气原理

为获得含气量低的金属熔体，一方面要精心备料，严格控制熔化，采用覆盖剂等措施以减少吸气；另一方面必须在熔炼后期进行有效的脱气精炼，使溶于金属熔体中的气体降到尽可能低的水平。从前面的气体溶解过程可知，影响气体溶解度的主要因素是压力和温度，因此，适当的控制这两个因素就可以达到除气的目的。

4.1.1.1　分压差脱气原理

利用气体分压对熔体中气体溶解度影响的原理，控制气相中氢的分压，造成与熔体中溶解气体浓度平衡的氢分压和实际气体的氢分压间存在很大的分压差，这样就产生较大的脱气驱动力，使氢很快排除。

如向熔体中通入纯净的惰性气体，或将熔体置于真空中，因最初惰性气体和真空中的氢分压 $p_{H_2}=0$，而熔体中溶解氢的平衡分压 $p_{H_2}>>0$，在熔体与惰性气体的气泡间及熔体与真空之间，存在较大的分压差。这样熔体中的氢就会很快地向气泡或真空中扩散，进入气泡或真空中，复合成分子状态排出。这一过程一直进行到气泡内氢分压与熔体中氢平衡分压相等，即处于新的平衡状态时为止，该方法是目前应用最广泛、最有效的方法。

然而上述关于吹入惰性气体脱氢的理论分析还不够完整，因为它仅涉及热力学理论而未涉及到流体力学和除气反应的动力学研究。

4.1.1.2　预凝固脱气原理

影响气体溶解的因素除气体分压以外就是温度的影响，气体的溶解度是随着温度的降低而减小，特别是在熔点温度变化最大时。根据这一原理，让熔体缓慢冷却到凝固，就可使溶解在熔体中的大部分气体自行扩散逸出，然后再快速重熔，即可获得气体含量较低的熔体。当然此时应注意熔体的保护，以防止熔体重新吸气。

另外，熔体在急冷情况下，凝固速度很快，导致气体来不及析出，气体以过饱和状态溶于固溶体内，也可避免气泡产生，获得不含气眼、气孔的铸锭。不过这种气体以过饱和状态存在于固相中，是处于不稳定状态。试验表明，这样会使金属富有脆性。缓冷和快速冷却都可得到消除气孔的效果，但除气机理是不相同的。

4.1.1.3 振动除气原理

金属液体在振动下凝固能使晶体细化。试验表明，振动也能有效地达到除气的目的，而且振动频率越大越好。一般使用5000~20000Hz的频率，振动源常使用声波、超声波、交变电流或磁场等。

用振动法除气的基本原理，是液体分子在极高频率振动下发生移位运动。在运动时，一部分分子与另一部分分子之间的运动是不和谐的，所以在液体内部产生无数个真空的显微空穴。金属中的气体很容易扩散到这些空穴中去，结合成分子状态，形成气泡上升逸出。

4.1.1.4 氧化除气原理

由于同时存在于铜液中的氢和氧之间有一定的比例关系，所以氧化法除氢就是利用这一原理。有意识地使铜中含氧量增加，以减低氢的含量。氧化法除气仅适用于紫铜的精炼，因为对合金来说，可造成某些合金元素的大量氧化损失。

例如，当向铜液中吹入氧时，大量的铜将被氧化：

$$4Cu + O_2 = 2Cu_2O$$

生成的 Cu_2O 溶于铜液中。随后 Cu_2O 又与铜液中的氢发生反应：

$$Cu_2O + 2[H] = 2Cu + H_2O\uparrow$$

结果，铜被还原，水蒸气从熔体中逸出。当上述两个反应能够连续不断地进行时，铜液中的氢将逐渐减少。

4.1.2 除渣精炼原理

金属在熔炼过程中，液态金属内往往含有大量氧化物，包括一部分氯化物悬混于其中，事后造成铸锭的夹杂。这种夹杂必须在熔炼过程及浇铸前除掉，否则将造成大量的夹杂废品。

除去悬混夹杂的过程也是一种精炼过程。由于大多采用物理方法除去，因此也可称为物理性精炼过程。物理性除渣精炼对于许多轻金属，如铝、镁及其合金的精炼都具有重要的意义。

4.1.2.1 澄清除渣原理

一般金属氧化物与金属本身之间密度总是有差异的，如果这种差异较大，再加上氧化物的颗粒也较大，在一定的过热条件下，金属的悬混氧化物渣可以和金属分离，这种分离作用也叫澄清作用，可以用斯托克斯（Stokes）定律来说明。杂质颗粒在熔体中上升或下降的速度为：

$$v = \frac{2r^2(\rho_2 - \rho_1)g}{9\eta} \tag{4-1}$$

上升或沉降时间为：

$$\tau = \frac{9\eta H}{2r^2(\rho_2 - \rho_1)g} \tag{4-2}$$

式中 v——颗粒平均升降速度，cm/s；

τ——颗粒上浮或下降时间，s；

η——介质（熔融金属）的黏度，P(1P = 0.1Pa·s)；

H——颗粒升降的距离，cm；

r——颗粒半径，cm；

ρ_1——颗粒的密度，g/cm³；

ρ_2——介质（熔融金属）的密度，g/cm³。

根据斯托克斯定律可知，在一定的条件下，可以通过介质的黏度、密度以及悬浮颗粒之大小控制杂质颗粒的升降时间。通常温度高，介质的黏度减小，从而缩短了升降的时间。因此，在熔炼过程中采用稍稍过热的温度，增加金属的流动性，对于利用澄清法除渣是有利的。杂质颗粒直径的大小，对升降所需时间有很大的影响。较大的颗粒，特别是半径大于0.01cm，而且与熔体密度差也较大的颗粒，沉浮所需时间短，极有利于采用澄清法除渣。但实际上，在铝合金熔炼时氧化铝的状态十分复杂，它有几种不同的形态，固态时其密度为3.53～4.15g/cm³，在熔融状态其密度为2.3～2.4g/cm³。而且在氧化铝中必然会存在或大或小的空腔和气孔，此外，氧化物的形状也不都是球形的，通常多以片状或树枝状存在，薄片状和树枝状就难于采用斯托克斯公式计算。

澄清法除渣对许多金属，特别是轻合金不是主要有效的方法，还必须辅以其他方法，但根据物理学基本原理，它仍不失为一种基本方法。在铝合金精炼过程中，首先仍要用这一简单方法来将一部分固体杂质从金属中分开。一般静置炉的应用就是为了这个目的，在静置炉内已熔炼好的金属进行静置澄清，为了在静置炉内取得较好的除渣效果，静置炉要有一定的深度，并要求熔体在静置炉内要有足够的时间，至少20～45min；其次要适当控制温度，以便能提高液体的流动性，又适应浇铸的要求。当然，静置炉的作用不只是为澄清分渣，还有保温和控制铸造温度的作用，所以有时也称为保温炉。

4.1.2.2　吸附除渣原理

吸附净化主要是利用精炼剂的表面作用，当气体精炼剂或熔剂精炼剂在熔体中与氧化物夹杂相遇时，杂质被精炼剂吸附在表面上，从而改变了杂质颗粒的物理性质，随精炼剂一起被除去。若夹杂物能自动吸附到精炼剂上，根据热力学第二定律，熔体、杂质和精炼剂三者之间应满足以下关系：

$$\sigma_{\text{金-杂}} + \sigma_{\text{金-剂}} > \sigma_{\text{剂-杂}} \tag{4-3}$$

式中　$\sigma_{\text{金-杂}}$——熔融金属与杂质之间的表面张力；

$\sigma_{\text{金-剂}}$——熔融金属与精炼剂之间的表面张力；

$\sigma_{\text{剂-杂}}$——精炼剂与杂质之间的表面张力。

因为金属液和氧化物夹杂是相互不润湿的，即金属与杂质之间的接触角$\theta \geqslant 90°$，如图4-1所示。其力的平衡应有如下关系：

$$\cos\theta = \frac{\sigma_{\text{剂-杂}} - \sigma_{\text{金-杂}}}{\sigma_{\text{金-剂}}} \tag{4-4}$$

因$\sigma_{\text{金-剂}}$为正值，故符合热力学的表面能关系，所以熔融金属液中的夹杂物能自动吸附在精炼剂的表面上而被除去。

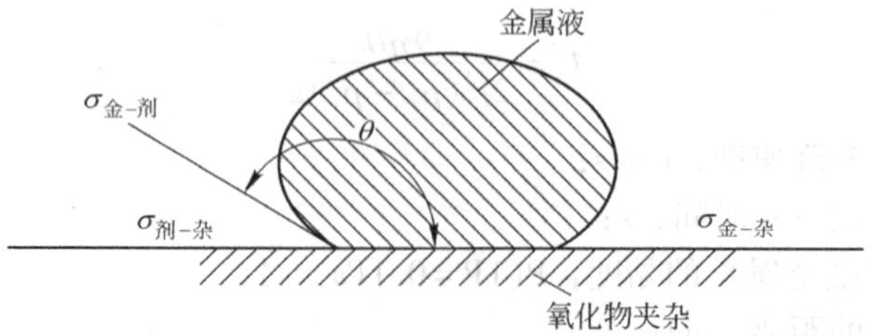

图4-1　氧化物夹杂、金属液、精炼剂三相间表面张力示意图

4.1.2.3 溶解除渣原理

多数铝合金除渣剂中，一般都含有一定量的冰晶石（Na_3AlF_6），冰晶石的化学分子结构和某些性质与氧化铝极为相似，所以在一定温度下它们就可能互溶。等量的氯化钠和氯化钾混合物中加入10%的冰晶石，能溶解0.15%的Al_2O_3，且随着冰晶石含量的增加，氧化铝在熔剂中的溶解度也随之增加。由Al_2O_3-Na_3AlF_6相图可知，在935℃时形成共晶，冰晶石最大可溶解18.5%的氧化铝，这种溶解作用改变了氧化铝的性质，易于从铝液中分离。总之，熔剂中添加冰晶石会大大增加熔剂的精炼能力。熔剂除渣精炼是通过吸附、溶解而进行的。

4.1.2.4 过滤除渣原理

上述方法都不能将熔体中氧化物夹杂分离得足够干净，遗留一些微小的夹杂常给有色加工材料的质量带来不良影响，所以近代采用了过滤除渣的方法，获得良好的效果。

过滤装置种类很多，从过滤方式的除渣机理来看，大致可分机械除渣和物理化学除渣两种，机械除渣主要是靠过滤介质的阻挡作用、摩擦力或流体的压力使杂质沉降及堵滞，从而净化熔体，物理化学除渣主要是利用介质表面的吸附和范德华力的作用。不论是哪种作用、熔体通过一定厚度的过滤介质时，由于流速的变化、冲击或者反流作用，杂质较容易被分离掉。通常，过滤介质的空隙越小，厚度越大，金属熔体流速越低，过滤效果越好。

4.2 铝及铝合金的熔体净化处理

铝及铝合金熔体精炼方法很多，就其作用原理可以分为吸附精炼和非吸附精炼两个基本类型。按精炼部位可分为炉内精炼、在线式精炼或炉外连续精炼和浇包精炼三类。

吸附精炼是指通过铝熔体直接与吸附剂（如各种气体、液体和固体精炼剂及过滤介质）相接触，使吸附剂与熔体中的气体和固态非金属夹杂物发生物理化学的、物理的或机械的作用，从而达到除气、除渣的方法。吸附精炼只对吸附剂到达的部分熔体起作用，熔体净化程度取决于接触条件，即决定于熔体与吸附剂的接触面积、接触的持续时间和接触的表面状态。属于吸附精炼的有：吹气精炼、氯盐精炼、熔剂精炼、熔体过滤等。吸附精炼的净化机理在除气方面主要是利用气体分压定律除气，利用与氢形成化合物除气；在除渣方面主要是吸附除渣、溶解除渣、化合除渣、过滤除渣。在采用活性精炼剂时，还同时兼有除去熔体中钠、钙、镁、锂等金属杂质（比铝活泼的金属杂质）的作用。吸附精炼是目前铝材行业最为广泛采用的精炼方法。

非吸附精炼是指不依靠在熔体中加入吸附剂，而通过某种物理作用，改变金属-气体系统或金属-夹杂物系统的平衡状态，从而使气体和固体非金属夹杂物从铝熔体中分离出来的方法。非吸附精炼对全部铝熔体都有精炼作用，其精炼效果取决于破坏平衡的外界条件及铝熔体与夹杂和气体的运动特性。属于非吸附精炼的有：静置处理、真空处理、超声波处理、预凝固处理等。非吸附精炼的净化机理在除气方面主要是利用温度和压力对铝中气体溶解度的影响规律及高频机械振荡在熔体中产生“空穴”的现象；在除渣方面主要是利用密度差和除气时的辅助浮选作用。除了静置处理外，其他非吸附精炼方法目前在一般铝材厂的实际生产中很少采用（个别特殊材料生产单位例外）。

几十年来，铝熔体精炼技术一直在朝着环保、高效、低耗、便捷的方向发展。尽管在除气和除渣原理上还没有大的突破，但人们在实际生产中发现，最大的除气效果可从纯净惰性气体的连续过流处理中得到，而最充分的除渣处理可通过过滤来保证。因此，把这些具有较好单一处理效果的方法结合在一起的炉外复合处理便成了一个新的发展趋势。

4.2.1 炉内处理

4.2.1.1 吸附净化

A 浮游法

a 惰性气体吹洗

向熔体中不断吹入惰性气泡，在气泡上浮过程中将氧化夹杂物和氢带出液面的精炼方法叫惰性气体精炼。向熔体中吹入惰性气体之所以能除渣，是因为吹入的惰性气体与熔融铝及溶解的氢不起化学反应，又不溶解于铝液。通常使用的惰性气体是氮气或氩气。

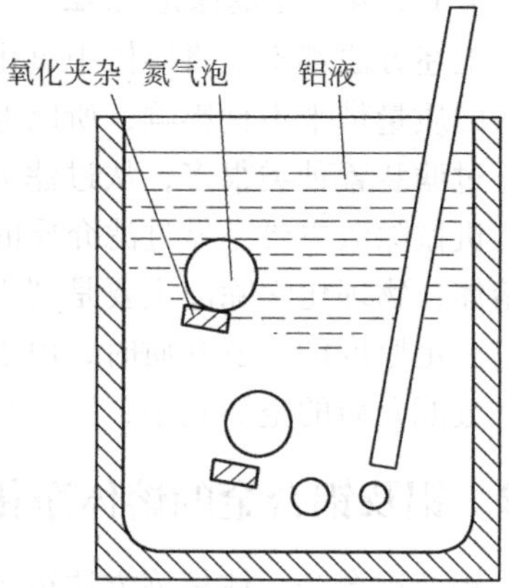

图 4-2 通氮精炼原理图

根据吸附除渣原理，氮气被吹入铝液后，形成许多细小的气泡。气泡在从熔体中通过时与熔体中的氧化物夹杂相遇，夹杂被吸附在气泡的表面并随气泡上浮到熔体表面，如图 4-2 所示。由于惰性气体泡吸附熔体中的氧化夹杂物后，能使系统的总表面自由能下降，因而这种吸附作用可以自动发生。惰性气体和夹杂物之间的表面张力越小，而熔体和惰性气体之间的表面张力以及熔体和夹杂物之间的界面张力越大，则这种惰性气体的除渣能力越强。采用惰性气体精炼时，应该在液面均匀撒上熔剂。这是因为，惰性气体泡把夹杂物带出液面后，如果此时液面有熔剂层，则夹杂物进入熔剂中成为熔渣，便于扒出。否则，密度较大的夹杂将重新落入铝液，而密度较小的夹杂物在液面形成浮渣，与铝液很难分离，将这些浮渣扒出时将带出很多金属液而增大金属损失。

向熔体中吹入惰性气体除气的依据是分压差脱气原理，如图 4-3 所示，当吹入熔体的氮气泡中开始没有氢气，其氢分压为零，而气泡附近熔体中的氢分压远大于零，因此在气泡内外存在着一个氢分压差，熔体中的氢原子在这个分压差的作用下，向气泡界面扩散，并在界面上复合为分子进入气泡。这一过程一直要进行到氢在气泡内外的分压相等时才会停止。进入气泡的氢气随着气泡上浮而逸入大气。此外，气泡在上浮过程中，还可以通过浮选作用将悬浮在熔体中的微小分子氢气泡和夹杂中的气体一并带出液面，从而达到除气的目的。

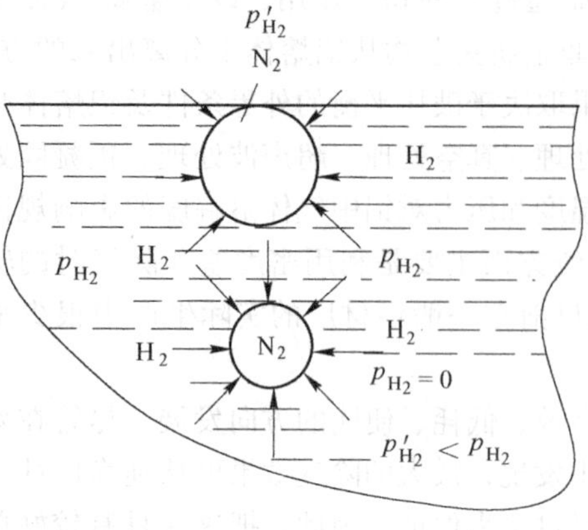

图 4-3 通氮去除气体原理图

由于吸附是发生在气泡与熔体接触的界面上，只能接触有限的熔体，除渣效果受到限制。当吹入精炼气体的气泡量愈多时，气泡半径愈小，分布愈均匀，吹入的时间愈长则除渣效果愈好。

氮气的脱氢能力比氯气弱，使用氮气主要是考虑氮气的环境保护和无毒害特征。当铝液中氢含量为 0.3～0.4cm³/(100g)时，在大气压力作用下气泡中的氢分压可达到 10.1325Pa。也就是说，在大气压力作用下氮气泡能带出的氢量为其本身体积的 10%。随着铝液中氢含量的降低，被除去气体的体积同样降低。为了提高惰性气体的精炼效果，降低用纯氯精炼的公害，通常采用在氯气中混入10%～20%氮气的混合气体，可以获得接近用纯氯精炼的效果。

通氮精炼时，由于工业用氮含有少量的水蒸气和氧，可使氮气通过干燥器（内盛 $CaCl_2$）再通过装有铜屑的去氧器（铜屑加热至900℃）去除水蒸气和氧。吹氮在680～690℃开始，吹氮管在铝液中来回移动，通氮时间为5～10min。通氮后迅速将铝液加热至浇注温度，扒渣后进行浇注。通常处理1t铝液需要 $2m^3$ 氮气。

如果温度在700℃以上，氮就不再是不活泼的气体了，会生成氮化物影响铝液质量。镁和氮容易生成氮化镁，因此熔炼Al-Mg系合金时不希望用氮气。此外通氮精炼难以形成干浮渣，必须使用适当的熔剂进行浮渣分离。

b 活性气体吹洗

氯气作为化学活性气体，与铝液中的氢发生剧烈化学反应：

$$2Al + 3Cl_2 = 2AlCl_3(g) \tag{4-5}$$

$$2H + Cl_2 = 2HCl(g) \tag{4-6}$$

$$H_2 + Cl_2 = 2HCl(g) \tag{4-7}$$

反应生成物HCl和 $AlCl_3$（沸点183℃）都是气态，不溶于铝液，和未参加反应的氯气一样都具有精炼作用（见图4-4），因此精炼效果比通氮好得多。但是，氯是剧毒气体，对人体健康有害，而且设备复杂，有腐蚀性，铝合金晶粒易粗大。因此，近年来已改用Na加一定数量氟利昂除气，效果接近或等于氯气的除气效果。此外，通过对处理时排放的废气进行分析，结果表明有害发散物含量显著降低，其中氟利昂和氯气含量不超过0.1%。

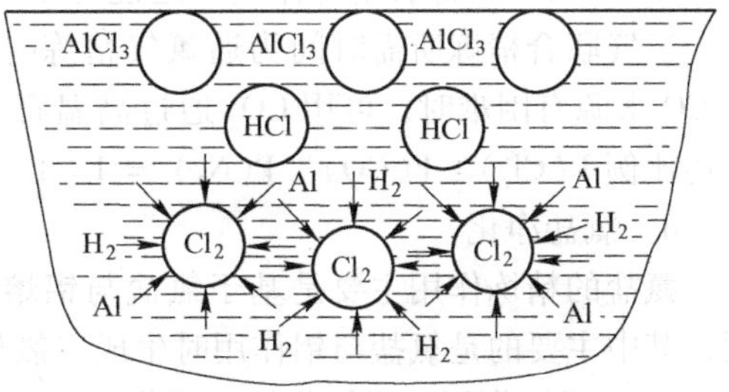

图4-4 吹氯精炼示意图

采用氯气精炼时，铝熔体里的含氢量可降至0.04～0.08cm^3/(100g)，氧化膜污染度降至0.05mm^2/cm^2；而采用惰性气体精炼时，铝中的含氢量和氧化膜污染度通常只能降到0.15～0.2cm^3/(100g)和0.1mm^2/cm^2的水平。首先和惰性气体相比，氯气精炼效果更好的根本原因是反应产物氯化铝和氯化氢形成的反应性气泡极为细小弥散，使扩散除氢过程进行得更为彻底和充分。其次，氯气可直接与溶解的氢化合。第三，氯气及氯化物可与氧化物相互反应，对氧化铝起分解作用，不仅起到了良好的除渣作用，而且表面氧化膜的破坏，使氢逸出更容易。第四，精炼后逸出熔体表面的气体（氯气、三氯化铝、氯化氢等），其密度都比空气的大，并聚集于熔体表面，能防止精炼过程中熔体被炉气中的水汽重新污染。此外，氯气精炼伴随着降低非金属夹杂物的表面活性，导致生成颗粒状的浮渣，扒出的渣几乎不含金属珠。

c 联合精炼

所谓联合精炼就是以惰性气体和活性气体混合使用的方法。它利用了两者的优点，减少了两者的缺点。现在生产中常用10%～20%的氯气和90%～80%氮气的混合气体进行除气，可获得较好的效果，也比较安全。

采用氯气精炼铝合金熔体，具有除气效果好，反应平稳，渣呈粉状不为金属液所润湿，渣量少（约0.61%），渣中金属少（约36.7%），同时兼有除渣、除钠效果等优点。但是，氯气及其反应产物有毒，污染环境，腐蚀设备，而烟尘的收集和处理设备较为复杂，且成本较高。另外，采用氯气处理还具有使铸锭产生粗大晶粒的倾向，镁的损失大（可达0.20%）等缺点。

采用氮气精炼，其优缺点正好与氯气的相反。氮气无毒，无需采取特别的排烟措施，且镁的损失极小（0.01%左右）。但是，氮气的精炼效果较差，精炼时易喷溅，渣呈糊状，不仅渣量大（约1.97%），且渣中金属量也大（约60.2%）。采用氮-氯混合气体精炼，正好取了两者的长处，弥补了两者的短处。据资料介绍，采用$Cl_2$20%和$N_2$80%的混合气体能达到纯氯一样的精炼效果，渣亦呈粉状，渣量少（约0.55%），渣中金属也大为减少（约37.6%），而且减轻了环境污染，改善了劳动条件。这就是为什么要采用氮-氯混合气体精炼的原因。

除了氮-氯混合气外，目前国内外还广泛采用氨-氯、氮-氟利昂、氮-氯-一氧化碳、氮-六氟化硫等混合气作为精炼气体使用。将一氧化碳加入氮-氯混合气中的目的是夺取氯气还原熔体中的氧化铝时产生的氧，与之生成二氧化碳，避免氧气再度与铝在气泡表面形成氧化膜。铝液中通入N_2、Cl_2、CO 产生下列反应：

$$2Al_2O_3 + 6Cl_2 = 4AlCl_3(g) + 3O_2 \quad (4\text{-}8)$$

$$3O_2 + 6CO = 6CO_2 \quad (4\text{-}9)$$

$$Al_2O_3 + 3Cl_2 + 3CO = 2AlCl_3(g) + 3CO_2 \quad (4\text{-}10)$$

$AlCl_3$和CO_2都有精炼作用，还能分解部分Al_2O_3，因而可以明显提高精炼效果。根据试验，三气联合精炼所需时间为通氯气精炼时间的1/2。N_2的作用是稀释Cl_2，改善劳动条件。当CO来源有困难时，可用CO_2通过高温石墨管生成CO，然后通入铝液中。混合气体可采用下述比例$V(Cl_2):V(CO):V(N_2) = 1:1:8$，精炼温度可采用705～820℃。

d 氯盐净化

氯盐的精炼作用主要是基于氯盐与铝熔体的置换反应，以及氯盐本身的热离解与化合作用，其中主要的是氯盐与铝作用时生成三氯化铝的反应。

（1）置换作用。当氯化锌、氯化锰、四氯化钛、六氯乙烷等氯盐被压入铝液时，分别与铝液发生如下反应：

$$3ZnCl_2 + 2Al = 2AlCl_3\uparrow + 3Zn$$

$$3MnCl_2 + 2Al = 2AlCl_3\uparrow + 3Mn$$

$$3TiCl_4 + 4Al = 4AlCl_3\uparrow + 3Ti$$

$$3C_2Cl_6 + 2Al = 3C_2Cl_4 + 2AlCl_3\uparrow$$

以上反应生成的$AlCl_3$和C_2Cl_4在熔炼条件下都是气体，自铝液底部向上浮起的过程中起着和惰性气体精炼时相似的除气、除渣作用。

（2）挥发作用。许多氯盐的沸点低于铝熔点，如$AlCl_3$、BCl_3、$TiCl_4$、CCl_4、$SiCl_4$、C_2Cl_6等。在熔体温度下，这些挥发物具有很高的蒸气压（如$AlCl_3$的蒸气压高达2.3MPa），它们在熔体中上浮时，起着精炼作用。

（3）热离解作用。许多氯盐在熔体温度下发生分解放出氯气，起着和氯气相同的精炼作用。如：

$$2CCl_4 = C_2Cl_4\uparrow + 2Cl_2\uparrow$$

在铝材行业，有少数工厂采用四氯化碳和六氯乙烷精炼，基本没有采用氯化锌和氯化锰进行精炼的。因为它们吸湿性大，还会使熔体增锌、增锰；就同一质量的氯盐产生的气体量而言，后者也要比前者少得多，故精炼效果也要差得多。

四氯化碳的精炼机理是基于下面的化学反应：

$$2CCl_4 = C_2Cl_4 + 2Cl_2\uparrow$$

$$4Al + 3C_2Cl_4 = 4AlCl_3\uparrow + 6C$$

$$2Al + 3Cl_2 = 2AlCl_3\uparrow$$

$$Cl_2 + 2H = 2HCl\uparrow$$

以上反应所生成的 C_2Cl_4、$AlCl_3$ 和 Cl_2 在熔炼条件下都是气体，起着和氯气一样的除气、除渣作用。采用四氯化碳精炼时，其工艺要点如下：精炼温度 690～710℃；加入量 2～3kg/t 金属；加入方式为载体加入法，即将烘烤过的轻质黏土砖浸泡吸收四氯化碳后压入熔体底部，并缓慢移动直至无气泡冒出为止。精炼完后将熔体静置 5～10min。

四氯化碳的优点是：吸湿性低，使用方便，精炼效果好，且有晶粒细化作用。缺点是：反应气体有毒，合金中含镁时镁的损失大。

六氯乙烷的精炼机理是基于下面的反应：

$$3C_2Cl_6 + 2Al = 3C_2Cl_4\uparrow + 2AlCl_3\uparrow$$

上述反应生成的 C_2Cl_4 和 $AlCl_3$ 在熔体中上浮时起着除气、除渣作用。采用六氯乙烷精炼时，其工艺要点如下：精炼温度 700～720℃；加入量 3～4kg/t 金属；加入方式为载体加入法，即将六氯乙烷与约 20% 的硼氟酸钠（$NaBF_4$）或硅氟酸钠（Na_2SiF_6）压制成块，用钟罩压入铝液中精炼，以降低六氯乙烷的热分解速度和挥发速度，延长精炼时间，提高除气效果。精炼后将熔体静置 5～10min。C_2Cl_6 的精炼温度和合金成分有关，对不含镁的合金，700～720℃足够；但对含镁合金，精炼温度必须相应提高，使 $MgCl_2$ 处于液态，起辅助精炼作用。当存在固态 $MgCl_2$ 时，固态 $MgCl_2$ 成为夹杂物，优先于 Al_2O_3 被带出熔液进入熔渣中，削弱精炼效果。六氯乙烷的优缺点与四氯化碳的大致相似，但 C_2Cl_6 不吸湿、无毒性，使用、保管都很方便。

e　无毒精炼剂

用 C_2Cl_6 和 CCl_4 精炼的缺点是会产生有毒气体，劳动条件差。因此，很多工厂还是采用刺激性较小的 $ZnCl_2$。目前国内外研究使用了无毒精炼剂，效果良好。几种无毒精炼剂的典型配方见表 4-1。无毒精炼剂加入铝液中主要产生下列反应：

$$4NaNO_3 + 5C = 2Na_2CO_3 + 2N_2 + 3CO_2 \quad (4\text{-}11)$$

$$4KNO_3 + 5C = 2K_2CO_3 + 2N_2 + 3CO_2 \quad (4\text{-}12)$$

由于反应生成的 N_2 和 CO_2 的沸腾作用，气泡上浮时将把氢和非金属夹杂物带出铝液，所以这种混合物的除气效果良好。

表 4-1　几种无毒精炼剂的典型配方

序　号	成分组元（质量分数）/%							用量/%
	硝酸钠	硝酸钾	石墨粉	六氯乙烷	冰晶粉	食盐	耐火砖粉	
1	36		6	3～5		23～25	30	0.3
2	36		6			28	30	0.5
3	40～42		7～8					0.4～0.6
4	34		6	4		24	32	0.3
5		40	6	4		24	26	0.3
6	34		6		20	10	30	0.3

六氯乙烷是反应的催化剂，可使反应更容易进行。食盐与耐火砖粉是作为惰性介质加入的，加入后有分散有效物促使气泡细化的作用，从而达到增加气体与铝液的接触面积、加强脱气作用的目的。而且耐火砖粉在铝液中会烧结成块，精炼完毕，硝酸钠或硝酸钾和石墨粉全部烧去，只留下孔洞，精炼熔剂残渣仍完整地上浮至铝液表面，极易除去。由于食盐的加入会增加熔渣黏度，故也可不用。冰晶粉和氟硅酸钠既起精炼作用，又起缓冲作用。

这个方法的实质是使脱氢用的气体以非常细小的气泡上升以增加其与铝液相接触的面积，这样便可加速气体与铝液中的氢相遇而起反应，增加氢扩散入气泡的机会，从而达到加强脱气的目的。另外，用一氧化碳与二氧化碳的混合物除气，除使氢扩散入气泡而被除掉的物理作用之外，还有使氢被氧化掉的可能，加强了脱气作用。

无毒精炼剂的配比可根据具体要求做必要的调整，当反应过慢时，可增加硝酸钠和石墨粉。反之，增加耐火砖粉和食盐的比例。

精炼时，用钟罩把精炼剂压到铝液中，操作与用氯盐精炼时一样。移动式旋转除气装置（MDU）和金属处理工作台（MTS）是近年出现的新型除气装置，其中 MTS 是 MDU 的改进型。它增加了一个熔剂输送系统，粒状熔剂（Na_3AlF_6 23% + KCl 47% + NaCl 30% 或增加适量的 Na_2AlF_6）随 N_2 或 Ar 气流送入熔体中，提高精炼效果。

精炼温度为 740～750℃，用量大约为铝液质量的 0.6%～0.8%，精炼剂的实际用量取决于铝液质量、合金种类、铝液覆盖情况等，应通过现场试验来确定。

B　熔剂法

铝合金净化所用的熔剂主要是碱金属的氯盐和氟盐的混合物，熔剂的除渣能力是由熔剂对熔体中氧化夹杂物的吸附作用和溶解作用以及熔剂与熔体之间的化学作用所决定的。工业上常用的几种熔剂成分及用途见表 4-2。

表 4-2　常用熔剂的成分和用途

熔剂种类	主要组元	主要成分（质量分数）/%	主 要 用 途
覆 盖 剂	NaCl	39	Al-Cu 系
	KCl	50	Al-Cu-Mg 系
	Na_3AlF_6	6.6	Al-Cu-S 系
	CaF_6	4.4	Al-Cu-Mg-Zn 系合金
	KCl，$MgCl_2$	80	Al-Mg 系
	CaF_2	20	Al-Mg-Si 系合金
精 炼 剂	NaCl	47	除 Al-Mg 系及 Al-Mg-Si 系合金以外的合金
	KCl	30	
	Na_3AlF_6	23	
	KCl，$MgCl_2$	60	Al-Mg 系及 Al-Mg-Si 系合金
	CaF_2	40	

熔剂的精炼作用主要是靠其吸附和溶解氧化夹杂，其吸附作用可根据式 4-3 的热力学条件判定。因为氧化夹杂是不被铝液润湿的，两者间的界面张力很大；而熔剂对氧化夹杂是润湿的，两者间的界面张力较小。熔剂吸附熔体中的氧化夹杂后，能使系统的表面自由能降低，因此，熔剂具有自动吸附氧化夹杂的能力，这种能力称为熔剂的精炼性。这种吸附作用是熔剂除渣的主要原因。显然，熔剂和非金属夹杂物的界面张力愈小，而熔剂和铝液的界面张力及铝液

和非金属夹杂物之间的界面张力愈大，则熔剂的吸附性愈好，除渣作用愈强。

熔剂对氧化物的溶解作用是由熔剂的本性所决定的。通常，当熔剂的分子结构与某些氧化物的分子结构相近时或化学性质相近时，在一定温度下可以产生互溶。比如阳离子相同的 Al_2O_3 和 Na_3AlF_6，MgO 和 $MgCl_2$ 等都有一定的互溶能力。熔剂与熔体还能产生下述化学反应：

$$Na_3AlF_6 = 3NaF + AlF_3$$

$$Al + 3NaF = AlF_3\uparrow + 3Na$$

$$Al + 3NaCl = AlCl_3 + 3Na$$

气态产物 AlF_3 和 $AlCl_3$ 不溶解在铝内，在金属-氧化物的边界上呈气泡析出时，促使氧化膜与金属分离，并使氧化膜转入到熔剂中去，同时气泡亦具有浮选除渣作用。此外，熔剂在离解过程中形成的气泡亦能通过浮选作用除去部分夹杂物。

熔剂的除气作用主要表现在三个方面：一是随络合物 $\gamma\text{-}Al_2O_3 \cdot xH$ 的除去而除去被氧化夹杂所吸收的部分络合氢。二是熔剂产生分解或与熔体相互作用时形成气态产物，进行扩散除氢。三是熔体表面氧化膜被溶解而使得溶解的原子氢向大气扩散变得容易。但是，熔剂的除气作用是有限的，在生产条件下，其含氢量只能降到大约 0.2～0.25mL/(100g Al)的水平。

C 气体-熔剂混吹精炼

用惰性气体进行吹气精炼时，具有操作方便、环保安全、成本低廉的特点，但精炼效果受惰性气体本身纯度的制约。一般惰性气体即使采用很严格的纯化措施，也总会含有一定量的水分和氧气。这种气体吹入铝液后，在吹入的气泡表面会形成薄而致密的氧化膜，从而阻碍熔体中的氢进入气泡内，使除气率大打折扣。在吹入惰性气体的同时引进一定量的粉状熔剂时，则气泡表面被熔化的熔剂膜所包围，不仅隔断了气泡中水分和氧气与铝液的接触，使之不能形成氧化膜，而且，即使有氧化物生成，也会被熔剂膜所吸附，从而有效提高精炼的效果。

有人对纯氮精炼和纯氮-熔剂混吹法精炼的效果进行过对比实验，精炼时间同为 12min，精炼前铝熔体含氢量为 0.41mL/(100g)金属，用纯氮精炼后的熔体含氢量为 0.29mL/(100g)金属，而用氮气-熔剂混吹后的熔体含氢量只有 0.06mL/(100g)金属。前者除氢率只有 29%，而后者则达 85%。图 4-5 是气体-熔剂混吹法示意图。

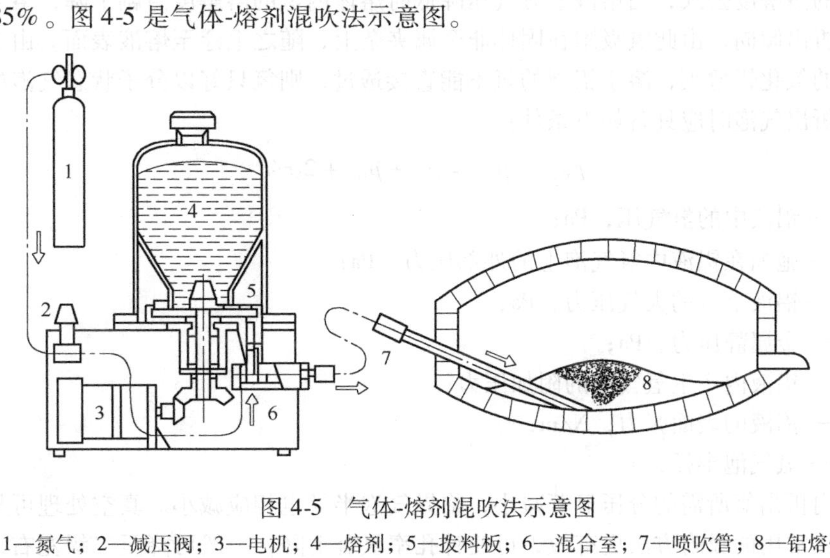

图 4-5 气体-熔剂混吹法示意图

1—氮气；2—减压阀；3—电机；4—熔剂；5—拨料板；6—混合室；7—喷吹管；8—铝熔体

4.2.1.2 非吸附净化

依靠其他物理作用达到精炼目的的精炼方法，统称非吸附精炼。它对全部铝液有精炼作用，因此效果比较好。

（1）超声波处理。超声波精炼的原理是：向铝液通入弹性波时，弹性振荡经过液体介质（熔液）传播产生空穴现象，使液相连续性破坏，在铝液内部产生了无数显微“空穴”，溶入铝中的氢逸入这些空穴中成为气泡核心，继续长大成为气泡，逸出铝液，达到精炼目的。用超声波处理结晶过程中的铝液时，在超声波的作用下，枝晶振碎成为结晶核心，因而能够细化晶粒。

（2）直流电精炼。根据氢在金属中可能处于离子状态的假说，提出了电流除去液态金属中气体的处理工艺，对一系列纯铝和铝硅合金依次用直流电处理 20 ~ 30s，在某些合金中能得到很好的除气效果。但在某些合金中未能得到预期的效果。

用直流电可除去熔液（铝液）中的气体的事实证实了熔液中有离子氢。因此在某些试验中如果没有除气效果，应认为在此条件下氢电离化程度很低。在这种情况下，可观察到氢在熔液中是不均匀分布的，靠阳极处吸气增加，而靠阴极处则降低。在关闭电流后含气量沿熔液整个体积达到平衡。这是因为氢不仅以离子状态存在，而且也存在复杂的离子胶体颗粒，这些颗粒在熔液中移动，但氢在电极上不析出，仅仅建立起了熔液中的氢气浓度梯度。此外，溶于金属中的氢具有金属性质，像金属一样。因此，可以认为氢在熔液中不是完全电离而只是部分电离。

根据在熔液中渗有离子型化合物时电解效应增加的观点，向熔液中加入少量的钠或锂，结果发现用直流电不能除气的合金在加钠或加锂几分钟后就很快除气。这就可用处在未电离状态的氢与以上两金属相互作用所形成的氢化物来除气。这时，铝液中的氢离子浓度增加，使氢在电极上析出，提高除气效果。这不仅确定了处于熔液中的氢是几种形式（离子状态、胶体颗粒状态或复杂离子状态、原子分子状态）外，还奠定了建立新的铝合金除气方法的基础，通过直流电处理熔液。

（3）真空精炼。真空精炼是将盛有铝液的坩埚置于密闭的真空室内，在一定温度下镇静一段时间使溶入铝液中的气体及非金属夹杂析出，上浮至表面，然后加以排除。

真空精炼的基本原理是：一方面在真空中，铝液吸气的倾向趋于零；另一方面，根据氢在液体金属中的溶解度公式，当熔液上方气压降低时熔体内氢的溶解度急剧下降，溶入铝液中的氢有强烈的析出倾向，由此氢吸附在固体非金属夹杂上，随之上浮至熔液表面。由于铝液表面有一层致密的氧化铝薄膜，溶于铝液的氢不能直接透过，则氢只好以分子状态气泡的形式而析出。铝液中析出气泡时应具备如下条件：

$$p_{H_2} > p_{外} = p_{at} + p_{Me} + 2\sigma/r \tag{4-13}$$

式中 p_{H_2}——铝液中的氢气压，Pa；

$p_{外}$——施加在铝液中氢气泡上的外部压力，Pa；

p_{at}——铝液上方的大气压力，Pa；

p_{Me}——金属静压力，Pa；

$2\sigma/r$——铝液内产生氢气泡的附加压力；

σ——铝液的表面张力，N/m；

r——氢气泡半径，m。

从熔体内析出氢所需的分压显著减小，临界气泡半径也相应减小。真空处理可从熔液中除氢和夹杂，比常用的吸附方法更有效，可使针孔率显著下降，一般可降至二级左右，力学性能明显提高。本办法的另一个优点还在于，铝液可在变质后和浇注之前进行处理，这样不会破坏变质作用，避免了变质过程中二次吸氢、氧化，可保证获得优质的铸件。

真空精炼过程中温度会下降，不容易满足浇注温度的要求；当熔体深度过大时，除气效果显著降低；真空精炼要求有一套设备，熔炼、浇注、维修技术要求高，而且由于坩埚吊运、铝液温度调整等使生产率降低。因此，虽然真空精炼优点很多，但在生产中没有得到广泛应用。真空精炼常有静态真空处理、静态真空处理加电磁搅拌、动态真空处理等三种类型。

静态真空处理是将熔体置于1.3～4kPa的真空度下，保持一段时间。铝液表面有致密的γ-Al_2O_3。膜存在，往往使真空除气达不到理想的效果，因此在真空除气之前，必须清除氧化膜的阻碍作用，如在熔体表面撒上一层熔剂，可使气体顺利通过氧化膜。

动态真空处理是预先使真空处理达到一定的真空度（约1.3kPa），然后通过喷嘴向真空炉内喷射熔体。喷射速度约为1～1.5t/min，熔体形成细小液滴。这样熔体与真空的接触面积增大，气体的扩散距离缩短，并且不受氧化膜的阻碍。所以气体得以迅速析出。与此同时，钠被蒸发烧掉，氧化夹杂聚集在液面。真空处理后熔体的气体含量低于0.12mL/(100g Al)，氧含量低于0.0006%，钠含量也可降低到0.0002%。真空处理炉有20t、30t、50t级三种，其装置如图4-6所示。

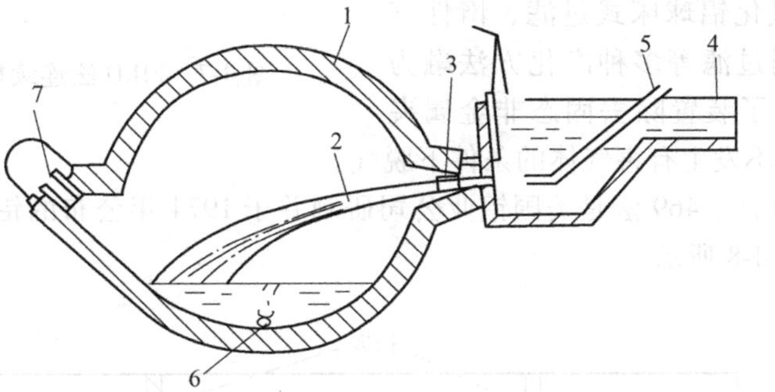

图4-6 动态真空处理装置

1—真空炉；2—喷射铝液；3—喷嘴；4—流槽；5—塞棒；6—气体入口；7—浇注口

动态真空处理不但脱气速度快，净化效果好，而且对环境没有任何污染，是一种很有前途的净化方法，但这些方法由于受一些条件限制，应用较少。

4.2.2 炉外在线处理

一般而言，炉内熔体净化处理对铝合金熔体的净化是相当有限的，要进一步提高铝合金熔体的纯洁度，更主要的是靠炉外在线净化处理，才能更有效地去除铝合金熔体中的有害气体和非金属夹杂物。炉外在线净化处理根据处理方式和目的，又可分为以除气为主的在线除气，以除渣为主的在线熔体过滤处理，以及两者兼而有之的在线处理。根据产品质量要求不同，可采用不同的熔体在线处理方式，下面分别就实践中最常见的几种在线处理方式作简要介绍。

4.2.2.1 在线除气

在线除气是各大铝加工企业熔铸重点研究和发展的对象，种类繁多，比较典型的炉外复合精炼工艺有英国铝业公司的FILD（费尔德）法、美国铝业公司的Alcoa 469法、美国联合碳化物公司的SNIF法、美国联合铝公司的MINT法、法国普基工业公司的ALPUR法、英国福塞科公司的RDU法、英国福塞科日本公司的GBF法等。我国西南铝业（集团）有限责任公司自行开发的旋转喷头除气装置 DFU、DDF 等，这些除气方式都采用 N_2 或 Ar 气作为精炼气体或 $Ar(N_2)$ + 少量的 $Cl_2(CCl_4)$ 等活性气体，不仅能有效除去铝熔体中的氢，而且还能很好除去碱金属或碱土金属，同时还可提高渣液分离的效果。下面就几种常见的在线除气方式、使用方式及效果加以简介。

（1）FILD 无烟连续除气法。FILD 是无烟连续除气法（fumeless in-line degassing）的英文缩写，它是 1968 年由英国铝公司研制并投入使用的一种除气、过滤铝熔体的连续精炼方法。该法的装置示于图 4-7。

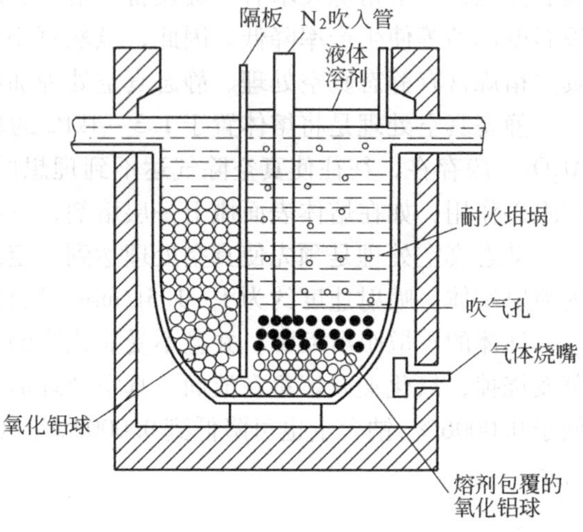

图 4-7　FILD 法连续精炼装置示意图

耐火坩埚用隔板分成两室，进液侧的铝液表面覆盖有液体熔剂层，并设置有通入氮气的石墨管，氧化铝球直径为 20mm，进液侧的氧化铝球用熔剂包覆。熔剂的成分为 52% KCl + 43% NaCl + 5% CaF_2。该装置的净化能力与吹入的氮气量有关。由上可以看出，费尔德法把活性氧化铝球床式过滤、惰性气体精炼和液体熔剂过滤等多种净化方法融为一体，因此，提高了装置除去固态非金属夹杂物的能力，并在不发生有害气体的条件下脱气。

（2）Alcoa 469 法。469 法是美国铝业公司研制并于 1974 年公布的铝液连续精炼法。该法的装置示意图如图 4-8 所示。

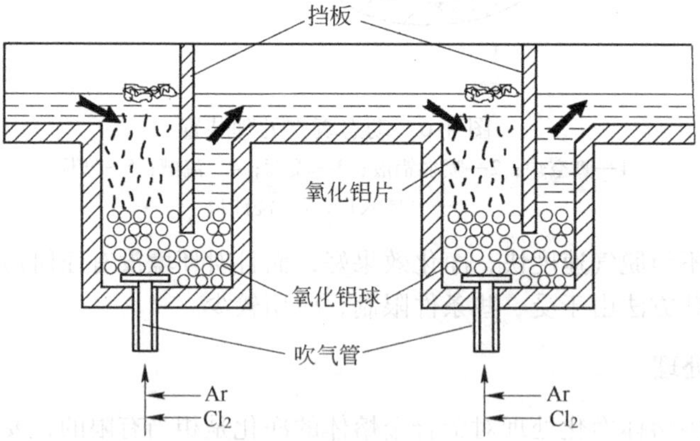

图 4-8　Alcoa 469 法连续精炼装置示意图

它由两个箱式过滤装置组成，在每一个装置中同时与金属流向相反地通入氯和氮气的混合气。气体扩散器采用多孔氧化铝、多孔石墨或多孔碳制成。二次过滤床由层厚 50 ~ 255mm、直径为 10 ~ 20mm 的氧化铝球组成，其上覆盖一层厚 150 ~ 255mm、块度为 3.5 ~ 6.5mm 的片状氧化铝。一次过滤床全部由直径 10 ~ 20mm 的氧化铝球组成，总厚为 150 ~ 380mm。采用两个过滤床的目的在于分别除去大的和小的夹杂物，从而延长过滤器底层氧化铝球的使用期。

（3）Air-Liquide 法。Air-Liquide 法是炉外在线处理的一种初级形式，其装置如图 4-9 所示，装置的底部装有透气砖（塞），氮气（或氮氯混合气体）通过透气砖（塞）形成微小气泡在熔体中上升，气泡在和熔体接触及运动的过程中吸附气体，同时吸附夹杂，并带出表面，产生净化效果。此法也有除渣作用，但效果不是很理想。此法一般除气率达15% ~30%。

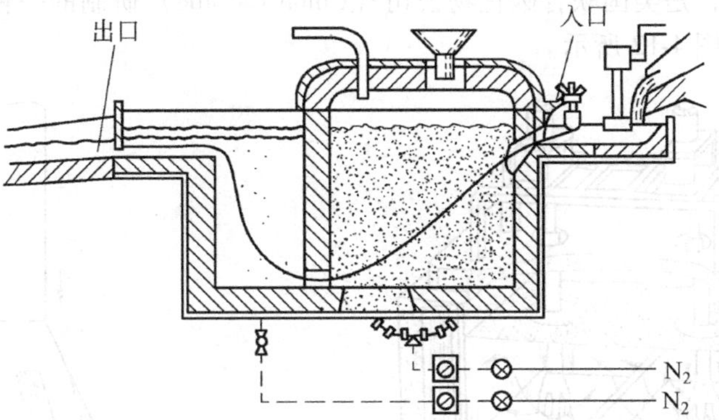

图 4-9　Air-Liquide 法熔体处理装置

（4）MINT法。MINT法（melt in-line treatment system）是美国联合铝业公司（Conalco）于1979年发明的一种熔体炉外在线处理方法，该法对铝液中的氢、碱金属、非金属夹杂物都有很高的净化效率。MINT法装置如图4-10所示。MINT系统共分两个部分：一部分是反应器；另一部分是泡沫陶瓷过滤器。铝熔体从反应器的入口以切线进入圆形反应室，使熔体在其中产生旋转。反应室的下部装有气体喷嘴，分散喷出细小气泡。靠旋转熔体使气泡均匀分散到整个反应器中，产生较好的净化效果，熔体从反应室进入陶瓷泡沫过滤器，可进一步除去非金属夹杂物，净化气体一般为Ar气，也可添加1% ~3%的Cl_2气。生产中使用的MINT装置，有几种不同型号，目前国内使用过的MINT装置有MINTⅡ型和MINTⅢ型。MINTⅡ型反应器的锥形底部有6个喷嘴，气体流量为$15m^3/h$，铝熔体处理量为130 ~ 320kg/min，反应室静态容量为200kg，MINTⅢ型反应器锥形底部有12个喷嘴，气体流量为$32m^3/h$，铝熔体处理量为320 ~ 600kg/min，反应室静态容量为350kg，MINT法除气的缺点在于金属熔体在反应室旋转有限，除气率波动较大，且金属翻滚可能产生较多氧化夹杂物。

（5）SAMRU法。SAMRU法除气装置是西南铝业（集团）有限责任公司吸收MINT装置的一些优点后，独立开发的装置，该装置采用矩形反应室，其梯形底部装有12 ~ 18个喷嘴，反

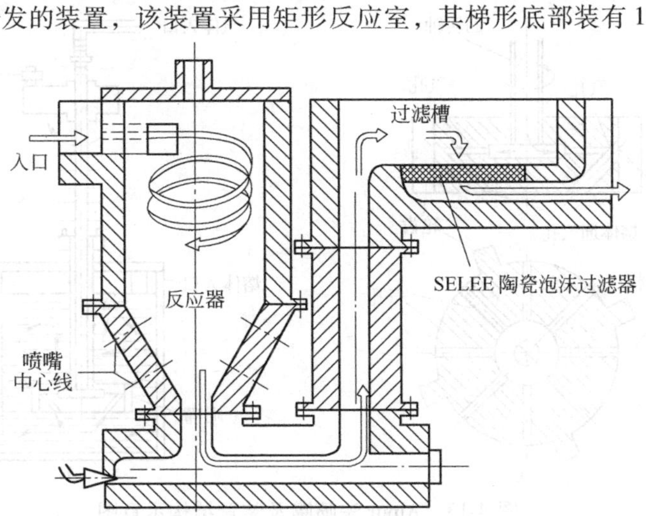

图 4-10　MINT法熔体处理装置

应室静态容量为 1 ~ 1.5t，处理能力一般为 320 ~ 600kg/min，最好与泡沫陶瓷板联合使用。

(6) 斯奈福（SNIF）旋转喷头法。SNIF 法（spinning nozzle inert flotation）为旋转喷嘴惰性气体浮游法的简称，是美国联合碳化物公司（Union Carbide）研制的一种铝熔体炉外在线处理装置，如图 4-11、图 4-12 所示。

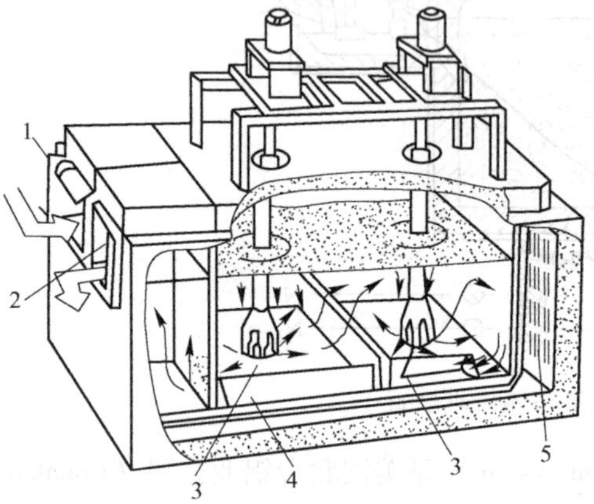

图 4-11　SNIF 法熔体处理装置

1—入口；2—出口；3—旋转喷嘴；4—石墨管；5—发热体

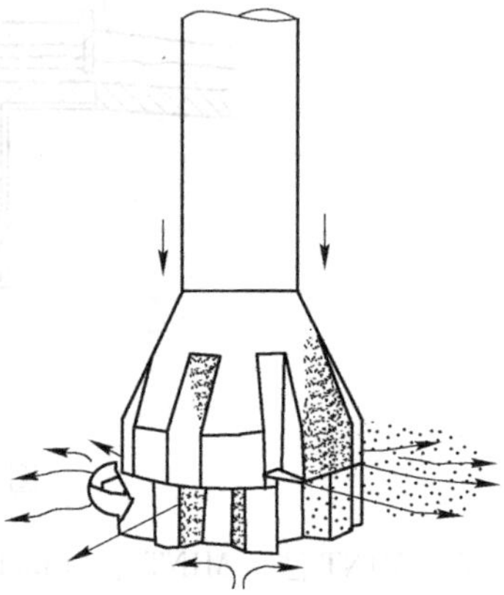

图 4-12　SNIF 法旋转喷嘴

此装置在两个反应室设有两个石墨的气体旋转喷嘴，气体通过喷嘴转子形成分散细小的气泡，同时转子搅动熔体使气泡均匀地分散到整个熔体中去，从而产生除气、除渣的熔体净化效果。此法避免了单一方向吹入气体造成气泡的聚集，上浮形成气体连续通道，使气体与熔体接触时间缩短，而影响净化效果，吹入气体为 Ar 或 N_2（Ar 为最佳），为了提高净化效果，可混入 2% ~5% Cl_2，也可添加少量熔剂。SNIF 法装置有两种型号，一是单喷嘴（S 形），处理能力为 11t/h；二是双喷嘴（T 形），处理能力为 36t/h。

(7) Alpur 旋转除气法。Alpur 是铝净化器（aluminium purifier）的缩写，该法是法国普基工业公司发明并于 1981 年开始在彼西涅公司应用。该法也是一种借助旋转喷嘴产生微小气泡的炉外连续精炼装置，其旋转喷嘴结构和装置结构示于图 4-13。旋转喷嘴由高纯石墨制成，喷

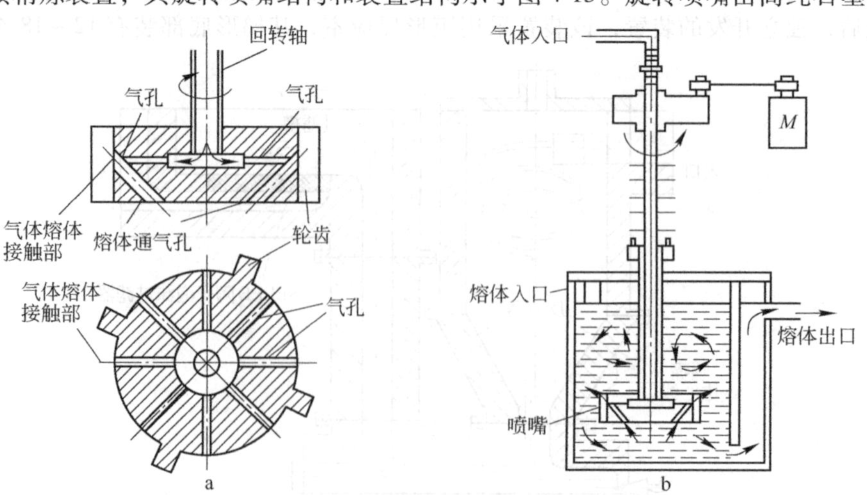

图 4-13　Alpur 法喷嘴及装置结构示意图

a—旋转喷嘴结构；b—装置整体结构

嘴结构除考虑打散气泡外，还利用搅动熔体而产生的离心力，使熔体进入喷嘴内与水平喷出的气体均匀混合，形成气-液流喷出，从而增加了气泡与熔体的接触面积和接触时间，以此提高精炼效果。

（8）DFU 旋转喷头除气法。DFU（degassing and filtration unit）是西南铝业（集团）有限责任公司开发应用的旋转喷头除气与泡沫陶瓷过滤相结合的铝熔体净化装置，如图 4-14 所示，它的除气原理和方法与 SNIF 法和 Alpur 法相近，除气箱采用单旋转喷头法除气，内部由隔板分为除气区和静置区，内置浸入式加热器，可在铸造或非铸造期间对金属熔体进行加热和保温，它采用的是 Ar 气（或 N_2 气），加 1%～3% 的 Cl_2（或 CCl_4）气体，可提高熔体净化效果。

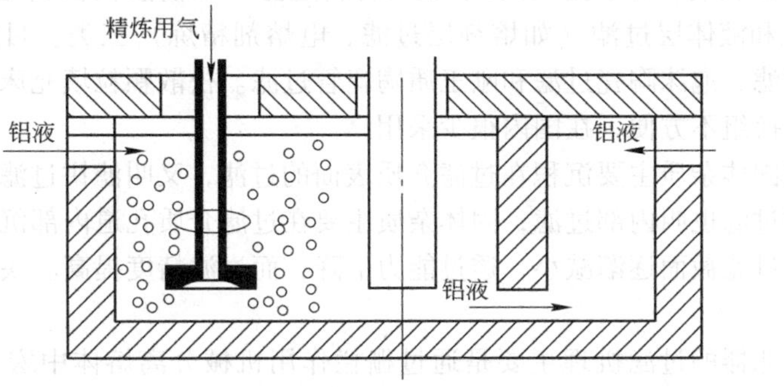

图 4-14　DFU 旋转喷头除气装置示意图

（9）RDU 快速除气装置。RDU 是快速除气装置（rapid degassing unit）的英文缩写，它是英国福塞科公司于 1987 年开发并投入使用的一种旋转喷嘴形式的精炼装置。其装置结构和喷嘴结构示于图 4-15。

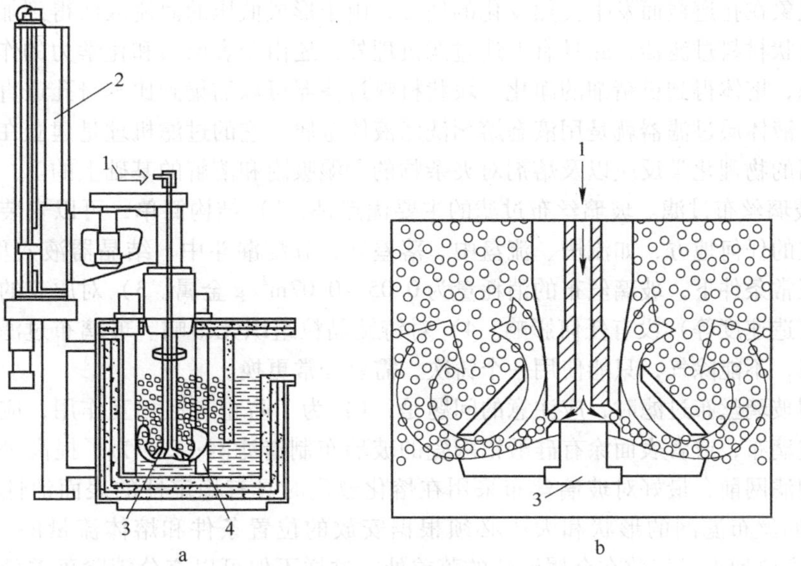

图 4-15　RDU 净化装置和喷嘴结构示意图

a—装置结构图；b—喷嘴结构图

1—净化气体；2—升降装置；3—旋转喷嘴；4—加热器

RDU 的喷嘴也由高纯石墨制成，喷嘴根据泵的工作原理设计，喷嘴在通气和旋转时，除喷出气泡和搅动熔体外，还会产生泵吸作用，使熔体由上而下进入喷嘴的拨轮内，与气体混合后喷出，产生含有气泡的强制流动，增强气-液混合的均匀性，并使气泡变得非常细小，从而提高净化效果。

4.2.2.2　熔体过滤

铝熔体通过用中性或活性材料制造的过滤器，以分离悬浮在熔体中的固态夹杂物的净化方法叫过滤。

按过滤性质，铝合金熔体的过滤方法可分为表面过滤和深过滤两类；按过滤材质，可分为网状材料过滤（如玻璃丝布、金属网）、块状材料过滤（如松散颗粒填充床、陶瓷过滤器、泡沫陶瓷过滤器）和液体层过滤（如熔剂层过滤、电熔剂精炼）三类。目前，我国使用最广泛的是玻璃丝布过滤、泡沫陶瓷过滤和刚玉质陶瓷管过滤。松散颗粒填充床过滤器虽然简单，但准备费力，合金换组不方便，在国内很少采用。

表面过滤指固体杂质主要沉积在过滤介质表面的过滤，又叫滤饼过滤。网状材料过滤都属于表面过滤。深过滤也叫内部过滤，固体杂质主要在过滤介质孔道内部沉积，并且随着过滤的进行，孔道有效过滤截面逐渐减小，透过能力下降，而过滤精度提高。块状材料过滤都属于深过滤。

网状材料过滤器的过滤机理主要是通过栅栏作用机械分离熔体中宏观粗大的非金属夹杂物。它只能捕集熔体中尺寸大于网格尺寸的夹杂物（假定夹杂物不能变形）。用中性材料制造的块状材料过滤器的过滤机理主要是通过沉积作用、流体动力作用和直接截取作用机械分离熔体中的固体夹杂物。块状材料过滤器具有很大的比表面，熔体和过滤介质有着充分接触的机会，当熔体携带着固体杂质沿过滤器中截面变化不定的细长孔道作变速运动时，由于固态夹杂物的密度和速度与熔体的都不相同，所以有可能在重力作用下产生沉积；另外，固体粒子的非球性和受到不均匀的切变力场的作用，使之产生横向移动，从而被孔道壁勾住、卡住或吸附住。上述现象在孔道截面发生突然变化的地方，由于形成低压的涡流区而得到加强。用活性材料制造的块状材料过滤器，除具有上述过滤机理外，还由于表面力和化学力的作用，产生物理化学深过滤，熔体得到更精细的净化。块状材料过滤器可以捕集到比本身孔道直径小得多的固体夹杂物。液体层过滤器就是用液态熔剂洗涤液体金属，它的过滤机理是建立在熔剂和非金属夹杂物之间的物理化学反应以及熔剂对夹杂物的润湿吸附和溶解的基础上的。

（1）玻璃丝布过滤。玻璃丝布过滤的主要优点是：1）结构简单，可以安装在从静置炉向结晶器转注的任何地方，如流槽、流盘中、落差处、分配漏斗中、结晶器液穴里。2）使用成本低，在正常条件下，玻璃丝布的消耗量为 $0.05 \sim 0.07 m^2/g$ 金属。3）对原有的铸造制度（铸造温度、铸造速度等）没有任何影响。4）对铸锭晶粒组织无影响。玻璃布过滤的缺点是：除渣程度有限，不能除气，只能使用一个铸次，需要经常更换。

在采用玻璃丝布过滤时，应注意的问题是：1）为了防止与铝相互作用，应采用铝硼硅酸盐制造的玻璃布，或者表面涂有硅酸铝陶瓷的玻璃布制造滤网；2）为了提高平板网格的稳定性，在缝制滤网前，最好对玻璃丝布采用在熔化温度时具有稳定性的表面活性物质进行预处理；3）玻璃丝布滤网的形状和大小必须根据安放的位置条件和熔体流量的大小进行设计；4）滤网的安放地点最好放在金属液流的落差处，这样不但可以充分消除落差处金属液流的冲击翻滚，减少造渣污染，增加过滤效果，而且，由于铝液的静压头较大，过滤流量也大；5）在使用过程中，应防止滤网和熔剂液接触，避免滤网迅速腐蚀损坏。

用玻璃丝布过滤铝熔体在国内外已广泛应用，一般用于转注过程和结晶器内熔体过滤，国产玻璃丝布孔眼尺寸为 1.2mm × 1.5mm，过流量约为 200kg/min，此法特点是适应性强，操作简便，成本低，但过滤效果不稳定。只能拦截除去尺寸较大的夹杂，对微小夹杂几乎无效，所以适用于要求不高的铸锭生产。图 4-16 所示是一种底注玻璃丝布过滤器。

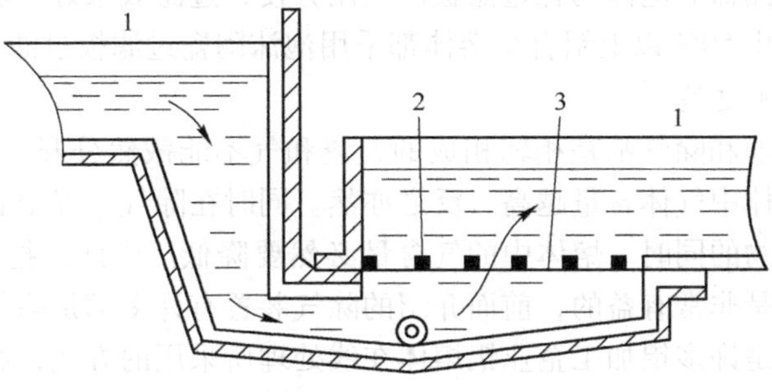

图 4-16　底注玻璃丝布过滤器

1—流槽；2—格子；3—玻璃丝布

（2）刚玉质陶瓷过滤器。目前一些工厂采用的陶瓷过滤装置的典型结构示意于图4-17。这种过滤器的外壳是用10mm 厚的钢板焊成的，内衬硅酸铝纤维毡，再砌一层轻质耐火砖，内刷滑石粉。

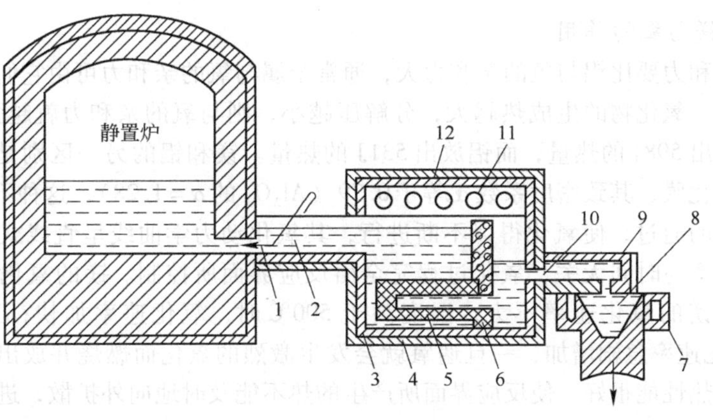

图 4-17　刚玉过滤装置结构示意图

1—流量控制钎；2—流槽；3—过滤器保温衬里；4—外壳；5—陶瓷管；6—隔板；7—结晶器；8—漏斗；9—小流盘；10—滤液出口；11—加热元件；12—加热保温盖

过滤器内腔用多孔陶瓷板或碳化硅板间隔成 A、B 两室。A 室为过滤室，过滤管装配在隔板孔眼上，装配部位用硅酸铝纤维毡密封；B 室为贮存室，汇集过滤后的金属。过滤器上部有加热盖，内配电阻加热丝。热电偶连续测温，电子电位差计自动控制过滤器中金属温度。过滤器下部有放流眼。全部工作压头有 100mm 和 200mm 两种。过滤室内安装 ϕ110/70mm × 325mm 的过滤管，安装数目视需要而定。熔体从静置炉沿流槽进入与此相连接的过滤室 A，再通过过滤管微孔渗出，汇集于贮存室，最后经流盘进入结晶器。

（3）泡沫陶瓷过滤器。泡沫陶瓷是美国康索尼达德铝公司在 20 世纪 70 年代末期研制的一种具有海绵状结构的用于过滤铝熔体的开孔网状物。我国在 80 年代初期试制成功并已普遍推广使用。泡沫陶瓷过滤器即以泡沫陶瓷作为过滤介质的过滤装置。它是将泡沫陶瓷安装在静置炉和铸造台之间的熔融金属转注系统的滤盆里而构成的。滤盆用普通钢板焊成，内衬绝热毡，最里层是耐火砖。滤盆的深度一般不低于200mm（从泡沫陶瓷板的板面算起）。铝水从静置炉经滤盆过滤后流向结晶器。泡沫陶瓷过滤板因使用方便，过滤效果好，价格低，在全世界被广泛使用，在发达国家中50%以上铝合金熔体都采用泡沫陶瓷过滤板过滤。

4.2.2.3 除气+过滤

任何熔体处理过滤和除气都是相辅相成的，渣和气不能截然分开，一般情况是渣伴生气，夹杂物越多，必然熔体中气体含量越高，反之亦然。同时在除气过程中必然同时去除熔体中的夹杂物，在去除夹杂物的同时，熔体中的气含量必然要降低。因此，把除气和过滤结合起来，对于提高熔体纯洁度是非常有益的，前面介绍的除气装置有许多都是除气与过滤相结合的熔体在线处理装置。这也是许多铝加工企业铝熔体在线处理所采用的方式，所以，这里就不再单独介绍除气与过滤在线处理相结合的方式，这需要根据产品的质量要求及生产状况选择应用。

4.3 镁及镁合金的熔体净化

镁合金熔化时会与炉气中的H_2O、空气中的O_2和N_2作用，会吸气，并形成MgO、Mg_3N_2夹杂，另外，利用熔剂覆盖保护的镁熔体也会产生熔剂夹杂，所以有必要对镁合金进行精炼处理。

4.3.1 熔体的特性

4.3.1.1 镁与氧的作用

镁与氧的亲和力要比铝与氧的亲和力大，通常金属与氧的亲和力可由它们的氧化物生成热和分解压来判断。氧化物的生成热越大，分解压越小，则与氧的亲和力就越强。镁与1g氧原子相化合时，放出598J的热量，而铝放出531J的热量。镁和铝的另一区别是，镁被氧化后表面形成疏松的氧化膜，其致密度系数α等于0.79（Al_2O_3的$\alpha=1.28$），这种不致密的表面膜不能阻碍反应物质的通过，使氧化得以不断进行，其氧化动力学曲线呈直线式，而不是抛物线式。可见氧化速率与时间无关，氧化过程完全由反应界面所控制。镁的氧化与温度关系很密切，温度较低时镁的氧化速率不大；温度高于500℃时，氧化速率加快；当温度超过熔点650℃时，其氧化速率急剧增加，一旦遇氧就会发生激烈的氧化而燃烧并放出大量的热。反应生成的氧化镁绝热性能很好，使反应界面所产生的热不能及时地向外扩散，进而提高了界面上的温度，这样恶性循环必然会加速镁的氧化，燃烧反应更加剧烈。反应界面的温度越来越高，甚至可达2850℃，远高于镁的沸点1107℃，引起镁熔液大量汽化，甚至导致发生爆炸。

在金属中添加微量的金属铍（$w(Be)=0.002\%\sim0.01\%$），可提高镁熔液的抗氧化能力。由于铍是镁的表面活性元素，富集于镁熔液表面致使表面含铍量约为合金中含铍量的10倍，并优先氧化。氧化铍的致密度系数$\alpha=1.71$，故氧化铍充填于氧化镁膜的孔隙中，形成致密的复合氧化膜。但铍的加入量不宜过多，过多会引起晶粒粗化，降低力学性能并加大热裂倾向。当温度高于750℃时，铍对提高镁的抗氧化作用大为降低。而镁合金的熔炼温度一般均高于750℃，因此用铍防止镁合金氧化仅是一种辅助措施。

4.3.1.2 镁与水的作用

镁无论是固态还是液态均能与水发生反应，其反应方程式如下：

$$Mg + H_2O \xlongequal{} MgO + H_2\uparrow + Q \tag{4-14}$$

$$MgO + 2H_2O \xlongequal{} Mg(OH)_2 + H_2\uparrow + Q \tag{4-15}$$

在室温下，反应速度缓慢，随着温度的升高，反应速度加快，并且 $Mg(OH)_2$ 会分解为水及 MgO，高温时只发生式4-14 的反应。相同条件下，镁与水之间的反应要比镁与氧之间的反应更剧烈。

当熔融镁与水接触时，不仅因生成氧化镁放出大量的热，而且反应产物氢与周围大气中的氧迅速反应生成水，水又受热急剧汽化膨胀，结果导致猛烈的爆炸引起镁熔液的剧烈燃烧与飞溅。所以，熔炼镁合金时，与熔液相接触的炉料、工具、熔剂等均应干燥。

镁与水的反应也是镁熔液中氢的主要来源，它与镁合金铸件的主要缺陷——缩松的产生有密切关系。

4.3.1.3 镁与氮气的作用

镁与氮气发生如下反应：

$$3Mg + N_2 = Mg_3N_2$$

在室温下反应速度极慢。当镁处于液态时，反应速度加快。温度高于1000℃时反应很剧烈。不过此反应比 Mg 与 O_2、Mg 与 H_2O 反应要缓慢得多。反应产物 Mg_3N_2 系粉状化合物，不能阻止反应的继续进行，同时 Mg_3N_2 膜也不能防止镁的蒸发，所以 N_2 不能防止镁溶液的氧化燃烧。

4.3.1.4 镁与惰性气体的作用

氩、氦、氖等惰性气体均不与镁发生化学反应，可防止镁熔液的燃烧。但在这些气氛中，镁熔液不能生成防护性的表面膜，故不能阻止镁的蒸发，而镁在熔点以上有较高的蒸气压。

4.3.1.5 镁与防护性气体的作用

镁与防护性气体的作用如下：

(1) 镁与 CO_2 的作用。一般认为 CO_2 与镁在高温下发生反应：$2Mg + CO_2 = 2MgO + C$（无定形）。实验证明，处于各种温度下的镁，在干燥、纯净的 CO_2 中的氧化速率均很低，这与表面膜中出现了无定形碳密切相关。这种无定形碳存在于氧化膜的空隙中，提高了镁表面膜的致密度系数，使 $\alpha = 1.03 \sim 1.05$。带正电荷的无定形碳，还能强烈地抑制镁离子（Mg^{2+}）透过表面的扩散运动，故也能抑制镁的氧化。在干燥、纯净的 CO_2 中，在700℃左右镁熔液表面形成晶莹的有金属色泽的薄膜。此膜具有一定的塑性，但随着温度的升高表面膜逐渐变厚、变硬，致密度逐渐下降，随后发生开裂，失去了保护作用，镁即开始燃烧。此外，当 CO_2 中含有混合空气或水蒸气时，CO_2 气体的防护性将下降。

(2) 镁与二氧化硫的作用。SO_2 对镁熔液也有一定的防护作用。SO_2 与镁熔液发生反应如下：

$$3Mg + SO_2 = 2MgO + MgS$$

$$2Mg + SO_2 = 2MgO + S$$

$$MgS + 4SO_2 + 4MgO + 4O_2 = 5MgSO_4$$

在镁熔液表面生成的很薄而较致密并带有金属色泽的 MgS · MgO 复合表面膜可抑制镁的氧化。当 SO_2 从气氛中消失时，该表面膜就会破裂，镁熔液即发生燃烧。如果温度高于750℃，此时膜也将破裂，起不到保护作用，相反 SO_2 将与镁熔液发生剧烈反应生成大量硫化物夹杂。国外有资料报道，在 SO_2 气氛下熔炼镁，若在熔液表面出现"菜花头"状的燃点时，有可能发生爆炸。用 SO_2 作防护性气氛曾发生过爆炸事故，现在很少使用。

(3) 镁与 SF_6 的作用。目前国内外在熔炼镁合金中越来越多地使用 SF_6 气体来防止镁熔液的氧化燃烧。SF_6 是一种无色、无味、无毒的气体，相对分子质量为146.1，质量比空气大4

倍。从分子结构看，一个硫原子被6个氟原子紧紧包围，具有化学惰性结构，在常温下极其稳定。通常将SF_6气体加压后变成液态存储于专用耐压瓶中备用。

温度较高时（500℃），SF_6将会发生分解，生成有毒的低氟化合物S_2F_{10}、SF_4等。但在生产条件下的含量不大于保护气体总体积的1/1000，这些氟化物均在安全允许值之内。

由X射线衍射分析证明，在高温时SF_6与镁发生化学作用，表面膜中有MgF_2生成，使疏松的MgO膜转变为由$MgO + MgF_2$组成的连续、致密的混合膜，因而含SF_6的气氛有防止镁熔液氧化燃烧的作用。

氧化增重实验表明，SF_6对镁熔液的防燃作用与其含量有关。无论空气中SF_6含量过低（体积分数小于0.01%）或过高（体积分数大于1%），镁的增重曲线均属于直线型，无防护作用。当SF_6的体积分数处于0.01%～1%之间时，氧化增重曲线呈抛物线形，有防护作用。保护气氛中SF_6的体积分数大于1%时，不仅镁的抗氧化效果下降，而且气氛对设备还具有严重的腐蚀作用。

尽管体积分数为0.01%的SF_6含量即可有效保护镁合金熔液，但实际应用的含量要大，这主要是因为SF_6与镁溶液反应和泄漏的损失所致。随着输入含量的增加，液面上方SF_6含量也增加，所消耗的SF_6量也增加，因而镁合金熔炼装置必须要有效地密封，这样才有可能将SF_6含量控制在一定的水平。

SF_6防止镁熔液的氧化作用也受温度的影响。实验证明：温度升高，镁的氧化倾向加大，SF_6含量也应当相应增加。所以SF_6混合保护气体的组分和含量的优化是保护系统设计和控制的关键。合金元素对SF_6-空气的防护作用也有一定影响。如含铝的AZ91合金，其氧化倾向比纯镁低；含锌、锆合金的氧化倾向更小；而含稀土的合金，其氧化倾向比纯镁的还要高。一些研究结果表明，当温度高于705℃时，混合通入一定量的CO_2有助于提高保护的效果。

综上所述，CO_2、SO_2、SF_6等气体在不同条件下对镁熔液具有不同的保护效果，主要是生成了不同的表面膜。其次，这些气体的密度大于空气，在一定程度上起到了隔绝Mg-O反应的作用。同时也减弱了镁熔液对水蒸气的敏感性。其中以SF_6气体防燃效果最佳，欧美等国已将SF_6气体作为防护剂用于镁合金压铸、连续铸锭及浇注铸件等。但由于SF_6具有很强的“温室效应”，为CO_2的23900倍。为此，国际镁业协会与挪威科技大学合作研究和开发新的保护气体以替代SF_6，初步发现$C_2H_2P_4$、$C_4F_9OCH_3$具有与SF_6相近的保护作用。

4.3.1.6　镁与熔剂的作用

为防止镁熔液的氧化燃烧，生产中一直采用在熔剂层保护下的熔炼。

镁合金熔剂有两种作用：（1）覆盖作用，熔融的熔剂借助表面张力的作用，在镁熔液表面形成一连续、完整的覆盖层，隔绝空气，阻止Mg-O_2、Mg-H_2O反应，防止了镁的氧化，也能扑灭镁的燃烧；（2）精炼作用，熔融的熔剂对非金属夹杂物具有良好的润湿、吸附能力，并利用熔剂与金属的密度差使金属夹杂物随同熔剂自熔液中排除。

镁或镁合金熔剂的性质应当具有：（1）熔点低于纯镁或镁合金的熔点；（2）有足够高的液体流动性和表面张力，以便在熔融的金属上造成连续的覆盖膜；（3）有黏滞性，以便熔剂能够在合金的浇注温度与金属分离，防止熔剂进入铸型中；（4）有润湿坩埚壁和炉底的能力；（5）有精炼的能力，即从合金液中除掉非金属夹杂物的能力；（6）700～800℃时，密度要大于合金的密度，以保证熔剂质点由合金液中沉淀下来；（7）不与镁及合金的其他组分起化学反应；（8）不与炉子材料起化学反应。

表4-3是几种熔化镁的保护熔剂的成分配比。镁合金熔剂主要是由$MgCl_2$、KCl、CaF_2、$BaCl_2$等氯盐、氟盐的混合物组成的。熔剂中采用碱金属和碱土金属的卤化物是因为它们的化

学稳定性高。几种盐按一定比例混合，使熔剂的熔点、密度、黏度及表面性能均能较好地满足使用要求。

表 4-3　熔化镁的几种保护熔剂的成分配比

编号	主要成分/%							杂质含量(≤)/%	
	$MgCl_2$	KCl	NaCl	$CaCl_2$	CaF_2	$BaCl_2$	MgO	H_2O	不溶物
RJ-1	40 ~ 36	34 ~ 40						2	1.5
RJ-2	38 ~ 46	32 ~ 40			3 ~ 5	5.5 ~ 8.5		3	1.5
RJ-3	34 ~ 40	25 ~ 36			15 ~ 20	5 ~ 8	7 ~ 10	3	—
RJ-4	32 ~ 38	32 ~ 36			8 ~ 10			3	1.5
RJ-5	24 ~ 30	20 ~ 26			13 ~ 15	12 ~ 16		2	1.5
RJ-6		54 ~ 56	1.5 ~ 2.5	2.7 ~ 2.9		28 ~ 31		2	1.5
光卤石	44 ~ 52	36 ~ 46				14 ~ 16		2	2

注：RJ-1 和光卤石主要用于洗涤熔炼与浇注工具；RJ-2、RJ-3、RJ-4 用于 ZM-1 覆盖与精炼剂；RJ-5、RJ-6 用于 ZM-3 覆盖与精炼剂。

镁合金熔剂的主要成分是 $MgCl_2$，它对镁熔液具有良好的覆盖作用及一定的精炼能力。$MgCl_2$ 的熔点为 708℃，易与其他盐混合形成低熔点盐类混合物，如无水光卤石（$w(MgCl_2)$ = 44% ~52%、w(KCl) = 32% ~46%），其熔点仅为 400 ~480℃，因此流动性好，在镁熔液表面能够迅速地铺展成一层连续、严密的熔剂层。$MgCl_2$ 也能很好地润湿熔液表面的氧化镁，并将其包覆后转移到熔剂中去，消除了由氧化镁所产生的绝热作用，使镁在氧化中产生的热量能较快地通过熔剂层散出，避免镁熔液表面温度急剧上升。$MgCl_2$ 还能与空气中的氧及水蒸气反应生成 HCl、Cl_2、H_2 等，生成的 Cl_2、H_2 又能迅速和镁反应生成一层 $MgCl_2$，盖住无熔剂的镁熔液表面。这样 HCl、Cl_2、H_2 等保护性气氛及 $MgCl_2$ 薄层覆盖均能有效地阻止镁与氧、水的作用，防止氧化、抑制燃烧。实验证明。在镁熔液表面撒上一层干的 $MgCl_2$ 粉，即使没有形成连续的覆盖层，同样也能扑灭燃烧，而其他熔剂只能起到机械隔绝的作用。$MgCl_2$ 的良好精炼作用在于液态的 $MgCl_2$ 对 MgO、Mg_3N_2 的润湿性好，能有效地吸附悬浮于熔液中的这些夹杂。此外，$MgCl_2$ 还具有化学造渣的作用，形成的产物 $MgCl_2 \cdot 5MgO$ 能从熔液中沉淀出来。可见 $MgCl_2$ 在精炼中起主要作用。

在 $MgCl_2$ 中加入 KCl 后，能够显著降低 $MgCl_2$ 的熔点、表面张力和黏度。KCl 的另一作用是提高熔剂的稳定性，即减少高温时 $MgCl_2$ 的蒸发损失，使 $MgCl_2$ 的蒸气压下降。KCl 和 $MgCl_2$ 质量分数各占 50% 的熔剂蒸气压最小。KCl 的存在还大大抑制 $MgCl_2$ 加热脱水的水解过程（部分转化为 MgO 和 KCl），减少 $MgCl_2$ 在脱水操作时的损失。

$BaCl_2$ 的密度大，964℃液态时的密度为 3.06g/cm^3，可作为熔剂的加重剂以增大熔剂与镁熔液之间的密度差，使熔剂与镁熔液更易于分离。$BaCl_2$ 的黏度较大，加到熔剂中也能加大熔剂的黏度。

CaF_2 比无水光卤石密度大，20℃时固态密度为 3.18g/cm^3，964℃时液态密度为 2.53 g/cm^3，而光卤石的密度仅 1.58g/cm^3，故也可加大熔剂密度。CaF_2 加到 KCl、NaCl、$CaCl_2$ 等盐中，如加入量超过共晶点，则使熔剂的黏度剧增，故可作稠化剂使用。在含有足够量 $MgCl_2$ 的熔剂中加入 CaF_2 可提高熔剂的稳定性和精炼能力，因两者之间可发生反应生成 MgF_2 和 $CaCl_2$。MgF_2 在氯盐中溶解度很小，它的存在改变了 CaF_2 的溶解度随温度变化而显著改变的特点。所以加入少量 CaF_2 即可使熔剂稠化，也不会因温度波动而使熔剂性能不稳定。MgF_2 的存在还可提高熔剂的精炼能力，其原因是 MgF_2 对 MgO 有化合造渣的能力。也有人认为加入氟盐提高了 MgO 在熔剂中的溶解度。少量的氟离子可适当提高熔剂与镁熔液间的表面张力，改善精炼效果。因此，熔剂中一般均加入 CaF_2。

熔剂对镁熔液的铺展、覆盖、精炼能力的好坏和熔剂的成分配比有着密切关系。配制好的合格熔剂如保存不当，吸湿后（熔剂吸湿性强，特别是 $MgCl_2$）使含水量超过标准，加到镁熔液中就会产生大量氧化夹杂。熔剂中的 $MgCl_2$ 与水作用生成 MgO，在液面上结成小团，不能很好地铺展、覆盖，失去了精炼的作用。水量较多时，熔剂与镁熔液接触时会产生火花，甚至会引起镁液的飞溅性爆炸。

镁合金熔炼过程中使用的材料还有硫磺、硼酸（HBO_3）、氟附加物（$NH_4BF_4 \cdot NH_4HF \cdot NH_4F$）、烷基磺酸钠（RSONa）等，用以防止镁熔液在浇注及充填铸型时发生氧化、燃烧。

4.3.2 除气处理

溶入镁熔液中的气体主要是氢气。镁合金中的氢主要来源于熔剂中的水分、金属表面吸附的潮气以及金属腐蚀带入的水分。氢在镁熔液中的溶解度比在铝熔液中大 2 个数量级，凝固时的析出倾向也不如铝那么严重（镁熔液中氢的溶解度为固态时的 1.5 倍），用快冷的方法可以使氢过饱和固溶于镁中，因而除气问题往往不大引起重视。但镁合金中的含气量与铸件中的缩松程度密切相关，这是由于镁合金结晶间隔大，尤其在不平衡状态下，结晶间隔更大，因此在凝固过程中如果没有建立顺序凝固的温度梯度，熔液几乎同时凝固形成分散细小的孔洞，不易得到外部金属的补充，引起局部真空。在真空的抽吸作用下，气体很容易在该处析出，而析出的气体又进一步阻碍熔液对孔洞的补缩，最终缩松更加严重。试验表明，在生产条件下，当 100g 镁含氢量超过 $14.5cm^3$ 时镁合金中就会出现缩松。

传统除气工艺方法类似于铝熔炼所采用的通氯气方法。氯经石墨管引入镁熔液中，处理温度为 725 ~ 750℃，时间为 5 ~ 15min。温度高于 750℃时生成液态的 $MgCl_2$，有利于氯化物及其他悬浮夹杂的清除。如温度过高，形成的 $MgCl_2$ 过多，产生熔剂夹杂的可能性增加。氯气除气会消除镁-铝合金加“碳”的变质效果，因此用氯气除气应安排在“碳”变质工艺之前进行。生产中常常用 C_2Cl_6 和六氯代苯等有机氯化物对镁熔液进行除气，这些氯化物以片状压入熔液中，与氯气除气相比具有使用方便、不需专用通气装置等优点，但 C_2Cl_6 的除气效果不如氯气好。

现在生产中多采用边加精炼剂边通氮气或氩气的方法精炼，既可以有效地去除熔液中的非金属夹杂物，同时又可以除气。不但精炼效果好，而且可以缩短作业时间。工业中常用的除气方法有以下几种：

（1）通入惰性气体。镁合金经常使用的惰性气体是 Ar、Ne，一般在温度 750 ~ 760℃时，向熔体中通入 Ar 气 30min，可将熔体中的氢含量由 15 ~ 19mL/(100g) 降至 10mL/(100g)。通气压力应适当，以避免熔体飞溅。通气时间过长会导致晶粒粗大。

（2）通入活性气体。通氯是传统的除气方法，镁熔体的处理温度为 720 ~ 750℃，温度高于 750℃时生成液态的 $MgCl_2$，有利于氧化物和其他悬浮夹杂的清除。如温度过高，形成的 $MgCl_2$ 过多，产生熔剂夹杂可能性增加。氯气除气会消除 Mg-Al 合金加“碳”晶粒细化效果，因此用氯气除气应安排在细化变质之前进行。

由于铈与氯有更大的亲和力，镁合金的铈与氯气和溶剂中的氯盐时，会发生下列反应：

$$2Ce + 6Cl = 2CeCl_3$$

$$2Ce + 3MgCl_2 = 2CeCl_3 + 3Mg$$

结果造成铈过多耗损，因此含铈的镁合金不应采用氯气或含有 $MgCl_2$ 的熔剂进行精炼。

（3）通入六氯乙胺。C_2Cl_6 是镁合金熔体中应用最为普遍的有机氯化物，它可以同时达到除气、除渣和晶粒细化的多重效果。C_2Cl_6 的晶粒细化优于 $MgCO_3$，但除气效果不及 Cl_2。生产中常用六氯乙烷和六氯代苯等有机氯化物，对镁合金熔体进行除气，这些氯化物以片状压入熔体中，与氯气除气相比，具有使用方便、不需专用设备等优点。

（4）气体-熔剂吹入。先向镁合金熔体中通入 CO_2，再用 He 吹入 $TiCl_4$ 进行精炼，镁合金熔体气体含量可从 13～16mL/(100g)降至 6～8mL/(100g)。此法除气效果与热处理温度和静置时间有关，在 750℃时处理，其除气效果不如 670℃是除气效果好。

现在的实际生产中多采用熔剂和气体同时使用的处理方法，即边加精炼剂边通入氩气的方法。既可以有效地去除熔体中的非金属夹杂物，同时又可以除气。不但精炼效果好，而且可以缩短作业时间。

4.3.3　除渣精炼

夹杂物是评价镁合金铸锭质量的主要指标。夹杂物不仅会降低镁合金材料的力学性能，还伴生缩松、气孔等缺陷，而且往往由于夹杂物包裹着大量的镁合金熔体而造成镁合金的损失。目前生产中主要使用精炼剂除去夹杂物。熔剂精炼法是熔剂洗涤镁合金熔体，利用熔剂与熔体的充分接触来润湿吸附夹杂物，并聚合于熔剂中，随同熔剂沉淀于坩埚底部。为促进夹杂物与熔剂的反应以及夹杂物间聚合下沉，要求选择合适的精炼温度。一般镁合金的精炼温度为 730～750℃，精炼温度过高，镁合金熔体氧化烧损加剧；精炼温度过低，熔体黏度又会上升，不利于夹杂物的沉淀分离。

镁合金中主要的夹杂物是 MgO，同时还有 MgF_2、$MgCl_2$ 等。MgO 及 MgF_2 的熔点分别为 2642℃和 1263℃，均高于镁合金的熔炼温度，在镁合金液中以固态形式出现。MgO 的密度高于镁的密度，因此 MgO 会沉于合金液底部作为氧化渣排出。由于镁易氧化，高温下产生的大量 MgO 不可能被全部排出，所以在镁合金中会残存一部分 MgO 夹杂。$MgCl_2$ 的熔点为 718℃，在镁合金的熔炼温度范围内，因此 $MgCl_2$ 在镁合金液中以液态形式出现。此外 $MgCl_2$ 在液态时的密度与镁的密度接近，因此 $MgCl_2$ 残留在镁合金液中的概率较大。另外，$MgCl_2$ 还具有很强的吸湿性，会加速镁合金的腐蚀。这些问题的存在使得在镁合金的熔炼时必须要对其进行精炼处理。镁合金的精炼处理一般采用加入 C_2Cl_6、$MgCO_3$ 和 $CaCO_3$ 等精炼剂，这主要由于 $MgCO_3$ 和 $CaCO_3$ 容易分解产生大量的 CO_2 气体，从而起到除气和排渣的作用。

由于在精炼过程中，不断有熔剂撒到金属表面，熔剂融化后进入金属。精炼结束后，为防止表面金属氧化燃烧，要向金属表面撒覆盖剂。覆盖剂为 20% 的硫粉和 80% 的精炼剂的混合物。表面精炼剂熔化后，逐渐向金属中渗透，即使在浇注过程中，倾斜浇包中的金属表面保护膜破裂后，也要向正待浇注的金属表面撒覆盖剂。这些精炼后的工作无疑给金属增加了外来杂质。有的制造厂采用氩气保护方法，防止气体杂质的进入，但要在较密闭的氩气环境中进行精炼和浇注才有效，在敞开容器表面喷氩气阻止表面燃烧效果不大。在精炼及浇注温度不太高的情况下，采用喷硫粉的方法制止熔体金属的表面氧化和燃烧效果较好。将出口管朝向熔融金属的装有硫粉的盒中通入一定的风量，喷出的硫粉冲向金属表面燃烧减轻了金属的表面氧化，防止了外来精炼剂的进入。

镁合金所采用的变质剂，易与其他高熔点杂质形成高熔点金属中间化合物而沉降于炉底。这些难熔杂质和变质剂在镁合金中的溶解度小、熔点高，且密度比镁大。当它们相互作用时，可将合金中的可熔杂质去掉，这对镁合金是有利的，但降低了变质剂的效果，甚至失效。

减少镁合金中铁、镍、硅杂质的含量可提高其耐蚀性能。由于钛在800~850℃时在镁中的溶解度较大，当低于700℃时溶解度急剧降低，并和铁、硅形成高熔点金属间化合物而沉降。因此，近年来在工业上已开始采用钛废料和低质量的氯化钛来去掉熔体中的铁、硅和部分镍，以提高合金的耐蚀性能。如MB3合金用低质量的氯化钛（$TiCl_3+TiCl_2$）和镁-钛中间合金（含钛24%）处理后，可将合金中的铁、硅含量由0.01% Fe、0.01% Si降低到0.002% Fe、0.001% Si。含锆的镁合金，应严格限制硅、铝、锰杂质的含量。当铝、硅、锰含量各超过0.1%时，合金中的锆含量将大为降低。

在精炼过程中，适当地进行搅拌和静置，都会促进夹杂与熔体的分离，有充分的静置时间夹杂才能沉降彻底。

4.4 铜及铜合金的熔体净化处理

在熔炼温度下铜及铜合金熔体也发生氧化和吸气现象，同时炉料也含有不同程度的杂质元素，这一点与铝合金相同。生成的氧化物Cu_2O对金属的性能影响很大。铜中的气体也主要是氢气，它是造成铸锭气孔的主要原因。另外，有些金属废旧回炉料中含有一些金属杂质，并且有些杂质在铜中既不形成化合物，也不溶解，它们分布于铸锭的晶内和晶间，对金属的性能产生很大的影响。因此，“脱氧”和“除气”就是铜合金熔炼过程中净化的主要任务。但由于Cu_2O和H_2一样能够溶在铜中，所以铜和铜合金的净化与铝合金比较有许多不同之处。

4.4.1 除气精炼

4.4.1.1 氧化除气

铜与水气作用发生如下反应：

$$2Cu + H_2O = Cu_2O + H_2$$

其平衡常数为：

$$K = \frac{[H]^2[O]}{p_{H_2O}} \tag{4-16}$$

当熔炼过程外界条件不变，即熔体温度、大气压力、水气浓度不变时，K值、p_{H_2O}均可视为常数，因此

$$[H]^2 \cdot [O] \approx 常数 \tag{4-17}$$

由式4-17可以看出，在一定温度和压力下，铜液中［H］与［O］之间存在一种相互制约的平衡关系：当铜液中［H］增高，则［O］降低；而［O］增高，又必然导致［H］降低。由此可见，铜液的脱氧和除气是两个互相矛盾的过程，如果进行脱氧，则必导致铜液中氢含量增加，如彻底除氢，则必须使铜液中的含氧量增加。

氧化除气法就是利用铜液中的氢、氧浓度存在的互相制约关系。首先，有意识地尽可能向铜液中增氧，以达到除氢的目的；然后再进行充分脱氧，之后立即浇铸，从而获得既无氢又无氧的铸锭。氧化除氢的反应式如下：

$$Cu_2O + H_2 = 2Cu + H_2O\uparrow$$

但应指出，这种除气方法只适用于紫铜和铜-锡、铜-铅等合金。如果合金中含有铝、硅等活性元素，则加入这些元素前，先用氧化除气，脱氧后再加入合金元素，如果铜液中已加入某些活性元素，如采用氧化处理铜液时，只能使合金元素剧烈氧化，增加氧化夹杂，而不能除氢。

氧化铜液的方法主要有两种：用风管向熔池内输送压缩空气或氧和氮的混合气体；或采用氧化性熔剂等。经氧化的铜液出炉前应该对铜液进行脱氧处理，以除去铜液中多余的氧。

常用氧化剂是高温下不稳定的高价氧化物，如锰矿石（MnO_2）、高锰酸钾（$KMnO_4$）、铜皮（CuO）等加入铜液后产生如下反应：

$$2MnO_2 = 2MnO + O_2\uparrow$$

$$4KMnO_4 = 4MnO + 2K_2O + 5O_2$$

生成的低价氧化物因不溶于铜中，可造渣除去。此法在小批量生产中使用比较方便。氧化剂的加入量为1%～2%。

对于大型反射炉炼铜，常采用向铜液中吹入压缩空气或富氧空气法，造成铜液沸腾增加与氧接触，加速其氧化作用。铜液的氧化程度，用观察试样断口来判断，断口呈红砖色而且晶粒组织粗大，此时铜液中含 Cu_2O 约达7%～9%，就可结束氧化。

4.4.1.2　沸腾除气

从图4-18可以看出，黄铜的沸腾温度随含锌量的增加而降低。

锌的蒸气压随着温度的升高而增高，在沸点即907℃时所达到的压力等于一个大气压，还原气氛下锌的蒸发强度将增大若干倍，此时锌的挥发不是通常的氧化性气氛所能左右的。ZnO的分解压力在1127℃时为 5.4×10^{-21} MPa。当熔融金属过热到1250℃时，ZnO的分解压力不超过 1.4×10^{-17} MPa。ZnO的分解压力如此小，锌蒸气被迅速氧化是不可避免的。工频有铁芯感应电炉熔炼黄铜时熔沟中温度高，形成锌蒸气泡上浮。随着熔池温度升高，锌蒸气气压逐渐增大，当整个熔池温度升高到接近或超过沸点时，大量蒸气从熔池喷出，即形成喷火现象。这种喷火程度越强烈，喷的次数越多，则熔体中的氢进入蒸气泡也越多，除气效果就越好。由于蒸气泡自下向上分布较均匀，沸腾除气的效果较好。

一般来说，含锌低于20%的黄铜不能采用沸腾除气方法。

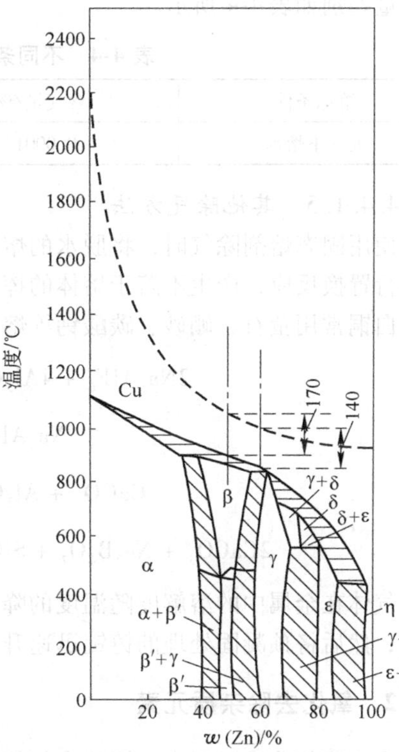

图4-18　黄铜的沸腾温度与锌含量的关系

4.4.1.3　惰性气体除气

用钢管将氮气、氩气、氯气等通入金属熔体时，气泡内的氢气分压为零，而溶于气泡附近熔体中的氢气分压远大于零。基于氢气在气泡内外分压之差，使溶于熔体中的氢不断向气泡扩散，并随着气泡的上升和逸出而排除到大气中，达到除气目的。

气泡越小，数量越多，对除气越有益。由于气泡上浮的速度快，通过熔体的时间短，且气泡不可能均匀地分布于整个熔体中，故用此法除气不容易彻底。随着熔体中含氢量的减少，除气效果显著降低。为提高除气精炼效果，应控制气体的纯度。研究表明精炼气体中氧含量不得超过0.03%（体积分数），水分不得超过3.0g/L。若氮气中氧含量为0.5%和1%，除气效果分别下降40%和90%。

4.4.1.4　真空除气

真空熔炼主要具有以下特点：（1）可以避免合金元素的氧化损失和吸气，而且为熔体中气体的析出创造了良好条件；（2）熔体免受污染，在某种程度上可以提高纯度，有利于获得比较纯洁和纯度比较高的金属及合金；（3）有利于提高材料的某些物理或力学性能。

小型真空感应电炉通常采用石墨质材料制造的坩埚炉衬，可以免受其他耐火材料对熔体的污染，同时也可充分利用碳的良好脱氧作用。真空熔炼的主要缺点是可以造成某些沸点比较低、蒸气压力较高的合金元素的大量挥发损失。因此，出现了先抽真空然后向熔室中充以某种惰性气体，例如充氩气的熔炼方式。

真空熔炼炉的炉体一般和真空铸造装置安装在同一真空室中，受设备能力限制，适合于小批量生产某些纯度比较高或者某些高铜合金、铜镍合金。真空条件下熔池表面的气压极低，原溶于铜液中的氢等气体容易逸出。真空除气的除气速度和程度较高，对于活性难熔金属及其合金、耐热及精密合金等，采用真空熔炼法除气效果更好。大气压下和真空中熔炼的紫铜中的气体含量差别如表 4-4 所示。

表 4-4　不同条件下熔炼紫铜熔体的含气量比较

熔炼条件	含气量/%	熔炼条件	含气量/%
大气下熔炼	0.00012	真空熔炼	0.000008

4.4.1.5　其他除气方法

使用固态熔剂除气时，将脱水的熔剂用干燥的带孔罩压入熔池内，依靠熔剂热分解或与金属进行置换反应，产生不溶于熔体的挥发性气泡而将氢除去。例如，铝青铜常用冰晶石熔剂除气，白铜常用萤石、硼砂、碳酸钙等熔剂除气。熔剂与熔体可能发生如下化学反应：

$$2Na_3AlF_6 + 4Al_2O_3 = 3(Na_2O \cdot Al_2O_3) + 4AlF_3\uparrow$$

$$Na_3AlF_6 = 3NaF + AlF_3\uparrow$$

$$CaCO_3 + Al_2O_3 = CaO \cdot Al_2O_3 + CO_2\uparrow$$

$$2CaCO_3 + Na_2B_4O_7 + SiO_2 = Ca_2B_4O_8 + Na_2O \cdot SiO_2 + 2CO_2\uparrow$$

气体在金属中的溶解度随温度的降低而减少，将熔体缓慢冷却到固相点附近，使气体逐步析出，然后将预凝固处理的铸锭迅速升温重熔，即可得到含气量较少的熔体。

4.4.2　氧化去除杂质元素

在铜液氧化的过程中，铜液中与氧亲和力比铜大的，即其氧化物的分解压力或生成自由能比 Cu_2O 小的杂质元素，也能同时被氧化。

$$2[Me'] + O_2 = 2Me'O \tag{4-18}$$

式 4-18 中 Me′元素为杂质元素。由于杂质元素浓度小，直接氧化的接触概率小，Cu_2O 具有较大的分解压力且溶解于铜中，根据氧化的热力学条件，Cu_2O 与铜液中化学活性较大的杂质元素相遇时会发生下列还原反应：

$$[Cu_2O] + [Me'] = Me'O + 2[Cu]$$

如果生成的杂质氧化物 Me′O 是气态或不溶于铜液的固态物质，就能较容易除去。铜中的铝、锰、锌、锡、铁、砷等元素可以用此法除去。

$$3Cu_2O + 2Al = Al_2O_3 + 6Cu$$

$$2Cu_2O + Si = SiO_2 + 4Cu$$

$$Cu_2O + Zn = ZnO + 2Cu$$

$$Cu_2O + Fe = FeO + 2Cu$$

$$3Cu_2O + 2As = As_2O_3 + 6Cu$$

$$2Cu_2O + Sn = SnO_2 + 4Cu$$

$$Cu_2O + Mn = MnO + 2Cu$$

对于碱性氧化物，常加入少许酸性造渣剂 SiO_2 即可形成稳定的渣以利于扒出。

4.4.3 脱氧

4.4.3.1 脱氧原理

铜中有过量的氧，特别是氧化除气除杂质以后熔体中含氧量增加，如果不把多余的氧除去，对金属性能会产生严重影响。在铜液中加入一种与氧的亲和力更大的物质，将 Cu_2O 中的铜还原出来，生成不溶氧化物，这一过程为“脱氧”，加入铜中还原 Cu_2O 的物质叫“脱氧剂”，如果以 R 表示“脱氧剂”，则脱氧反应为：

$$Cu_2O + R = RO + 2Cu \tag{4-19}$$

这一反应的热力学条件是：

$$\Delta G^{\ominus} = \Delta G^{\ominus}_{Cu_2O} - \Delta G^{\ominus}_{RO} = \frac{1}{2}RT\ln\frac{p_{RO}}{p_{Cu_2O}} < 0 \tag{4-20}$$

式中 $\Delta G^{\ominus}$——标准状态下自由能变化；

$\Delta G^{\ominus}_{Cu_2O}$——氧化亚铜的生成自由能；

$\Delta G^{\ominus}_{RO}$——脱氧剂氧化物的生成自由能；

p_{RO}——氧化亚铜的分解压力，MPa；

p_{Cu_2O}——脱氧剂氧化物的分解压力，MPa。

可见满足这一条件必须是：

$$p_{RO} < p_{Cu_2O}$$

即脱氧剂氧化物的分解压力越小，脱氧反应就进行得越强烈、越彻底。因此脱氧剂所选择氧化物分解压力越小越好。

4.4.3.2 脱氧方法

A 扩散脱氧（亦称表面脱氧）

表面脱氧剂的脱氧反应主要在熔池表面进行，内部熔体的脱氧主要是靠氧化亚铜不断向熔池表面扩散的作用实现。氧化亚铜的密度比铜小，易于向熔池表面浮动。熔池表面的氧化亚铜不断被还原，浓度不断降低，浓度差作用的结果使熔池内部氧化亚铜不断上浮。铜液在木炭覆盖下，温度为 1200℃，保持时间 20min，铜液中氧化亚铜的含量可由原来的 0.7% 下降到 0.5%。木炭的脱氧反应是：

$$2Cu_2O + C = 4Cu + CO_2\uparrow$$

除了木炭以外，还可以用某些密度远小于铜的可还原氧化亚铜的熔剂，例如硼化镁（Mg_3B_2）、碳化钙（CaC_2）、硼渣（$Na_2B_4O_6\cdot MgO$）等作表面脱氧剂，其反应式如下：

$$6Cu_2O + Mg_3B_2 \xlongequal{} 3MgO + B_2O_3 + 12Cu$$

$$5Cu_2O + CaC_2 \xlongequal{} CaO + 2CO_2 + 10Cu$$

$$Cu_2O + Na_2B_4O_6 \cdot MgO \xlongequal{} Na_2B_4O_7 \cdot MgO + 2Cu$$

扩散脱氧速度较慢，达到完全脱氧需要较长时间，但却不会污染熔池。

B 沉淀脱氧

脱氧剂能用于铜液中，使脱氧反应在整个熔池内进行。此种脱氧方法的特点是速度快，且脱氧彻底，但如果过量加入脱氧剂，剩余部分残留在铜液内形成夹杂，影响金属性能。磷、锰、镁、钙、钛、锂等属于这种脱氧剂。

磷是目前铜及铜合金使用的主要脱氧剂，当磷加入铜液后很快溶解，脱氧反应就会立即在整个熔池中进行：

$$5Cu_2O + 2P \xlongequal{} P_2O_5 \uparrow + 10Cu$$

反应生成的 P_2O_5（沸点 347℃）一部分升至液面排出，另一部分 P_2O_5 气泡在上升过程中继续与 Cu_2O 相遇起反应：

$$Cu_2O + P_2O_5 \xlongequal{} 2CuPO_3$$

磷也可以直接与 Cu_2O 作用生成 $CuPO_3$：

$$6Cu_2O + 2P \xlongequal{} 2CuPO_3 + 10Cu$$

偏磷酸铜（$CuPO_3$）熔点低，相对密度小，在铜液中呈球形液体很容易上浮。

磷多以含 8% ~14% P 的 P-Cu 中间合金形式加入，使用非常方便。磷加入量取决于铜液中的含氧量。生产的加入量，一般为铜液总量的 0.03% ~0.06%（质量分数）。过多的加入对电工用铜的电导率会产生强烈的影响，所以导电用紫铜一般不用磷脱氧。镁不仅可作一般铜合金的脱氧剂，也可以作白铜的脱氧剂（白铜中氧以氧化亚镍 NiO 和氧化亚铜 Cu_2O 两种形式存在）。由于镁容易燃烧，因此常预先制成铜-镁中间合金加入，镁的脱氧反应是：

$$Cu_2O + Mg \xlongequal{} 2Cu + MgO$$

$$NiO + Mg \xlongequal{} Ni + MgO$$

生成的高熔点氧化镁将进入熔渣。

从磷和镁的脱氧效果看，显然镁的脱氧能力强，因为镁对氧亲和力更大些。但从防止熔体二次氧化能力来看，磷的效果比镁好。此外，磷脱氧后能提高熔体的流动性，而镁则与此相反。

锂和钙也是很好的脱氧剂，除有脱氧作用外，同时还可除氢。锂的脱氧反应为：

$$2Cu_2O + H_2 + 2Li \xlongequal{} 2LiOH + 4Cu$$

生成的液态的 LiOH（熔点为 445℃）容易从铜液中除去。

钙的脱氧反应为：

$$Ca + H_2 \xlongequal{} CaH_2$$

$$Cu_2O + Ca \xlongequal{} CaO + 2Cu$$

生成的 CaH_2 和 CaO 将用于铜液分离。

C 复合脱氧

“木炭-氩气”复合脱氧，是一种通过扩散脱氧方式进行的复合脱氧方法。下面介绍一组有关“木炭-氩气”复合脱氧的试验报告。

试验分别在350kg感应炉内和650kg感应炉内熔炼后浇注入中间包内进行。所用氩气中氢的分压几乎为零。木炭脱氧的基本过程是：

$$O_2 + 2C(s) = 2CO\uparrow$$

$$O_2 + 2CO = 2CO_2\uparrow$$

$$CO_2 + C(s) = 2CO\uparrow$$

单纯采用木炭覆盖，熔体中氧含量变化并不大，甚至基本上维持着百分之零点几的高浓度，脱氧速度很慢。熔融铜所含的所有气体中，二氧化碳的浓度比较高，一氧化碳浓度比较低。木炭覆盖的铜液表面时，没有发现一氧化碳燃烧的火焰。看来，熔融铜中的氧与木炭中的碳的反应，以及与一氧化碳和二氧化碳之间的反应，进行得都比较缓慢。

图4-19所示的是在感应炉内向铜液中吹入氩气试验装置示意图，图4-20所示的是在中间包中吹入氩气的试验装置示意图。

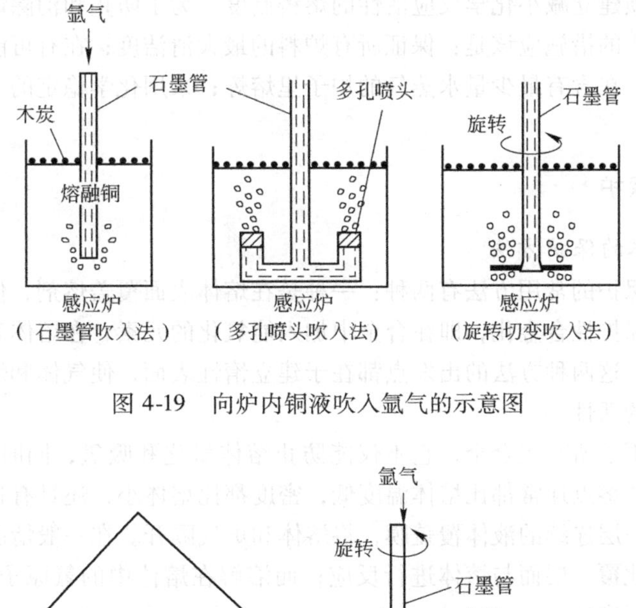

图4-19 向炉内铜液吹入氩气的示意图

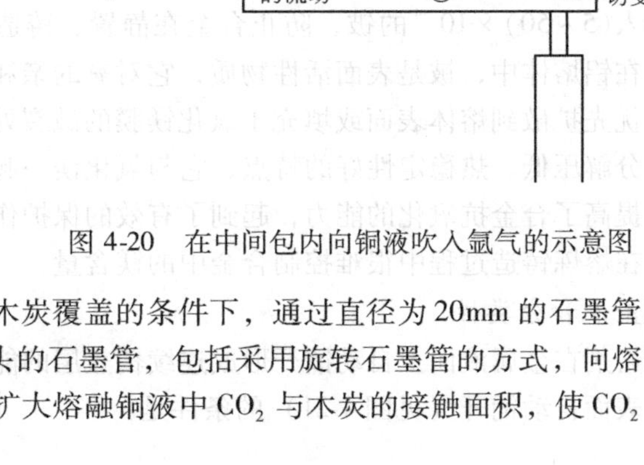

图4-20 在中间包内向铜液吹入氩气的示意图

在熔体表面采用木炭覆盖的条件下，通过直径为20mm的石墨管以及相同直径但头部具有孔径为70μm多孔喷头的石墨管，包括采用旋转石墨管的方式，向熔池深处吹入氩气。向铜液中吹入氩气，有利于扩大熔融铜液中CO_2与木炭的接触面积，使CO_2的扩散速度加快，分布更加均匀。采用上述旋转石墨管的方式，向中间包内的熔体中吹入氩气，中间包中铜液的流速为0.2m/s，石墨管旋转速度为900r/min，氩气吹入量为20L/min。试验表明：在熔融铜液表面覆盖木炭的基础上同时将惰性气体氩气尽可能多地并且比较均匀地吹入熔融铜中时，不仅有利于脱氧，同时亦有利于除氢。

"木炭-氩气"复合脱氧方式，同时有促进除氢的效果。增加氩气吹入量，比增加石墨管旋转速率更能有效地促进脱气效果。与在炉内单纯采用木炭覆盖相比，在中间包中吹入氩气以后能看到明显燃烧火焰，这足以表明"木炭-氩气"复合脱氧促进脱氧反应而生成大量一氧化碳的效果。

4.5　熔炼过程的熔体保护

分析整个熔炼期间气体与合金熔体相互作用的过程，已经清楚，气体与金属接触并进一步扩散和吸收起源于活性吸附，而活性吸附只有在化学亲和时才有可能。吸附是化学反应的开始。因此，与熔体和铸锭中气体及非金属夹杂物作斗争的问题，必须从化学反应开始的位置入手。也就是说，必须建立减小化学反应活性的熔铸制度。为了防止和消除熔体中气体及非金属夹杂物的危害，防止的措施应该是：保证所有炉料的最大清洁度；在有可能防止与湿气接触的条件下储存原材料；在含有最少量水蒸气的炉子里熔炼；采用化学稳定的耐火材料；对熔体表面实施保护等。

4.5.1　铝熔体的保护

4.5.1.1　熔体的保护方法

对铝熔体进行保护的常用方法有两种：一种是在熔体表面覆盖熔剂，使之形成一层连续的覆盖层；另一种是保护性合金化，即在合金中加入能氧化的元素，在熔体表面形成致密的具有保护作用的氧化膜。这两种方法的出发点都在于建立惰性表面，使气体和熔体不相互作用或者大大降低化学反应的活性。

第一种方法适用于所有铝合金，它不仅能防止熔体氧化和吸氢，同时还具有排氢的效果。这是因为覆盖熔剂的熔点通常都比熔体温度低，密度都比熔体小，还具有良好的润湿性能，在熔体表面能够形成一层连续的液体覆盖膜，将熔体和炉气隔开。在一般情况下，氧气和水蒸气不能或很少能透过此覆盖层而与熔体进行反应；而溶解在熔体中的氢原子，因为其半径很小，则可以穿透覆盖层而逸出。

已经确定，含镁量大于1%的铝合金，其熔体表面的氧化膜是由疏松的氧化镁组成的，不能阻止金属与气体的反应，故在熔炼这些合金时，除采用第一种方法保护外，还采用保护性合金化的方法，在合金中加入$(5\sim50)\times10^{-4}$的铍，防止合金在静置、铸造过程中及随后的热处理和热加工过程中氧化。在铝熔体中，铍是表面活性物质，它对氧的亲和力比铝大，而离子半径比铝的和镁的都小，它优先扩散到熔体表面或填充于氧化镁膜的破裂处并进行氧化。形成的氧化铍，还具有电阻高、分解压低、热稳定性好的特点，它与氧化镁一起组成致密的尖晶石型结构的铍镁氧化膜，因而提高了合金抗氧化的能力，起到了有效的保护作用。在含镁较高的铝合金中，如果不加铍，则在熔炼铸造过程中很难控制合金中的镁含量。

4.5.1.2　熔剂的覆盖性和分类性

熔剂的覆盖性指液态熔剂在金属液面上自动铺开形成连续覆盖层的能力，也叫熔剂的铺开性或润湿性。熔剂在金属表面自动铺开（见图4-21）的条件是：

$$\cos\theta = (\sigma_3 - \sigma_2)/\sigma_1 > 0 \tag{4-21}$$

式中 θ——熔剂对金属液的接触角；

σ_1——熔剂的表面张力；

σ_2——熔剂与金属液之间的界面张力；

σ_3——金属液的表面张力。

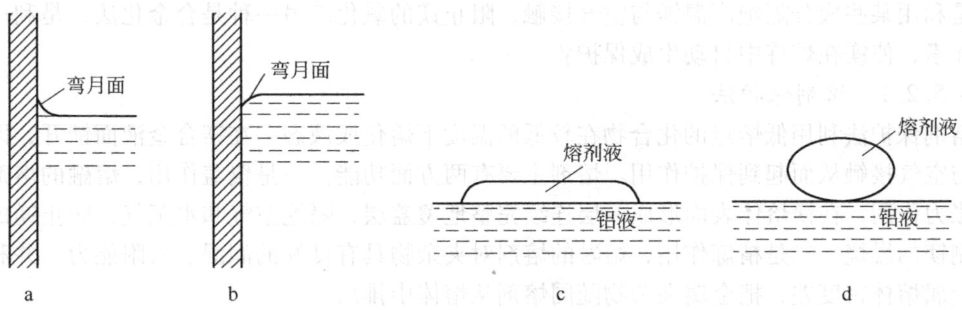

图 4-21 润湿现象示意图

a、c—润湿；b、d—不润湿

熔剂的表面张力 σ_1 愈小，熔剂与金属液之间的界面张力 σ_2 愈小，金属液的表面张力 σ_3 愈大，或者熔剂对金属液的接触角 θ 愈小，则熔剂的覆盖性愈好。

熔剂的分离性指熔剂和金属液自动分离而不致相互混杂形成熔剂夹杂的能力，也叫熔剂的扒渣性。熔剂与金属液自动分离的条件是：

$$\cos\theta = (\sigma_3 - \sigma_2)/\sigma_1 < 0 \tag{4-22}$$

熔剂的表面张力 σ_1 和金属液的表面张力 σ_3 愈小，而熔剂与金属液的界面张力 σ_2 愈大，或熔剂对金属液的接触角 θ 愈大，则熔剂的分离性愈好。

关于盐在其混合物中表面性能的继承性概念是熔剂理论的基础。熔剂中盐的表面活性越大，则它的表面张力越小（见表 4-5），熔剂对熔体的保护越好。由于氯离子的半径比氟离子的半径大，因此熔融的氯化物比相同金属的氟化物能更好地润湿铝液表面。碱土金属的氯化物特别是氟化物的润湿能力极小，所以铝合金覆盖熔剂的基础是碱金属（钠和钾）的氯盐。这些盐的混合物具有低的熔点和小的润湿接触角（$\theta < 90°$）。

表 4-5 某些熔盐-气相间的表面张力

体 系	温度/℃	表面张力/N · cm^{-1}	体 系	温度/℃	表面张力/N · cm^{-1}
KCl-空气	772	98.4×10^{-5}	KCl-N_2	1054	77.2×10^{-5}
NaCl-空气	803	113.8×10^{-5}	NaCl-空气	908	106.4×10^{-5}
KF-空气	913	138.4×10^{-5}	$CaCl_2$-空气	熔点	152×10^{-5}
NaF-空气	1010	199.5×10^{-5}	$BaCl_2$-空气	熔点	171×10^{-5}

但是，润湿接触角小的熔剂很难与熔体分离，表面张力小的熔剂膜也不结实，对熔体保护不利，所以必须向氯盐混合物中添加少量的某种氟盐。具有较大润湿接触角的氟盐能提高熔剂与熔体边界的表面张力并促使熔剂与熔体分离。氟盐的存在不仅使熔剂膜变得结实，而且赋予熔剂精炼熔体的能力，因为碱金属和碱土金属的氟盐能吸附且能溶解少量的氧化铝。所以，所

有的熔剂都应该包含一系列表面活性盐以及与氧化物相适应的足够比例的吸附剂，这种吸附剂对于氧化铝一般采用冰晶石（Na_3AlF_6），对于氧化镁一般采用光卤石（$MgCl_2 \cdot KCl$）。

4.5.2　镁合金熔体的保护

镁极易氧化，而镁氧化膜又多孔且疏松，对熔体没有保护作用。在熔炼过程中必须另外采取措施保护熔体（也称为阻燃）。目前镁合金阻燃有三种基本方法：其中熔剂保护法和气体保护法是利用某些成分隔绝高温镁与空气接触，阻止镁的氧化。另一种是合金化法，是利用添加合金元素，使镁在熔炼中自动生成保护膜。

4.5.2.1　熔剂保护法

熔剂保护法利用低熔点的化合物在较低的温度下熔化成液态，在镁合金液面铺开，因阻止镁液与空气接触从而起到保护作用。熔剂主要有两方面功能：一是覆盖作用，熔融的熔剂借助表面张力作用，在镁熔体表面形成一层连续完整地覆盖层，隔绝空气和水蒸气，防止镁的氧化或抑制镁的燃烧。二是精炼作用，熔融的熔剂对夹杂物具有良好的润湿、吸附能力，并利用熔剂和金属熔体密度差，把金属夹杂物随同熔剂从熔体中排出。

现在普遍使用的熔剂由无水光卤石（$MgCl_2\text{-}KCl \cdot 6H_2O$）为主，添加一些氟化物、氯化物组成。该剂使用较方便，生产成本低，保护使用效果好，适合于中小企业的生产特点。但是，该剂使用前要重新脱水，使用时会释放出呛人的气味。由于熔剂的密度较大会逐渐下沉，需要不断添加，使用过程中释放出大量有害气体，污染环境，腐蚀厂房严重。

4.5.2.2　气体保护法

气体保护法是在镁合金液的表面覆盖一层惰性气体或者能与镁反应生成致密氧化膜的气体，从而隔绝空气中的氧，主要采用 CO_2、SO_2、SF_6 等气体，其中以 SF_6 的效果最佳。

CO_2 与 Mg 熔体反应生成的无定形碳充填于氧化膜空隙，提高氧化膜的密度系数，带正电荷的无定形碳还能强烈抑制钠离子透过表面膜的扩散运动，也能抑制镁的氧化。SO_2 与 Mg 熔体表面反应生成很薄但很致密的带有金属色泽 $MgS \cdot MgO$ 复合表面膜，可抑制镁合金氧化。

高温条件下，SF_6 与镁发生化学作用，表面膜中生成 MgF_2，MgF_2 与 MgO 结合形成连续、致密的混合膜，因而含 SF_6 的气氛有防止镁熔体燃烧的作用。SF_6 浓度处于 0.01% ~0.1% 之间，最好是 0.2% ~0.3%。由于 SO_2 气体有腐蚀性、味道较难闻，且保护效果不甚理想，故国外大都采用 SF_6 与 CO_2 或 SF_6 与干燥空气混合而成的保护气氛。目前利用 SF_6 气体来保护镁合金的技术在我国也有了初步运用，有些较大规模的镁合金压铸厂已逐步用气体保护代替用熔剂保护了。

4.5.2.3　合金化法

通过向镁合金中添加合金元素，使其在熔炼过程中自动生成保护性氧化膜，这样将大大降低熔炼设备及工艺的复杂程度，也不会对环境造成严重污染。

过去人们采用在镁合金中添加铍元素来提高镁合金的阻燃性能，但铍的毒性较大，且加入量过高会引起晶粒粗化和增加热裂倾向，因此受到添加量的限制。日本学者认为，添加一定量的钙能明显提高镁合金的着火点温度，但是存在着加入量过高，且严重恶化镁合金的力学性能。同时加入钙和锆具有阻燃效果。国内研究认为，在镁合金中加入稀土铈可有效提高镁合金的起燃温度。

4.5.3　纯铜熔体的保护

为提高纯铜的导电性和导热性，熔炼过程要严格控制杂质含量；另外，纯铜熔炼过程中熔点高、吸气性强，熔炼时必须减少气体来源。因此熔炼紫铜时，应本着“精料密封”的原则。

首先，要精选炉料，防止杂质和气体入炉。紫铜熔炼多以电解铜做原料，优质的电解铜具有光滑及致密的表面，没有或比较少的含油铜豆、铜绿，无油泥、水分的附着物，所有炉料最好在熔化之前都预热一下。对无氧铜的选料要求更为严格，电解铜应为 $w(Cu) > 99.97\%$、$w(Zn) < 0.003\%$，电解铜还要将四边及挂耳切除。

其次，要注意整个熔炼过程的熔体保护。木炭的作用十分重要，在熔炼过程中，它起覆盖（防吸气和氧化）、脱氧、保温等方面作用。木炭应在铜未熔化前加入炉内，熔池表面上应覆盖一层厚约 100 ~150mm 的木炭。为减少气体来源，木炭必须经煅烧（或称干馏）处理。铜熔化以后，木炭层将整个熔池表面盖住，木炭及其产生的还原性气氛，对熔体有保护、脱氧、保温作用。在整个熔炼过程中，应尽量减少打开炉门及加料次数，以防止大量空气进入炉膛。在一般情况下，熔炼紫铜和无氧铜时，主要借助于熔池表面上的木炭覆盖层及其产生的还原性气体，对熔体进行扩散脱氧。

5 熔体成分控制

本章要点：金属材料的组织和性能，除工艺因素的影响外，主要靠化学成分来保证。准确控制熔体的化学成分，是保证有色金属及合金熔炼质量的首要任务。本章主要介绍了合金成分控制与配料计算，以及熔体中气体和氧化物夹杂的检测方法。学习本章应重点掌握下列内容：(1) 使用不同炉料时的配料计算步骤；(2) 成分调整时的补料计算方法。

5.1 合金炉料的组成

配制成品合金时，为引进基体金属和合金化元素所采用的一切原材料统称为炉料。在配制变形铝合金成品合金时常用的炉料有：新金属、中间合金或金属添加剂、合金废料及某些化工原料。

5.1.1 新金属

新金属指由矿石直接冶炼出的一次工业纯金属，它成分标准化、品质较好、价格较贵。熔炼时使用新金属主要是为了弥补有色金属材料生产的金属消耗量，同时也是为了降低炉料中总的杂质含量，满足制品最终综合性能的要求。此外，许多合金化组元也直接采用新金属引进。

对配料用新金属的基本要求是：化学成分符合国家标准的规定，表面清洁，无气孔夹杂，无腐蚀，锭重、锭型应适应配料和装炉的要求。有色金属合金，如铝合金、铜合金，是在纯金属熔炼的基础上，加入其他合金元素而制成的。因此配制合金以前，首先应根据所需配制的合金成分要求，选择所需的纯金属的品位。

有色金属的工业纯金属多来源于冶炼厂。如工业纯铝（称原铝锭或电解铝）和工业纯铜（称紫铜或电解铜）都是从电解工厂制得的。其中原铝多铸成15～20kg的锭；纯铜多以阴极电解铜板供应；金属锌一般铸成扁平锌锭；金属锰或铬分别以不同的粒度提供。即使是这些所谓工业纯金属，杂质仍是不可避免。如铁和硅是原铝锭中的主要杂质，即使用电解法提炼也不可能完全除去。这两种杂质元素对合金的性质都有极大的影响，所以在使用原铝锭时，必须注意这些杂质的含量，根据所要求配制的合金而正确地选用原铝锭。铝冶炼厂生产的原铝新料，是按所含铁和硅两种主要杂质元素的多少而定品位。原铝锭分类及化学成分见表5-1。

配制铜合金时，也必须慎重选择原料的纯度。如配制黄铜时，α-黄铜中铅含量超过0.02%，就易发生热脆；超过0.07%，将难于进行冷轧。而铅在铜合金的熔炼过程难于完全被除掉，另外对铋、锑等有害杂质也更为敏感。因纯铜内所含杂质元素种类很多，所以一般工业纯铜基本上是按照铜的含量多少而定其品位的。其成分见表5-2。

配制镁合金时，选择的新金属原料大多为电解镁，在某些纯度要求很高的场合也采用一些特定牌号的电解镁。高纯度的精炼镁通常是采用原镁真空精炼而成。表5-3列出了常见的电解镁的化学组成。

表 5-1 原铝锭分类及化学成分表

牌 号	化学成分/%								
	Al(≥)	杂质含量（≤）							
		Si	Fe	Cu	Mn	Mg	Zn	其 他	总 量
1A99	99.99	0.003	0.003	0.005	—	—	—	0.002	0.01
1A97	99.97	0.015	0.015	0.005	—	—	—	0.005	0.03
1A95	99.95	0.030	0.030	0.010	—	—	—	0.005	0.05
1A93	99.93	0.040	0.040	0.010	—	—	—	0.007	0.07
1A90	99.90	0.060	0.060	0.010	—	—	—	0.010	0.10
1A80	99.80	0.150	0.150	0.030	0.02	0.02	0.03	0.020	0.20
1070	99.70	0.20	0.25	0.04	0.04	0.03	0.04	0.030	0.30
1060	99.60	0.25	0.35	0.05	0.03	0.03	0.05	0.030	0.40
1050	99.50	0.25	0.40	0.05	0.05	0.05	0.05	0.030	0.50
1200	99.00	1.00		0.05	0.05	—	0.10	0.050	1.00

表 5-2 纯铜分类及化学成分

牌号	化学成分/%												
	Cu(≥)	杂质含量（≤）											
		Bi	Sb	As	Fe	Ni	Pb	Sn	S	O	Zn	P	总量
T1(Cu-1)	99.95	0.002	0.002	0.002	0.005	0.002	0.005	0.002	0.005	0.02	0.005	0.01	0.05
T2(Cu-2)	99.90	0.002	0.002	0.002	0.005	0.002	0.005	0.002	0.005	0.06	0.005	0.001	0.10
T3(Cu-3)	99.70	0.002	0.005	0.01	0.05	0.20	0.01	0.05	0.01	0.10	—	—	0.30
T4(Cu-4)	99.50	0.003	0.05	0.05	0.05	0.20	0.05	0.05	0.01	0.10	—	—	0.50

表 5-3 电解镁的分类及化学成分

名 称	化学成分/%								
	Mg(≥)	杂质含量（≤）							
		Al	Ca	Cu	Fe	Mn	Si	其他	总量
初级镁	99.87	0.005	0.0014	0.0014	0.029	0.06	0.0015	0.05	0.13
二级镁	99.90	—	—	0.02	0.05	0.01	—	0.05	0.10
三级镁	99.92	0.004	0.003	0.005	0.03	0.01	0.005	0.05	0.08
四级镁	99.93	0.002	0.003	0.004	0.03	0.004	0.005	0.05	0.07
五级镁	99.95	—	—	0.003	0.003	0.004	0.005	0.01	0.05
硅热还原镁	99.96	0.007	0.004	0.001	0.001	0.002	0.006	0.01	0.04
高纯镁	99.98	0.004	0.001	0.0002	0.0007	0.001	0.001	0.01	0.02

总之，在选择金属原料品位时，为了保证质量，应尽量选择含杂质较少、纯度较高的高品位纯金属；为了符合节约的原则，又应尽量避免使用较高纯度的原料。因为纯度越高，生产越困难，成本也越高。所以，正确地选用金属原料的纯度品位，在熔炼生产中是十分重要的。

5.1.2　废料

废料，又称回炉料或旧料。熔炼时使用废料的目的是合理利用资源，降低生产成本。但废料成分复杂、外形不一、污染严重、表面积大，如利用不合理，会对产品品质产生重大影响。按来源分，废料可分为本厂废料和厂外废料两类。

(1) 本厂废料。本厂废料来源于熔铸车间及各加工车间各工序所得的加工余料及不合格废料。例如，一般铝加工厂的成品率在60% ~75%左右，也就是说，将有25% ~40%的原料变为废料。这部分废料大都可能保持质量不受掺杂，属于高质量废料，是熔炼金属及合金的重要原料来源之一。对本厂废料只要管理得好，都能保持良好质量不受掺杂，污染及混料，在工厂称为一级废料，通常不需处理可以直接入炉使用。而从车床、刨床、锯床等回收的细碎切削料以及阴极电解铜板原料上剥下的铜豆或脱皮残料等，常被油污或氧化，或含过多杂质，质量较差，通常不能直接入炉，要事先经过洗涤、干燥等处理及复化重熔。

(2) 厂外废料。这部分废料来源于使用有色金属材料的工厂或者加回收部门，它们的来源大都很杂，无法确定其化学成分，质量低劣，一般能直接配制合金。必须经过复化（重熔）、精炼、化验等步骤，经过准确鉴定后才能使用。另外要注意的是：这些厂外回收废料，往往含有一般化验方法难于检查出来的有害杂质元素，其含量即使仅为万分之一，也会严重地影响产品质量及工业性能。因此，凡制造高质量的产品，最好不使用厂外回收的废料。

那些化学成分不符合金属或合金标准化学成分的杂料，有的被称为化学废料。也应进行复化铸成铸锭，在明确其化学成分后，才能使用。

合金废料的管理特别重要，废料的分级、隔离保管的要求更十分严格。因合金一经混杂入炉，就无法加以控制或精炼，除非加入大量金属予以冲淡。因此对本厂废料要按合金系统进行严格管理。使用时，如果混料，则宁愿将少量的低成分合金废料并入高成分合金废料中，而不能使少量的高成分合金废料混入低成分合金料中。

5.1.3　中间合金

5.1.3.1　使用中间合金的目的及要求

使用中间合金的目的是为了便于加入某些熔点较高且不易溶解或氧化、挥发的合金元素，防止金属过热，缩短熔炼时间，降低金属烧损，能获得成分均匀、准确的合金。例如，熔制含镍的铝合金，铝的熔点为660℃，而镍的熔点为1452℃，为了把镍熔入到铝中，就必须将铝过热很高温度，这样不仅增加铝的烧损，而且恶化了合金的质量。如果制成含镍为17% ~23%的铝-镍中间合金，其熔点只有770 ~800℃，加热时不必将铝过热很高，有利于缩短熔炼时间，提高效率，减少烧损。锰、铜在铝中熔解很慢或易产生偏析，因而宜制成中间合金。硅极易氧化燃烧，不能直接入炉，也制成中间合金。铋、钛、铬等含量要求精确的合金元素，也制成中间合金加入。中间合金成分的配制是依据合金相图来确定的，应使其熔点低于或接近合金的熔炼温度，且含有尽可能高的合金元素。

常用的中间合金有二元合金和三元合金两种。因制备方便，最常使用的是二元中间合金。三元中间合金虽然制备复杂，但其熔点较二元合金低，而且一次可以加入两种元素，所以也常被使用。常用的二元及三元中间合金见表5-4。

表 5-4 工业常用的中间合金

类 别	中间合金	成分/%	熔点/℃	韧脆性
铝合金用	Al-Cu	45 ~ 55Cu	575 ~ 600	脆 性
	Al-Mn	7 ~ 12Mn	780 ~ 800	韧 性
	Al-Ni	18 ~ 23Ni	780 ~ 810	韧 性
	Al-Fe	6 ~ 11Fe	800 ~ 900	稍 脆
	Al-Si	15 ~ 25Si	640 ~ 770	韧 性
	Al-Be	2 ~ 4Be	720 ~ 820	韧 性
	Al-V	2 ~ 4V	780 ~ 900	韧 性
	Al-Zr	2 ~ 4Zr	950 ~ 1050	韧 性
	Al-Cr	2 ~ 4Cr	750 ~ 820	韧 性
	Al-P	7 ~ 14P	780 ~ 840	脆 性
铜合金用	Cu-As	20As	685 ~ 710	脆 性
	Cu-P	8 ~ 15P	780 ~ 840	脆 性
	Cu-Si	15 ~ 25Si	800 ~ 1000	脆 性
	Cu-Sb	50Sb	650	脆 性
	Cu-Cr	3 ~ 5Cr	1150 ~ 1180	韧 性
	Cu-Zr	14Zr	1000	韧 性
	Cu-Cd	28Cd	900	—
	Cu-Ni	15 ~ 33Ni	1050-1250	韧 性
	Cu-Fe	5 ~ 10Fe	1160 ~ 1300	韧 性
	Cu-Be	4 ~ 5Be	900 ~ 1050	韧 性
镁合金用	Mg-Mn	8 ~ 10Mn	750 ~ 800	韧 性
	Mg-Th	25 ~ 30Th	620 ~ 640	脆 性
	Mg-Zr	30 ~ 50Zr		韧 性
	Mg-Re	20 ~ 30Re	590 ~ 620	脆 性
	Mg-Ni	20 ~ 25Ni	508 ~ 720	脆 性
多元中间合金	Al-Cu-Mn	40Cu, 10Mn	650	—
	Al-Cu-Ni	40Cu, 20Ni	700	脆 性
	Al-Mg-Mn	20Mg, 10Mn	580	脆 性
	Al-Cu-Fe	20Cu, 10Fe, 70Al	830	—
	Al-Mg-Ti	18Mg, 3Ti	670	脆 性
	Al-Ti-B	5Ti, 1B	550 ~ 650	—
	Al-Mg-Be	25Mg, 3Be	800	脆 性
	Al-Cu-Ti	15Cu, 3Ti	650	—

为此，对中间合金的要求应满足以下基本要求：

(1) 熔点应低于或接近合金的熔炼温度；

(2) 应具有尽可能多的合金元素且要求化学成分应均匀一致；

(3) 非金属和气体夹杂物含量低；

(4) 具有足够的脆性，便于破碎，便于配料；

(5) 不易腐蚀，在大气中可长期保存。

5.1.3.2 中间合金的制备

中间合金的种类很多，制备中间合金首先要确定熔制中间合金的成分，中间合金的成分主要应满足对锭块脆性及其配料成分的要求。制备中间合金的原材料与合金熔炼的原材料相同，但杂质含量不能超出标准。制备中间合金的原材料不仅有纯金属，还有金属的盐类及化合物。熔炼时的加料顺序是熔点高的先加，熔点低的后加，易挥发的元素后加。

对中间合金的制备方法有三种，即熔合法、热还原法、熔盐电解法，前两种最常用。熔制中间合金时都要进行脱气和除渣精炼，钛合金用的钛基中间合金必须在真空炉内熔制。

A 熔合法

熔合法是把两种和多种金属直接熔化混合成中间合金，熔制中间合金以相图为基础。大多数中间合金采用熔合法生产，如 Al-Mn、Al-Ni、Al-Cu、Cu-Si、Cu-Mn、Cu-Fe、Ni-Mg 等中间合金。根据熔合工艺不同，熔合法又有三种类型。一种先熔化易熔金属，并过热至一定温度后，再将难熔金属分批加入而制成。这种工艺操作简单，热损较小，是目前广泛使用的配制中间合金的方法。另一种是先熔化难熔金属，后加易熔金属。多数中间合金所含难熔组元较少，而且它们熔点较高，故此法较少采用。还有一种是事先将两种金属分别在两台熔炉内进行熔化，然后将其混合，这种工艺是用于大规模生产。

以 Al-Ni 中间合金为例，简述中间合金制备。Al-Ni 中间合金是用纯度为 99.2% 以上的电解镍板和原铝锭，在感应电炉或反射炉中熔制的。由于镍的熔点高（1452℃），因此，通常是将固体镍加入熔融的铝液中，成为 20% Ni 的 Al-Ni 中间合金，其熔点为 780℃。但由于目前一般合金的含镍量不超过 2% ~3%，因此，不制造含有大量镍的中间合金。镍最好先锯成 50mm×50mm×5mm的片状加入。有时在加镍前，将镍与硼搅拌加热。首先用坩埚熔化 3/4 的铝料，升温到 950 ~1000℃，预热的镍分批少量地加入。用石墨棒搅拌，当坩埚底已无固体时，再加入余下的 1/4 铝料，以降低温度。然后加氧化锌处理浇铸。铸块最宜铸成小块便于使用。

B 热还原法

该法也称置换法，Al-Ti 和 Cu-Be 中间合金常采用这种方法熔制。生产 Cu-Be 中间合金时，含铍的烟尘有毒，必须在具有防护设备的专用厂房内进行配置。Al-Ti 和 Cu-Be 中间合金，采用 TiO_2 和 BeO 做原料，分别以铝、碳作还原剂，使钛和铍从 TiO_2 和 BeO 中还原出来，分别熔于铝和铜液中而制成中间合金，前者称为铝热还原法或铝热法，后者称为碳热法。

例如，Al-Ti 中间合金的熔炼即采用该法。钛的熔点很高为 1672℃，在高温下能与氧和其他元素、气体发生反应。所以用纯钛来制取铝-钛中间合金是比较困难的。一般是采用在冰晶石（Na_3AlF_6）的作用下还原熔融的 TiO_2 的方法来制取 Al-Ti 中间合金。其化学反应如下：

$$2TiO_2 + 2Na_3AlF_6 = 2Na_2TiF_6 + Na_2O + Al_2O_3$$

$$3Na_2TiF_6 + 13Al = 2AlF_3 + 2Na_3AlF_6 + 3TiAl_3$$

将等量的 TiO_2 和冰晶石粉末混合在一起，预热后分批压入过热至 1100 ~ 1200℃ 的熔融铝中。此时如冒出浓白烟，表示上述反应发生。等反应停止后，消除坩埚上的结瘤，加入冷却料，除去表面白渣。用石墨棒搅拌后，即可进行铸锭。

合格的 Al-Ti 中间合金铸块，断面具有明显的金属光泽，并有金黄色的均布的钛斑点，呈细晶粒结构。

Al-Ti 中间合金的含钛量一般为 2% ~4%，因为一般铝合金中含钛量很低，通常不超过

0.2%～0.4%，因此生产含3%左右的钛的中间合金就可以满足要求。

C 熔盐电解法

熔盐电解法可以制取Al-Ce中间合金，其工艺为：以电解槽的石墨为衬作阳极，用钼插入铝液中作阴极，以KCl和$CeCl_3$熔盐作电解液，将铝液加热至850℃左右时，通电进行电解，即可制得（10%～25%）Al-Ce中间合金。

应用中间合金的所谓二步熔炼法，使合金的熔炼过程增加了一道工序，提高了成本。同时，中间合金熔制过程中还会发生杂质的吸收和积累，影响合金的冶金质量。因此，生产中开始应用直接将新金属料加入熔体的一步熔炼法。一步熔炼法是利用合金化后能降低合金熔点的原理，把熔点较高的合金元素直接加到基体金属溶液中去。此法的关键在于创造良好的动力学条件，增大和不断更新基体金属和合金元素的直接接触表面，促进合金元素的扩散和均匀化，一步熔炼法具有较好的技术经济效益。

5.1.4 金属添加剂和化工原料

金属添加剂是指将适当粒度的纯金属粉末与不含钠的熔剂粉末机械混配后压制成形、密封包装，专供添加合金组元用的饼状非烧结性粉末制品。金属添加剂的特点是：(1) 金属元素含量高，减少了添加剂的使用数量，从而使运输、储存、保管费用大大降低；(2) 由于合金组元以粉末形式引进，比表面大，加之使用数量少，因而，熔化快，温降小，节时节能；(3) 密度大，在铝液中自沉，有熔剂保护，加之快速溶解，因此，合金元素的实收率较高，一般应大于95%。含75%铬、锰、铁、铜的添加剂达到95%实收率的时间分别为23min、14min、9min和2.5min；(4) 每块添加剂质量衡定，成分含量准确，配料时无须称量、破碎，备料方便、控制准确。由于上述特点，目前国内大多数铝材厂已广泛采用元素添加剂代替铝中间合金来添加各种合金元素。对元素添加剂的基本要求是：合金元素粉末纯度高，不含对成品合金有害的杂质；粒度适宜，一般50～200μm即可；熔剂不含钠，不吸潮，在铝合金正常熔炼温度范围内溶解；混合均匀，压制结实，真空包装，内包装材料应采用无氯塑料膜；定量准确。事实上，这种产品含水分及不需要的熔剂，会影响熔体及制品的品质。

在配制成品合金时，对含量较少的稀贵合金组元，某些企业常采用化工原料的形式引进。常用的有铍氟酸钠、锆氟酸钾、硼氟酸钾、钛氟酸钾等。这些化工原料通常成粉末状，并有严格的质量标准。采用化工原料引进合金元素时，一般都具有熔炼温度高、反应比较激烈的特点，所以一般都与精炼熔剂按一定比例混合，以延缓作用时间。但由于氟盐侵蚀作用，耐火炉衬会迅速损坏，采用电加热的镍-铬电阻元件寿命会急剧缩短，而且，组元沉积会污染炉膛，给合金换组造成麻烦，对于含镁的合金，还会使镁含量降低。因此，在可能的情况下，最好采用中间合金或元素添加剂代替化工原料引进合金元素。

5.2 合金成分控制与配料计算

金属加工材的组织与性能，除受到压力加工、热处理等工艺因素影响外，主要依靠化学成分来保证。因此，准确控制熔体的化学成分，是保证产品质量的首要任务。

控制成分，除控制熔损及杂质吸收外，还要做到正确合理地进行备料和配制；制定合理的加料顺序；做好炉前的成分分析和调整。

5.2.1 炉料选择

为了便于装炉和配料，降低熔损和控制成分，必须对炉料进行加工处理。备料包括炉料选择和处理。

选择依据为合金的使用性能、工艺性能、杂质的允许含量。在保证性能的前提下，为了降低成本，尽量少用纯度高的新金属，合理地使用废料。

新金属一般占总炉料的40%～60%，但对要求高及杂质含量少的合金，可用80%～100%的新金属料。如电真空用的无氧铜及耐腐用的杂质含量少的H96等，宜用Cu-1级电解铜。表面质量要求高的LT66板材及导电用的铝合金，要用100%的Al-01级新铝锭。一般工业用的杂质允许量较多的如LY11及HPb59-1等可用10%～20%较低品位的新金属或全部使用废料。

为减少熔体的气体和非金属夹杂，炉料入炉前要进行炉料处理。如电解阴极铜板表面常有电解质（$CuSO_4 \cdot 5H_2O$）残留物，应先用碱液洗去，防止硫进入合金增大脆性。不便于装炉的长料要预先锯断。小而薄的边角料须先打捆。锯末废料宜先磁选去铁，并经清洗、烘干、打包、重熔，进行化学成分分析后才能配入炉料。

5.2.2　配料

根据合金本身的工艺性能和该合金加工制品技术条件的要求，在国家标准或有关标准所规定的化学成分范围内，确定合金的配料标准（又称计算成分）、炉料组成和配料比，并计算出每炉的全部炉料量，进行炉料的过秤和准备的工艺过程叫配料。合金的化学成分是由国标或厂标所规定的。标准包括合金元素的含量范围和有害杂质的最大限量两部分，前者为保证合金的稳定性能而有意加入的合金元素，后者是各种原材料和工具等在熔炼过程中带入的杂质。

配料的基本任务是：(1) 控制合金成分和杂质含量，使之符合有关标准；(2) 合理利用各种炉料，降低生产成本；(3) 保证炉料质量，正确备料，为提高熔铸产品的质量和成品率创造有利条件。

配料的顺序是：确定合金元素的诸成分；每种炉料的品种、配料比及熔损；计算料重及根据炉前分析进行成分调整。配料的计算程序为：

(1) 了解合金的技术标准，即主成分范围及杂质允许极限；

(2) 了解各种炉料的实际成分；

(3) 确定使用新金属的品位；

(4) 根据实际生产情况确定各组分的配料和易耗成分的补偿量；

(5) 确定是否采用中间合金，哪种成分采用什么配比的中间合金；

(6) 计算包括熔损在内的各种金属与中间合金的重量。

5.2.2.1　确定计算成分

确定计算成分是为了计算所需炉料的重量，一般取各元素的平均成分作为计算成分。根据合金的用途及使用性能，加工方法及工艺性能，熔损率及分析误差等情况，决定取平均值或偏上限或偏下限作为计算成分。

根据合金产品的用途和使用性能，具有重要用途及使用性能要求高者，则应按照元素在合金中的作用，具体分析后才能确定计算成分。例如，用作弹性元件QSn6.5-0.1合金，为保证其弹性，对固溶强化和晶界强化的Sn和P元素，最好取中上限作为计算成分，可取6.7% Sn、0.22% P为计算成分。再如，抗磁性元件用的QSn4-3合金和表面质量要求高的LT66合金，杂质Fe的允许含量要低，最好分别控制在0.02%和0.01% Fe以下，含Fe高的料不能使用。

工艺性能包括熔铸、压力加工、热处理及焊接性能等。合金成分与工艺性能的关系比较复杂，高强度的LC4合金，在半连续铸造大扁锭时，水冷易裂。以后在调整铸锭工艺的基础上，将Cu含量取偏下限，Mg取偏上限，Mn取中限，使$w(Fe) > w(Si)$且$w(Mg)/w(Si) \geq 12$时，锭不易裂。对 Fe、Si 含量较高的铝合金，在水冷半连续铸造尺寸较大的锭坯时有较大的裂纹倾向，尤其是当 Fe/Si 比失调时更明显。只有在 Fe/Si 含量较低，且铸锭尺寸小时，Fe/Si 比对裂纹的影响才显得不明显。此外，加工方法、加工率及材料的供应状态不同，对成分的要求也有所不同。用于挤压管材和模锻件的 LY12 合金，含 Cu 量取下限就能满足要求；但用于生产厚板及二次挤压制品时，含 Cu 量取上限才能满足力学性能的要求。因此，对挤压制品时，含 Cu 量取上限才能满足力学性能的要求。对软态的中厚板及二次挤压件，为保证其强度，合金成分必须取中上限作为计算成分。对于使用时要将管子压扁的 LF2 防锈管，伸长率要高，为此含 Mg 量最好取下限；为保证其可焊性，Si 含量取中上限。凡是易使塑性降低的形成金属间化合物的元素，一般取低含量化学成分作为计算成分。

5.2.2.2　确定熔损率

合金在熔炼过程中由于氧化、挥发以及与炉墙、精炼剂相互作用而造成的不可回收的金属损失叫烧损。烧损和渣中金属总称熔损。合金元素熔损量的控制，不仅对合金成分的控制起重要作用，而且对生产率的提高，能耗的节约都有很大的影响。合金元素熔损率可在很大范围内波动，是随熔炉类型、容量、合金元素的对比关系及含量（质量作用定律），熔炼工艺及操作方法等而变化的。一般从实际生产条件下所得合金成分的成批分析统计资料中，可得出可靠实用的熔损率。表 5-5 列出各种合金中金属的熔损率，可供配料计算时参考。

表 5-5　某些合金元素的熔损率（%）

合　金	合金元素											
	Al	Cu	Si	Mg	Zn	Mn	Sn	Ni	Pb	Be	Ti	Zr
铜合金	2~3	0.5~1.5	2~6	—	2~5	2~3	0.5~1.5	0.5~10	0.5~1	15	30	1
铝合金	1~5	0.5	1~5	2~4	1~3	0.5~2	—	0.5	—	10	20	—
镁合金	2~3	—	1~5	3~5	2	5	—	—	—	15	—	—

分析误差是由分析方法本身所引起的。一般，工厂的化学分析误差最大可达 ±0.02% ~ 0.08%，光谱分析的误差更大。显然，若合金成分控制在偏上限时，加上分析误差及其他误差，便有可能使成分超出规定。此外，由于过秤不准确，中间合金成分不匀，搅拌不够以及取样不合要求等都可造成误差。因此，在计算成分时，特别是在炉前调整成分时都要注意这些情况，做出合理的估计。

5.2.3　配料计算

计算方法有两种：不计算杂质和计算杂质。当炉料全部是新金属和中间合金时，或仅有少量的一级废料，或对合金中的杂质要求不严而允许含量较多时，则可不计算杂质。对重要用途或杂质含量控制较严的合金，或料级品位低以及杂质较多的废料，特别是在半连续铸造规格较大或易产生裂纹的合金锭坯时，要计算杂质。前者多用于铜合金配料；后者计算较繁，多用于铝合金配料。在计算由新金属带入的杂质元素时，若该元素是合金元素之一，则取下限计算；若为杂质，则按上限计算。

通常配料计算的程序如下：

（1）明确下达配料任务（合金牌号、制品状态、每炉的实际配料量）。

（2）根据化学成分内部标准或有关规定确定计算成分；根据配料规程和材料库存确定炉料组成和配料比。

(3) 明确每种炉料的化学成分。

(4) 计算各元素的需要量。

(5) 计算各种废料用量及带入元素的量。

(6) 计算各中间合金和新金属需要量。

(7) 校核。将计算结果填入熔铸卡片，供备料。

下面我们以配制10t熔炼炉的6063铝合金挤压型材用铸锭为例，说明配料的步骤和方法。

(1) 确定计算成分和配料比。产品是建筑装饰用铝型材，强度要求达到国标，为保证其装饰性，要求氧化以后表面要美观。根据上述要求，取Mg和Si成分为中限；为保证型材表面质量，Fe含量小于0.2%。新旧料比为6∶4。新料采用含杂质Fe较低的Al99.80原铝锭。废料为压余和挤压型材，本厂废料可直接装炉。镁选用Mg99.90纯镁加入，硅采用Al-Si中间合金。为防止铸锭裂纹，强化结晶组织，加入少量晶粒强化剂Al-Ti-B，在出炉前5～10min加入炉内。各种炉料成分见表5-6。

表5-6　6063合金各种炉料成分

项目		化学成分/%								
		Mg	Si	Fe	Mn	Zn	Cr	Ti	Cu	Al
国家标准		0.45～0.9	0.2～0.6	≤0.35	≤0.1	≤0.1	≤0.1	≤0.1	≤0.1	余量
计算成分		0.5	0.4	0.2				0.02		余量
炉料	Al99.8锭	0.03	0.10	0.15					0.01	99.8
	Mg99.9锭	99.9	0.01	0.04					0.004	
	6063废料	0.6	0.36	0.2				0.02		余量
	Al-Si合金	0.1	2.0	0.6	0.1	0.3				余量
	Al-Ti-B							5		余量

(2) 按计算成分计算各元素的需要量和杂质含量。

1) 主成分：

Mg：10000×0.5%＝50(kg)

Si：10000×0.4%＝40(kg)

2) 杂质：

Fe：10000×0.2%≤20(kg)

Mn：10000×0.1%≤10(kg)

Zn：10000×0.1%≤10(kg)

Cu：10000×0.1%≤10(kg)

Ti：10000×0.2%≤20(kg)

其他：10000×0.15%≤15(kg)

3) 杂质总和：≤77(kg)

(3) 6063废料中各成分的总量。

Mg：4000×0.6%＝24(kg)

Si：4000×0.36%＝14.4(kg)

Ti：4000×0.02%＝0.8(kg)

Fe：4000×0.21%＝8.4(kg)

(4) 计算烧损。根据合金各元素烧损的统计资料确定各元素的烧损率：Al，1%；Si，2%；Mg，3%。各元素的烧损量计算如下：

Mg：50×3% =1.5(kg)

Si：40×2% =0.8(kg)

Al：[10000－(50+40)]×1% =99.1(kg)

(5) 计算各种炉料用量。

Al-Si：(40+0.8－14.4)÷20% =132(kg)

Al-Ti-B：(2－0.8)÷5% =24(kg)

Mg：(50+1.5－24)÷99.9% =27.52(kg)

Al：(10000+99.1)－(4000+132+24+27.52)=5915.58(kg)

(6) 杂质含量校核。

Fe：8+0.79+0.003+8.87 =17.66(kg) <20(kg)

核算表明，计算基本正确，可以投料。如果核算结果不符合要求，则需复查计算数据，或重新选择炉料及料比，再进行计算，直到核算正确为止。

(7) 炉料装炉量及各合金元素含量见表5-7。配料计算完成后，应根据配料计算卡片表明的炉料规格、牌号、废料级别和数量，将炉料过秤并按装料顺序依次送往炉台。

表 5-7 各种炉料装炉量总表

炉 料		计算各炉料元素含量/kg								
组 成	重量/kg	Mg	Si	Fe	Mn	Zn	Cr	Ti	Cu	其他
配料总量	10000	50	40	≤20	≤10	≤10	≤10	2	≤10	≤15
6063 废料	4000	24	14.4	8				0.8		
Al-Si 合金	132	0.13	26.4	0.79						
Mg99.9	27.52	27.5	0.003	0.003						
Al-Ti-B	24							1.2		B0.24
Al99.80	5915.58		5.91	8.87						

5.2.4 成分调整

在配料计算时，虽然对成分进行了控制，但是生产中的不可控因素很多，在熔炼过程中可能由于各种原因而造成合金成分的变化。比如，炉料过称不准确（规程允许的称重误差可达1%）、使用的中间合金成分不匀、烧损超出预计值、熔体偏析跑漏等，都可使熔体的实际化学成分偏离控制范围。因而在合金化元素都加完之后，必须从熔体中取样进行炉前快速分析，并根据结果对熔体成分进行调整，以保证化学成分符合控制标准。注意：取样分析成分前，炉池要充分搅拌，使熔液成分均匀，防止取样无代表性；也要防止炉料没有完全熔化，使成分不均匀等。取样一般在炉池中部最深部位的二分之一处。根据估计成分含量、操作经验和烧损经验，确认试样分析无误后，即进行成分调整。

根据炉前化学成分分析结果，对熔体中低于标准要求的合金成分进行补充，对高于标准要求的合金成分进行稀释，以保证熔体的化学成分符合厂内标准，这种调整合金成分的过程叫补料冲淡。

在进行补料冲淡时，应注意下面的问题：(1) 注意炉料选择。用于补料冲淡的炉料，除

Mg、Zn 可直接用纯金属外，其余宜用中间合金或元素添加剂，避免使用熔点较高和较难熔化的新金属料。（2）补料冲淡量应尽可能少。（3）计算补料冲淡量时要准确，同时还要考虑易烧损和易沉积元素在倒炉和铸造中的损失。

5.2.4.1 补料计算

经准确分析后，对不符合要求的成分进行调整。一般投入中间合金或纯金属进行补料。补料后又会引起其他元素的变化及熔炼过程复杂化，因此补料量通常按下面步骤计算：（1）先调整杂质含量，然后再计算合金元素含量；（2）先计算量少者，后计算量多者；（3）先计算低成分的中间合金，后计算高成分的中间合金：（4）最后计算新金属。

生产中，一般二元合金补料按下式计算：

$$P = \frac{Q(a_1 - a_2)}{b_1 - a_1} \tag{5-1}$$

多元合金补料计算公式：

$$P = \frac{Q(a_1 - a_2) + (P_1 + P_2 + P_3 + \cdots + P_n) \cdot a_1}{b_1 - a_1} \tag{5-2}$$

式中 P——所需补加的料量，kg；

Q——合金总投料量，kg；

a_1——某元素的标准成分含量，%；

a_2——炉前分析该元素含量，%；

b_1——补料用中间合金该元素含量，%，纯金属时 $b_1 = 100\%$；

P_1，P_2，P_3…——补入其他各合金元素的补料量，kg。

例如：设熔炼炉内有 5A06 熔体 10000kg，其快速分析结果、计算成分、各种炉料成分见表 5-8。

表 5-8 炉料成分表

合金成分/%	Mg	Mn	Fe	Si	Ti
计算成分	6.40	0.60	0.30	0.25	0.08
快速分析结果	2.40	0.60	0.25	0.25	0.06
Al-Mn 中间合金	—	10	0.50	0.40	—
Al-Fe 中间合金	—	—	10	0.50	—
Al-Ti 中间合金	—	—	0.60	0.40	4
镁锭 Mg99.80	100	—	—	—	—

由表 5-8 可知，Mg、Fe、Ti 不足，需要补料。

（1）计算杂质 Fe 的补料量（使用 Al-Fe 中间合金）：

$$P_{\text{Al-Fe}} = \frac{1000 \times (0.30 - 0.25)}{10 - 0.30} = 52(\text{kg})$$

（2）计算补钛量（使用 Al-Ti 中间合金）：

$$P_{\text{Al-Ti}} = \frac{1000 \times (0.08 - 0.06) + 52 \times 0.08}{4 - 0.08} = 52(\text{kg})$$

（3）计算补镁量（使用镁锭 Mg99.80）：

$$P_{Mg} = \frac{1000 \times (6.4 - 2.4) + (52 + 52) \times 6.4}{100 - 6.4} = 434(kg)$$

（4）计算补锰量（使用Al-Mn中间合金）。Mn、Si本来不需要补料，但因补加其他料后便会失去平衡，故需补料。硅系杂质，暂不考虑。

$$P_{Al-Mn} = \frac{1000 \times (0.6 - 0.6) + (52 + 52 + 434) \times 0.6}{(10 - 0.6)} = 34(kg)$$

（5）核算。补料后熔体总重为

$$10000 + 52 + 52 + 434 + 34 = 10527(kg)$$

各成分含量为

$w(Mg) = (10000 \times 2.4\% + 434)/10572 \times 100\% = 6.4\%$

$w(Mn) = (10000 \times 0.6\% + 34 \times 10\%)/10572 \times 100\% = 0.6\%$

$w(Fe) = (10000 \times 0.25\% + 52 \times 10\% + 52 \times 0.6\% + 34 \times 0.5\%)/10572 \times 100\% = 0.29\%$

$w(Si) = (10000 \times 0.25\% + 52 \times 0.5\% + 52 \times 0.4\% + 34 \times 0.4\%)/10572 \times 100\% = 0.24\%$

$w(Ti) = (10000 \times 0.06\% + 52 \times 4\%)/10572 \times 100\% = 0.076\%$

核算表明，计算基本上正确，可以投料。

5.2.4.2 补料及冲淡计算

生产中，通常按下式计算冲淡量：

$$X = \frac{Q(b - a)}{a} \tag{5-3}$$

式中 X——冲淡时应补加的炉料重量，kg；

b——某元素的炉前分析值，%；

a——该元素的要求含量，%；

Q——炉内熔体重量，kg。

例如：设炉内有2A12熔体9000kg，其快速分析结果、计算成分、各种炉料的成分见表5-9。

表5-9 炉料成分（%）

合金元素	Cu	Mg	Mn	Ti	Fe	Si
计算成分	4.50	1.50	0.70	0.05	≤0.45	≤0.35
炉前分析结果	4.95	1.50	0.60	0.05	0.30	0.25
Al-Ti中间合金	—	—	—	4	0.60	0.40
Al-Mn中间合金	—	—	10	—	0.50	0.40
镁锭Mg99.80	—	100	—	—	—	—
铝锭Al99.60	—	—	—	—	0.25	0.18

由表5-9可知，Cu含量高，需冲淡；Mn含量低，需补料。

（1）计算全炉的总冲淡量：

$$X = \frac{(4.95 - 4.50) \times 9000}{4.50} = 900(kg)$$

（2）计算冲淡料的各种炉料用量。由于冲淡的结果，Mg、Mn、Ti含量均下降，应该补料，其补料量分别为：

$$P_{\text{Al-Ti}} = \frac{900 \times 0.05}{4} = 11(\text{kg})$$

因为900kg冲淡料中已经包括Al-Ti中间合金，故分母中不用减去0.05%。

$$P_{\text{Al-Mn}} = \frac{9000 \times (0.70 - 0.60) + 900 \times 0.7}{10} = 153(\text{kg})$$

$$P_{\text{Mg}} = \frac{900 \times 1.5}{100} = 13.5(\text{kg})$$

冲淡所需的铝锭量为：

$$X_{\text{Al}} = 900 - 11 - 153 - 13.5 = 722.5(\text{kg})$$

（3）核算杂质Fe、Si含量。

$$w(\text{Fe}) = (9000 \times 0.30\% + 11 \times 0.60\% + 153 \times 0.50\% + 722.5 \times 0.25\%)/9900$$
$$= 0.30\% < 0.45\%$$

$$w(\text{Si}) = (9000 \times 0.25\% + 11 \times 0.40\% + 153 \times 0.40\% + 722.5 \times 0.18\%)/9900$$
$$= 0.25\% < 0.35\%$$

$w(\text{Fe}) > w(\text{Si})$，核算表明计算合理，可以投料。

5.3　熔体质量检验

5.3.1　金属熔体中气体的检测方法

测定金属气体含量的技术，是研究气体在金属中溶解和析出规律的重要手段，在工业生产中是控制产品质量的一种检验手段。随着冶金科学技术的发展，金属中气体的测量技术也有很大的发展。现在测量金属中含气量的方法很多，根据用于生产过程的不同阶段，大致可分为液态金属直接检测和金属凝固试样检测两种方法。液态金属直接检测，也叫炉前检测，是在金属熔炼过程中，直接检测液态金属中的气体含量。检测时，可从熔炼炉内或浇铸系统中直接取样，或者在线直接检测，快速获得检测结果。其结果可用于评价熔体质量，调整工艺，指导生产，非常方便快捷。但是，这些方法往往检测精度稍低；金属凝固试样检测是铸后检查，在生产过程的各个阶段采取试样或者在铸件中切取试样，然后利用各种气体检测手段（如化学分析法、真空萃取、光谱分析法、同位素法等）进行气体分析，此法试样要求高、试验周期长、测试精度较高，多用于科学研究等需要精确数据的场合。此法尽管检测手段精确度较高，但不能完全准确地反映液态金属含气的真实情况。因此不管采用多高的冷却强度，试样在凝固时都会排出一定的气体。这里我们介绍几种在熔铸生产中常用的、评价熔体含气量的、金属熔体直接检测气体的方法。

5.3.1.1　常压凝固法

常压凝固法是将合金液试样在常压下凝固，再根据试样液面情况和室温下的断口来判断合金液的含气量。

A　观察液面

由于铝液在常压下，随着温度的降低气体在合金液中的溶解度下降，并在凝固过程中析出，结果在合金液面冒出许多小气泡。因而可以根据合金液面有否小气泡或小气泡的多少来判断合金中的相对含气量。

检验试样一般采用 ϕ50mm、厚度为 20mm 的标准试样；铸型可采用干型、耐火砖、石墨型或金属型。例如，有的厂采用如图 5-1 所示的金属型。铸型在使用前必须经过充分预热，以去除水分，避免合金液吸气。有的单位采用轻质砖作为试样铸型，其优点是质地松软、便于加工、透气性好，可以不经过预热而直接使用，具有一定强度，可以成为半永久型。

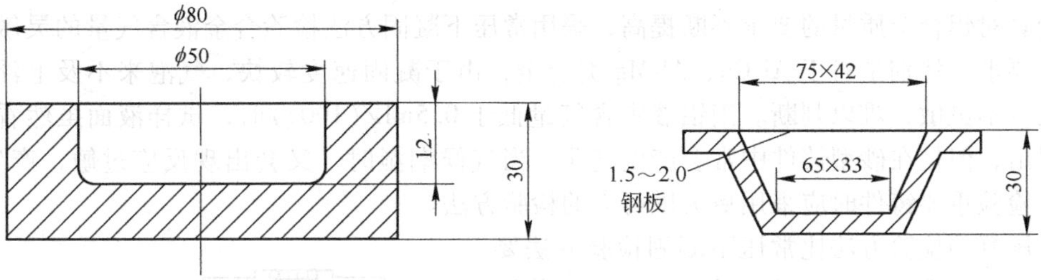

图 5-1 精炼效果检验试样金属型

合金液经过精炼处理后，即可浇注试样。浇注后，轻轻地刮去试样液面的浮渣和氧化皮，即露出光亮液面。在常压下观察试样液面在凝固过程的变化。

当金属液内含气较多时。用肉眼可以看到有细小的气泡冒出，似细小的白点。开始阶段较少，越接近凝固温度越多。而且也可以通过比较精炼前后铝液内含气量的变化，来判断精炼效果。一般来讲，采用干砂型试样凝固的，没有小气泡冒出，即认为精炼效果好，合金液的含气量为合格。

B 分析断口

可以采用砂型铸造 ϕ30mm × 150mm 的圆棒，待试样凝固后取出激冷至室温以后，在试样长度的 1/2 处击断，观察和分析断口状况。若合金液中含气量较高，断面上会出现许多白斑（又叫白点）。白斑有两种：一种是孤立的圆点状，面积不大、彼此分开，这种白斑就是针孔的孔穴，孔穴圆而光滑；另一种呈小碎片状，与前一种相比面积较大，有的连成一大片，看不出明显的孔穴，呈棉絮状，这是由网状针孔形成的。用显微镜观察可以看出白斑的孔壁是由 α 枝晶组成，因气孔占据了 α 枝晶间隙的空间，因而断口上所看到的实际上是 α 枝晶，所以呈白色。

在炉前检验时，可以根据试样断面上的白斑数量，判断合金液中的含气量和精炼效果。断面白斑越多、越密集，表明合金液含气量越多；反之，则表明含气量越少。若需要进一步检验，可以制成试片，与一般针孔标准等级相对比以确定相应的针孔等级。一般针孔标准划分为五级，如图 5-2 所示。

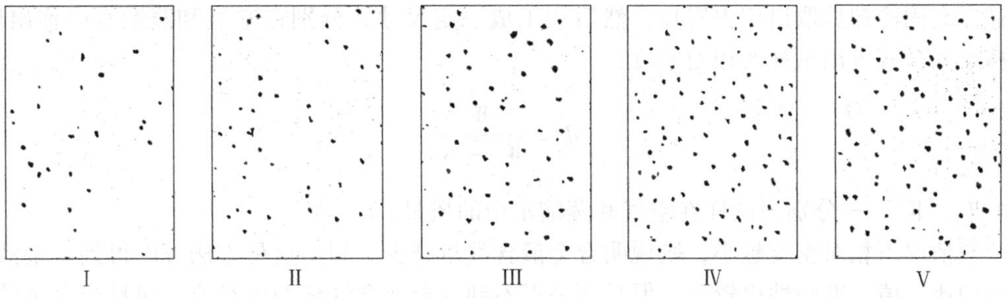

图 5-2 铝合金针孔度等级（Ⅰ～Ⅴ级）

上述根据常压下凝固试样检验含气量的方法，既简便又迅速，因此目前在生产中普遍采用这种方法。但必须指出，采用这种方法只能获得合金液相对含气量的比较，而测不出合金液含气量的绝对值。在检验时如试样液面没有小气泡，或者试样断面没有白斑的情况下，并不能说明合金液不含气，而只能说明合金液含气量较少。

5.3.1.2　*减压凝固法*

随着对铝合金质量的要求不断提高，采用常压下凝固方法检验合金液含气量的灵敏已经满足不了要求。特别是对于 Al-Cu、Al-Mg 类合金，由于凝固速度较快，气泡来不及上浮，造成液面反应不灵敏，难以判断。当铝液中含气量低于 0.5mL/(100g)时，试样液面虽然看不出有气泡冒出，但是在砂型铸件中常会产生气孔。当气候潮湿时，又会出现反应过敏，产生假象。因而在检验重要铸件时应采用更灵敏可靠的检验方法。

减压凝固检验方法比常压下凝固检验方法要灵敏，同时不受大气湿度的影响，而且检验装置（图 5-3）不太复杂，使用也方便，容易在生产中推广应用。

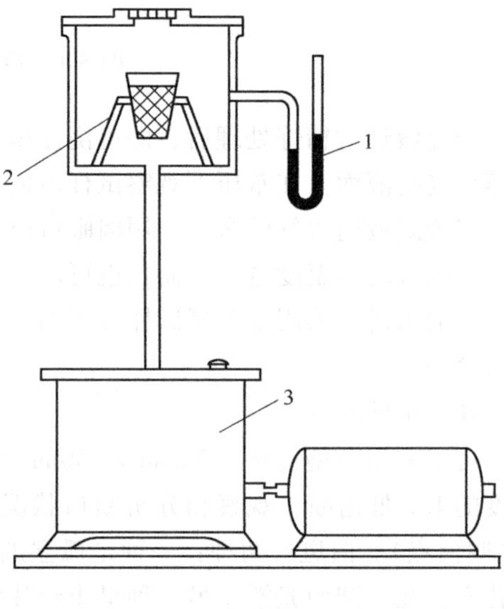

图 5-3　减压凝固试验装置示意图
1—压力计；2—坩埚；3—真空室

合金液经过精炼处理以后，取 100g 左右合金液倒入经预热的小坩埚（或其他铸型）内；随后迅速地将盛有铝液的小坩埚放入减压凝固试验装置的减压室内，并立即启动真空泵使试样保持一定的真空度，经过 1min 左右便开始凝固。由于有大量气体析出，试件表面上涨凸起。这时注意观察凝固过程中气泡析出情况和试样表面状态，即可大致判断出精炼效果的好坏。

为了得到相对含气量的比较值，可以采用下列方法：

（1）测量试样在减压凝固时的凸起上涨高度，试样上涨高度愈高，则表明合金液含气量愈多。利用这种方法测量，简单易行，但误差较大。

（2）将试样沿垂直方向锯成两半，用一半制成宏观磨片，以确定气泡的数量、尺寸以及在整个断面上的分布情况，并求出气泡所占面积与总面积之比。此比值越大，则说明合金液含气越多。在实际生产条件下可制订出若干标准等级，来衡量合金液的含气量。

（3）在一定凝固条件（压力与温度一定），采用标准形状的壳型浇注试样进行减压凝固试验。试样凝固冷却后取出切去冒口，然后加工成一定尺寸，分别在空气和蒸馏水中称出质量，即可按下列公式求出试样的相对密度：

$$d = \frac{W_1}{W_1 - W_2} \tag{5-4}$$

式中　W_1，W_2——分别为试样在空气和蒸馏水中的质量。

一般情况下相对密度越小，则说明合金液含气量越少。利用这种方法可以得到合金液含气相对量的比较值，准确性也较高。但是还是得不到合金液含气量的绝对值。而且当合金液含气量低于 0.15～0.30mL/(100g)时，看不到气泡冒出，上涨也不明显，会误认为没有气体。因此这种方法的灵敏度还不够高。

5.3.1.3 定量减压测氢法

定量减压测氢法（quantitative reduced pressure hydrogen test，简称 QRP）是英国轻金属铸造者协会（light metal founders association，简称 LMFA）于 1981 年发表的铝液测氢法。这种方法可以快速准确地检测出铝液的氢含量。该装置是在减压凝固装置的基础上设计出来的，是将一定量的铝液在真空条件下凝固，使溶于铝中的氢在凝固过程中充分析出，通过对析出氢的分析而确定铝液中氢的含量。具体的实验方法是：将大约 100g 的铝液放入容积经准确测量的真空室内，然后将其压力迅速降至预定值，再将真空室与泵隔断。当试样凝固后，放出的氢全部在真空室内，然后用皮拉尼真空计（Perini gauge）测量真空室中氢的压力，并把测量的输出信号，连续转换成含氢量的数值显示出来。

此法采用精确的控制条件，对铝液的含量可做出定量、准确的测量；不像减压凝固法那样，受含气量多少及夹杂物有无的影响，该法对含氢量小于 0.1cm^3/(100g) 的铝液仍可测试。一般在 5min 内即可得出结果。因此该法适合在生产现场的熔体质量控制中使用，但是此法测量时要求精确控制各种条件，有时往往难以实现。

5.3.1.4 第一气泡法

第一气泡法（gudechenko test）装置如图 5-4所示。这种方法是根据铝液表面冒出第一个气泡时的压力、温度，再通过经验公式计算出合金液的含气量。由于合金中的含氢量不是直接测定，又称间接定氢法。

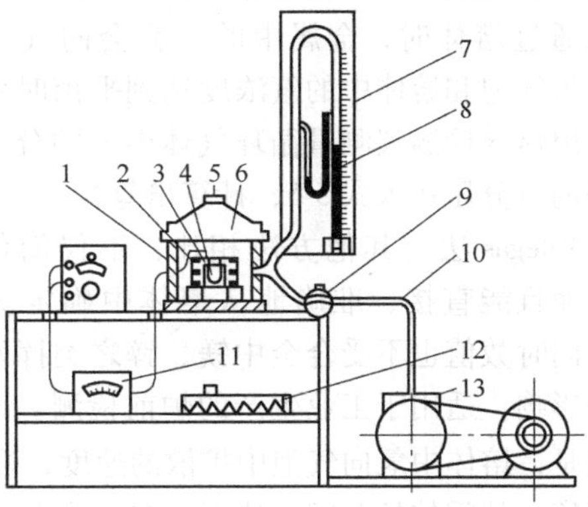

图 5-4 第一气泡法测量装置

1—真空罐；2—电阻炉；3—小坩埚；4—热电偶；5—观察孔；6—真空盖；7，8—压力计；9—三通阀；10—管道；11—电位计；12—变压器；13—真空泵

对于铝合金，由于液面上有一层致密的 Al_2O_3 氧化薄膜，使溶解在合金中的氢气不能通过，只能以分子状态气泡的形式在一定条件下析出。当合金液进行减压（抽真空）至液面上出现第一个气泡，记下减压室内的压力（即等于合金内氢气的压力）和合金液的温度，再根据氢在铝液中的溶解度方程式进行计算：

$$\ln S = \frac{A}{T} + B + \frac{1}{2}\ln p \tag{5-5}$$

式中 S——合金中的含氢量，cm^3/(100g)；

p——出现第一个气泡时的气体压力，mmHg(1mmHg = 133.3Pa)；

T——出现第一个气泡时合金液的热力学温度，K；

A，B——与合金成分有关的常数，见表 5-10。

表 5-10 氢在铝及铝合金液中的溶解度常数

合金成分	A	B	合金成分	A	B
Al	276	1.356	Al + 2% Cu	2950	1.460
Al + 2% Si	2800	1.350	Al + 6% Cu	3100	1.500
Al + 4% Si	2950	1.470	Al + 3% Mg	2695	1.500
Al + 8% Si	3050	1.510	Al + 6% Mg	2620	1.570

使用经验表明，判断第一个气泡的出现较难，因受到铝液中气体夹杂含量的影响较大，当 Al_2O_3 含量为0.016%时，析出气泡便开始受阻。如果合金液经过过滤后再测定，将会提高测定的精确度。但用这种方法只能测得溶解于铝液内的氢，测不出吸附于 Al_2O_3 的氢。

5.3.1.5 Telegas 法

Telegas 法也称为遥测法。它是 Ransley 等于1957年发明的，Telegas 法装置原理如图5-5所示。这种方法是利用一种特殊的隔膜泵，使作为载体的纯净惰性气体（氮或氩）通过金属熔体，并使惰性气体在液体金属和仪器管路，沿闭合线路没有损失地循环。在这种情况下，惰性气体的气泡通过熔体时，金属中的氢就会向气泡内扩散，当气泡和熔体中的氢浓度达到平衡时停止循环。用热导检测仪测量循环气体中氢的分压，将测得的氢分压代入式5-5，计算出氢含量。

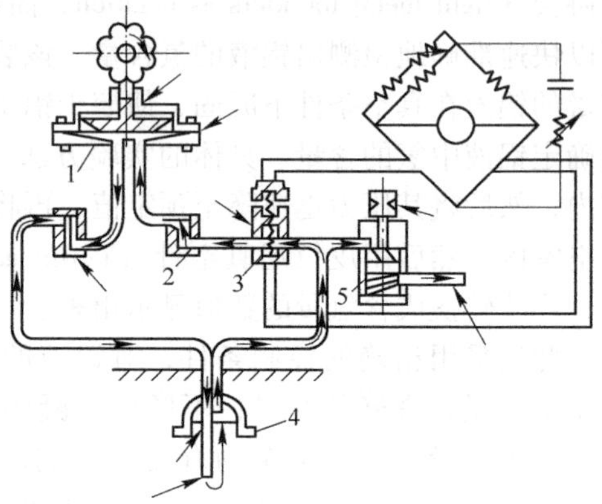

图 5-5 Telegas 法测氢装置示意图
1—隔膜泵；2—阀门；3—热电导计；4—测氢探头；5—喷射阀

Telegas 法与其他方法相比，不仅简便、迅速，而且能直接、准确地从熔体中确定氢的含量，同时数值也不受合金中镁、锌之类挥发性元素的影响，适用于工业生产的炉前检测。该法的缺点是，熔体中氢向气泡中扩散的速度，取决于氢在熔体中传质系数。要使气泡和熔体达到完全平衡，就需较长时间，特别是在熔体中氢的浓度降低以后，扩散速度会受到很大的影响，所以达到平衡的时间不易确定。

5.3.1.6 *浓差电池法*

用氢离子固体电解质浓差电池法（简称浓差电池法），测量铝液的含气量，是一种快速、简便、准确的方法。该法是用含氢离子固体电解质，与待测的铝液构成电池。由于含氢离子的电解质具有恒定的氢分压（p_0），便与铝液中的氢产生分压差，在浓差电池中此分压差以电动势（E）反映出来。这样即可计算出铝液中的氢含量。

对于铝液测氢，多采用 CaH_2 作为氢负离子固体电解质，$Ca+CaH_2$ 作为参比材料，采用不锈钢作为参比电极和测量电极。实际的测氢浓差电池构成是：

参比电极－参比材料(p_0)＋氢离子固体电解质 ‖ 待测物(p_{H_2})－测量电极

铝液测氢的电池构成是：

不锈钢电极－($Ca+CaH_2$)＋CaH_2 ‖ $[H]_{铝液}$－不锈钢电极

电极间的分压差 $p_0 - p_{H_2} = nFE$。

根据能斯特方程，浓差电池的电动势为：

$$E = \frac{RT}{nF}\ln\frac{p_0}{p_{H_2}} \tag{5-6}$$

式中 E——浓差电池电动势，V；

R——气体常数，8.314J/(mol·K)；

T——浓差电池的热力学温度，K；

n——氢离子在电极上得失的电子数；

F——法拉第常数，96478；

p_0——参比材料的氢分压，Pa；

p_{H_2}——待测物（铝液）的氢分压，Pa。

在 873 ~ 1053K 范围内，$\beta Ca + \alpha CaH_2$ 混合物（CaH_2 的摩尔分数在 20% ~ 95% 范围内）的平衡氢分压 p_0 为：

$$\ln p_0 = -\frac{9610}{T} + 12.352 \tag{5-7}$$

在 943 ~ 1123K 范围内，按式 5-5 和表 5-10，纯铝液中氢的溶解度 S_H 与其氢分压 p 的关系是：

$$\ln S_{H_2} = \frac{2760}{T} + 0.294 + \frac{1}{2}\ln p_{H_2} \tag{5-8}$$

由此得出纯铝液中氢的溶解量与浓差电池电动势间的关系式为：

$$\ln S_{H_2} = \frac{nEF}{4.606RT} - \frac{7565}{T} + 6.47 \tag{5-9}$$

测得浓差电池的电动势，即可用式 5-9 计算出铝液中氢的含量。

表 5-11 和图 5-6 分别给出了根据式 5-9 计算出的纯铝液含氢量与浓差电池电势的关系。同样，其他各种铝合金也可按上述步骤，分别导出各自的电池电势与熔体氢含量的关系式，用以确定各自的氢含量。

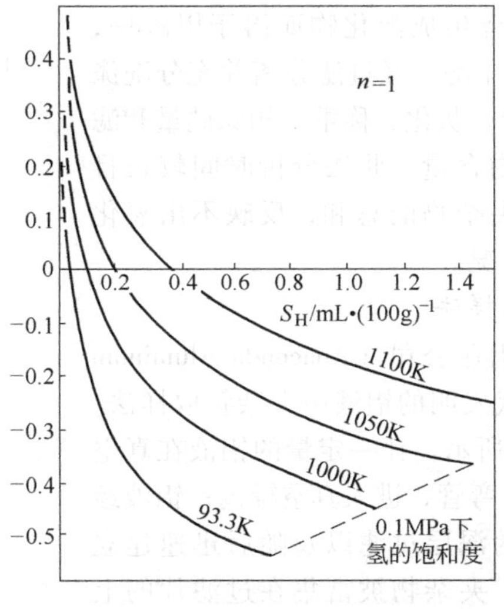

图 5-6　纯铝液中含氢量与浓差电池电势关系曲线

表 5-11　铝液中氢含量与浓差电池电势的关系

S_H/mL·(100g)$^{-1}$		0.35	0.30	0.25	0.20	0.15	0.10
E/mV	680℃	−382	−357	−328	−290	−245	−175
	700℃	−326	−300	−270	−235	−185	−120

5.3.2　熔体中非金属夹杂物的检测方法

为迅速地对熔体质量做出评价，就需要对熔体中非金属夹杂含量进行检验。由于熔体中夹杂物分布不均匀，局部偏析较重，而且大小形态不同，很难获得迅速、准确的检测方法。这里简单介绍几种检查方法。

5.3.2.1　铸锭断面的低倍组织检查

在铸锭的一定位置上，切取横向或纵向低倍组织试样，经表面加工和蚀洗处理后，用放大镜（8 倍或 10 倍）或肉眼检查试样上夹杂物的大小、面积和分布。夹杂在铸锭中常呈现条状、点状和块状。

5.3.2.2　断口检查

在铸锭上切取试样后，在试样中间做切口，在压力机上冲断以后，检查断口。观察非金属夹杂的形态、大小。若能进行染色处理，观察效果更好。一般常与低倍组织检查配合进行。

5.3.2.3　金相检查

试样经机械抛光和电解抛光后，用金相显微镜观察，或进行染色处理。可以观察较大颗粒夹杂，也可以观察微组织中夹杂物，是目前研究工作和生产检验的重要手段。

5.3.2.4　超声波探伤

将铸锭或标准试块表面机械加工后，用超声波探伤仪检验，根据超声波探伤仪荧光屏上显示伤波的大小和出现的部位，来判定铸锭中各种缺陷的大小、多少和分布。但是鉴别气孔、裂纹和夹杂等缺陷的种类比较困难。

5.3.2.5　溴-甲醇法

在一定温度下，将试料溶解于溴-甲醇溶液中，铝和其他合金元素（硅除外）皆生成溴化物而溶于甲醇中，硅和 Al_2O_3 等氧化物不溶于甲醇。经过滤分离并充分洗涤后，将残渣和滤纸一起烘干、灰化、称重，扣除硅量和滤纸质量，即得出氧化夹杂物含量。此法分析时间较长且有毒性，所得数据是氧化夹杂物的总和，反映不出氧化夹杂物在铝合金中的分布情况。

5.3.2.6　真空过滤取样法

此法是美国安那康达铝业公司（Anaconda Aluminum Corporation）20 世纪 80 年代发明的铝液中夹杂物取样法。真空过滤取样装置如图 5-7 所示。让一定量的铝液在真空作用下，经过细孔过滤片、弯管，进入真空罐内；铝液经过过滤片时，在初期滤片的深层过滤以及随后迅速建立起来的滤饼过滤的作用下，夹杂物被富集在过滤片的上表面上；抽取一定量的铝液后，取出石墨样杯，再将过滤片及凝固在其上面的铝试样一起取出；最后，将滤片连同浓缩有夹杂物的铝试样一起切取、制备金相试样，并采用金相观察或定量金相分析来评价铝液中夹杂物的含量。通过真空过滤取样，使铝样中的夹杂物含量得到浓缩，从而提高了定量金相分析的准确性。

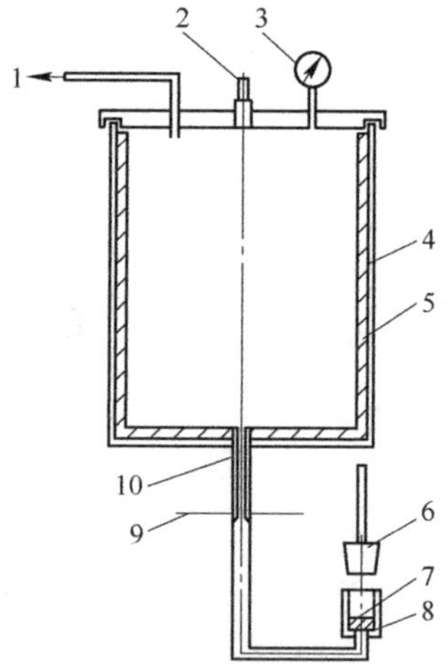

图 5-7　真空过滤取样装置

1—接真空；2—液面极点指示器；3—真空表；4—真空罐；5—保温层；6—样杯塞；7—过滤片；8—石墨杯；9—铝液液面；10—保温套

6　铸锭凝固过程的动量和热量传输

本章要点： 铸锭的凝固过程包括动量、热量和质量的传输，液体金属形核和晶体长大的相变过程，以及伴随上述过程而发生的铸锭组织的形成过程。本章主要讨论了凝固过程的液体金属流动和金属的凝固传热特点。学习本章应重点掌握下列内容：（1）枝晶间金属流动的速度方程；（2）铸锭凝固传热的微分方程及由此确定影响传热的主要因素；（3）三种凝固方式的区别及对应的控制方法。

6.1　凝固过程的动量传输

在浇注和凝固过程中，液体金属时刻都在流动，其中包括对流和枝晶间的黏性流动。液体金属的流动是一种动量传输过程，这是铸锭成形、传热和传质的重要条件之一。

6.1.1　液体金属的对流

液体金属的对流是一种动量传输过程，按其产生的原因可分为三种：浇注时流体冲击引起的动量对流，金属液内温度和浓度不均引起的自然对流，电磁场或机械搅拌及振动引起的强制对流。这三种对流统称为凝固过程中的动量传输。

动量对流常以紊流形式出现，并且由于金属的运动黏度系数很小，凝固进行相当长一段时间后才会消失，故对凝固过程产生许多不利的影响。对于连续铸锭，由于浇注和凝固同时进行，动量对流会连续不断地影响金属液的凝固过程，如不采取适当措施均布液流，过热金属液就会冲入液穴的下部。动量对流强烈时，易卷入大量气体，增加金属的二次氧化和吸气，不利于夹杂的上浮。所以，浇注时应尽量避免强烈的动量对流。

金属液内温度和浓度不均引起的对流，称为自然对流，由温度不均引起的对流又称为热对流。自然对流的驱动力是因密度不同而产生的浮力。温度不均造成热膨胀不均，致使金属液密度不均而产生浮力。同样，浓度不均也会造成密度不均而产生浮力。当浮力大于金属液的黏滞力时就会产生自然对流。

金属液内存在水平温差或浓度差时，会产生水平自然对流，其强度可由无量纲 Grashof 数 Gr_T 或 Gr_c 来衡量，即：

$$Gr_T = \frac{g\alpha_T b^3 \Delta T}{\nu^2} \tag{6-1}$$

$$Gr_c = \frac{g\alpha_c b^3 \Delta c}{\nu^2} \tag{6-2}$$

式中　g——重力加速度；

b——水平方向热端和冷端间距的一半；

ΔT，Δc——热端与冷端间的温差和浓度差；

α_T，α_c——由温度和浓度引起的液体金属体膨胀系数；

ν——液体金属的运动黏度系数，$\nu = \eta/\rho_L$；

η——动力黏度系数；

ρ_L——液体金属的密度。

式6-1和式6-2是假定金属液沿水平方向的温度和对流速度不随时间变化而导出的。Gr_T 和 Gr_c 大小与许多因素有关，ΔT、Δc 越大，Gr_T 和 Gr_c 越大，水平自然对流的强度和速度也越大。

金属液内垂直方向的温差和浓度差同样也会引起自然对流，其强度可用 Rayleigh 数 Ra_T 和 Ra_c 来衡量。设高度为 h 的金属液内温差和浓度差分别为 ΔT 和 Δc，则 Ra_T 和 Ra_c 的表达式为：

$$Ra_T = \frac{g\alpha_T h^3 \Delta T}{\nu D} \tag{6-3}$$

$$Ra_c = \frac{g\alpha_c h^3 \Delta T}{\nu D} \tag{6-4}$$

式中　D——溶质扩散系数。

Rayleigh 数是垂直方向的温差或浓度差引起自然对流的判据。通常，当金属液面为自由界面时，$Ra \geqslant 1100$ 便会发生垂直方向的自然对流。由式6-3可知，其他因素一定时，Ra_T 随两点温差的减小而减小，即对流强度降低，如图6-1所示。

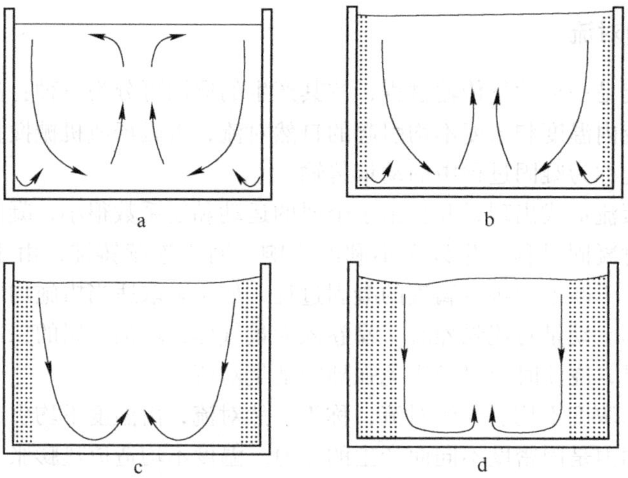

图6-1　自然对流强度与温差关系示意图

a—$\Delta T \sim \frac{1}{2}T_m$；b—$\Delta T \sim 10^{-1}T_m$；c—$\Delta T \sim 10^{-2}T_m$；d—$\Delta T \sim 10^{-3}T_m$

6.1.2　枝晶间液体金属的流动

铸锭凝固时，在凝固区（固液两相共存区）内，枝晶间的液体金属仍能流动，其驱动力是液体收缩、凝固体收缩，枝晶间相通的液体静压力及析出的气体压力等。金属液流经枝晶间隙如同液体流经细小的多孔介质一样，近似地遵守 Darcy 定律，即枝晶间金属液的流速 v 与压力梯度呈直线关系：

$$v = -\frac{K}{\eta f_L}\nabla(p + \rho_L g)$$

假定 ρ_L 不变，一维流动时，上式变为：

$$v_x = -\frac{K}{\eta f_L} \times \frac{dp}{dx} \tag{6-5}$$

式中　f_L——液体金属体积分数；

p——凝固区内液体金属承受的压力；

K——可透性系数，$K = \gamma f_L^2$；

η——常数，大小与枝晶形态和枝晶臂间距有关。

假定金属凝固是模壁凝固壳界面热阻控制的一维传热过程，且凝固区较窄，其中的温度梯度忽略不计，固相体积分数各处相同，且固相和液相密度不随时间变化，则可导出一维流速：

$$v_x = \frac{a\varepsilon x}{(\varepsilon - 1)f_L} \tag{6-6}$$

将式 6-5 代入式 6-6，积分得：

$$\frac{K}{\eta}p + \frac{\varepsilon}{\varepsilon - 1} \times \frac{a}{2}x^2 = c \tag{6-7}$$

当 $x = b$（凝固区宽度）时，压力 $p = p_0 + \rho_L Hg$，由此可确定积分常数 C 值，则式 6-7 变为：

$$p = p_0 - \frac{\varepsilon}{\varepsilon - 1} \times \frac{a\eta}{2\gamma f_L^2}(b^2 - x^2) + \rho_L Hg \tag{6-8}$$

式中　x——离开固液界面的距离；

b——凝固区宽度；

H——凝固区 x 处的液柱高度；

p_0——大气压；

ε——凝固体收缩率，$\varepsilon = (\rho_S - \rho_L)/\rho_S$；

ρ_S——固相密度；

a——热交换强度因子，$a = \dfrac{A}{V} \times \dfrac{h\Delta T}{\rho_S H}$；

A——铸锭表面积；

V——铸锭体积；

h——模壁凝壳界面的对流传热系数；

ΔT——金属熔点与模壁的温差。

式 6-8 表示在凝固区内距离固液界面 x 处，液体金属承受的压力。式 6-8 右端第二项为枝晶造成的压头损失。由此可见，f_L 越小即固相越多，压力损失越大；距离固液界面越近（即 x 越小），压头损失越大，则枝晶间液体金属流动的驱动力越小，流速越低，因而枝晶偏析程度降低，但显微缩松会增多，铸锭的致密性降低。η、γ 和 a 等影响金属在枝晶间流动的压头损失，最终都影响缩松及枝晶偏析的形成。

上述流速和压力公式都是近似表达式，因为在推导过程中，对凝固传热条件和金属流动状况作了一些简化处理。尽管如此，式 6-6 和式 6-8 还是反映了枝晶间金属流动的基本规律，是合理设计冒口或保持适当的金属液水平的重要依据。

6.1.3　对流对凝固过程的影响

金属的对流能引起金属液冲刷模壁和固液界面，造成温度起伏，导致枝晶脱落和游离，促进成分均匀化和传热。所有这些都会影响铸锭的结晶过程及其组织的形成。

对流造成温度起伏的现象，人们已进行了较深入研究。如图 6-2a 所示，当铸锭自下而上凝固时，由于温度较低的液体难以上浮，故对流不能发生，金属液内不产生温度起伏。反之，铸锭由上而下凝固时（见图 6-2f)，较冷液体易于下沉，对流强烈，故温度起伏大。水平定向凝固时，由水平温差引起的自然对流也会造成温度起伏。

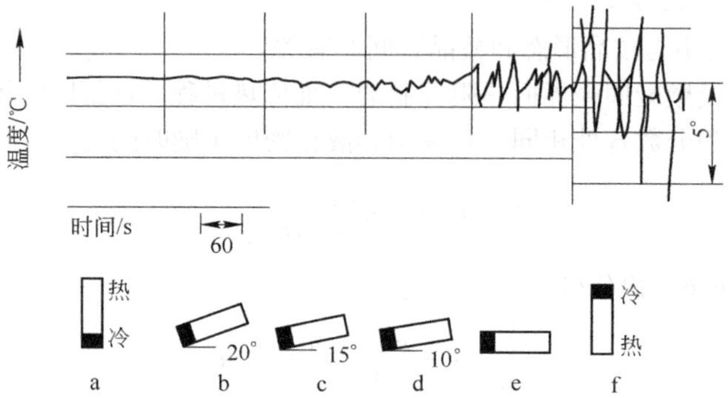

图 6-2　铸锭固液界面不同取向时，自然对流对温度起伏的影响

a—自下而上垂直凝固；b—固液界面夹角为 20°；c—固液界面夹角为 15°；
d—固液界面夹角为 10°；e—水平定向凝固；f—自上而下垂直凝固

随着冷热温差 $T_h - T_c$ 或温度梯度 G 的增大，温度起伏逐渐增强。低熔点金属在凝固过程中，自然对流造成的温度起伏，其振幅可达几摄氏度，而高熔点金属的温度起伏振幅可高达几十摄氏度。动量对流也可造成较强烈的温度起伏。强制对流可能增强温度起伏，也可能抑制温度起伏，这要视强制对流是加强还是削弱金属液内已有的对流而定。

对流造成的温度起伏，可以促使枝晶熔断。在对流的作用下，熔断的枝晶将脱离模壁或凝壳，并被卷进铸锭中部的液体内，如果它们来不及完全重熔，则残留部分可作为晶核长大成等轴晶。对流的冲刷作用也可促使枝晶脱落。因为合金在凝固过程中，由于溶质的偏析，枝晶根部产生缩颈，此处在对流的冲刷作用下易于断开，从而出现枝晶的游离过程。晶体的游离有利于金属液内部晶核的增殖，因而有利于晶粒的细化和等轴晶的形成。如图 6-3 所示，模壁上形成的晶粒，其根部出现缩颈，在对流造成的冲刷和温度起伏的作用下，该晶粒脱离模壁，经历高温重熔、低温长大的过程，使液体内部晶核增殖。由于金属液面的冷却而形成的晶粒，将伴随对流而发生沉浮，也经历图 6-3 所示的过程。强制对流同样对结晶过程有着重大的影响。强

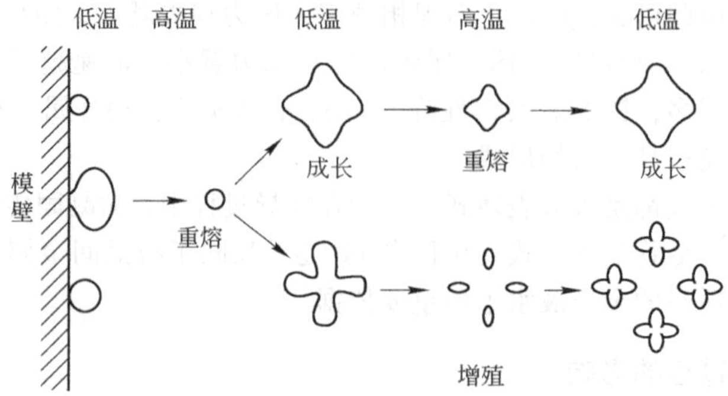

图 6-3　晶体游离及增殖过程示意图

度和方向稳定的强制对流，抑制金属液内部的对流和温度起伏，因而已形成的晶体难于脱落和游离模壁或枝晶主轴，进而抑制如图 6-3 所示的晶核增殖作用，因此铸锭中没有中心等轴晶区，而柱状晶发达。离心铸造易于得到柱状晶，其原因也就在于此。但是，实际生产中常常利用强制对流来获得等轴晶和细化晶粒。

6.2 凝固过程的传热

在铸锭的凝固过程中，一方面金属的温度不断降低，另一方面模壁受热温度升高。金属冷凝的结果使铸锭表面与涂料或模壁之间形成气隙，铸锭中出现固-液界面。在各个界面两侧，物质的热物理性质是不同的，因而构成一个不稳定的热交换体系。对于这种体系的传热问题，即铸锭的凝固传热问题，无论在数学上还是物理上都是较复杂的。如果考虑到金属的热物理性质随温度和成分而变化，则问题就更为复杂。迄今，有关铸锭凝固传热的研究还比较少，涉及有色金属铸锭的就更少。在此，仅就一些典型的凝固传热问题进行讨论，以便了解模壁和铸锭断面上的温度分布规律（温度场），确立凝固速度和时间、凝壳厚度的数学表达式，为利用计算机研究凝固过程提供分析问题的基础。

6.2.1 凝固传热的基本微分方程

假定传热介质为各向同性物质，则凝固过程中铸锭及模壁的温度变化规律，可用傅里叶导热微分方程来描述，即：

$$\rho c \frac{\partial T}{\partial t} = \nabla^2 (\lambda \nabla^2 T) \tag{6-9}$$

式中 T——温度；

t——时间；

c——质量热容；

ρ——密度；

λ——导热系数；

∇^2——拉普拉斯算子。

当 c、ρ 和 λ 为常数时，令 $\alpha = \lambda/(c\rho)$，一维传热时上式变为：

$$\frac{\partial T}{\partial t} = \alpha \frac{\partial^2 T}{\partial x^2} \tag{6-10}$$

式中 α——传热系数。

式 6-10 经拉普拉斯变换，求其通解为：

$$T = c_1 + c_2 \mathrm{erf}\left(\frac{x}{2\sqrt{\alpha t}}\right) \tag{6-11}$$

式中 T——凝固时间为 t 时在凝壳或模壁 x 处的温度；

c_1，c_2——积分常数。

误差函数

$$\mathrm{erf}\left(\frac{x}{2\sqrt{\alpha t}}\right) = \frac{2}{\sqrt{\pi}}\int_0^{\frac{x}{2\sqrt{\alpha t}}} \exp(-u^2)\,\mathrm{d}u$$

其性质有：

$x=0$ 时，$\mathrm{erf}\left(\dfrac{x}{2\sqrt{\alpha t}}\right)=0$；

$x=\infty$ 时，$\mathrm{erf}\left(\dfrac{x}{2\sqrt{\alpha t}}\right)=1$；

$x<0$ 时，$\mathrm{erf}\left(\dfrac{x}{2\sqrt{\alpha t}}\right)=-\mathrm{erf}\left(\dfrac{-x}{2\sqrt{\alpha t}}\right)$；

$x=-\infty$ 时，$\mathrm{erf}\left(\dfrac{x}{2\sqrt{\alpha t}}\right)=-1$。

一些材料的热物理性质列于表6-1。

表6-1　一些材料的热物理性质

材　料	质量热容 /cal·(g·℃)$^{-1}$	密度/g·cm^{-3}	热导率 /cal·(cm·s·℃)$^{-1}$	熔点/℃	熔化潜热/cal·g^{-1}
Al	0.257(400℃)	2.7(20℃)	0.57(400℃)	660	95
Cu	0.113(1000℃)	8.93(20℃)	0.582(1037℃)	1083	51
Ti	0.148(400℃)	4.5(20℃)	0.033(400℃)	1668	104
LD10	0.20(100℃)	2.8	0.38(25℃)		
ZL102	0.20(100℃)	2.65	0.37(25℃)		
H68	0.09	8.50	0.28(20℃)		
H90	0.09	8.80	0.40(20℃)		
型　砂	0.23~0.28	1.3~1.6	$(7.6\sim20.7)\times10^{-4}$		

注：1cal=4.1868J。

6.2.2　绝热模中铸锭的凝固

糠模、砂模和石墨等的导热性差，可看做是绝热模。铸锭在绝热模中的凝固传热过程，由模壁热阻控制。

假定模壁足够厚，其外表面温度在凝固过程中保持 T_0 不变，金属液在熔点温度 T_m 时浇入模中，并在 T_m 温度下凝固完毕。因所有热阻几乎都在模壁内，故模壁内表面温度 $T_i=T_m$。凝固过程中某一时刻，模壁及铸锭断面的温度分布如图6-4所示。

这属于一维传热问题，模壁导热微分方程为

$$\frac{\partial T}{\partial t}=\alpha_m\frac{\partial^2 T}{\partial x^2} \tag{6-12}$$

其定解条件如下：

初始条件：$t=0$ 时，$T(x,0)=T_0$。

边界条件：$x=0$ 时，$T(0,t)=T_i=T_m$；$x=-\infty$ 时，$T(-\infty,t)=T_0$。

由方程的通解式6-11可知：

当 $t\geq0$，$T(0,t)=T_m$ 时，$\mathrm{erf}\left(\dfrac{x}{2\sqrt{\alpha t}}\right)=0$，

则 $c_1=T_m$；

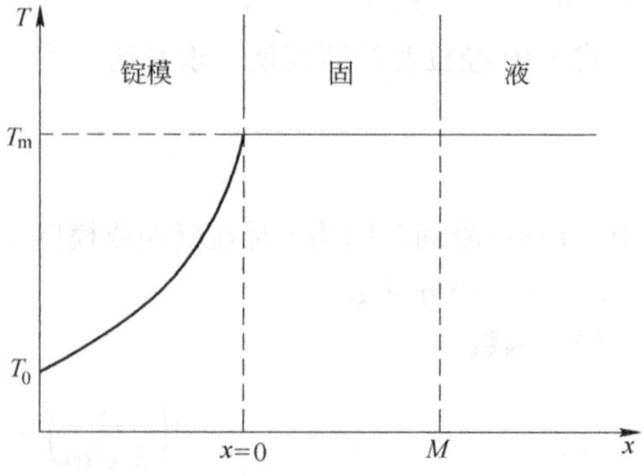

图6-4　绝热模中铸锭凝固时的温度分布

$T(-\infty, t) = T_0$ 时，$\mathrm{erf}\left(\dfrac{x}{2\sqrt{\alpha t}}\right) = -1$，则 $c_1 = T_m - T_0$。

将 c_1 和 c_2 值代入式6-11，得式6-12的定解：

$$T = T_m + (T_m - T_0)\mathrm{erf}\left(\frac{x}{2\sqrt{\alpha t}}\right) \tag{6-13}$$

式中 α_m——模壁的传热系数，$\alpha_m = \lambda_m/(c_m\rho_m)$；

λ_m，c_m，ρ_m——分别为模壁热导率、质量热容和密度。

式6-13表示铸锭凝固时模壁温度 T 的分布规律。

假定在模壁-凝壳界面，铸锭凝固放出潜热的比热流量 q_1 等于模壁导走的比热流量 q_2，并忽略液体金属的显热，则可求出凝固时间为 t 时的凝壳厚度及凝固速度 R。由于

$$q_1 = \rho_S L R$$

式中 ρ_S——金属密度；

L——结晶潜热。

$$q_2 = \lambda_m \left.\frac{\partial T}{\partial x}\right|_{x=0}$$

式中 $\dfrac{\partial T}{\partial x}$——温度梯度。

由式6-13知：

$$\frac{\partial T}{\partial x} = \frac{\partial}{\partial x}\left[(T_m - T_0)\mathrm{erf}\left(\frac{x}{2\sqrt{\alpha_m f}}\right)\right]$$

即

$$\frac{\partial T}{\partial x} = (T_m - T_0)\frac{\partial}{\partial x}\left(\frac{2}{\sqrt{\pi}}\int_0^{\frac{x}{2\sqrt{\alpha_m t}}}\exp(-u^2)\mathrm{d}u\right)$$

$$= (T_m - T_0)\frac{2}{\sqrt{\pi}}\left\{\exp\left[-\left(\frac{x}{2\sqrt{\alpha_m t}}\right)^2\right]\left(\frac{1}{2\sqrt{\alpha_m t}}\right)\right\}$$

故

$$\left.\frac{\partial T}{\partial x}\right|_{x=0} = \frac{T_m - T_0}{\sqrt{\pi\alpha_m t}} \tag{6-14}$$

$$q_2 = \lambda_m\frac{T_m - T_0}{\sqrt{\pi\alpha_m t}} = \frac{\sqrt{\lambda_m c_m\rho_m}}{\sqrt{\pi t}}(T_m - T_0) \tag{6-15}$$

因 $q_1 = q_2$，所以由式6-14和式6-15知凝固速度为：

$$R = \frac{T_m - T_0}{\rho_S L}\sqrt{\frac{\lambda_m c_m\rho_m}{\pi t}} \tag{6-16}$$

由上式可求出凝壳厚度为：

$$M = \int R\mathrm{d}t = \int\left(\frac{T_m - T_0}{\rho_S L}\sqrt{\frac{\lambda_m c_m\rho_m}{\pi t}}\right)\mathrm{d}t = \frac{2}{\pi}\left(\frac{T_m - T_0}{\rho_S L}\right)\left(\sqrt{\lambda_m c_m\rho_m}\right)\sqrt{t} \tag{6-17}$$

式6-17表明，铸锭凝壳厚度 M 与凝固时间平方根 $\sqrt{t}$ 成正比，而且与模壁和金属的热物理性质有关。

如考虑过热的影响，可用有效潜热 L' 代替 L，即：

$$L' = L + c_L(T_p - T_m) = \text{潜热} + \text{显热}$$

式中　c_L——液态金属质量热容；

T_p——浇注温度。

将 L' 代入式 6-17，得

$$M = \frac{2}{\sqrt{\pi}}\left(\frac{T_m - T_0}{\rho_S[L + c_L(T_p - T_m)]}\right)\sqrt{\lambda_m c_m \rho_m}\sqrt{t}$$

令

$$K = \frac{2}{\sqrt{\pi}}\left(\frac{T_m - T_0}{\rho_S[L + c_L(T_p - T_m)]}\right)\sqrt{\lambda_m c_m \rho_m}$$

则

$$M = K\sqrt{t} \tag{6-18}$$

$$R = \frac{dM}{dt} = \frac{1}{2} \times \frac{K}{\sqrt{t}} \tag{6-19}$$

式 6-18 即所谓凝壳厚度的平方根定律，较适合于纯金属或结晶温度范围较窄的合金大型扁锭。K 称为凝固系数，其意义是凝固初期单位时间内凝壳厚度，可用实验方法测定。在合金及浇温一定时，K 为常数。

铸锭在凝固过程中，实际并非始终遵循平方根定律。在凝固后期，因铸锭中心金属液体积与其散热表面积之比远小于凝固初期的比值，故凝固速度明显加快。

式 6-18 未考虑铸锭形状对凝固传热的影响。事实上，铸锭形状是影响凝固传热的重要因素之一。因此，Chvorinov 提出用铸锭或铸件的体积 V 与表面积 A 之比代替凝壳厚度 M，则式 6-18变为：

$$\frac{V}{A} = K\sqrt{t} \tag{6-20}$$

该式具有较普遍的实际意义，可用于计算任何形状铸锭或铸件的凝固时间及一定时间的凝壳厚度；也可用于非绝热模中铸锭凝固时间或凝壳厚度的计算。Flemings 考虑到圆锭的边缘散热效应较大，忽略过热的影响，根据半径为 r 圆锭的导热微分方程，得到：

$$\frac{V}{A} = \frac{2}{\sqrt{\pi}}\left(\frac{T_m - T_0}{\rho_S L}\right)\left(\sqrt{\lambda_m c_m \rho_m}\sqrt{t} + \frac{\lambda_m t}{2r}\right) \tag{6-21}$$

由式 6-20 或式 6-21 可知，无论铸锭的质量是多少，只要它们的 V/A 值相等，则它们的凝固时间就相同或相近。

6.2.3　水冷模中铸锭的凝固

铸锭在水冷模中的凝固特点是冷却迅速，凝壳断面的温度变化较陡，而模壁的温度几乎不变。下面将分两种情况进行讨论。

6.2.3.1　*以凝壳热阻为主*

对于大型铸锭，水冷模激冷作用的影响有限，铸锭中心的传热过程主要由凝壳导热能力来决定。因此，这里所讨论的问题，对分析大型铸锭的凝固传热是有益的。

无过热的金属液浇入水冷模，模温 T_0 保持不变，铸锭表面急剧冷却到 T_1，假定铸锭与模壁接触良好、无界面热阻，因此 $T_i = T_0$。由于凝壳内存在热阻，因而也存在温度梯度。凝固某一时刻的温度分布如图 6-5 所示。

将凝壳断面的温度分布曲线外延至无穷远处，则凝壳可看做一个半无限厚的物体，其导热微分方程和定解条件分别为

$$\frac{\partial T}{\partial x} = \alpha_S\left(\frac{\partial^2 T}{\partial x^2}\right)$$

初始条件：$t=0$ 时，$T(x,0) = T_m = T_0$。

边界条件：$x=0$ 时，$T(0,t) = T_i = T_0$；$x=\infty$ 时，$T(\infty,t) = T_\infty$。

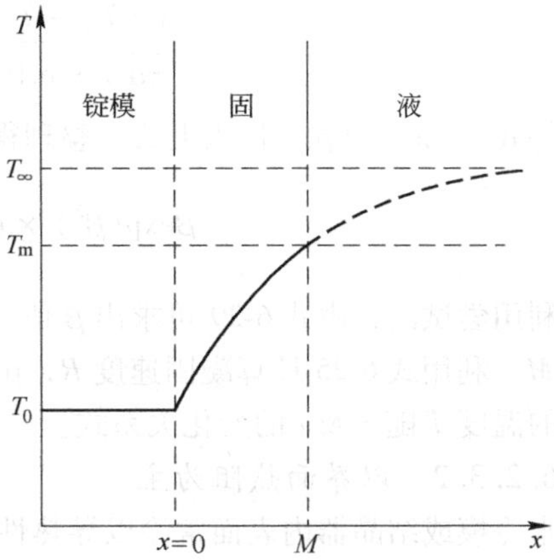

图 6-5 铸锭以凝固壳热阻为主时的温度分布

由式 6-11 知，方程的解为：

$$T = T_m + (T_\infty - T_i)\,\mathrm{erf}\left(\frac{x}{2\sqrt{\alpha_S t}}\right) \tag{6-22}$$

式中 α_S——凝固金属的传热系数，$\alpha_S = \lambda_S/c_S\rho_S$。

该式表示水冷模中无界面热阻时凝壳内的温度分布规律，在 $x=M$ 处，式 6-22 变为：

$$T_m = T_i + (T_\infty - T_i)\,\mathrm{erf}\left(\frac{M}{2\sqrt{\alpha_S t}}\right) \tag{6-23}$$

上式左端为定数，故右端也为定数，即误差函数的自变量为定数。令 $\beta = \frac{M}{2}\sqrt{\alpha_S t}$，可得到：

$$M = 2\beta\sqrt{\alpha_S t} \tag{6-24}$$

$$R = \frac{\mathrm{d}M}{\mathrm{d}t} = \beta\sqrt{\frac{\alpha_S}{t}} \tag{6-25}$$

为求 M，必须知道 β 值。根据热平衡原理，在固液界面有：

$$\lambda_S\left(\frac{\partial T}{\partial x}\right)_{x=M} = \rho_S L R \tag{6-26}$$

由 6-22 知：

$$\left.\frac{\partial T}{\partial x}\right|_{x=M} = \frac{T_\infty - T_i}{\sqrt{\pi\alpha_S t}}\exp\left[-\left(\frac{M}{2\sqrt{\alpha_S t}}\right)^2\right] = \frac{T_\infty - T_i}{\sqrt{\pi\alpha_S t}}\exp(-\beta^2)$$

将上式和式 6-25 代入式 6-26 得：

$$\lambda_S\frac{T_\infty - T_i}{\sqrt{\pi\alpha_S t}}\exp(-\beta^2) = \rho_S L\beta\sqrt{\frac{\alpha_S}{t}} \tag{6-27}$$

由式 6-23 知：

$$T_\infty - T_i = (T_m - T_i)/\mathrm{erf}\left(\frac{M}{2\sqrt{\alpha_S t}}\right) = \frac{T_m - T_i}{\mathrm{erf}(\beta)} \tag{6-28}$$

将式 6-25 代入式 6-27 得：

$$\frac{\lambda_S(T_m - T_i)}{\sqrt{\pi\alpha_S t} \times \mathrm{erf}(\beta)}\exp(-\beta^2) = \rho_S L\beta\frac{\sqrt{\alpha_S}}{t}$$

将 $\alpha_S = \lambda_S/(c_S\rho_S)$ 代入上式，整理得：

$$\beta\exp(\beta^2) \times \mathrm{erf}(\beta) = (T_m - T_i)\frac{c_S}{L\sqrt{\pi}} \tag{6-29}$$

利用尝试法，由式6-29可求出 β 值（见图6-6），然后利用式6-24计算某一时间 t 的凝壳厚度 M，利用式6-25计算凝固速度 R，由式6-28计算 T_∞；将 T_∞ 值代入式6-22，便可确定凝壳断面的温度 T 随 x 及 t 的变化关系式。

6.2.3.2　以界面热阻为主

水冷模或结晶器内表面常涂以导热性差的涂料或润滑油，并且模壁与凝壳之间由于凝固收缩而存在气隙，模壁与凝壳之间有着较大的界面热阻。连续铸锭时各热阻比例为：凝壳26%；气隙71%；结晶器壁1%；结晶器与水的界面2%。

界面热阻的存在改变了铸锭凝固过程的传热特性，使铸锭表面温度 $T_i \neq T_0$，凝壳断面的温度梯度减小。为简化分析过程，假定凝壳断面的温度呈直线变化，模温 T_0 不变，如图6-7所示。

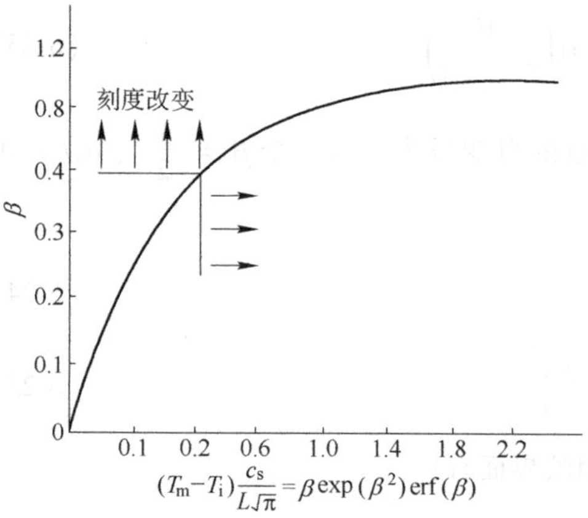

图6-6　式6-29中的 β 值计算曲线

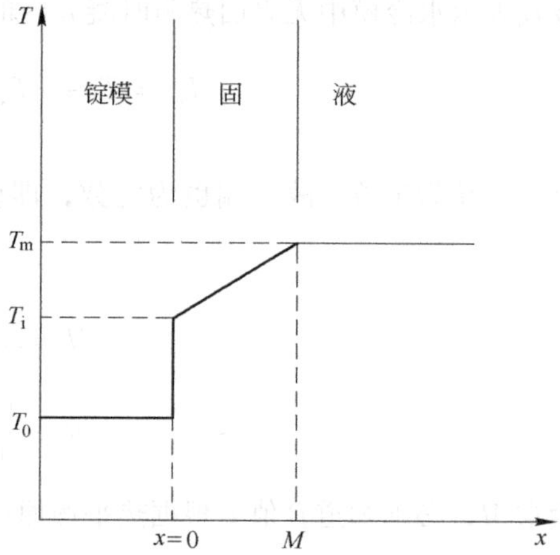

图6-7　有界面热阻的水冷模中铸锭凝固时的温度分布

假定在模壁-凝壳界面上，流入的比热容流量等于以对流方式流出的比热容流量，即

$$q_{x=0} = \lambda_S\left(\frac{\partial T}{\partial x}\right)_{x=0} = \bar{h}(T_i - T_0)$$

因为凝壳内的温度呈直线变化，因此 $\frac{\partial T}{\partial x}$ = 常数，故有

$$q_{x=0} = \lambda_S\frac{T_m - T_i}{M} = \bar{h}(T_i - T_0)$$

或

$$T_i = \left(\bar{h}T_0 + \frac{\lambda_S T_m}{M}\right)\frac{M}{M\bar{h} + \lambda_S}$$

在 $x = M$ 处

$$q_{x=M} = q_{x=0} = \lambda_S \frac{T_m - T_i}{M}$$

消除上式中 T_i 并整理得

$$q_{x=M} = q_{x=0} = \frac{T_m - T_0}{\frac{1}{\bar{h}} + \frac{M}{\lambda_S}} \tag{6-30}$$

式中 $\bar{h}$——模壁与凝壳之间的平均对流传热系数。

热平衡时，在固液界面处

$$q_{x=M} = \frac{T_m - T_0}{\frac{1}{\bar{h}} + \frac{M}{\lambda_S}} = \rho_S L \frac{dM}{dt}$$

上式积分得

$$M = \frac{\bar{h}(T_m - T_0)}{\rho_S L} t - \frac{\bar{h}}{2\lambda_S} M^2 \tag{6-31}$$

当凝壳内的温度分布呈曲线时，M 与 t 的关系更复杂，有

$$M = \frac{\bar{h}(T_m - T_0)}{\rho_S La} t - \frac{\bar{h}}{2\lambda_S} M^2 \tag{6-32}$$

$$a = \frac{1}{2} + \sqrt{\frac{1}{4} + \frac{c_S(T_m - T_0)}{3L}}$$

当 $\bar{h}M/\lambda_S \geqslant 1/2$ 时，上式正确；当 $\bar{h}M/\lambda_S < 1/2$ 时，计算的 M 值约偏高 10% ~15%。

上述是静态铸锭时水冷模中凝固传热问题。但连续铸锭是浇注和凝固同时连续进行的。金属液在结晶器内形成一定厚度的凝壳后，铸锭即被拉出结晶器，经二次冷却而完成凝固过程，这是一个复杂的传热过程。金属液与结晶器接触时，对流传热系数 h 很大；当凝壳与结晶器之间形成气隙时 h 变小；当铸锭进入直接水冷区时 h 又变大。图 6-8 为铸锭以速度 v 沿 y 方向朝下移动时的温度分布情况。

显然连续铸锭与静态铸锭的主要区别在于传热条件。在结晶器内，径向导热远大于轴向，因此轴向导热可忽略不计，并用铸锭下降距离 y 与浇速 v 之比来表示 t，则式 6-32 就可以适用于连铸过程，即

$$M = \frac{\bar{h}(T_m - T_0)}{\rho_S La} \times \frac{y}{v} - \frac{\bar{h}}{2\lambda_S} M^2 \tag{6-33}$$

该式表示金属液无过热条件下，结晶器内凝壳厚度与浇速的关系，可用于计算结晶器出口处凝壳厚度。根据热平衡原理，也可导出扁锭的宽面或窄

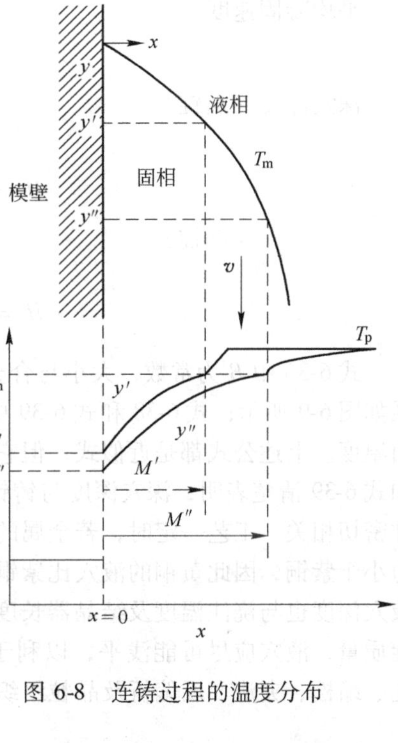

图 6-8 连铸过程的温度分布

面在结晶器出口处的凝壳厚度关系式为

$$M = \frac{b}{2} - \sqrt{\frac{b^2}{4} - \frac{\theta}{2\rho_S L' v}} \tag{6-34}$$

式中　b——宽边或窄边的边长；

θ——两宽面或窄面的传热速度。

由于式6-34包含了金属热物理性质、连铸工艺及铸锭形状等参数，因而能得到较为精确的结果，对设计结晶器和选择工艺参数有参考价值。

对于一定的合金，当连铸工艺稳定时，可以认为温度不随时间变化，即 $\frac{\partial T}{\partial t} = 0$，并假定合金的热物理性质不随温度而变化，则可得到如下传热微分方程，即

$$\alpha_S\left(\frac{\partial^2 T}{\partial x^2} + \frac{\partial^2 T}{\partial y^2}\right) - v\frac{\partial T}{\partial z} = 0 \tag{6-35}$$

式中　z——铸锭在轴向的移动距离。

解此微分方程，即可求出铸锭断面的温度在三维空间随浇速 v 变化的关系。

式6-33、式6-34和式6-35是描述连铸传热过程的重要关系式，但它们都忽略了热物理性质随温度和合金成分而变化这一重要因素，也未考虑对流对传热的影响。对于这样复杂的传热问题，很难得到适当的解析式，即使得到了解析式也往往难以进行数值计算。因此，研究实际铸锭条件下的凝固传热问题，一般不采用解析法而采用差分法，把解微分方程问题变成解差分代数方程问题。这样，借助于计算机可得到相当精确的结果。长期以来，人们也用一些经验公式来描述连铸传热特点。例如：

连续铸锭凝壳厚度

$$M = K\sqrt{t} - B \tag{6-36}$$

平均凝固速度

$$\overline{R} = v\sin\varphi \tag{6-37}$$

深穴深度（扁锭）

$$H = \frac{b^2\rho_S v\left[L + \frac{1}{2}c_S(T_m - T_i)\right]}{2\lambda_S(T_m - T_i)} \tag{6-38}$$

（圆锭）

$$H = \frac{r^2\rho_S v\left[L + \frac{1}{2}c_S(T_m - T_i)\right]}{4\lambda_S(T_m - T_i)} \tag{6-39}$$

式6-36中 B 为常数，大小与合金性质和过热度有关；式6-37中，$\overline{R}$、v、φ 三者之间的关系如图6-9所示；式6-38和式6-39中，b 和 r 分别为扁锭厚度的一半和圆锭半径，T_i 为铸锭表面温度。上述公式都是近似式，但它们仍揭示了铸锭凝固传热的一些基本规律。例如，式6-38和式6-39清楚表明，深穴深度与铸锭形状和尺寸、浇注速度、金属热物理性质等主要传热条件密切相关。工艺一定时，若金属的热导率小，潜热及热容大，则液穴深。例如黄铜的导热能力小于紫铜，因此黄铜的液穴比紫铜的深。液穴深度随浇注速度增大而增大，如图6-10所示。液穴深度也与浇注温度及结晶器长度有关。浇注温度低，结晶器短，则液穴浅平。为了提高铸锭质量，液穴应尽可能浅平，以利于气体的析出和夹杂的上浮。液穴过深，易产生裂纹、气孔、缩松、夹渣、反偏析及晶粒组织不均等缺陷。

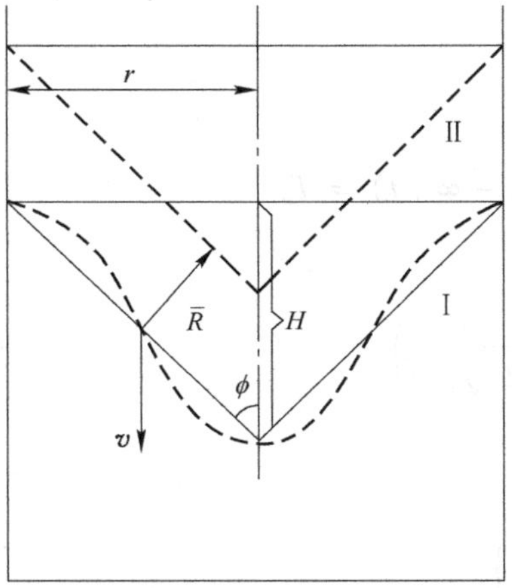

图 6-9　平均凝固速度 $\bar{R}$ 与浇注速度 v 的关系

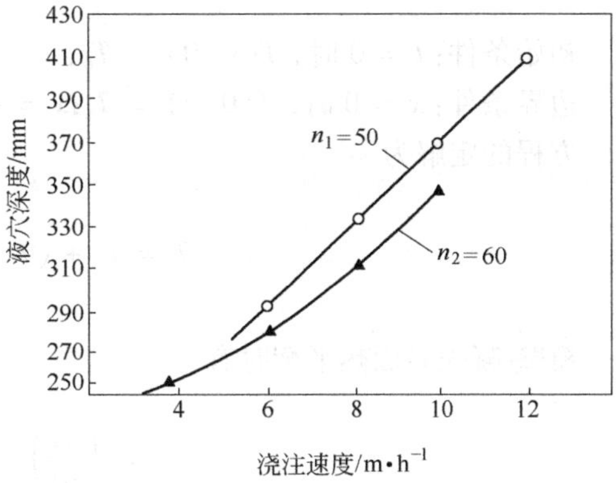

图 6-10　紫铜扁锭液穴深度与浇注速度的关系
n_1、n_2—冷却水量

6.2.4　无水冷铁模中铸锭的凝固

无水冷铁模中的凝固特点，是在模壁和凝壳内部有温度梯度。假定模壁-凝壳界面热阻小而忽略不计，模壁足够厚，其外表温度保持 T_0 不变，金属液没有过热。凝固过程中某一时刻的温度分布如图 6-11 所示。

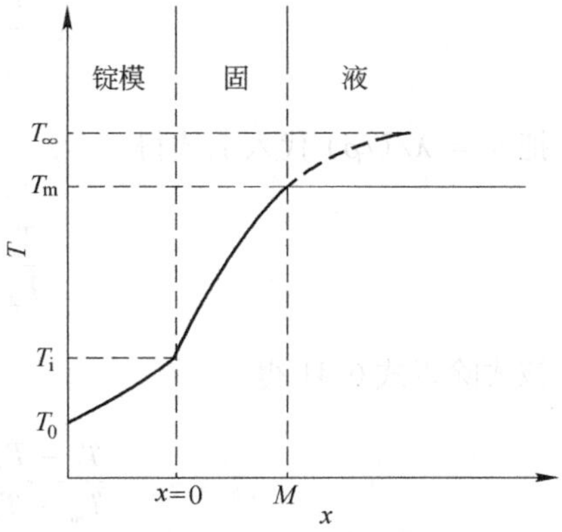

图 6-11　无水冷铁模中铸锭凝固的温度分布

这也属于一维传热问题。凝壳的导热微分方程及定解条件分别为

$$\frac{\partial T}{\partial t} = \alpha_S \frac{\partial^2 T}{\partial x^2}$$

初始条件：$t=0$ 时，$T(x,0) = T_m$；

边界条件：$x = 0$ 时，$T(0,t) = T_i$；$x = \infty$ 时，$T(\infty,t) = T_\infty$。

根据式 6-11 得方程的解为

$$T = T_i + (T_\infty - T_i)\operatorname{erf}\left(\frac{x}{2\sqrt{\alpha_S t}}\right) \tag{6-40}$$

当 $x = M$ 时

$$\begin{aligned} T_m &= T_i + (T_\infty - T_i)\operatorname{erf}\left(\frac{M}{2\sqrt{\alpha_S t}}\right) \\ &= T_i + (T_\infty - T_i)\operatorname{erf}(\beta) \end{aligned} \tag{6-41}$$

和水冷模中铸锭的凝固一样，β 与铸锭表面温度 T_i 的关系同于式 6-29，但这里 T_i 为未知数。

模壁的导热微分方程及定解条件分别为

$$\frac{\partial T}{\partial t} = \alpha_m \frac{\partial^2 T}{\partial x^2}$$

初始条件：$t = 0$ 时，$T(x, 0) = T_0$；

边界条件：$x = 0$ 时，$T(0, t) = T_i$；$x = -\infty$ 时，$T(-\infty, t) = T_0$。

方程的定解为

$$T = T_i + (T_i - T_0)\mathrm{erf}\left(\frac{x}{2\sqrt{\alpha_m t}}\right) \tag{6-42}$$

模壁-凝壳界面热平衡时有

$$\lambda_S\left(\frac{\partial T}{\partial x}\right)_{x=0} = \lambda_m\left(\frac{\partial T}{\partial x}\right)_{x=0}$$

由式 6-40 和式 6-42 知

$$\lambda_S \frac{T_\infty - T_i}{\sqrt{\pi\alpha_S t}} = \lambda_m \frac{T_i - T_0}{\sqrt{\pi\alpha_m t}}$$

把 $\alpha = \lambda/(c\rho)$ 代入上式得

$$\frac{T_i - T_0}{T_\infty - T_i} = \sqrt{\frac{\lambda_S c_S \rho_S}{\lambda_S c_m \rho_S}}$$

该式除以式 6-41 得

$$\frac{T_i - T_0}{T_m - T_i} = \sqrt{\frac{\lambda_S c_S \rho_S}{\lambda_m c_m \rho_m}}/\mathrm{erf}(\beta)$$

把式 6-29 代入上式，消去（$T_m - T_i$）整理得

$$\frac{c_S(T_m - T_0)}{L\sqrt{\pi}} = \beta\mathrm{erf}(\beta^2)\sqrt{\frac{\lambda_S c_S \rho_S}{\lambda_m c_m \rho_m}} \tag{6-43}$$

将该式与式 6-29 相加得

$$\frac{c_S(T_m - T_0)}{L\sqrt{\pi}} = \beta\mathrm{erf}(\beta^2)\left[\sqrt{\frac{\lambda_S c_S \rho_S}{\lambda_m c_m \rho_m}} + \mathrm{erf}(\beta)\right] \tag{6-44}$$

根据已知的热物理参数 $\frac{c_S}{L}(T_m - T_0)$ 和 $\sqrt{\frac{\lambda_S c_S \rho_S}{\lambda_m c_m \rho_m}}$，利用尝试法由式 6-44 可求出 β 值；然后由式 6-24 求出 M 或 t；由式 6-43 求出 T_i，由式 6-41 和式 6-42 分别确定 T_∞ 值和模壁的温度场；把 T_i 及 T_∞ 值代入式 6-40 可确定凝壳断面的温度场。

6.2.5 影响凝固传热的因素

6.2.5.1 金属的含热量

A　结晶潜热

金属结晶潜热大，则铸件热量多，当散热条件一定时，势必加长散热时间，而促使铸件温度均匀化；同时结晶潜热大时，较多的热量可充分地加热铸型，使铸型激冷能力降低。因此在铸件散热方向上的温度梯度减小。

B 金属熔点

金属熔点高，铸件凝固期间型腔表面较长时间保持高温，铸型内外表面间温度差大；同时，大多数铸型材料的导热系数在高温条件有所增大，因此加强了铸件的冷却能力，使铸件断面温度梯度增大。有色金属铸件比铸钢件温度梯度小，熔点低是重要原因之一。

C 浇注温度

在熔点相同的情况下，浇注温度越高则过热量越大。实验证明，在砂型铸造时，只有当过热量全部释放后铸件才开始凝固。增加过热实际上提高了铸件凝固时铸型的温度，使铸件断面温度梯度减小。在金属型铸造时，铸型导热能力强，加之一般过热度都不是很大，过热量可迅速传导出去，因此浇注温度的影响并不十分明显。

6.2.5.2 铸件散热与铸型激冷能力

A 金属的导温系数

金属的传热系数 α 代表其导热能力的大小。传热系数 $\alpha=\lambda/(c\rho)$，是不稳定导热中把热量传导过程和温度变化过程联系在一起的物理量。导热系数 λ 表示单位温度梯度下的热流量；c 是热容，表示单位体积物体温度升高一度所吸收的热量。α 表明物质在被加热或冷却过程中各部分温度趋于均匀一致的能力。α 大，铸件内温度均匀化能力就大，温度梯度就小，温度分布曲线比较平坦。反之，温度梯度就大。液态铝合金比液态铁碳合金传热系数约高 9 ~ 11 倍，所以在相同铸型条件下，铝合金铸件断面的温度梯度要小得多。通常，随合金化程度的提高，金属导热性降低，因而铸锭断面的温度梯度增大。

B 铸型蓄热系数

蓄热系数表示为 $b=\sqrt{\lambda c\rho}$，铸型的蓄热系数越大，表明铸型热容量越大，或者铸型导热系数越大，因此对铸件的激冷能力越强，铸件断面温度梯度越大。金属型蓄热系数一般是砂形的几十倍，因此金属型铸件断面温度梯度大。在不稳定导热情况下，铸件的冷却一方面是靠铸型导出而散失热量，另一方面靠铸型的蓄热。水冷铜型具有很好的激冷效果，冷却水不断带走热量，使型壁温升不大而始终保持良好的激冷作用，铸件温度梯度大。厚壁金属型的激冷作用主要靠铸型的蓄热，对于铝镁铸件或薄壁铸件尤其如此。

C 铸型的预热温度

铸型经过预热，初始温度升高，激冷能力减小，铸件温度梯度减小。铸型预热温度越高，铸件温度梯度越小。但有的情况下，铸型预热是必要的，甚至应预热到较高温度。如金属型预热温度约为 200 ~ 400℃；熔模铸造的型壳预热温度在 600 ~ 900℃，其目的在于预防铸件浇注不足或热裂的形成。

D 铸件散热条件

当铸件材料及铸型材料都已确定时，铸件各部位温度梯度往往也不完全一样。这主要是因为铸件形状或所处部位的不同造成散热条件的差异。铸件外棱角或向外弯曲的表面比平壁散热条件好，因为前者对应的铸型吸热体积呈放射状渐次扩大，铸件在该部位温度梯度就大；相反，处在内角或内弯曲表面的部位，温度梯度就小。型芯或向型腔突出的铸型部位，被液态金属包围，散热条件差，邻近的铸件断面温度梯度小。

此外，内浇口附近的铸件部位温度梯度必然小，因为大量金属流过内浇口，使附近铸型加热到较高温度而降低了铸型的激冷能力。铸件与铸型间产生间隙也使激冷能力减小。因此，铸件底部的温度梯度一般较侧壁或顶面的温度梯度大。

6.2.5.3　浇注工艺

浇注工艺主要包括浇注温度、浇注速度及冷却强度，三者互相配合才能有效地控制凝固传热过程，从而获得所要求的铸锭组织和质量。

生产上多用40～150℃的过热度或取液相点的1.05～1.3倍温度作为浇注温度。在这样的过热温度范围内，金属的过热量比潜热要小得多。所以，在水冷模及连续铸锭的情况下，浇注温度对铸锭断面的温度分布影响很小。但是，浇注温度对金属的流动性、二次氧化、吸气及缩松等缺陷的形成和铸锭的表面质量有着重大的影响。

浇注速度对传热过程的影响与铸锭方法和铸锭的尺寸密切相关。水冷模和连铸结晶器的表面温度接近于冷却水温度，提高浇注速度，带入模中的热量多。因此铸锭断面的温度梯度大，同时凝固速度也增大，如图6-12所示。无水冷铁铸锭时，提高浇注速度，会使温度梯度和凝固速度有所降低。

冷却强度是指铸锭周围介质（如模壁、冷却水等）在单位时间内导走的热量（即传热速度）。冷却强度大，铸锭断面的温度梯度大，铸锭的凝固速度也大。无水冷锭模的冷却强度主要取决于模壁的吸热能力；连续铸锭的冷却强度主要取决于冷却水用量或水压。从冷却强度看，铸锭在结晶器内的一次冷却，仅导出总热量的15%～20%，其余热量主要由二次冷却来导出。一次冷却的作用是使铸锭成形，并且有足够厚的凝壳，能抵抗金属液的静压力、铸锭与结晶器之间的摩擦力和凝固收缩力，使铸锭不致变形或开裂。二次冷却的作用是保证热量主要沿轴向导出，促进轴向凝固，使液穴浅平以获得致密的铸锭组织。这是连续铸锭的质量优于铁模铸锭质量的重要原因。二次冷却的传热方式如图6-13所示。由图可见，冷却水吸热升发和蒸发传输的热量最多，高达50%。

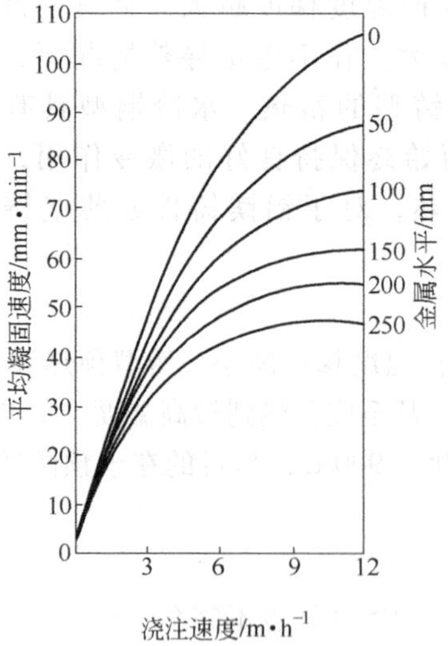

图6-12　凝固速度与浇注速度及金属水平的关系

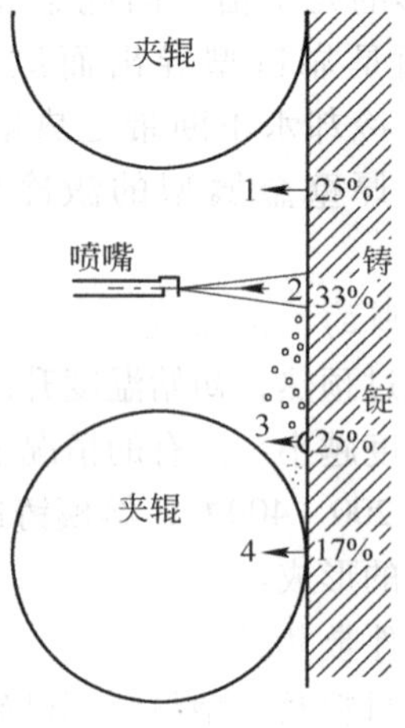

图6-13　二次冷却传热方式示意图
1—辐射；2，3—冷却水蒸发和升温；4—夹辊传导

6.3 凝固区及凝固方式

6.3.1 凝固区

除纯金属和共晶成分合金外，其他合金在凝固过程中，其断面一般都存在三个区域：固相区、凝固区和液相区，如图 6-14 所示。合金成分的差异及所处时间的先后，只改变区域的大小比例及位置。铸件质量与凝固区域结构及特性有密切的关系。

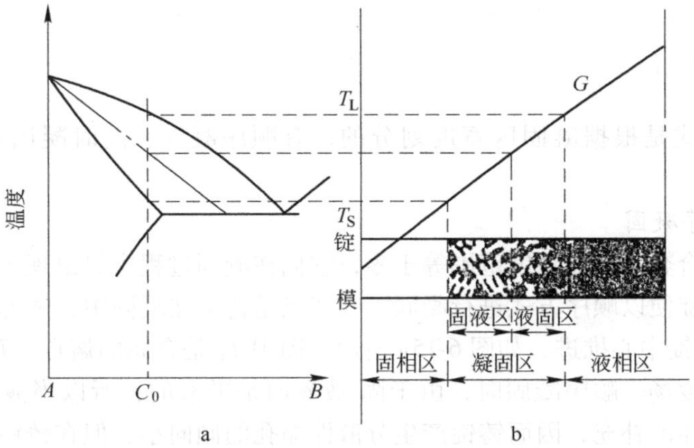

图 6-14 凝固区与结晶温度范围及温度梯度的关系
a—相图；b—铸锭断面温度分布与凝固区

凝固区域比较复杂，按照其中液态与固态所占比例及形态可进一步区分。与固相紧邻的一侧固相占多数称固-液部分，与液相紧邻的一侧液相较多为液-固部分。液-固部分中固相不仅少而且未连接成一体，呈分散悬浮状态，固相可随液相一起流动。用倾出法做实验时，液-固部分将被一起倾出。因此，液-固与固-液两部分的分界又叫"倾出边界"。在大气压力及重力等作用下，液-固部分可以越过倾出边界，对先凝固的固-液部分进行补缩，有人称之为"质量补缩"。固-液部分的固相都已形成完整的骨架，开始呈现出某些固态的特征。在温度降低时可发生线收缩，开始表现出线收缩的温度叫"线收缩开始温度"。另外，这种结构的机械强度比液-固部分明显提高，但塑性处于较低水平。铸件的热裂缺陷多在这种凝固结构中产生。固-液部分由于凝固开始的先后不同，其中的液相多少及形态也不同。与液-固部分相邻的一边液相稍多且相互沟通，仍可以流动，发挥一定的补缩作用。与固相区相邻的一边液相较少且已被分割、封闭起来，形成了枝晶间的一个个孤立的小"熔池"，小熔池中的液体虽然仍可流动，但范围很小。这部分液体最后凝固时，其收缩再也得不到邻近液体的补充，而产生缩松。固-液部分的这种不同主要表现为补缩能否进行，以补缩边界区分为两个带：缩松带和补缩带。补缩的难易程度取决于补缩带的宽度，其宽度越大，补缩的流路越长，阻力越大，补缩越困难。

凝固区域的复杂性还有下述表现：由于非平衡凝固过程中溶质元素的再分配，残留液体中聚集着较多的溶质（$k<1$ 时），枝晶间最后凝固的液体中溶质含量更多，凝固结束时形成化学成分的不均匀分布叫"偏析"。熔解在液态金属中的气体，随着温度的降低及凝固的进行，一部分集聚为气泡逸出铸件外，还有一部分仍将残留在铸件中，或过饱和溶解其中，或以集聚态存在于缩孔、缩松之中，形成所谓"缩气孔"。

由图 6-14b 知，凝固区的宽度 b 可表示为

$$b = (T_L - T_S)/G \tag{6-45}$$

式中　$T_L - T_S$——合金的结晶温度范围；

G——铸锭断面的温度梯度。

由式6-45可知，合金铸锭凝固区的宽度仅取决于合金的结晶温度范围和铸锭断面的温度梯度。G一定，($T_L - T_S$) 大，则凝固区宽；反之，合金成分一定，即 ($T_L - T_S$) 一定，G大则b窄。故生产中，可采用调整工艺的方法来改变G的大小，从而控制凝固区的宽窄。因为铸锭的许多缺陷都是在凝固区内形成的，所以凝固区的宽窄对铸锭的质量影响很大。

6.3.2　凝固方式

铸锭的凝固方式是根据凝固区宽度划分的，有顺序凝固、同时凝固和中间凝固这3种方式。

6.3.2.1　*顺序凝固*

纯金属和共晶合金的结晶温度范围等于零，它们在凝固过程中只出现固相区和液相区，没有凝固区。此时铸锭便以顺序方式进行凝固。其特点是铸锭在凝固中，随温度的降低，平滑的固-液界面逐步向铸锭中心推进，如图6-15a所示。图中T_1是金属的熔点，T_1和T_2是铸锭断面两个不同时刻的温度场。顺序凝固时，由于固-液界面是平滑的，所以当液体凝固发生收缩时可以不断地得到液体的补充，因而铸锭产生分散性缩孔的倾向小，但在铸锭最后凝固的头部容易形成集中缩孔。此外，界面附近出现裂纹时，因为有液体的充填而愈合，所以铸锭的热裂倾向较小。合金的结晶温度范围小，或铸锭断面的温度梯度较大的情况下，凝固区的宽度便窄。此时，铸锭也能以顺序方式凝固，但与纯金属或共晶合金有所不同，其固-液界面不是平滑的，而是呈现锯齿状，如图6-15b所示。图6-15b中为凝固区宽度，T_L和T_S分别为合金的液相线和固相线温度。这种合金铸锭形成分散性缩孔倾向也较小，同样易于形成集中缩孔。

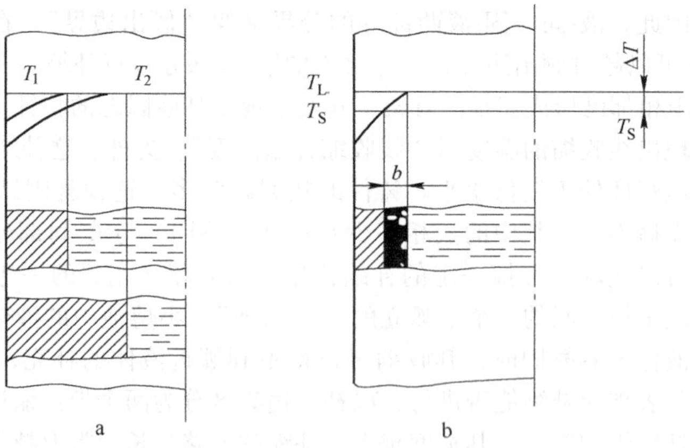

图6-15　顺序凝固方式示意图

a—无冒口；b—有冒口

铸锭顺序凝固时易于得到柱状晶，即凝固区越窄，铸锭中形成柱状晶的倾向越大。当合金成分一定时，连续铸锭比铁模铸锭的柱状晶发达。因为前者冷却强度大，温度梯度大，凝固区窄。纯金属铸锭的凝固区宽度接近于零，因而纯金属比合金更易于生成柱状晶。保持狭小的凝固区宽度是获得柱状晶的重要条件之一。

6.3.2.2　同时凝固

合金的结晶温度范围宽或铸锭断面的温度梯度小，凝固区宽，铸锭就多以同时凝固方式进行凝固，如图6-16所示。其特点是在凝固区内靠近固相区前沿的液体中，首先形成一批小晶体，同时在其周围的液体中由于出现溶质偏析，使该部分液体的凝固点降低，晶体生长受到抑制，因而在该溶质偏析区外围的过冷液体中，立即形成另一批小晶体，并很快也被溶质偏析的液体包围住，长大受阻，于是再形成第三批小晶体。如此继续下去，小晶体很快布满整个凝固区。这种过程几乎是在整个凝固区同时进行的，故称为同时凝固，也称为体积凝固。

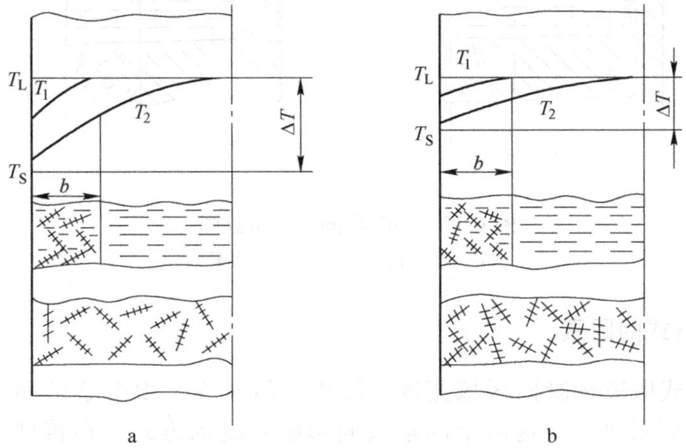

图6-16　同时凝固方式示意图
a—(T_L-T_S)宽；b—温度梯度小

铸锭以同时方式进行凝固时，由于温度梯度小、结晶潜热散失慢及溶质的偏析，液体的过冷度减小，能达到临界尺寸的晶核总数并不很多，故为数不多的小晶体在宽凝固区内，易于自由长大成粗大的等轴枝晶。粗大枝晶互相连接后，封闭的残余液体最后凝固而形成分散性缩孔。由此可见，集中缩孔和分散性缩孔虽然都是最后凝固的地方得不到液体的补充而产生的，但前者是顺序凝固的结果，后者是同时凝固的结果。宽凝固区的合金枝晶发达，流动性差，一旦出现晶间裂纹，难以得到液体的充填而愈合，故热裂倾向较大。

6.3.2.3　中间凝固

合金的（T_L-T_S）较窄或温度梯度较大时，凝固区宽度介于上述两者之间。此时铸锭以中间凝固方式进行凝固，如图6-17所示。其凝固特点也介于两者之间，铸锭中既有柱状晶也有等轴晶。这种合金的流动性比窄结晶温度范围的合金差，但优于宽结晶温度范围的合金，故产生热裂和缩孔的倾向，也介于上述两者之间。如上所述，合金的凝固方式是根据凝固区宽度来划分的，因此对于一定合金，凝固方式仅随温度梯度而变化。温度梯度较大时，即使（T_L-T_S）宽的合金，也有可能以中间方式、甚至以顺序方式进行凝固。反之，温度梯度很小时，即使（T_L-T_S）窄的合金，也有可能以同时凝固方式进行凝固。例如，工业纯铝的（T_L-T_S）约为6℃，熔点低，结晶潜热和热导率较大；低碳钢约为22℃，熔点高，结晶潜热和热导率较小。因此，在两者都用锭模铸锭时，纯铝铸锭断面的温度梯度很小，而低碳钢的温度梯度较大，前者以同时凝固方式进行凝固，后者以顺序方式进行凝固。所以，合金的凝固方式与凝固传热条件密切相关。

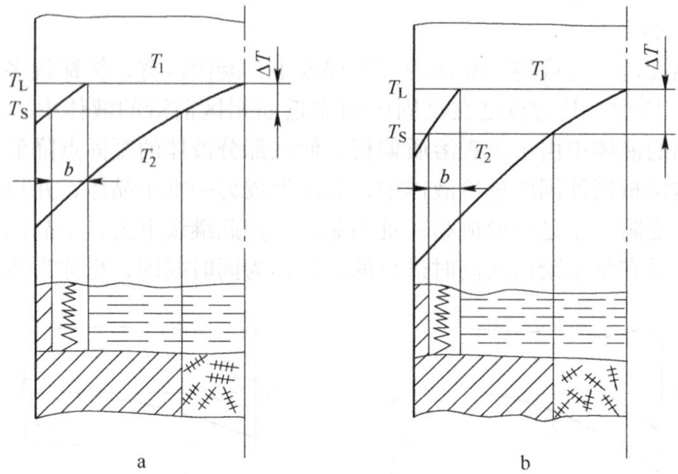

图 6-17　同时凝固方式示意图

a—($T_L - T_S$)较小；b—温度梯度较大

6.3.3　影响凝固方式的因素

铸件的凝固方式取决于凝固区域宽度，凝固区域宽度又由合金结晶温度间隔和铸件断面温度梯度两个因素决定。这两个因素共同影响着凝固方式。在铸件断面温度梯度相近的情况下，结晶温度间隔越大则凝固区域越宽。合金的结晶温度间隔确定后，凝固区域宽度主要取决于温度梯度。当温度梯度很大时，宽结晶温度间隔的合金可以由较小的凝固区域，趋于中间凝固甚至顺序凝固。当温度梯度很小时，凝固区域宽度一般较大，甚至趋于同时凝固。

一般而言，有一定结晶温度间隔的合金其凝固区域的最大温度降等于其结晶温度间隔。在铸件凝固期间，若始终保持最大温度降小于结晶温度间隔，则铸件的凝固方式趋于同时凝固，否则为顺序凝固或中间凝固。

6.3.4　凝固方式对铸锭质量的影响

凝固方式对铸件质量的影响是多方面的，主要表现在对铸件致密性及健全程度的影响。可分别从充型能力、补缩条件、缩孔类型、热裂纹愈合能力等方面分析。

6.3.4.1　*顺序凝固的情形*

当铸件断面温度梯度已经确定时，如在一般铸造条件下，纯金属、温度间隔很窄的合金如铝青铜等，常为顺序凝固方式。在液态金属充型过程中，金属在流路的型壁结壳，一层层增厚，通道光滑，阻力小，流速快，因流路阻塞而停止流动前析出的固相量多，即释放结晶潜热多，流动时间长，因此顺序凝固的充型能力好。

补缩条件主要取决于凝固区域宽度及形貌。顺序凝固时，凝固区域窄，凝固前沿较平滑或呈锯齿状。液体补缩的流路短，阻力小，补缩容易。在固-液区内也较少出现为补缩边界隔开的孤立而无补缩来源的小熔池，凝固期间所发生的各种收缩，可方便地得到液体的补充，成为集中的缩孔。集中缩孔都在铸件最后凝固部位，若安置适当冒口即可将缩孔排除于铸件本体外，如图 6-18 所示。

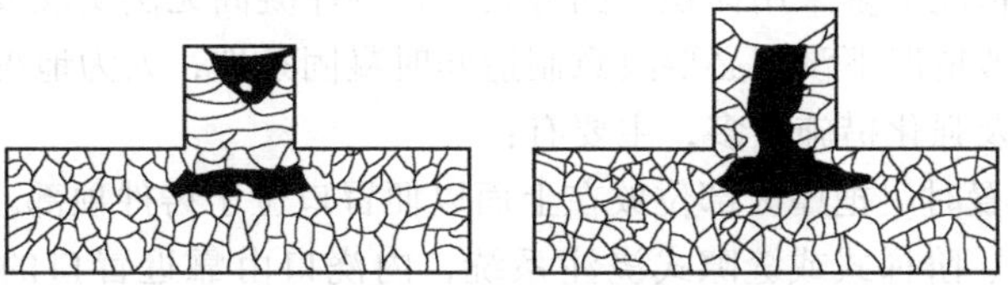

图 6-18 顺序凝固方式的缩孔特点

a—无冒口；b—有冒口

当铸件凝固后期收缩受阻而出现热裂纹时，由于凝固区域窄小，裂纹距液相较近，液体流动性也好，裂纹为液体重新充填而愈合的可能性较大。由于顺序凝固铸件具有充型能力好、补缩条件优良、热裂纹容易愈合等特点，便于获得致密而健全的铸件。

6.3.4.2 同时凝固的情形

在一般铸造条件下，结晶温度间隔宽的合金，如铝铜合金、铝镁合金、锡青铜、铝青铜等，其凝固区域宽，倾向于同时凝固方式。这种凝固方式在充型能力、补缩情况和热裂纹愈合等方面的表现与顺序凝固完全不同。

伴随着充型过程进行的凝固现象，发生在液流的前端部，结晶分布在整个断面上，枝晶发达，流动阻力大，流速小。因此，同时凝固时充型能力差。

同时凝固由于凝固区域宽，枝晶发达，补缩通道长，阻力大，枝晶间补缩困难。凝固后期，发达的树枝晶很容易将枝晶间的残留液体分割成孤立的小熔池，断绝了补缩来源，形成分散的收缩孔洞即缩松。同时凝固形成的缩松分散而且区域广，在一般铸造条件下难以根除，因此铸件的致密性差。

同时凝固的铸件热裂倾向性也大。这是因为，枝晶搭成骨架后即开始线收缩。凝固期间，发生线收缩的温度间隔（也称有效结晶温度间隔）越大，收缩量越大，收缩受阻而产生热裂纹的危险性也大。由于凝固后期液相量已很少，聚集在枝晶间甚至被分割为孤立熔池，产生的热裂纹难以由液态金属弥合。

6.4 铸锭凝固过程的控制

研究铸件凝固过程及其规律的目的是利用其规律获得健全优质的铸件。为此，应对凝固过程进行必要而有效的控制。控制凝固的途径多种多样，基本原理是造成必要的冷却条件以满足铸件温度场要求，从而实现对于凝固方式或凝固顺序的控制。当常用方法无效或效果不大，不能满足对凝固控制的要求时，则采用强制控制措施。某些对于铸件组织或性能要求高或要求较特殊的，常采用强制性凝固控制。

6.4.1 凝固方式的控制

从凝固方式与铸件质量的关系可知，顺序凝固有利于获得健全致密的铸件。要得到优质铸件应首选顺序凝固方式。在通常的铸造条件下，合金成分确定后凝固方式的改变只能用改变温度梯度的方法达到。

纯金属、共晶合金在定温下结晶，往往在砂型铸造条件下即可得到顺序凝固。具有一定结晶温度间隔的合金，要得到顺序凝固应设法提高铸件断面温度梯度。最常用的方法是采用蓄热系数大、激冷能力强的铸型材料，如湿砂型、石墨型、金属型等。结晶温度间隔大的合金，要实现顺序凝固则需要相当大的温度梯度，一般铸型材料的激冷能力往往不能满足其需要，在不影响铸件使用性能的情况下多采用体积凝固方式。在顺序凝固无法实现或很难实现时，可以采用同时凝固方式。一般情况下没有必要故意制造同时凝固条件，人为地得到同时凝固。

顺序凝固的获得及强化措施很多，主要有：

（1）确定浇注位置时，把厚大部位放在上面以便冒口位于铸件顶部。

（2）采用顶注式、阶梯式或缝隙式浇注系统，内浇口由靠近冒口的厚大部位引入；或使内浇口通过冒口，薄壁铸件应避免采用底注式浇注系统。

（3）高温慢浇。

（4）冒口、补贴、激冷及保温材料的合理使用。冒口的尺寸及形状应保证其比铸件被补缩部位凝固晚，并有足够的金属液供补缩需要。

顺序凝固的程度可以用凝固方向上的温度梯度的大小来衡量。微弱的顺序凝固实际意义不大，因为温度梯度应大于某一临界值才能有效地防止缩松的产生。对于不同合金及不同形状的铸件该值也不相同。

由于凝固方向上的温度梯度的存在导致温度梯度方向上的凝固时间梯度，因而相邻部位凝固时间梯度也可用作衡量顺序凝固的参数，即：

$$K_\tau = \frac{\Delta \tau}{\Delta l \sqrt{\tau}} \tag{6-46}$$

式中 K_τ——凝固时间梯度；

Δl——铸件中补缩区域的长度；

$\Delta \tau$——Δl 范围内的凝固时间差；

τ——Δl 始端的凝固时间。

在许多情况下，同时凝固是必要的。为了获得同时凝固可采用以下措施：内浇口开设在薄壁处，大型薄壁件的内浇口应多而小，分布均匀。铸件中过薄的部位采用缓冷措施加开溢流冒口或溢流槽，也可安放保温材料，而相对厚大部位以及壁的交接处安放冷铁或激冷能力强的造型材料，以提高冷却速度，还可以采用低温快浇工艺等。

同时凝固受铸件结构及合金特点制约较大。薄壁件，结晶温度间隔大倾向同时凝固时，多采用同时凝固。当铸件的热裂或变形缺陷成为主要问题而难以克服时，往往也采取同时凝固。

6.4.2 凝固的强制控制

采用常规的温度场调整的方法一般能够实现铸件凝固方式和凝固方向的控制，以达到对铸件凝固质量的要求。但在许多情况下，当对铸件质量提出更高的或较特殊要求时，用常规方法难以满足，而不得不采取某些强制控制凝固的措施。

强制控制的途径分为冷却条件的强化和补缩条件的强化两类。在强制条件下，铸件凝固组织往往发生显著变化。凝固的强制控制一般都需要在专门的设备或条件下才能实现。

6.4.2.1 冷却条件的强化

用水或压缩空气直接冷却铸型，比自然冷却的效果更显著，是一种简便易行的方法。但是水冷只限用于金属型，并且应注意防止水与高温铸件接触。金属型或大块冷铁，必要时可制成空心结构，通入冷水或压缩空气冷却。冷却强度可通过流速及流量调节。采用单向凝固技术，可以造成单向散热条件，提高凝固区域的温度梯度 G，并限制凝固速度 R，即提高 G/R 比值，可使凝固区域大大缩小，并使凝固沿特定方向进行，最终获得单向生长的柱状晶或单晶组织。由于凝固区域很小，补缩也十分有利，铸件致密度显著提高，并可以获得许多其他优异性能。

用此法生产的航空发动机叶片，其高温力学性能及寿命均大为改善。用连续铸造方法生产铸锭及型材，已得到广泛应用。

在某些特殊的冷却条件下，如采用离心急冷、轧制急冷、雾化法等，可以得到很高的冷却速度，从而实现快速凝固，获得非晶态的凝固组织。非晶态金属具有一系列突出性能，如特别高的韧性和强度、优异的软磁性能、高的电阻率、良好的抗蚀性等，具有很大的发展前途。

6.4.2.2　补缩条件的强化

A　增加补缩力——加压补缩

如果凝固区域很宽，枝晶很发达，在凝固后期的枝晶间及树枝间的残留液体通道细长而弯曲，补缩阻力大，铸件整个断面上将产生分布弥散的缩松，一般工艺措施几乎无法消除。在这种情况下，如果仍要求得到致密的铸件，可以采用在压力下凝固的方法将铸型置于压力罐中。浇注后迅速关闭浇注孔，并在罐中建压，使铸件在压力下凝固。这样，不仅增加了补缩压力，改善了补缩条件，而且抑制并可能减少金属中气体的析出，减少了反补缩力，从而减轻甚至消除缩松的形成。建压时间越早，压力越高，补缩效果越好。

B　细化结晶组织

结晶组织越细密，枝晶间距越短小，则补缩阻力越小，越易补缩，因而越易得到致密铸件。组织细密的铸件，其中的夹杂物及缺陷也分散，力学性能较高。为了得到细密的凝固组织，除上述的冷却条件的强化和控制外，还有许多专门的途径。最常使用的有孕育或变质处理方法，还可以在铸件凝固过程中人为创造某种物理挠动，如机械振动、电磁振动、音频或超声波振动及各种搅拌和旋转等，使组织在动态过程中形成并细化。有关结晶的控制，将在后面的章节详细阐述。

7 铸锭凝固过程的晶体形核和长大

本章要点：液态金属的凝固属于一级相变，包括晶体的形核与长大两个阶段的渐变过程。本章主要介绍了液态金属凝固时形核的类型和晶体长大的机制。学习本章应重点掌握下列内容：（1）晶体形核的热力学条件；（2）晶体长大的类型及对应的动力学机制。

7.1 晶体形核

从原子排列结构的角度考虑，晶态金属与金属熔体的重要区别在于金属晶体具有长程平移对称性或周期性，而熔体中的原子排列则不具有任何长程序但也并非完全无序。x 射线与中子射线衍射分析的结果都表明熔体中原子的排列存在短程序，即存在着按一定规则排列的原子团。但是这些原子团或通常所称的“晶胚”不仅尺寸很小，一般只含几十个到几百个原子，而且随热涨落而处于不断形成又不断解体的动态变化之中。只有满足一定的热力学与动力学条件，它们才能形成可以稳定长大成为宏观金属的晶核。

形核的热力学条件是指为了使形核过程能持续进行所必须具有的一定的热力学驱动力。假定形核凝固前后固、液相的吉布斯自由能分别为 G_S 和 G_L，热焓分别为 H_S 和 H_L，熵分别为 S_S 和 S_L，熔体温度为 T，则凝固前后系统的自由能变化为：

$$\Delta G = G_S - G_L = (H_S - H_L) - T(S_S - S_L) = \Delta H - T\Delta S \tag{7-1}$$

通常忽略 H、S 随熔体温度发生的变化，则当熔体温度 T 等于固相平衡熔点温度 T_m 时，$\Delta G = 0$。因此从式 7-1 可得：

$$\Delta S = \frac{\Delta H_m}{T_m} \tag{7-2}$$

式中，ΔH_m 为固相在平衡熔点时的熔化潜热。

将式 7-2 代入式 7-1 得：

$$\Delta G = \frac{\Delta H_m(T_m - T)}{T_m} = \frac{\Delta H_m \Delta T}{T_m} \tag{7-3}$$

从上式可知，由于熔化潜热 $\Delta H_m < 0$，只有当 $\Delta T > 0$，即在熔体温度低于平衡温度时才能有 $\Delta G < 0$，从而使形核过程具有一定的热力学驱动力。同时，在上述分析中实际上假定了晶核的表面是平面，但由于实际凝固过程中晶核表面通常是曲面，这会使固相的实际熔点低于 T_m。因此，足够的过冷度对实际形核过程的稳定进行更是不可缺少的。此外，从上述推导过程还可以看出，式 7-3 的应用是有条件的：第一，只能应用于 T 接近 T_m 或过冷度 ΔT 不大的温度范围；第二，只能应用于固、液相成分相同的纯金属或单相合金的形核凝固过程。

满足形核的热力学条件只是为形核过程的进行提供了必要条件或可能性，这种可能性要变成现实还必须同时满足形核的动力学条件，这些条件要通过分析形核的具体过程来导出。

假定在稳定凝固时晶核的形状是最简单的球形，半径为 r，由于在晶核形成的同时晶核与熔体之间会形成新的固液界面，这使系统增加固液界面能，因此这时系统中总的能量变化实际为：

$$\Delta G = \frac{4}{3}\pi r^3 \Delta G_V + 4\pi r^2 \sigma_{SL} \tag{7-4}$$

式中，ΔG_V——单位体积固、液相自由能之差；

σ_{SL}——单位面积固液界面能；

如上所述，形核的热力学条件要求 $\Delta G_V < 0$，为形核过程提供驱动力，而 $\sigma_{SL} > 0$ 可以看成形核的动力学阻力。因此从能量变化的角度考虑，式 7-4 表明形核实际上是热力学驱动力 ΔG_V 与动力学阻力 σ_{SL} 之间互相竞争的过程。从式 7-4 可知，ΔG 是晶核半径 r 的函数，图 7-1 分别表示了 ΔG、体积自由能项和固液界面能项与 r 的关系。

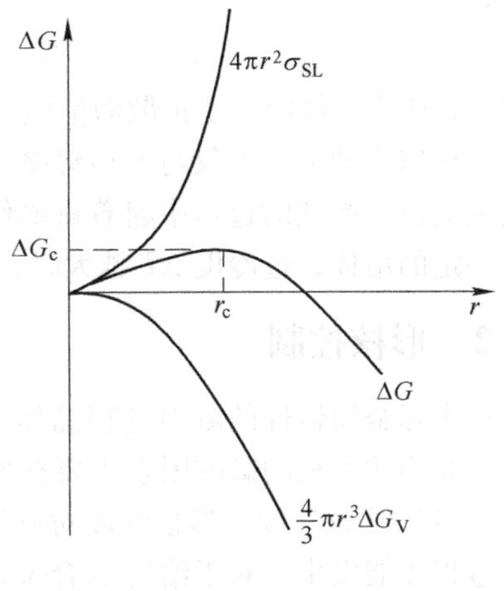

图 7-1　自由能变化与晶核半径关系

从图 7-1 可以看出，只有当 $r > r_c$ 后晶核继续长大时 ΔG 才会相应减小，即晶核才能稳定生长。所以，r_c 又称临界晶核半径。r_c 可以从式 7-4 用求极值的方法解出，然后用解出的 r_c 代回原式，并用式 7-3 代入式 7-4，从而可以求得相应的 ΔG_c 为：

$$\Delta G_c = \frac{16\pi\sigma_{SL}^3}{3\Delta G_V^2} = \frac{16\pi\sigma_{SL}^3 T_m^2}{3\Delta H_m^2 (\Delta T)^2} \tag{7-5}$$

因为上式右端各项均为正值，所以 $\Delta G_c > 0$，通常称为形核势垒，或者临界形核功。要使晶核能稳定形成，熔体中还必须有足够大小的能量起伏或涨落以便克服形核势垒 ΔG_c，对合金的凝固还应该有一定的浓度起伏以满足晶核的成分要求。这些就是稳态形核过程必须的动力学条件。同时从式 7-5 可以看出，形核势垒主要是由固-液界面能 σ_{SL} 产生的，这进一步表明 σ_{SL} 是形核过程中的主要阻力。此外还可以知道，当 $r = r_c$ 时，在一定成分的熔体中过冷度 ΔT 越大时 ΔG_c 越小，即在通常凝固条件下过冷度越大时熔体越容易形核凝固。

应该说明的是，式 7-5 实际上是在假定熔体中不存在任何杂质粒子也不与容器壁等形核媒质接触的理想条件下，即在均匀形核的条件下导出的。在实际凝固过程中，由于晶胚与形核媒质之间的界面能 σ_{Sc} 一般总是小于晶胚与熔体之间的界面能 σ_{SL}，所以晶胚常常是附着在杂质粒子或容器等形核媒质的表面形核，这种形核称为非均匀形核。非均匀形核时形核势垒 $\Delta G_c'$ 与均匀形核势垒 ΔG_c 的关系可以表示为：

$$\Delta G_c' = \Delta G_c f(\theta) = \frac{1}{4}\Delta G_c (2 + \cos\theta)(1 - \cos\theta)^2 \tag{7-6}$$

$$\cos\theta = \frac{\sigma_{cL} - \sigma_{Sc}}{\sigma_{SL}} \tag{7-7}$$

式中，σ_{cL} 为形核媒质与熔体之间的界面能；θ 为晶核与形核媒质之间的接触角。通常 $0° < \theta < 180°$，即 $f(\theta) < 1$，所以 $\Delta G_c' < \Delta G_c$ 一般总可以成立。因此，在过冷度相同的情况下，同一固相的非均匀形核比均匀形核更容易发生；另外，对相同的固、液相，非均匀形核可以在比均匀形核小得多的过冷度下进行。同时从式 6-5 还可以看出，对一定的形核媒质，凝固固相的固-液界面能 σ_{SL} 不仅会决定 ΔG_c 的大小，还直接影响 $f(\theta)$ 并进一步影响 $\Delta G_c'$ 的大小，这表明在非均匀形核条件下固-液界面能 σ_{SL} 对形核过程起着更重要的作用。

形核过程在满足上述热力学与动力学条件稳定进行后，形核过程的快慢对凝固晶体的许多性质会产生重要影响，所以通常用形核速率 I 来定量表示形核过程的快慢，I 的物理意义是表示单位时间内在单位体积的熔体中形成的晶核数目，即

$$I = A\exp\left(-\frac{\Delta G_c + Q}{kT}\right) \tag{7-8}$$

式中，Q 为熔体中原子扩散激活能；k 为玻耳兹曼常数，A 为与固相结构有关的常数。式7-8 表明形核速率的大小不仅与形核势垒有关，还与熔体中原子的扩散有关。事实上这种扩散在晶胚发展成稳定晶核的过程中起着重要作用。此外，形核速率 I 直接受到过冷度 ΔT 的影响。对成分一定的熔体，过冷度 ΔT 越大时，形核速率 I 也越大。

7.2　形核控制

实际金属铸件的凝固过程晶体形核一般是非均匀形核，其影响因素覆盖了均质形核的情况。非均质形核的影响因素主要有如下五个方面：

（1）形核温度。形核温度对形核速率的影响反映在式7-8 及图7-2 中。在一定过冷度下形核过程才能发生。对于给定的合金，当过冷度大于某一值时，形核速率随温度的降低迅速增大。由于非均匀形核的形核速率还受到其他因素影响，图7-2 反映的规律只是定性的。

（2）形核时间。单位体积液相中形成晶核的数量是形核速率对时间的积分。

（3）形核基底的数量。在非均匀形核过程中，形核是在外来基底上进行的，形核基底的数量决定着形核的数量。由于形核基底的数量受各种随机因素影响，很难定量描述，在式7-8 所示的经典模型中没有能反映这一因素的影响。因此非均匀形核的理论模型仍不够完善。

（4）接触角 θ。对于非均匀形核过程而言，析出固相与外来质点的接触角是决定形核速率的最关键因素。接触角越小，形核速率就越大。接触角 θ 这一表观指标是由析出相与外来质点的原子结构匹配情况决定的。当两者之间存在共格晶面并具有较小的错配度时，θ 角将较小，此外来质点将更有条件成为有效形核基底。

（5）形核基底的形状。由图7-3 可见，当接触角 θ 不变时，在凹面、平面、凸面三种表面相撞的基底上，界面为凹面时临界晶核的体积最小，形核功也就最小。因此，当形核基底表面凹凸不平时，存在大量凹角时形核效率将提高。

对凝固过程的形核进行有效控制可以实现对凝固组织的控制。形核过程的控制包括促进形核、抑制形核和选择形核三个方面。

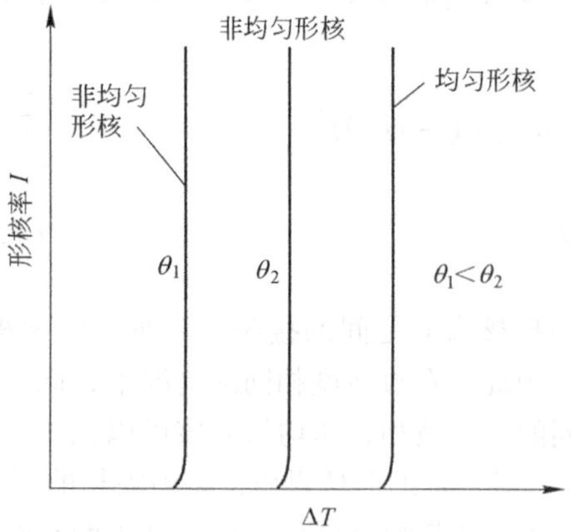

图7-2　非黏性液相中形核速率曲线

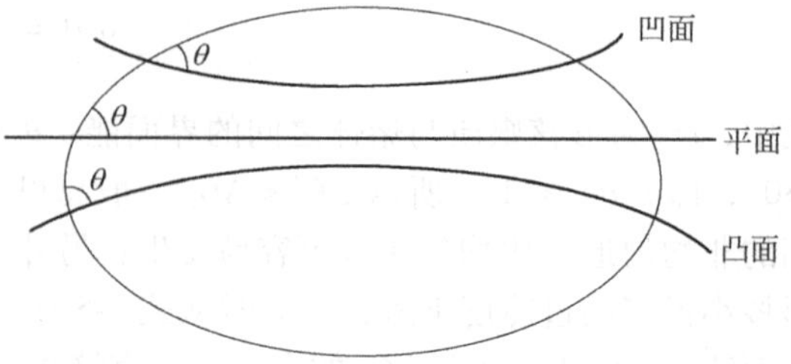

图7-3　形核基底表面形状对新生晶核的影响

7.2.1　促进形核

在普通铸件和铸锭的凝固中人们通常希望获得细小等轴晶组织以提高力学性能。为此，常采用各种特殊措施促进形核，提高形核速率。如增大冷却速率，在大的过冷度下形核；利用浇注过程的液流冲击造成型壁上形成的晶粒脱落；添加晶粒细化剂促进非均匀形核；采用机械振动、电磁搅拌、超声振动等措施使已经形成的树枝晶破碎获得大量的结晶核心，最终形成细小等轴晶组织。

7.2.2　抑制形核

为了获得单晶，或实现大过冷度下的凝固，或使形核过程完全被抑制而获得非晶态材料，需要抑制晶核的形成。由于形核伴随着原子的迁移，是在一定的时间内完成的。因而快速冷却是抑制形核的有效途径之一，但冷却速率必须足够大，否则液态合金反而获得较大的过冷度，使形核速率增大。去除液相中的固相质点是抑制非均匀形核的主要途径，常用的方法是循环过热法和熔融玻璃净化法。此外，坩埚表面可能成为非均匀形核的基底，采用悬浮熔炼或熔融玻璃隔离是抑制形核的必要措施。

7.2.3　选择形核

当合金液在远离热力学平衡的大过冷度下凝固时，某些在低温下才会形成的非平衡相可能达到形核条件而优先于平衡相发生形核并长大。因此，通过控制形核温度或加入适合于特定相的形核剂（接触角小）激励某特定相优先形核，可实现凝固过程相的选择。

7.3　晶体长大

当过冷的液相中存在固相结晶核心时，也即晶核一旦形成，它就通过生长完成其结晶过程。该过程是液相原子不断向晶核表面堆砌的过程。在此期间，液相原子不断向固相沉积导致固-液界面不断向着液相推移和扩展。液相原子向固相沉积的方式及速度取决于固相中结合键的特性及凝固驱动力的大小。

根据液相原子在界面上沉积方式的不同，可将界面划分为粗糙界面和光滑界面两种。如果液相原子主要在台阶或扭折处沉积，凝固是通过液相原子的逐层沉积实现的，凝固界面在原子尺度上表现为光滑界面。反之，当液相原子的沉积位置完全随机（称为连续生长），凝固界面在原子尺度上表现为粗糙界面。

Jackson 在对生长界面做上述划分的同时提出了区分此两种界面的判据——Jackson 因子 α，定义为：

$$\alpha = \frac{e}{kT_m} \times \frac{N_1}{N} \tag{7-9}$$

式中　e——固相内部原子的结合键能；

k——玻耳兹曼常数；

T_m——合金凝固温度；

N——固相内部原子的近邻数；

N_1——界面原子在凝固界面层内的近邻数。

当 $\alpha < 2$ 时，凝固界面表现为粗糙界面；当 $\alpha > 5$ 时，界面为光滑界面。由于粗糙界面上原子的沉积位置是随机的，界面能的各向异性不明显，界面在宏观上是平滑的。具有这种特性的晶面又称为非小平面。光滑界面上原子的沉积是逐层进行的，可通过二维形核形成台阶，或利用位错、孪晶提供的台阶生长。光滑界面由于界面能存在明显的各向异性，界面是由小平面围成的，因此光滑界面在宏观上是不光滑的，具有这种凝固特性的相称为小平面相。光滑界面与粗糙界面的对比示意图如图 7-4 所示。

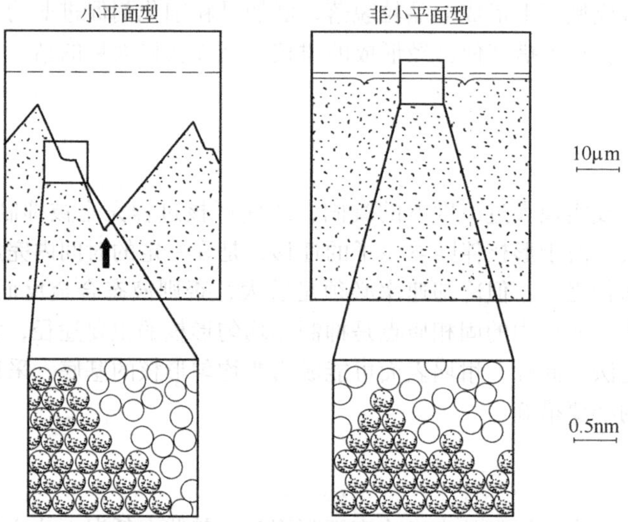

图 7-4　光滑界面（小平面）与粗糙界面（非小平面）示意图

7.3.1　连续生长机制

当固-液界面在原子尺度内呈粗糙结构时，界面上存在 50% 左右的空虚位置。这些空虚位置构成了晶体生长所必需的台阶，使得液相原子能够连续地往上堆砌，并随机地受到固相中较多近邻原子的键合。界面的粗糙使原子的堆砌过程变得容易。原子进入固相点阵以后，被原子碰撞而弹回液相中去的几率很小，生长过程不需要很大的过冷度。另外，对于粗糙界面来说固相与液相之间在结构与键合能方面的差别较小，容易在界面过渡层内得到调节，因此动力学能障较小，不需要很大的动力学过冷度来驱动新原子进入晶体，并能得到较大的生长速率。绝大多数金属从熔体中结晶时都属于粗糙界面，呈现出非小平面形态。这种现象反映了晶体生长过程不受生长晶面的影响，但界面键能和动力学的各向异性，使枝干、枝臂沿结晶学所规定的低指数晶向生长，依然存在着并不明显的各向异性生长的趋势。

连续生长速率可用经典的速率理论来研究。晶体的生长只有当原子从液态跃向固态的频率超过反方向跃回的频率时才能进行，生长速率与正、反两向频率之差成正比，即连续生长速率 R 与动力学过冷度 ΔT_k 成正比：

$$R = \mu_1 \Delta T_k \tag{7-10}$$

式中，μ_1 为与扩散系数、结晶潜热等有关的常数（对于一定的金属而言）。

据估计，μ_1 约为 $10 \sim 10^2$ 数量级，因此在很小的过冷度下就可达很大的生长速率。通常，铸锭凝固时晶体生长速率约为 10^{-2}cm/s，界面前沿的动力学过冷度 $\Delta T_k \approx 10^{-2} \sim 10^{-4}$K。

7.3.2　台阶生长机制

当晶体在由小平面组成的光滑界面上生长时，不像在粗糙界面上生长那样容易。因为光滑界面几乎没有显露给液相原子的键合位置，所以晶体的生长要依靠台阶来实现，其中具有代表性的机制模型有以下两种。

7.3.2.1 二维晶核生长机制

二维晶核生长示意图见图7-5。该模型假定光滑界面为理想的完整（无缺陷）晶面。这种晶面有显著的晶体学特性，它一般都是特定的密排面，晶面内原子排列紧密。固、液两相的结构和键合情况差别很大，界限非常明显。从液态转变为固态要在很窄的过渡区域内急剧完成，而界面上没有现成的台阶作为接纳新原子的角落，因此不可能像粗糙界面那样借助于连续生长机制进行生长。

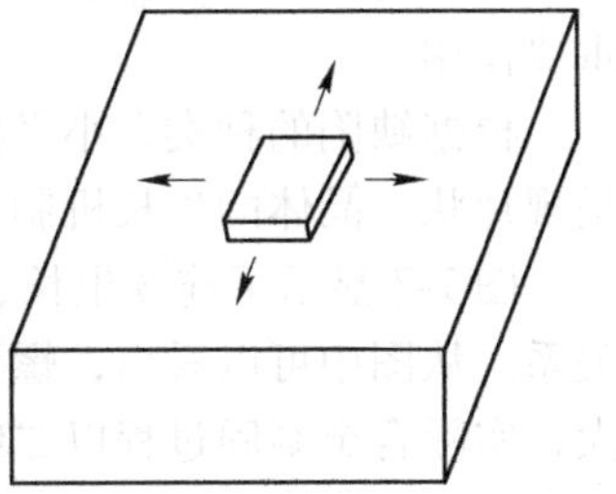

图7-5 二维晶核生长示意图

当光滑界面为完整的界面时，只能依靠能量起伏使液态原子首先在界面上形成单原子厚度的二维晶核，然后利用其周围台阶沿着界面横向扩展，直到长满一层后，界面就向液相前进了一个晶面间距。这时，又必须利用二维形核产生的台阶，才能开始新一层的生长，周而复始地进行。界面的推移具有不连续性，并具有横向生长的特点。二维形核的热力学能障高，生长所需的动力学能障也较大，生长比较困难。生长速率 R 与动力学过冷度 ΔT_k 之间满足指数关系：

$$R = \mu_2 \exp\left(-\frac{b}{\Delta T_k}\right) \tag{7-11}$$

式中，μ_2、b 为动力学常数。

当 ΔT_k 低于某临界值时，R 几乎为零，一旦超过该值，R 急剧增大。此临界值约为1~2K，比连续生长所需的过冷度约大出两个数量级。

7.3.2.2 利用晶体缺陷生长机制

二维晶核生长机制是对晶体原子排列完整无缺的界面而言的。实际上，晶体在凝固时往往难以避免因原子错排而造成缺陷，例如螺型位错与孪晶。这些缺陷为晶体生长（原子堆砌）提供现成的台阶，从而避免了二维晶核生长的必要性。一些合金中的非金属相，如铝合金中的Si，是利用晶体本身缺陷实现生长的典型例子。

A 螺型位错生长机制

在光滑界面一旦发生螺型位错时，如图7-6所示，界面就由平整平面变成螺旋面并产生与界面垂直的露头而构成台阶。因此，通过原子在台阶上的不断堆砌，围绕着露头而旋转生长，不断地向着液相纵深发展，最终在晶体表面形成螺旋形的卷线。由于台阶在生长过程中不会消失，所以生长可以连续进行，其生长所需的动力学过冷度比二维形核机制的小，生长速率也较大。生长速率 R 及与动力学过冷度 ΔT_k 之间为抛物线关系：

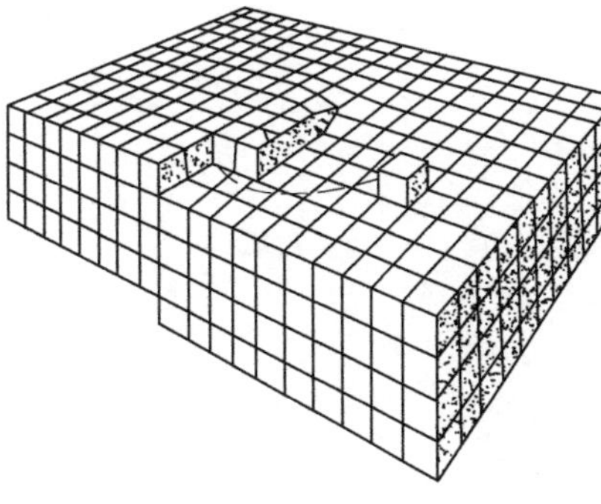

图7-6 螺型位错生长示意图

$$R = \mu_3 \Delta T_k^2 \tag{7-12}$$

式中，μ_3 为动力学系数。

B 通过孪晶生长机制

旋转孪晶和反射孪晶的面缺陷提供的台阶也不会在晶体生长过程中消失。旋转孪晶对片状石墨的生长有重要作用。石墨晶体具有以六角形晶格为基面的层状结构，基面之间的结合较弱。在结晶过程中原子排列层错使上下层之间旋转产生一定的角度，这样就在旋转边界周围提供若干生长位置，使石墨沿着侧面方向很快长大成为片状。由反射孪晶的两个（111）面构成的凹角也是可供晶体生长的台阶源。原子可以直接向凹角沟槽的根部堆砌，当生长沿着孪晶面横向进行时，凹角不会消失，从而保证了连续生长。这种生长机制对 Al-Si 合金中 Si 的结晶有重要作用。

根据缺陷的种类，小平面晶体可以有不同的宏观形态。若是线缺陷，则为针状；面缺陷则呈现片状。晶体的生长机制对于理解不规则的共晶体形貌具有重要的指导意义。

图 7-7 显示了连续生长、二维形核以及螺型位错三种生长机制的生长速率与过冷度之间的关系。从图中可以看出，螺型位错所需的过冷度最小，而二维形核机制生长所学的过冷度最大，实际合金凝固过程以二维形核机制进行的晶体生长很少见。

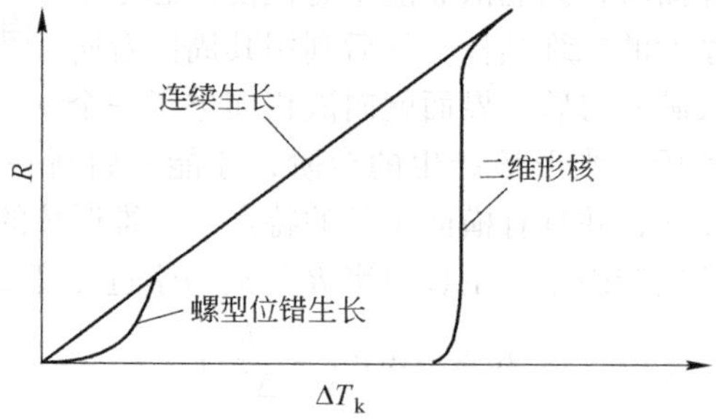

图 7-7　三种生长机制的生长速率与过冷度之间的关系

8 铸锭凝固过程的质量传输

本章要点：铸件凝固的质量传输是贯穿于整个凝固过程的一个重要现象。本章主要介绍了凝固过程中溶质平衡、溶质再分配规律及与其密切相关的成分过冷的形成条件等。学习本章应重点掌握下列内容：(1) 质量传输的控制方程；(2) 不同传质条件下的溶质再分配规律；(3) 固-液界面前沿温度场分布及成分过冷的形成条件。

8.1 凝固过程的溶质平衡

凝固过程的溶质传输决定着凝固组织的成分分布，并影响着凝固组织结构。凝固过程中液相内的溶质除因凝固而进入固相的部分外，主要通过溶质气化、溶质氧化、溶质与铸型反应损失、液相因气体析出带走溶质等途径而发生变化。因此，凝固系统的溶质平衡方程为：

$$\int w_S \rho_S \mathrm{d}V_S + \int w_L \rho_L \mathrm{d}V_L + \int q_v \mathrm{d}\tau + \int q_o \mathrm{d}\tau + \int q_r \mathrm{d}\tau + \int q_g \mathrm{d}\tau + \int q_p \mathrm{d}\tau = w_{c_0} \rho_L V_0 \tag{8-1}$$

式中 τ——凝固时间；

V_S，V_L——分别为时刻 τ 时的固相和液相体积；

V_0——凝固前液相的总体积；

ρ_L——液相密度；

w_{c_0}——初始溶质质量分数；

w_S，w_L——固相和液相溶质质量分数；

q_v——溶质气化率；

q_o——溶质氧化率；

q_r——溶质与铸型反应损失率；

q_g——单位时间内液相因气体析出带走的溶质；

q_p——单位时间内液相区形成固相杂质带走的溶质。

q_g 和 q_p 是造成冶炼过程中合金成分变化的关键因素，而在一般的凝固过程中这两项可得到严格的控制。通过合理选择铸型材料，防止合金与铸型的反应可使 q_r 得到控制。因此，式 8-1 左边通常需要考虑的是前四项，特别在高温合金的凝固过程中气化项和氧化项是造成某些组元，如 Al、Ti 等大量损失的主要原因。

对于 q_v、q_o、q_r、q_g、q_p 均可忽略的保守体系凝固过程，溶质守恒方程可表示为：

$$\int w_S \rho_S \mathrm{d}V_S + \int w_L \rho_L \mathrm{d}V_L = w_{c_0} \rho_L V_0 \tag{8-2}$$

而总的质量守恒方程为：

$$\int \rho_S \mathrm{d}V_S + \int \rho_L \mathrm{d}V_L = \rho_L V_0 \tag{8-3}$$

如果凝固过程的体积变化可以忽略，即 $\rho_S \approx \rho_L$，则式 8-2 可简化为：

$$\int w_S \mathrm{d}\varphi_S + \int w_L \mathrm{d}\varphi_L = w_{c_0} \tag{8-4}$$

式中　φ_S，φ_L——分别为固相体积分数和液相体积分数，并满足 $\varphi_S + \varphi_L = 1$。

式 8-2 ~ 式 8-4 是讨论凝固过程质量传输的重要定解条件。

8.2　传质过程的控制方程

液相和固相传质的基本方程是菲克第一定律和菲克第二定律，即：

$$J_c = -D\frac{\partial w_c}{\partial n} \tag{8-5}$$

$$\frac{\partial w_c}{\partial \tau} = D\nabla^2 w_c \tag{8-6}$$

式中　J_c——溶质扩散通量；

D——溶质扩散系数；

w_c——合金溶质质量分数；

τ——凝固时间。

对于上述两式，除了初始条件、边界条件以及式 8-2 至 8-4 确定的溶质守恒条件外，其定解条件还包括凝固界面上的溶质分配系数 k：

$$k = \frac{w_S^*}{w_L^*} \tag{8-7}$$

及其溶质守恒条件

$$\rho_L w_L^*(-\mathrm{d}V_L) - \rho_S w_S^* \mathrm{d}V_S = D_L \rho_L \left(-\frac{\partial w_L}{\partial n}\right)_i \tag{8-8}$$

式中　w_L^*，w_S^*——凝固界面上液相和固相的溶质质量分数；

D_L——液相扩散系数；

$\left(-\frac{\partial w_L}{\partial n}\right)_i$——液相溶质质量分数在凝固界面法线指向液相的方向导数。

式 8-8 的左边表示凝固过程由于溶质再分配而自凝固界面排出的溶质量，这部分溶质通过扩散进入液相。

随着凝固条件的变化，上述定解条件可能获得不同的形式。由基本传质方程和这些定解条件至少可通过数值计算获得凝固过程传质问题的解，即求出析出固相的溶质质量分数和凝固过程液、固相中溶质质量分数分布的变化情况。

在实际遇到的凝固过程传质现象的研究中还需要考虑的因素有：

（1）液相流动对传质过程的影响；

（2）自由凝固过程中析出固相的运动对传质的影响；

（3）施加的各种物理场的传质效应。

8.3　溶质再分配

凝固过程中出现溶质再分配，是合金的凝固不同于纯金属的一个重要特征，也是合金凝固过程中一种普遍的传质现象。

8.3.1　平衡分配系数

众所周知，单相合金的结晶过程是贯穿在某一温度范围内进行的。在平衡结晶过程中，这一结晶温度范围是从平衡相图中的液相线温度开始，至固相线温度结束。随着温度的下降，固相成分沿着固相线变化、剩余的液相成分沿着液相线变化。可见，结晶过程中必有传质过程与之相伴而生，固-液界面的两侧都将不断地发生溶质再分配的现象。这一现象的起因在于合金中组元化学位的变化，而具体的分配关系则与传质动力学的因素有关。

在对合金凝固的大多数分析中以及在本书所述的所有的情况下，均假设固-液界面局部处于平衡状态。这意味着，当凝固界面上的温度为已知时，就可以根据平衡相图来确定界面两侧在非常薄的有限体积内的液相成分和固相成分。在合金以常规的铸造的凝固速率进行结晶时，界面的推进速率小于溶质原子的析出速率，因此界面局部平衡的假设是完全允许的。但是就整个体系来说，因为存在着温度梯度和浓度梯度，因此是非平衡体系。

界面局部平衡的假设给固、液两相中的溶质分配的研究带来不少方便。设界面温度为 T，则可由平衡相图查出固相一侧的薄层中的溶质含量为 C_S^*，液相一侧薄层中的溶质含量为 C_L^*，两者之比定义为平衡分配系数

$$k_0 = \frac{C_S^*}{C_L^*} \tag{8-9}$$

非主要特征会使分析过程变得复杂，而又往往不会揭示出任何新的原则。因此，在以后介绍的理论分析中，都假定固相线和液相线是直线，这就意味着分配系数 k_0 和斜率 m 都是常数。当合金的液相线和固相线向下倾斜时，$C_S^* < C_L^*$，$k_0 < 1$；反之，$C_S^* > C_L^*$，$k_0 > 1$。大多数合金元素及杂质在基体金属中的 $k_0 < 1$。

8.3.2　非平衡凝固的溶质再分配

铸件在通常的冷却条件下，其热扩散率约为 $10^{-6}m^2/s$ 数量级，但溶质原子在液态合金中的热扩散率只有 $10^{-9}m^2/s$，特别是在固态合金中的热扩散率仅有 $10^{-12}m^2/s$ 数量级，可见溶质扩散进程要远远落后于凝固进程。因此，实现平衡凝固是十分困难的。实际上，合金的凝固过程除界面可假定为局部平衡状态外，均为非平衡的凝固过程。凝固过程中固、液两相的平衡成分都要或多或少地偏离平衡相图所确定的数值。在以下的讨论中，都是针对非平衡凝固的。为了便于分析研究，采用的水平浇注的铸件质量为 1 单位，而且是等截面的自左至右的单向凝固。在凝固过程中，固相的质量分数 f_S 由 0 增加到 1，而液相质量分数 f_L 则由 1 变到 0。任何时刻均有 $f_S + f_L = 1$。此外，忽略不计溶质在固相中的扩散，而只考虑固-液界面前沿液相中的溶质传输以及溶质在界面前沿液相中的分布情况。这是因为对凝固过程影响很大的主要是界面前沿的溶质浓度场。溶质再分配规律主要取决于液相的传质条件，根据不同的传质条件可将溶质再分配规律归纳为以下三种情况（取 $k_0 < 1$）。

8.3.2.1　液相均匀混合时的溶质再分配

当凝固过程较为缓慢，而且液相受到充分的对流搅拌时，液相在任何温度都能保证溶质浓度完全均匀。在这样的传质条件下的溶质分布规律可由图 8-1 表示。

合金的原始成分为 C_0，其平衡相图如图 8-1d 所示。当铸件左端冷却到温度 T_L 时，凝固便从左端开始，此时的固相成分为 kC_0，而液相成分接近于 C_0（如图 8-1a 所示）。当界面温度冷却到 T^* 时，这时界面已推进到某一距离，此时界面的液相一侧的溶质浓度为 C_L，界面固相一侧的溶质浓度为 C_S^*（如图 8-1b 所示）。若在 kC_0 和 C_S^* 之间取平均值，则固相的平均成分将与原来的平衡固相线偏离。当温度由 T_L 下降到温度 T_E 时，固相成分低于原始成分 C_0，残余液相的成分为 C_E，这部分残余液体最后将凝固成共晶体（如图 8-1c 所示）。由此可知，合金液的原

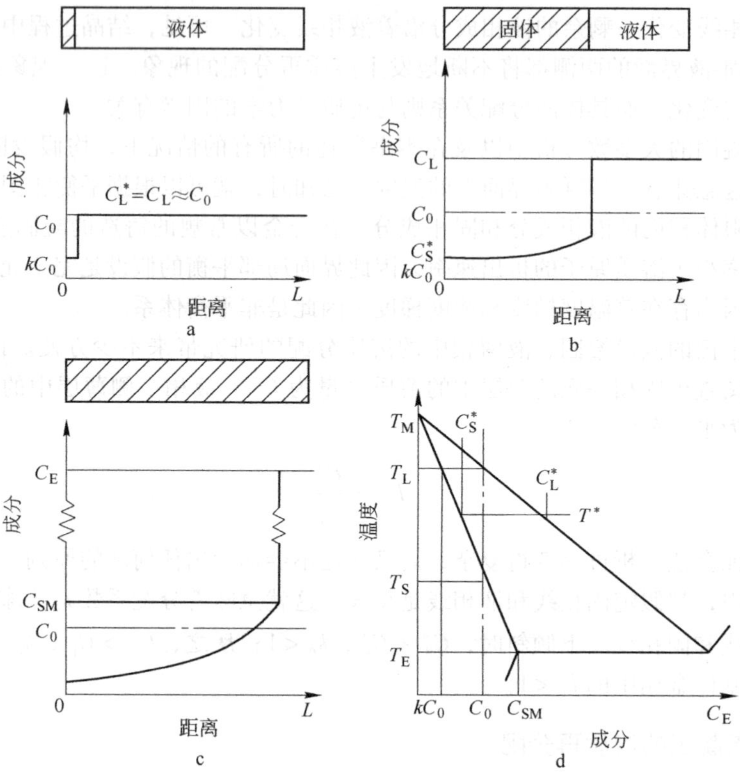

图 8-1　凝固时液相均匀混合时的溶质再分配

a—凝固开始；b—在温度 T^*；c—凝固结束；d—相图

始成分 C_0 虽然远离共晶成分 C_E，但由于非平衡凝固而使某些共晶体在合金中析出。

现对描述该过程溶质再分配规律的方程推导如下：

设凝固过程的某时刻，界面上的固、液两相成分各为 C_S^* 和 C_L^*，相应的质量分数为 f_S 和 f_L；当界面处固相增量为 df_S 时，有 $(C_L^* - C_S^*)df_S$ 的溶质排出而使剩余液相（$1-f_S-df_S$）的浓度升高 dC_L^*，则有以下的质量平衡关系：

$$(C_L^* - C_S^*)df_S = (1 - f_S - df_S)dC_L^*$$

将 $C_L^* = C_S^*/k$ 代入上式，并略去 df_S 项，得

$$\frac{C_S^*}{k} - C_S^* df_S = (1 - f_S)d\left(\frac{C_S^*}{k}\right)$$

上式积分得

$$-\ln(1 - f_S) = \frac{1}{1-k}\ln C_S^* + \ln A$$

或

$$C_S^* = A(1 - f_S)^{(k-1)}$$

式中　A——积分常数。

当 $f_S = 0$ 时，$C_S^* = kC_0$，得 $A = kC_0$，所以

$$C_S^* = kC_0(1 - f_S)^{(k-1)} \tag{8-10}$$

将 $C_S^* = kC_L^* = kC_L$，$f_S = 1 - f_L$ 代入上式得

$$C_L^* = C_L = C_0 f_L^{(k-1)} \tag{8-11}$$

上述两式分别表示凝固过程中某一温度 T^* 的固相和液相的成分，称为非平衡凝固的杠杆定律，即 Scheil 方程。这是研究凝固过程中溶质再分配的基本关系式。

在这一情况下的溶质再分布，会导致铸锭成分分布不均匀。在凝固后期，液相成分远高于 C_0，甚至可达到共晶成分 C_E，使单相合金铸件或铸锭中出现共晶组织。

8.3.2.2　液相中的溶质只有扩散的溶质再分配

现在讨论界面前沿液相中只有扩散而无对流搅动时的另一极端情况，整个凝固过程的溶质再分配如图 8-2 所示。

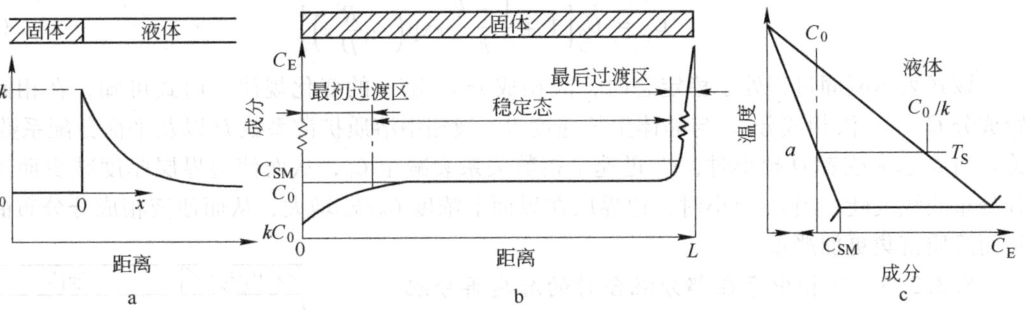

图 8-2　界面前沿液相中仅有扩散的溶质再分配

a—稳定态；b—凝固结束；c—相图

当 C_0 合金从左端开始凝固时，界面上析出成分为 kC_0 的晶体，而把多余的溶质排入界面前沿的液相中，开始形成富集层，层外液体仍保持 C_0 成分。随着晶体的生长，界面自左向右推移，溶质不断在界面前沿富集使 C_L^* 急剧升高。当 C_L^* 达到 C_0/k 时，C_S^* 则为 C_0。此后继续凝固时，界面上的固、液两相成分保持不变，晶体便进入稳态生长阶段（如图 8-2a 所示），把出现稳态生长前的固相区称为初始过渡区。在初始阶段，界面上排入界面前沿的溶质多于被液相扩散带走的溶质，使界面前沿的浓度梯度不断增大，因而使溶质向液相内部扩散的通量增大。当固相成分由 kC_0 增大到 C_0 时，界面上排出的溶质等于扩散带走的溶质，于是界面上的固相成分和液相成分便保持不变，从而使凝固过程进入稳态生长阶段。当这一过程一直进行到生长临近结束时，溶质富集层被推到右端的小体积残余液相中而无法向外扩散，于是界面前沿溶质富集又继续加剧，形成晶体生长的最后过渡阶段（如图 8-2b 所示）。

当成分为 C_0 的合金（$k_0 < 1$）凝固过程进入稳态生长后，溶质在边界层内的富集对晶体生长有重要影响。边界层内的浓度分布曲线可用方程来描述。以下就来推导该曲线方程。

取液、固界面作为参考点，坐标系随界面自左向右推移，其推移速度即为凝固速度 R。设距离界面 x 处的液相浓度为 C_x，则当界面以速度 R 推移时将有 $-RC_x$ 的溶质通量输入边界层。与此同时将有扩散系数为 D、浓度梯度为 $\partial C_x/\partial x$ 的溶质扩散通量从边界层中向外扩散出来，其扩散通量为 $-D\partial C_x/\partial x$。总通量为两者的代数和，即：

$$J = -RC_x - D\frac{\partial C_x}{\partial x}$$

根据扩散第二方程可得：

$$R\frac{\partial C_x}{\partial x}+D\frac{\partial^2 C_x}{\partial x^2}=\frac{\partial C_x}{\partial t}$$

由于稳态生长时边界层内各点浓度不随时间变化，即 $\frac{\partial C_x}{\partial t}=0$，故

$$R\frac{\partial C_x}{\partial x}+D\frac{\partial^2 C_x}{\partial x^2}=0 \tag{8-12}$$

此方程的通解为：

$$C_x=A+B\exp\left(-\frac{R}{D}x\right)$$

将边界条件代入上式确定积分常数 A 和 B 后即得：

$$C_x=C_0\left[1+\frac{1-k_0}{k_0}\exp\left(-\frac{R}{D}x\right)\right] \tag{8-13}$$

该式表示凝固过程处于稳定态时，液相成分 C_x 随 x 的变化规律。由式可知，在相同的原始成分 C_0 下，液相成分 C_x 与晶体生长速度 R、液相中溶质扩散系数 D 以及平衡分配系数 k_0 有关。当 R 越大或者 D 越小时，C_x 迅速呈指数关系衰减至 C_0，从而使边界层厚度减少而液相成分分布曲线变陡；当 k_0 减小时，边界层在界面上浓度 C_0/k_0 增大，从而使液相成分分布曲线变陡而溶质富集更加严重。

8.3.2.3　*液相中存在部分混合时的溶质再分配*

以上讨论的是两种极端情况。实际的传质过程既有扩散，又有对流搅动，因而实际的溶质再分配条件介于上述两种极端情况之间，具有如图 8-3 所示的特点。它既不像第一种条件那样界面前沿不存在溶质富集层，而是有一定程度的溶质富集，但富集层又有别于第二种条件下的溶质再分配：在紧靠界面的前沿存在着流速作用不到的薄层（边界层）。在边界层内，溶质原子只能通过扩散作用向前方扩散，而在边界层外，则可借助流动而达到均匀的混合，其溶质分布曲线如图 8-3 所示。边界层厚度 δ 与结晶速度 R、扩散系数 D、平衡分配系数 k_0 以及液流运动速度等有关。当运动非常强烈时，$\delta\to 0$，其溶质再分配规律与液相完全混合时相同；反之，当液相流动非常微弱时，$\delta\to\infty$，其溶质再分配规律接近于液相只有有限扩散的情况。而实际凝固过程乃介于两者之间。

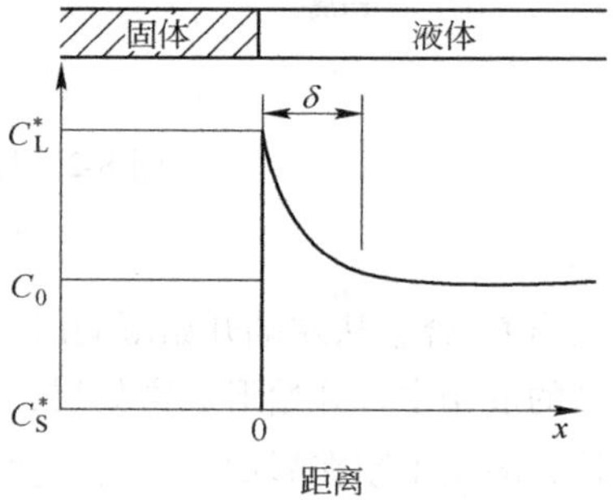

图 8-3　有对流时溶质的再分配

合金在实际凝固时，由于溶质富集层总是存在的。此时，平衡分配系数已不能表示液相中所分配的溶质含量，故引入有效分配系数 k_e 代替，有效分配系数定义为凝固过程中界面上固相浓度 C_S^* 与边界层外液相的平衡浓度 $\overline{C}_L$ 之比，即：

$$k_e=\frac{C_S^*}{\overline{C}_L} \tag{8-14}$$

根据前面的分析，当进入稳态生长后，k_e 为常数。k_e 与晶体生长速率 R（界面推移速度）、液体在边界层中的扩散系数 D、边界层厚度 δ 以及平衡分配系数 k_0 之间有如下关系：

$$k_e=\frac{k_0}{k_0+(1-k_0)\exp\left(-\frac{R\delta}{D}\right)} \tag{8-15}$$

从上式可以得出：

（1）当 $\exp\left(-\frac{R\delta}{D}\right)\to 0$ 时，$k_e = 1$，$C_S^* = \overline{C}_L = C_0$，这属于仅有有限扩散而无对流混合的情况，边界层厚度通常为 1～2cm；

（2）当存在溶质富集层时，$k_0 < k_e < 1$，δ 约为 1mm。

8.4 固-液界面前沿熔体过冷

平衡相图中的液相线是合金平衡结晶温度（熔点），该温度随合金中溶质含量而转移。界面前沿液相中溶质含量的富集（$k_0<1$），将引起液相线温度的降低。若某合金的熔体温度低于该合金的液相线温度时，则该合金处于过冷的状态。液相线温度与熔体实际温度之差即为该合金的过冷度。

在本小节中以液相只有扩散而无对流的情况，讨论界面前沿溶质再分配与熔体过冷之间的关系。

8.4.1 界面前沿熔体温度分布

界面前沿的熔体温度分布（尤其是溶质富集层的温度分布），对晶体的生长起着制约的作用。根据传热条件的不同，界面前沿可以有两种不同的温度分布方式（如图 8-4 所示）。

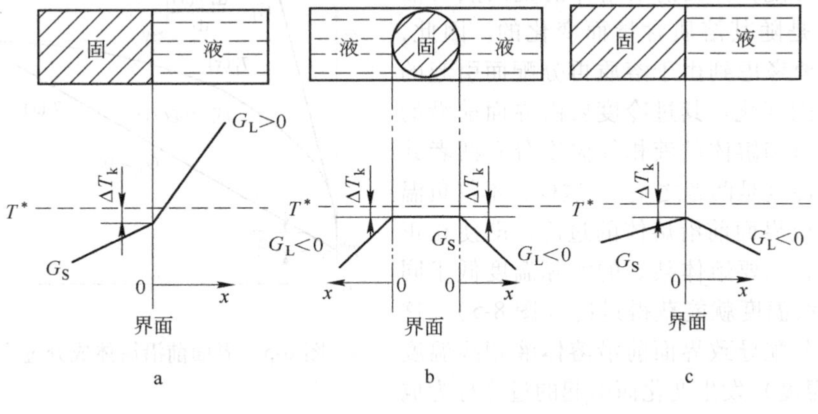

图 8-4 固-液界面前沿温度的分布方式

a—界面前方的正温度梯度；b—自由生长界面负温度梯度；c—单向生长界面负温度梯度

（1）正温度梯度（$G_L>0$）。如图 8-4a 所示，T^* 为晶体表面的平衡凝固温度，ΔT_k 是动力学过冷度，当液相温度高于界面温度（$T^*-\Delta T_k$）并沿着界面法线方向增高时，则界面前沿液相呈正温度梯度分布。液相的过热量以及结晶潜热只能依靠固相排出才能保证界面不断推进，故其特点是热流方向与晶体生长方向相反。这种温度分布方式产生于单向散热的凝固过程，例如柱状晶生长过程。

（2）负温度梯度（$G_L<0$）。当液相在较大的过冷度（大于界面生长的动力学过冷度）时，因界面析出结晶潜热而使界面温度 T^* 高于其前沿的液相温度，故界面前沿液相的温度呈负温度梯度（$G_L<0$）。它通常产生于晶体在熔体内部自由生长（等轴生长）过程（见图 8-4b）。此外，在整个熔体被强烈冷却，致使型壁结晶以前，整个熔体就已经处于很大的过冷之中，界面温度高于熔体温度（$G_L<0$，见图 8-4c）。负温度梯度的特点是热流方向与晶体生长方向相

同，结晶潜热通过过冷的熔体传出。如果把界面前方的局部范围内的熔体温度看成直线分布，并且设界面平衡结晶温度为 T^* 以及动力学过冷度为 ΔT_k，x 为以界面为原点沿其法向伸向熔体的动坐标，则界面前的局部温度可表示为

$$T(x) = T^* - \Delta T_k + G_L x \tag{8-16}$$

8.4.2　界面前沿熔体过冷的形成

根据凝固过程是否存在溶质再分配，而把熔体过冷的形式分为热过冷与成分过冷两类。对纯金属这一特例而言，由于不存在溶质与溶质再分配，具有固定的熔点，因此它们的过冷状态仅与界面前沿熔体的温度有关，过冷度的大小仅取决于熔体的实际温度，这种过冷称为热过冷。在式 8-16 中，纯金属界面温度 T^* 就是纯金属的平衡结晶温度（熔点）T_0，故界面前沿熔体的过冷状态可表示为

$$\Delta T_h = T_0 - (T_0 - \Delta T_k + G_L x) \tag{8-17}$$

若将 ΔT_k 忽略不计，则有

$$\Delta T_h = -G_L x$$

可见，只有当 $G_L < 0$ 时，才能形成过冷（$\Delta T_h > 0$）。

单相合金与纯金属不同。由于凝固过程中存在溶质再分配，界面前沿熔体的凝固点（液相线温度）是随其溶质含量而变化的。因此，其过冷状态要考虑到由于溶质再分配而引起的液相线温度的变化。其过冷度要由界面前沿的实际温度分布和熔体的液相线温度分布两者共同确定（过冷度是两者之差）。这样，不仅负温度梯度能形成界面前沿熔体的过冷，即使在正温度梯度时，只要熔体某处的实际温度低于同一点的液相线温度就能获得过冷（图 8-5）。这种由溶质再分配导致界面前沿溶体液相线温度（平衡结晶温度）发生变化而引起的过冷称为成分过冷。

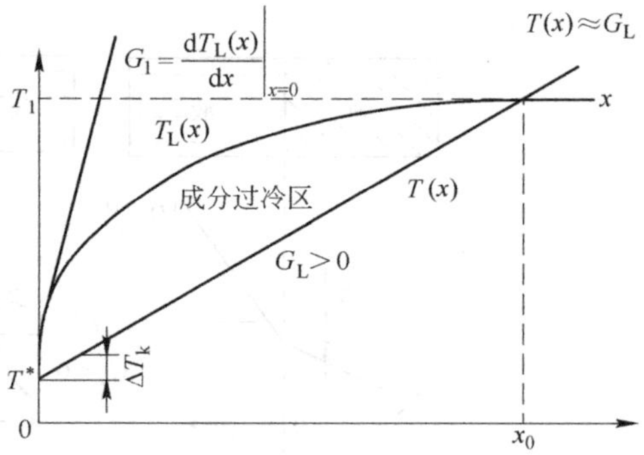

图 8-5　界面前沿熔体成分过冷的形成

由图 8-5 可知，产生成分过冷的条件是界面前沿液相的实际温度梯度 G_L 必须小于液相线温度在界面处的斜率，即：

$$G_L < \left.\frac{dT_L(x)}{dx}\right|_{x=0} = -\frac{mC_0(1-k_0)}{Dk_0}R$$

整理得

$$\frac{G_L}{R} < -\frac{mC_0(1-k_0)}{Dk_0} \tag{8-18}$$

上式即为著名的成分过冷判据。当此式成立时，熔体才能形成过冷。

由于过冷度定义为液相线温度与熔体实际温度之差，即

$$\Delta T_c = T_L(x) - T(x) \tag{8-19}$$

界面前沿熔体的实际温度分布可表示为

$$T(x) = T_0 + m\frac{C_0}{k_0} - \Delta T_k + G_L x \tag{8-20}$$

液相线温度可表示为：

$$T_L(x) = T_0 + mC_0\left[1 + \frac{1-k_0}{k_0}\exp\left(-\frac{R}{D}x\right)\right] \tag{8-21}$$

将式 8-20 和式 8-21 代入式 8-19，整理并将 ΔT_k 忽略不计，得

$$\Delta T_c = -\frac{mC_0(1-k_0)}{k_0}\left[1 - \exp\left(-\frac{R}{D}x\right)\right] - G_L x \tag{8-22}$$

将上式中的 $\exp\left(-\frac{Rx}{D}\right)$ 按泰勒级数展开并取前三项，令 $\Delta T_c = 0$，则可得到过冷区宽度为：

$$x_0 = \frac{2D}{R} + \frac{2k_0 G_L D^2}{mC_0(1-k_0)R^2} \tag{8-23}$$

由式 8-18、式 8-22 和式 8-23 可知，成分过冷的产生以及成分过冷度与成分过冷区宽度值取决于工艺条件 G_L 和 R，又取决于合金本身的性质（C_0、k_0、m、D 等）。考虑到上述三式中的

$$-\frac{mC_0(1-k_0)}{k_0} = -m\Delta C_0 = T_L - T_S = \Delta T_0$$

故以上各式中的 $-\frac{mC_0(1-k_0)}{k_0}$ 均可用成分为 C_0 的合金凝固温度范围 ΔT_0 代替。也就是说，合金的 C_0、k_0、m 对成分过冷的影响可归纳为凝固温度范围对成分过冷的影响。若 ΔT_0 和 R 越大或者 G_L 和 D 越小，则成分过冷度与成分过冷区宽度越大。在相同条件，凝固温度范围宽的合金更容易获得成分过冷。

当 $C_0 = 0$（纯金属）时，则成分过冷判据变成了热过冷判据，而成分过冷度则变为热过冷度。可见，热过冷只不过是成分过冷的一个特例，两者从过冷的本质来说是统一的。因为单相合金凝固过程存在溶质再分配，所以单相合金的过冷现象都是成分过冷现象。

8.4.3 成分过冷对晶体生长的影响

由于固-液界面是晶体生长过程中正在生长的晶体与其周围熔体之间所形成的界面，因此界面形态直接关系到未来的晶体（晶粒）的形态。而晶体（晶粒）的组织形态对其力学性能及其他使用性能有直接的影响，所以晶体生长形态（界面形态）是铸件或铸锭凝固过程中十分重要的问题。

界面的形态可分为平界面、胞状界面和枝状界面等三种类型。此处所指的界面是在晶粒尺度范围内来考虑的，其不平度约为 $10^{-6} \sim 10^{-5}$m 数量级。因此界面类型的划分并不涉及界面的微观（原子尺度）结构。无论是光滑界面（小平面结构）还是粗糙界面（非小平面结构）都可能有三种类型的界面形态。

8.4.3.1 界面稳定性

胞状界面和枝状界面都是由平界面的变形而产生的。凡是平界面不出现某一细小的向熔体一侧的凸出，就有可能（但不一定）使整个平界面遭到破坏，而发展成胞状甚至枝状的界面。从平界面上伸向熔体中的任一凸出称之为扰动。

界面受到扰动是由于界面前沿熔体受到温度或浓度被动的结果，在界面曲率半径小于10μm的部位还受到界面张力效应（熔点下降）的影响。界面的扰动总是难免的。如果扰动随

凝固过程而增强，就认为界面形态是不稳定的（或者说失稳）。这时，由于向过冷熔体中生长的扰动尖端所遇到的过冷度在增加，因而生长速率将越来越快，使平面状界面遭到破坏。界面明显的凹凸不平，有利于枝晶的发展。反之，如果扰动随时间而减弱，则原来凸入液相中的扰动尖端重新被熔体熔化而消失，使固-液界面恢复为平面，这时就认为界面是稳定的。图 8-6 表示不稳定界面与稳定界面初始发展的情形。

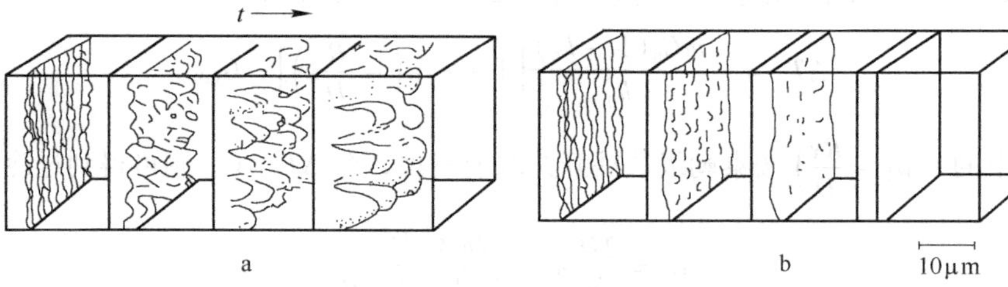

图 8-6　不稳定界面(a)和稳定界面(b)的初始发展示意图

界面的稳定性取决于界面前沿是否存在着成分过冷。当界面上的液相线温度的斜率小于实际温度分布的斜率时，就不可能出现成分过冷区，因而界面是稳定的；反之，界面前沿将出现成分过冷区，因而界面是不稳定的。在成分过冷区中，存在着使扰动得以发展、使界面形态发生变化的驱动力。铸造合金在通常的结晶工艺条件下，固-液界面都是不稳定的。稳定界面只有在某些特殊工艺条件下才能存在，例如纯金属的柱状生长，或合金在足够大的温度梯度作用下的单向凝固。

对于纯金属，界面的稳定性取决于热流方向。在单相结晶条件下，平界面是稳定的；而等轴结晶时界面形态是不稳定的。

对于单相合金，其界面的稳定性除了与 G_L 有关外，还与界面前沿的溶质浓度场有关，其界面前沿熔体的过冷度是液相线（熔点）温度高于实际温度之差。图 8-7 表示了界面前沿的成分过冷与界面形态之间的关系。

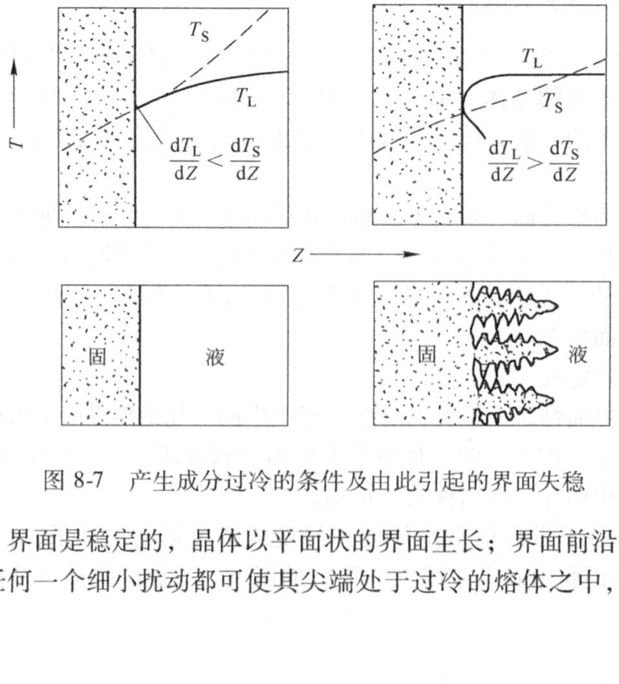

图 8-7　产生成分过冷的条件及由此引起的界面失稳

无成分过冷时，界面是稳定的，晶体以平面状的界面生长；界面前沿构成成分过冷时，则界面是不稳定的，任何一个细小扰动都可使其尖端处于过冷的熔体之中，促使扰动不断发展，最终导致胞状界面和枝状界面的形成。

8.4.3.2　成分过冷与晶体生长形态的关系

界面前沿的成分过冷与生长界面之间存在密切的关系。而成分过冷的决定因素主要是合金成分 C_0、凝固速率 R 和界面前沿的液相温度梯度 G_L。因此，这三个因素是决定晶体形态的主要因素。图 8-8 指出，当 C_0 为定值时，随着 $G_L/\sqrt{R}$ 值的减小，晶体形态由平面晶向胞状晶、胞状枝晶、柱状枝晶和等轴晶的方向转变。

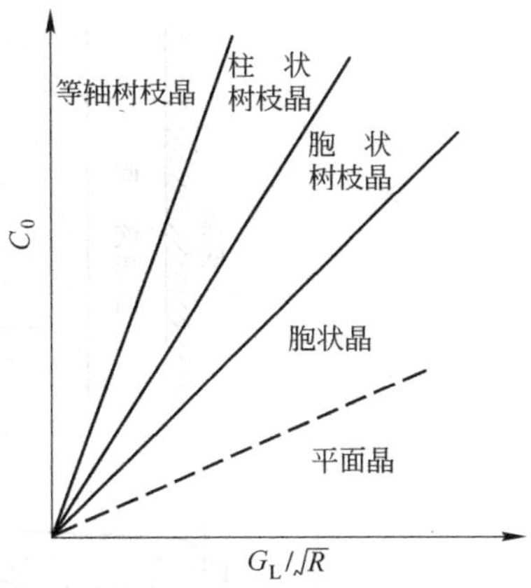

图 8-8　$G_L/\sqrt{R}$ 对晶体形态的影响

A　单相合金的平面生长

当界面前沿熔体的温度梯度 G_L 很大，而晶体生长速率 R 很小时，界面前沿无成分过冷。在这种条件下，晶体以平面状生长。其条件应满足

$$\frac{G_L}{R} \geqslant -\frac{mC_0(1-k_0)}{Dk_0} \tag{8-24}$$

在该条件下，生长的结果将在稳定生长区内获得无偏析的柱状晶，如果开始仅有一格晶粒，则可获得单晶。在晶体生长进入稳定阶段后，界面以恒定的温度和恒定的成分呈平面状向前推进，其推进速度 R 可由界面上的热平衡方程导出

$$R = \frac{G_S\lambda_S - G_L\lambda_L}{\rho L} \tag{8-25}$$

式中　λ_S，λ_L——固、液两相的导热系数；

G_S，G_L——固、液两相在界面两侧的温度梯度；

ρ，L——合金密度和结晶潜热；

单相合金的平面生长，G_L 应受式 8-24 的限制，故

$$R \leqslant \frac{G_S\lambda_S}{\rho L - \dfrac{mC_0(1-k_0)}{Dk_0}\lambda_L}$$

可见，平面生长应以界面前沿不出现成分过冷为前提，其生长速率不能超过某一极限值。又因单相合金晶体在生长过程中同时受传质的影响，故只有在更大的温度梯度和更小的生长速率时才能实现平面生长。合金的结晶温度范围（$T_L - T_S$）越大和扩散系数 D 越大，实现平面生长的工艺条件要求越严。

B　胞状生长

若出现成分过冷，固-液界面便不能保持平面状，凝固将在界面过冷度较大的地方优先进行，即在溶质偏析较小的地方优先进行。如图 8-9a 所示，界面上 A 处溶质偏析少，B 处溶质偏析多，则在 A 处平衡液相线温度 T_L 降低小，B 处 T_L 降低大，因而 A 处的 ΔT_c 大于 B 处，凝固在 A 处优先进行，在 B 处则受到抑制，如图 8-9b 所示。

当 $\dfrac{G_L}{R} \leqslant \dfrac{m_LC_0(1-k)}{D_Lk}$ 时，成分过冷弱，过冷区窄，类似于图 8-9 中 A 处形成的晶尖凸出，只能向前推进很小距离，一般约为 0.1～1mm 便伸入到过热液体中，生长受到抑制。由于热对流的作用，晶尖生长时排出的溶质多集中于其侧向，故不产生侧向分枝。与此同时，随着图中

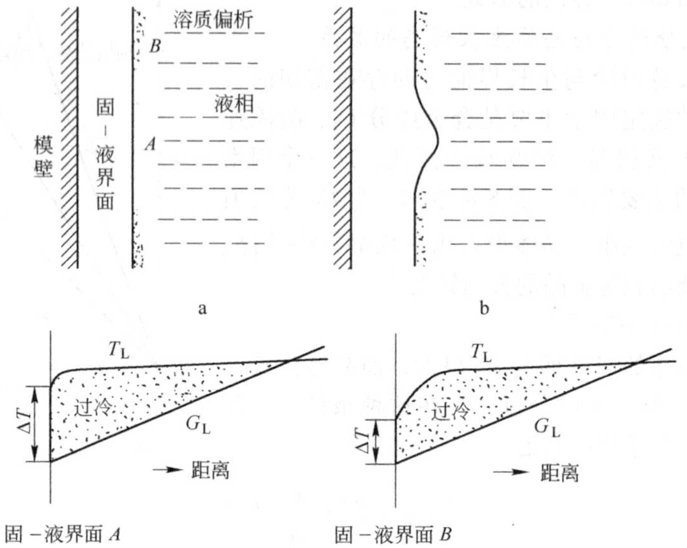

图 8-9　成分过冷与固-液界面晶凸的形成

a—界面 A 处的溶质偏析与成分过冷；b—界面 B 处的溶质偏析与成分过冷

B 处偏聚的溶质被排走，开始形成晶尖凸出并扩大到整个界面上，类似 A 处的晶凸周围会聚集较多的溶质，于是其周围便不能同步生长而形成凹坑。随着成分过冷逐渐增强，晶凸缓慢长大，凹坑逐渐发展成槽沟而形成胞状晶，其纵向为条状，横向为六角形或不规则的多角形。成分过冷对胞状晶的形成有着重大的影响。但是，关于胞状晶的形成机理尚未完全搞清楚，有待进一步研究。

胞状晶的生长方向垂直于固-液界面，与晶体学因素无关。它是在成分过冷较弱，或 G_L 较大、R 较小的条件下形成的。在铸锭的实际生产中难以获得胞状晶。

C　柱状枝晶生长

当 G_L/R 值进一步减小时，相应的界面前沿出现了更大的成分过冷范围。原来近似于抛物面的胞状凸起的前端，面临着更大的成分过冷而向熔体伸得更远。并且逐渐偏向于某一择优取向（立方晶体为〈100〉）生长，而界面也开始出现具有强烈晶体学特性的凸缘（见图 8-10）。由于固-液界面在侧向也同样面临着成分过冷的熔体（由于溶质在侧向析出），凸缘将发展成二

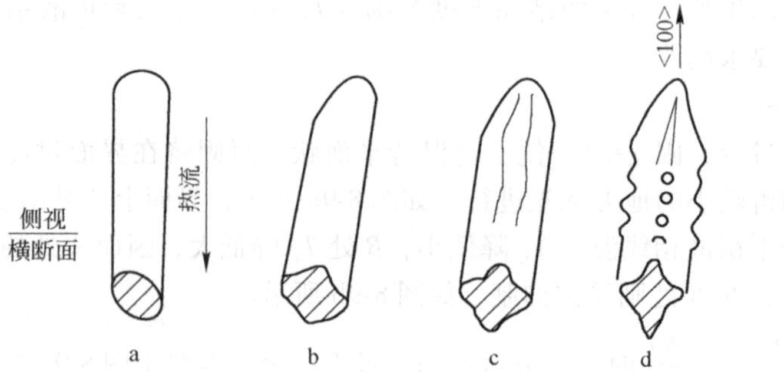

图 8-10　胞晶生长向枝晶生长的转变过程

a—胞状晶；b—胞状晶在〈100〉方向优先生长；c—形成凸缘；d—胞状枝晶

次分枝。

如果成分过冷区足够大，二次枝在随后的生长中又会生长出三次枝。伸向熔体的主干不断分枝的结果，在成分过冷区（固、液共存区）内迅速形成柱状枝晶的骨架。此后，随着等温面向前推进，一次分枝（主干）继续向前伸展和不断产生分枝。在构成骨架的固、液两相区内，随着分枝的生长，剩余液相中溶质不断富集，液相线温度随之不断降低，致使分枝周围熔体的过冷度消失，分枝便停止分裂和延伸。由于无成分过冷作用，分枝侧面往往以平面生长方式完成其结晶过程。

平面生长、胞状生长和柱状枝晶生长都是在单向散热和单向结晶的条件下实现的。液相是系统中最热的部分，热流通过固相排出，热通量方向与生长方向相反，这种生长情况常称为强制性生长。枝晶主干前端的生长速率受到等温面（固-液界面）前进速率的人为限制。柱状枝晶的主干互相平行，各种性能指标表现出强烈的各向异性。

D 等轴晶的生长

当界面前沿成分过冷区进一步加宽时，成分过冷的极大值 ΔT_{cm} 将大于熔体中非均质形核所需的有效过冷度 ΔT^*。于是在界面前沿熔体内将发生等轴枝晶的形核和生长。在这一系统中，最热的部分是晶体，而晶体周围是过冷的熔体。因此，热流和结晶潜热只能通过熔体排出，其生长方向与热通量方向一致。这种生长情形正好与柱状枝晶生长的情形相反，常称为自由生长。

枝晶在生长过程中，界面周围是过冷条件均等的熔体，故它可按其所有的晶体学最优方向生长。对立方晶体可有六个生长方向〈100〉，在各个方向均等生长的结果便形成了等轴枝晶。在三维主干（一次枝臂）的侧面因排出溶质（$k_0 < 1$）而形成的成分过冷又可使其生出〈100〉晶向的侧面分枝（二次枝臂），只要枝臂间距足够大，还能长出高次分枝，直到分枝尖端与相邻枝晶的溶质扩散场相遇为止。对于等轴枝晶来说，一次枝臂间距就是晶粒的直径。枝臂间距对晶体性能有重要影响。

9　铸锭凝固组织控制

本章要点：铸锭的凝固组织包括晶粒形貌、晶粒尺寸、取向、完整性以及各种组织缺陷。本章主要介绍了铸锭凝固组织的形成及组织形态的控制方法，凝固组织中各种常见缺陷的形成与控制。学习本章应重点掌握下列内容：（1）铸锭的典型凝固组织的分类；（2）促进等轴晶形成的技术；（3）凝固组织中偏析、气孔、裂纹等缺陷的形成原因及控制方法。

9.1　铸锭凝固组织的形成

铸锭的凝固组织是由合金的成分及冷却条件决定的。在合金成分给定之后，形核及生长这两个决定凝固组织的关键环节是由传热条件控制的。铸件生产过程的传热包括合金充型过程的传热和充型结束后的凝固及冷却过程的传热两个阶段。虽然在某些情况下充型过程中即发生凝固，但一般可将铸造过程的散热热量 Q 分解为浇注过程中合金在浇注系统和铸型中的散热 Q_1 以及浇注结束后冷却凝固过程中的散热 Q_2 两个部分，即 $Q = Q_1 + Q_2$。前者主要与浇注方式、浇注系统的结构及铸型冷却能力有关，并受浇注过程的对流换热控制，后者则由合金的性质及充型结束后合金的热状态决定。

可以根据浇注过程散热 Q_1 占全部散热的比值 Q_1/Q 判断凝固组织的控制环节。该比值越大，表明浇注方式对凝固组织的影响越明显。该比值通常随着铸件尺寸和壁厚的增大而减小，因此在小铸件和薄壁铸件的生产中，浇注过程的散热占的比例很大，有可能在充型过程中发生凝固。因此，浇注系统设计应充分考虑对传热的影响。而对于大型和厚壁铸件，浇注过程的传热则是次要的，浇注系统设计的原则也将发生变化。

浇注过程结束后，铸件中的温度分布与凝固方式的关系可归纳为图 9-1 所示的几种情况。对于纯金属的凝固，如果浇注结束时金属液仍处于过热状态，凝固界面前存在正的温度梯度 G_T，凝固以平界面方式进行，热流通过凝固层导入铸型形成柱状晶组织。如果在浇注结束时金属液已处于过冷状态，则可能在液相中发生内生生核，凝固潜热导入周围过冷的液态金属，发生等轴晶的凝固（见图 9-1b）。合金凝固过程的情况则如图 9-1c ~ e 所示。其中等轴晶的凝固条件与纯金属的情况相似，发生在过冷的液态合金中，但由于成分过冷与热过冷的叠加使实际的凝固过冷度增大，内生生核的倾向增大，发生等轴晶凝固的倾向更明显。而在定向凝固过程中，由于成分过冷的存在，仅当界面附近温度梯度足够大时才能形成平面凝固界面。在大多数情况下将发生定向的枝晶凝固（见图 9-1d）。

9.1.1　铸锭的典型凝固组织与形成过程

铸件凝固过程通常总是自表面向中心推进的，具有定向凝固特性，但最终将形成柱状晶还是等轴晶则取决于凝固界面前液相中的形核条件。如果金属液是在很低的过热度下浇注的，凝固过程中液相处于过冷状态，并且有充分的晶核来源，则柱状晶区无法形成，而获得全部等轴晶组织。相反，在强制热流控制的定向凝固条件下，液相处于过热状态而无法形核，则能维持柱状晶方式的凝固。显然，等轴晶的形成条件是：（1）凝固界面前的液相中有晶核来源；

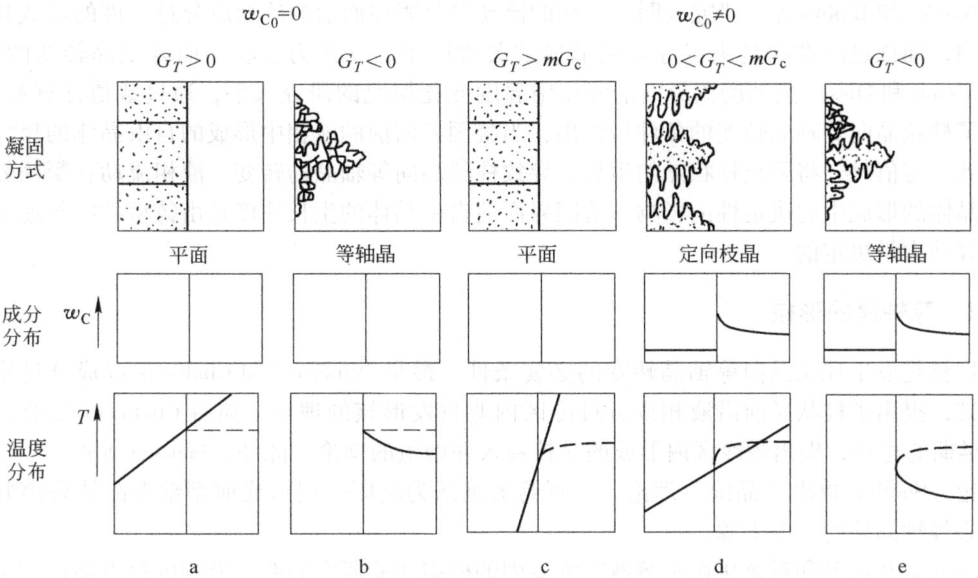

图 9-1　铸锭中的温度分布与凝固方式

（在温度分布图中，实线表示实际温度，虚线表示合金的平衡凝固温度）

a—纯金属正温度梯度的凝固方式；b—纯金属负温度梯度的凝固方式；c—合金的温度大于平衡温度时的凝固方式；d—合金的温度小于平衡凝固温度时的凝固方式；e—合金的温度梯度为负时的凝固方式

（2）液相存在晶核生长所需要的过冷度。

典型铸锭凝固过程截面上温度分布如图 9-2 所示。通常凝固界面附近的液相优先获得过冷，为晶核的长大创造了条件。随着凝固过程的进行，过冷区扩大，晶核生长的区域也扩大。大多数合金的固相密度大于液相密度，因而晶核在长大过程中不断下落。不同取向的凝固界面接受下落自由晶体的条件不同，因而发生柱状晶向等轴晶转变的条件也不同。液相中的自由晶体直接落在底部的凝固界面上，阻止了柱状晶的生长，最先发生向等轴晶的转变。而自外侧向中心接受自由晶体的时间差异使得底部柱状晶区的长度自外向内逐渐增大。对于侧面的凝固界面，仅当等轴晶沉积区达到一定高度时，才会阻止该高度处柱状晶的生长，引起该处柱状晶向等轴晶的转变。典型的柱状晶区及等轴晶区的分布如图 9-3 所示。

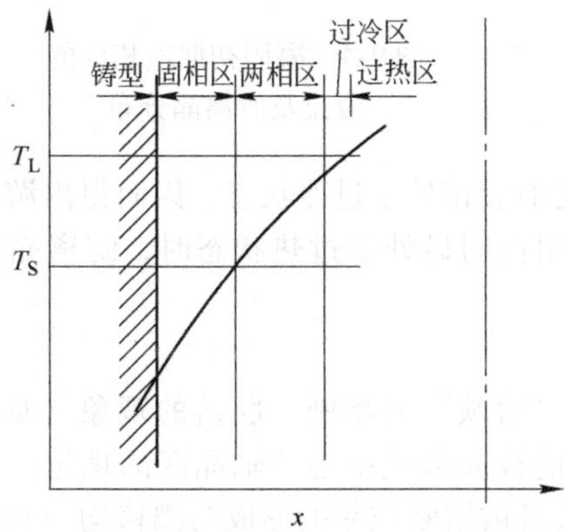

图 9-2　铸锭凝固过程的典型区域及对应的温度分布

T_L—合金平衡温度；T_S—合金固相温度

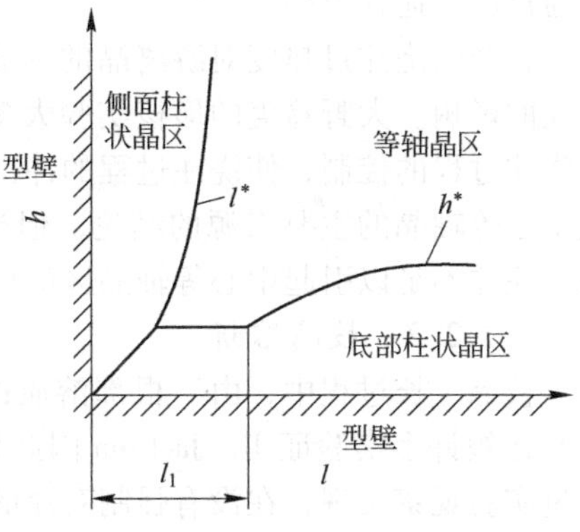

图 9-3　铸锭底部及侧面晶区分布

Witzke 和 Lipton 等的研究表明，液相的流动对凝固界面前的液相成分过冷度的形成具有重要影响，而该过冷度则是决定等轴晶形成的关键因素，可作为柱状晶向等轴晶转变的判据。Fredriksson 和 Olsson 则从凝固界面前液相中温度变化情况的研究入手，通过数值计算和实验，分析了柱状晶向等轴晶转变的条件后指出：当凝固界面前的液相中形成的自由晶体的尺寸和数量达到一定值时，将阻止柱状晶的生长，导致柱状晶向等轴晶的转变。液相流动在凝固界面前自由晶体的形成中起决定性的影响。凝固界面前自由晶体的生长速度是由铸型的冷却速率和凝固过程动力学决定的。

9.1.2　等轴晶的形核

形核是发生柱状晶向等轴晶转变的必要条件。最早 Winegard 和 Chalmers 以成分过冷理论为基础，提出了柱状晶前沿液相成分过冷区内非自发形核的理论。随后 Chalmers 接受了 Genders 早期的思想，提出激冷区内形成的晶核卷入并增殖的理论。此外，Jackson 等提出了枝晶熔断理论，Southin 提出“晶雨”理论，大野笃美则认为凝固壳层形成前型壁上晶体游离并增殖是中心等轴晶核的主要来源。

介万奇和周尧和对氯化铵水溶液二维凝固的模拟实验研究表明，液相内自由晶体的主要来源是：（1）型壁上形核并按照大野笃美的机理游离；（2）固液两相区内的枝晶被熔断并被液流带入液相区；（3）自由表面凝固形成“晶雨”。来自以上三个方面的晶体形成于凝固过程的不同阶段并且形成条件各不相同。

9.1.2.1　*游离晶的形成*

液态金属在铸型型壁的激冷作用下出现了两种变化：（1）在型壁上形成晶核；（2）液态金属因冷却收缩而发生流动。生长中的晶核在液流的作用下从型壁上脱落进入液相区。凝固开始时液相中的流线如图 9-4 所示。可以看出铸型底部接受游离晶的机会多，重熔的机会少，最先出现游离晶。游离晶主要出现在凝固初期，随着凝固的进行，一部分晶体将发生重熔，其余部分长大并下落，原有晶核被消耗需要通过新的途径形核。

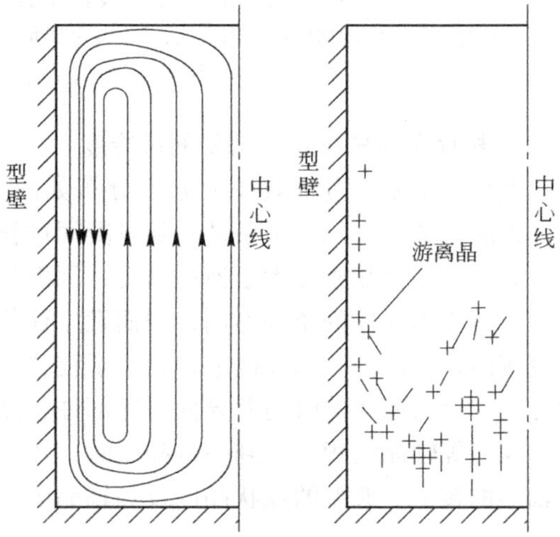

图 9-4　凝固初期液相区的液流及游离晶分布

合金的浇注过热度对游离晶的形成具有决定性的影响。大野笃美的形核实验大多是通过对浇注过程的控制，使浇注过程的冲击液流平息之前液相处于过冷状态，因而得出游离晶是形成中心等轴晶的主要来源的结论。但当浇注后液相仍明显处于过热状态时，游离晶作用很有限，往往不足以引起中心等轴晶区的形成。

9.1.2.2　*枝晶熔断*

枝晶生长过程中，由于根部溶质的富集产生“缩颈”并熔断、脱落的现象（如图 9-5 所示）已被许多实验证实。Jackson 因此提出被熔断的枝晶形成中心等轴晶区的理论。介万奇等通过实验观察发现，在没有强制对流的条件下，大量被熔断枝晶的形成与漂移均与侧向生长的两相区中枝晶间液相的流动密切相关，并且通常与 A 型偏析同时形成。当两相区存在液相流动时，被熔断的枝晶被液流带入液相区，成为中心等轴晶区晶核的来源。Flemings 通过对两相区

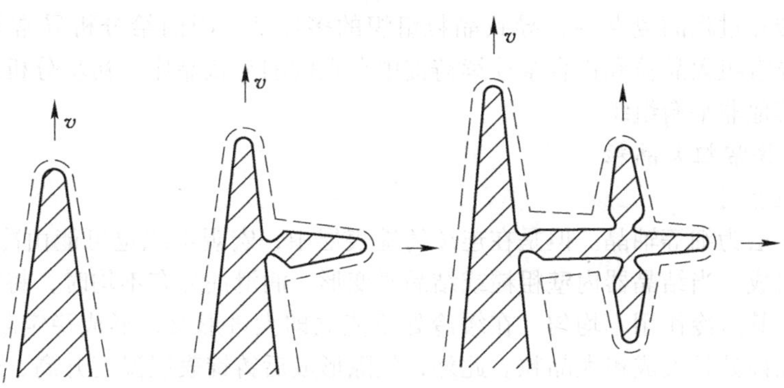

图 9-5 枝晶缩颈的形成示意图
（虚线表示溶质偏析层）

“局部溶质再分配”方程的分析得出，当两相区的冷却速率 ε、温度梯度 ∇T 和液相流动速度 u 满足

$$\frac{u \cdot \nabla T}{\varepsilon} < -1 \tag{9-1}$$

时，液相流动将导致枝晶间液相的局部过热，引起重熔，熔断的枝晶被液流带入液相区。

9.1.2.3 表面凝固和“晶雨”的形成

表面的凝固取决于熔体的凝固温度与环境温度之差。表面凝固必须具备的形核条件与内生生核相似，需要较大的过冷度。当合金温度与环境温度之差较大时，表面获得形核所需要的过冷度而发生形核并生长。液相的流动和表面的扰动会使表面形成的晶核下落形成“晶雨”。人为地进行表面振动利于“晶雨”的形成。

9.1.3 铸锭典型凝固组织形态的控制

凝固组织形态的控制主要是晶粒形态和相结构的控制。相结构在很大程度上取决于合金的成分，而晶粒形态及其尺寸则是由凝固过程决定的。单相合金的凝固是最常见的凝固方式，单相合金凝固过程中形成的柱状晶和等轴晶两种典型凝固组织各有不同的力学性能，因此晶粒形态的控制是凝固组织控制的关键，其次是晶粒尺寸。

晶粒形态的控制主要是通过形核过程的控制实现的。促进形核的方法包括浇注过程控制方法、化学方法、物理方法、机械方法、传热条件控制方法等，这些方法将在下一节中分别讨论。各种形核控制方法的应用应根据合金的凝固温度等条件作合理的选择，许多方法对于小尺寸铸件是有效的。但对于高熔点的大型铸件，浇注过程控制、化学方法及激冷方法的作用则有限，获得细小的等轴晶非常困难，可采用电磁搅拌或机械搅拌方法进行晶粒形态控制。

抑制形核可在铸件中获得柱状晶组织。大过热度浇注及抑制对流可起到抑制形核的作用。在普通铸件中，柱状晶组织会导致力学性能及工艺性能的恶化，不是所期望的凝固组织。但在高温下单向受载的铸件中，柱状晶会使其单向力学性能大幅度提高，从而使定向凝固成为其重要的凝固技术，并已取得很大进展。

9.1.4 铸锭异常凝固组织

铸锭中除上述常见的等轴晶和柱状晶组织外，有时还会出现一些异常的晶粒组织，给铸锭的性能带来不良影响。

由于凝固传热过程的复杂性，导致晶粒组织的多样性，因而给分析异常晶粒组织带来困难。这里仅就异常粗大晶粒和铝合金连续铸锭中存在的羽毛状晶作一初步分析，而不涉及生产条件下出现的其他非平衡组织。

9.1.4.1 异常粗大晶粒

A 表层粗晶粒

通常铸锭表层为细等轴晶。但是在连续铸锭表层中，宏观组织也可能由冷隔（皱折）、细晶粒和粗晶粒组成。当结晶器内壁粗糙或结晶器变形、润滑油分布不均时，将使金属液与结晶器壁接触不良，其激冷作用不均匀，在缓冷处不能立即大量形核，形成稳定凝壳的时间延迟，只有少量晶核在该处长大成粗大晶粒。此外，气隙形成后铸锭表层温度升高，位于表层的低熔点偏析物可能重熔，然后结晶长大成粗晶粒。锭模内壁若涂料不匀，在涂料厚及挥发物多的地方，也会慢冷凝固成粗晶粒。

为消除表面粗晶粒，有效的方法是尽可能降低结晶器内的液穴深度，供流匀稳，保持锭模内壁光洁，涂料匀薄等。如工艺控制不当，出现表层粗晶粒组织，则只有通过铣面予以消除。否则就会使加工制品表层组织不均匀，深冲时会出现制耳；铝合金作阳极化处理时，制品表面会出现条纹。

B 悬浮晶

悬浮晶是指夹在正常柱状晶区或等轴晶区中的粗大晶粒。它是优先形核生长的基体金属固溶体初晶，在固-液界面前沿温度梯度较小的过冷液体中自由长大，然后进入凝固层内而形成的。其形成方式主要有四种：液体中温度梯度较小、凝固区较宽时，脱离模壁的少数晶粒在凝固区内自由长大；大型铸锭冷却缓慢时，液穴表面形成的晶粒沉积于凝固区内，得以充分长大；位于气隙较大处的凝壳，由于温度回升被重熔成半凝固状态，在对流作用下凝壳边缘塌落下来的碎块；尚未完全融化的基体金属晶体碎块。

保留在铸锭表层的悬浮晶，使板材表面产生条痕，降低板材表面质量和性能的均匀性。增大冷却强度，提高铸锭断面的温度梯度，缩小凝固区，可防止产生悬浮晶。

C 粗大金属化合物

铸锭中有时还可见到一些高熔点金属化合物初晶，多呈块状、片状或针状不均匀地分布于基体中。金属化合物一般硬脆，降低铸锭的塑性，加工时不易变形，使加工制品分层或开裂并降低材料的横向性能、疲劳极限和耐蚀性。分布不匀的粗大金属化合物危害甚大。

粗大金属化合物初晶的形成原因与悬浮晶基本相同。因此，浇注时间长，或浇注温度低，铸锭冷却缓慢，则向铸锭中部游移的化合物初晶得以在液体中自由生长成粗大晶粒。如工艺不当，在铝合金连续铸锭的半径1/2范围内，常可出现粗大的金属化合物，其大小和数量逐渐向中心递增。

9.1.4.2 羽毛状晶

这种异常晶粒组织目前只发现存在于铝合金连续铸锭中。如LC4、LY12、LD10和L3等连续铸锭中，常可产生一种由许多羽毛状片晶组成的晶粒，称为羽毛状晶。这是一种变态的柱状晶，多分布于铸锭周边处。位向一致的若干羽毛状晶组成羽毛状晶群，位向略有差别的组成另一羽毛状晶群。即羽毛状晶宏观上成群分布，互相交错，如图9-6所示。羽毛状晶显微组织是由许多明暗相间、互相平行的羽毛状晶组成的，所有明亮部分具有相同的位向，深暗部分具有另外的位向。可见，在同一羽毛状晶粒内部有着两个不同的位向。两者以〈111〉面为对称面，构成柱状孪晶。因羽毛状晶是在铸造过程中形成的，故又称为铸造孪晶。每一片晶沿着〈111〉面形成枝晶主干，在〈111〉面两侧形成许多对称排列的分枝。主干和分枝之间呈锐角，其主

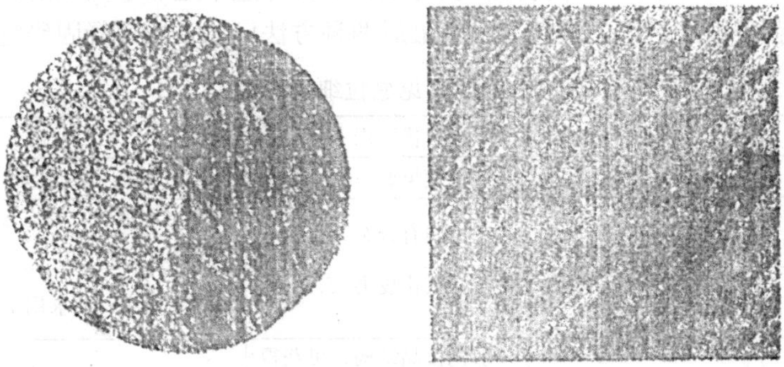

a　　　　　　　　b

图 9-6　铝合金铸锭中的羽毛状晶组织
a—宏观组织；b—显微组织

干比柱状晶主干长而细，并大体平行于散热方向。

根据羽毛状晶多分布在铸锭周边的事实，可以认为羽毛状晶也是激冷区内晶粒竞争生长的结果。激冷区内，那些〈100〉方向与散热方向不平行的 α(Al) 晶粒，当其〈111〉面大体平行于散热方向时，在强烈而稳定的定向凝固条件下，〈110〉或〈112〉方向也成为主要的散热方向，所以晶粒通过竞争生长，沿〈110〉或〈112〉方向优先发展而形成羽毛状片晶，当羽毛状晶长大到一定长度后，生长方向〈100〉平行于散热方向的柱状晶超前发展，或在羽毛状晶前形成等轴晶，阻碍羽毛状晶的生长，使其位于铸锭周边。其次，当铸锭表面细等轴晶或柱状晶界面上的〈111〉面大体平行于散热方向时，在该界面的夹杂、空位或层错等缺陷密度高处，晶体有可能由〈100〉转向〈110〉或〈112〉方向优先生长而形成羽毛状晶。还有人认为，快速凝固生产较大的铸造应力，使正在生长的晶体以孪晶方式发生变形，然后由孪晶面两侧对称地生长出羽毛状片晶。铝的层错能为 $1.35\times10^{-5}\,J/cm^2$，比铜的层错能 $7.5\times10^{-6}\,J/cm^2$ 高，因而铝中的位错比铜中的位错较易发生滑移或攀移，有可能促使晶体以孪晶方式变形，进而使〈110〉或〈112〉方向平行于散热方向而优先生长。

9.2　等轴晶的晶粒细化

在常温下使用的铸件中，细小的等轴晶利于铸件力学性能的提高。增加形核速率和抑制晶核生长以细化晶粒是提高铸件性能的重要途径。除对本章第 9.1.3 节描述的几种形核方式进行控制外，促进形核、细化晶粒的主要途径还有：

（1）添加晶粒细化剂，即向液态金属中引入大量形核能力很强的异质晶核，达到细化晶粒的目的。

（2）添加阻止生长剂以降低晶核的长大速度，使形核数量相对提高，获得细小的等轴晶组织。

（3）采用机械搅拌、电磁搅拌、铸型振动等力学方法，促使枝晶折断、破碎，使晶粒数量增多，尺寸减小。

（4）提高冷却速率使液态金属获得大过冷度，增大形核速率。

（5）去除液相中的异质晶核，抑制低过冷度下的形核，使合金液获得很大过冷度，并在大过冷度下突然大量形核，获得细小等轴晶组织。

常见晶粒细化方法及其比较见表 9-1。由表可见，快速冷却可达到最好的细化效果，甚至得到微晶或纳米晶。但对于大尺寸铸件，获得很大的冷却速率是非常困难的；对于普通铸件添加晶粒细化剂是获得细晶组织的理想方法。最后两种方法已属于快速凝固研究的范畴。

表 9-1　常见晶粒细化方法

细化方法	晶粒尺寸/μm	优　点	缺　点
添加晶粒细化剂	100 ~ 1000	细化效果好，研究充分	枝晶粗大，降低塑性，易衰退
添加阻止生长剂	1000 ~ 5000	利用固有合金元素	细化效果差，增大偏析倾向，形成低熔点共晶
动力学方法	500 ~ 2000	去除氧化皮夹杂，细化效果好	设备复杂，要求用金属型，枝晶粗大
快速凝固	0.05 ~ 1000	细化枝晶结构，可获得非晶态材料，增大固溶度，实现无偏析凝固，获得亚稳相	仅适合于低维材料，产生内应力
去除异质晶核	0.05 ~ 1000	与快速凝固相同	研究尚不充分，较难控制，对污染敏感

9.2.1　添加晶粒细化剂法

向合金液中加入具有促进形核功能的细化剂可达到细化晶粒的目的。在添加细化剂的条件下异质晶核是通过以下途径产生的：

（1）晶粒细化剂中的高熔点化合物在熔化过程中不被完全熔化，在随后的凝固过程中成为异质形核的核心。

（2）晶粒细化剂中的微量元素加入合金液后，在冷却过程中首先形成化合物固相质点，起到异质形核核心的作用。如向铝合金中加入微量钛，在冷却过程中通过包晶反应形成 $TiAl_3$。

液相中异质固相颗粒能否成为异质形核的核心取决于这些固相颗粒与将要凝固的固相间的润湿角 θ。由前面的分析可知：θ 越小，形核能力就越强。对于给定的合金液，具有不同晶体结构的固相颗粒发生异质形核所需要的过冷度 ΔT^* 不同，从而形核温度 T^* 也不同。设 T_0 为合金的平衡凝固温度，则

$$T^* = T_0 - \Delta T^* \tag{9-2}$$

液相中发生异质形核的条件为如下两个方面：1）液相中存在合适的异质固相颗粒或基底；2）液相具有异质形核所需要的过冷度。图 9-7 给出了具有不同 θ 角的异质晶核形核的温度条件。对于 $\theta = \theta_1$ 的颗粒，凝固界面前存在很小的成分过冷，即图 9-7 中 $G_T = G_{T_1}$ 的情况，则可发生异质形核。而对于 $\theta = \theta_2$ 的颗粒，必须进一步降低温度梯度（达到 G_{T_2}）才可能发生异质形核；而对于 $\theta = \theta_3$ 的颗粒，仅成分过冷则不足以发生异质形核，需要获得更大的过冷度才有可能起到异质形核的作用。因而，存在具有小接触角的固相颗粒是选择晶粒细化剂的依据。要获得小接触角，异质颗粒与固相间应具有晶格匹配关系。

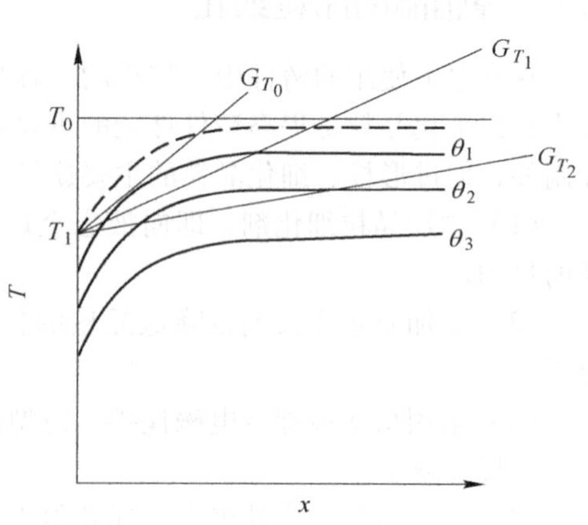

图 9-7　具有不同 θ 角的非均匀形核的温度条件
（图中，G_T 表示实际温度；虚线为合金液的平衡凝固温度）

良好的晶粒细化剂具有以下特性：

（1）含有非常稳定的异质固相颗粒，这些颗粒不易溶解；
（2）异质固相颗粒与固相之间存在良好的晶格匹配关系，从而获得很小的接触角 θ；
（3）异质固相颗粒非常细小，高度弥散，既能起到异质形核作用，又不影响合金性能。
（4）不带入任何影响合金性能的有害元素。

常用合金的晶粒细化剂如表9-2所示，表9-3列出铝合金常用的晶粒细化剂。

表9-2　常用合金的晶粒细化剂

合　金	细化元素	加入量(质量分数)/%	加入方法
铝 合 金	Ti，Zr，Ti+B，Ti+C	Ti+B：0.01(Ti)，0.005(B) Ti+C：0.01(Ti)，0.005(B) Ti：0.15，Zr：0.20	中间合金：Al-Ti，Al-Ti-B，Al-Ti-C 钾盐：K_2TiF_6，KBF_4
铅 合 金	Se，Bi_2Se_3，Ag_2Se，BeSe	0.01~0.02	纯金属或合金
铜 合 金	Zr，Zr+B，Zr+Mg	0.02~0.04	纯金属或合金
镍基高温合金	碳化物(WC,NbC)等		碳化物粉末

表9-3　常用铝合金晶粒细化剂

中间合金	成分(质量分数)/%				中间合金	成分(质量分数)/%			
	Ti	B	C	Al		Ti	B	C	Al
5/1TiBAl	5	1	0	余量	6TiAl	6	0	0	余量
5/0.5TiBAl	5	0.5	0	余量	5/1TiCAl	5	0	1	余量
5/0.2TiBAl	5	0.2	0	余量					

在铜合金中，Zr、ZrB和ZrFe是有效的异质结晶核心。当合金液中同时加入微量的P时，细化效果被加强。Reif等采用Zr+Mg+Fe+P复合添加剂获得更好的晶粒细化效果。

镍基高温合金因其熔点高而很难找到合适的晶粒细化剂，选用碳化物可获得一定的晶粒细化效果。若在添加细化剂的同时配合其他细化方法，如控制浇注温度，则可使细化效果得到加强。

对于锌合金，添加碲可起到晶粒细化的作用。铅合金中的细化剂可选用硒，特别是与铋、铍或银配合使用可达到更好的晶粒细化效果。

铝合金铸件及铸锭的铸造过程中添加晶粒细化剂的研究工作开展得最早，也最为成熟，已成为广泛应用的工艺。1950年，Cibula发现当铝合金中含有钛，特别是同时存在微量硼或碳时，将会使铝合金晶粒细化。这一发现开创了Al-Ti系列晶粒细化技术的先河。虽然人们也曾发现锆、铬、铌等具有晶粒细化的作用，但Al-Ti及Al-Ti-B中间合金则是工业上广泛应用的最经济、最有效的铝合金晶粒细化剂。Al-Ti系列晶粒细化剂中的异质晶核是$TiAl_3$，它与α-Al之间有良好的晶格匹配关系。而在Al-Ti-B细化剂中，起异质形核作用的是TiB_2。Mohanty和Gruzleski的实验研究证明，当合金液中存在固溶的Ti时，TiB_2将成为$TiAl_3$的形核核心，而$TiAl_3$则进一步作为α-Al的形核核心。Al-Ti-C细化剂是与Al-Ti-B同时提出的铝合金晶粒细化剂，但因C在铝合金液中溶解度极低，很难制成中间合金，因而直至Banerji和Reif在1987年前后提出采用强力搅拌方法合成Al-Ti-C细化剂以后才得到应用。但该工艺仍过于复杂，其应用仅限于某些Al-Ti-B不能细化的特殊铝合金，如含Zr、Mn等元素的合金，这些元素将使Al-Ti-B细化剂失效。

9.2.2　动力学细化法

动力学细化方法主要是采用机械力或电磁力引起固相和液相的相对运动，导致枝晶的破碎或与铸型分离，在液相中形成大量结晶核心，达到细化晶粒的效果。常用的动力学细化方法如下。

9.2.2.1　浇注过程控制技术

在铸件浇注过程中，液态金属在型壁的激冷作用下大量形核，被冲击液流带入液相区，并发生增殖。若这些晶核在液相过热热量完全散失之前尚未被完全熔化，则成为后续凝固的结晶核心。因而通过控制浇注方式使液态金属连续冲击铸型，可提供大量的晶核。大野笃美比较了如图9-8所示的几种浇注方法。采用图9-8a所示的方法浇注，获得的凝固组织较粗大；而采用图9-8b所示的方法，使液流沿型壁冲击，则可促进形核，细化晶粒；进一步使液流分散，采用图9-8c所示的沿型壁四周缓慢浇注，则更利于形核，并且浇注结束时过冷度较低，利于晶核的生存；采用图9-8d所示的斜板浇注细化效果更好。除控制浇注方法外，降低浇注过热度也是细化晶粒的有效途径。

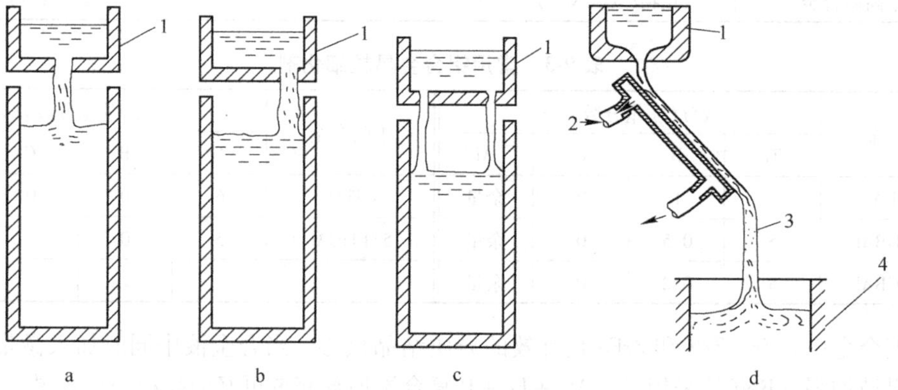

图9-8　利用浇注过程液流控制进行晶粒细化的方法
a—铸型中间浇注；b—沿型壁浇注；c—沿型壁四周浇注；d—斜板浇注
1—中间包；2—冷却水；3—游离晶；4—铸型

9.2.2.2　铸型振动

在凝固过程中振动铸型可使液相和固相发生相对运动，导致枝晶破碎形成结晶核心。同时振动铸型可促使“晶雨”的形成。由于“晶雨”的来源是液态金属表面的凝固层，当液态金属静止时表面凝固的金属结壳而不能下落，铸型振动可使壳层中的枝晶破碎，形成“晶雨”。

9.2.2.3　超声波振动

超声波振动可在液相中产生空化作用，形成空隙。当这些空隙崩溃时，液体迅速补充，液体流动的动量很大，产生很高的压力，起到促进形核的作用。

9.2.2.4　液相搅拌

采用机械搅拌、电磁搅拌或气泡搅拌均可造成液相相对固相的运动，引起枝晶的折断、破碎与增殖，达到细化晶粒的目的。其中机械和电磁搅拌方法不仅使晶粒细化，而且可使晶粒球化，获得流动性很好的半固态金属，可进行半固态铸造或半固态挤压。

9.2.3　熔炼及浇注过程的温度控制

大量实验表明，合金液中许多难熔固相质点相当稳定，即使在高温下长时间保温仍不能完全溶解，并在以后的凝固过程中起到结晶核心的作用。因此控制合金的熔化及保温温度可达到利用这些难熔质点促进形核的目的。俄罗斯学者 Nikitin 等在这方面进行了较系统的研究，并成功地用于铸造生产过程中的控制。

此外，在一定的过热温度以下，合金液中存在着近程有序的原子团簇。坚增运等采用的合金熔体温度处理技术就是利用合金液态结构的这一特点进行凝固组织控制的，其基本方法如图 9-9 所示。设选定合金的溶质质量分数为 w_{C_0}，浇注温度为 T_P，则可采用两种温度处理方法。其一是选用溶质质量分数 w_{C_0}，温度分别为 T_H 和 T_L，即状态 b 和 a 的合金液混合后立即浇注。其二是先将处于状态 c 和 d 的液态金属 L_1 和 L_2（质量分数分别为 w_{L_1}、w_{L_2}）混合得到状态 a 的合金液，再将该合金液与状态 b 的合金液混合，最终得到状态 e 的合金液。采用两种温度处理技术均可使晶粒细化。

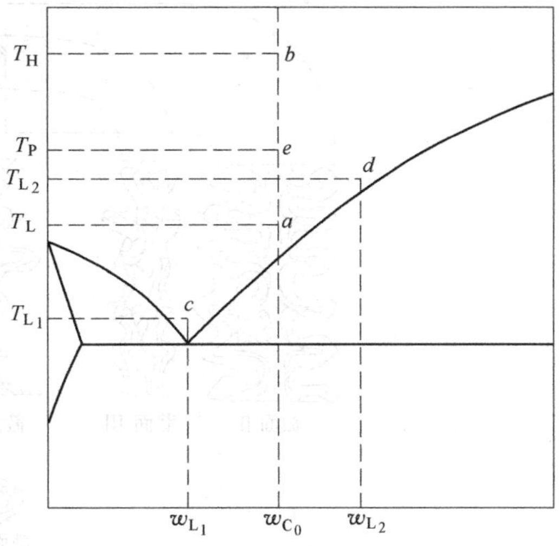

图 9-9　合金熔体温度处理方法示意图

9.3　凝固组织中的偏析及其控制

铸锭中化学成分不均匀的现象称为偏析。偏析分为显微偏析和宏观偏析两类。前者是指一个晶粒范围内的偏析；后者是指较大区域内的偏析，故又称区域偏析。

偏析对铸锭质量影响很大。枝晶偏析一般通过加工和热处理可以消除，但在枝晶臂间距较大时则不能消除，会给制品造成电化学性能不均匀。晶界偏析是低熔点物质聚集于晶界，使铸锭热裂倾向增大，并使制品易发生晶界腐蚀。如高镁铝合金中的钠脆，铜及铜合金中的铋脆等，都是晶界偏析的结果。宏观偏析会使铸锭及加工产品的组织和性能很不均匀，如铅黄铜易发生铅的重力偏析，降低合金的切削及耐磨性能；锡青铜和硬铝铸锭中锡及铜的反偏析，导致铸锭的加工性能和成品率降低，增加切削废料。宏观偏析难于通过均匀化退火予以消除或减轻，所以在铸锭生产中要特别防止这类偏析。

9.3.1　枝晶凝固组织的微观偏析

枝晶凝固组织中的微观偏析可根据需要和凝固条件，采用不同的指标对其范围和程度进行描述。图 9-10 所示的柱状晶等浓度面可以形象而直观地反映偏析的细节。

微观偏析的量化指标通常采用偏析比 q

$$q = \frac{w_{C_{max}}}{w_{C_{min}}} \tag{9-3}$$

式中　$w_{C_{max}}$，$w_{C_{min}}$——凝固组织中溶质质量分数的最大值和最小值。q 越大，表示偏析越严重。

偏析率 η 是描述偏析的另一个定量指标，定义为

$$\eta = \frac{w_C - w_{C_0}}{w_{C_0}} \tag{9-4}$$

式中　w_C——某特定位置的溶质质量分数；

w_{C_0}——合金中溶质的平均质量分数。

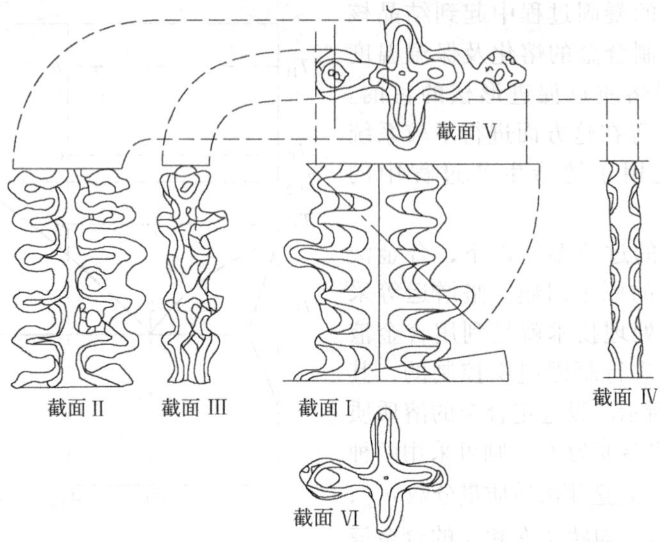

图 9-10　柱状晶的等浓度面示意图

采用偏析率可以对凝固组织中不同位置的偏析进行定性及定量表示。η 为正值表示该处发生溶质的正偏析，η 为负值表示该处发生溶质的负偏析。η 绝对值越大，表明该处偏析越严重。

通常在固溶体型合金凝固过程的后期会析出非平衡的共晶相或第二相，这些相对合金的力学性能具有至关重要的影响。因此用非平衡共晶的体积分数 φ_E 或第二相的体积分数 φ_{II} 表示偏析程度对凝固过程的研究与应用是很有意义的。

$$\varphi_E = \frac{V_E}{V} \tag{9-5}$$

$$\varphi_{\mathrm{II}} = \frac{V_{\mathrm{II}}}{V} \tag{9-6}$$

式中　V——总体积；

V_E——共晶相的体积；

V_{II}——第二相的体积。

凝固过程偏离平衡的程度越大，φ_E 或 φ_{II} 的值也就越大，表明偏析越严重。微观偏析是枝晶凝固的必然产物。假定凝固过程中的固相扩散可以忽略，则凝固过程的任何时刻液-固界面附近固相一侧的成分被保留在最终的凝固组织中，形成图 9-10 所示的等浓度面。因此等浓度面可以标记凝固界面的进程。

以凝固组织中非平衡相的析出量表征凝固组织中的偏析，可看出影响微观偏析的主要因素是：

（1）凝固速率或局部凝固时间。随着局部凝固时间的增大，非平衡相的析出量减小，即偏析减轻。这主要是由于扩散时间延长，促进了成分的均匀化。除了凝固过程的扩散外，还可在凝固结束后进行均匀化退火。但在局部凝固时间增大的同时枝晶间距也增大，使得均匀化退火的时间延长。同时枝晶间距的增大将使力学性能下降。因此，缓慢凝固并不是理想的凝固工艺。合理的方法是快速凝固使枝晶细化，然后进行均匀化退火处理。

（2）合金元素的固相扩散系数。合金元素的固相扩散系数越大，凝固过程的扩散就越充分，该元素的偏析也就越轻。

（3）合金元素的液相扩散系数。液相扩散系数往往是足够大的，液相中的合金化元素能够在枝晶间充分扩散。微观偏析受液相扩散系数的影响不明显。但当液相扩散系数很小时，它的减小将使凝固界面附近的溶质富集增强，固相溶质质量分数向平均溶质质量分数的逼近过程加快，从而使偏析减轻。

9.3.2 铸锭中的宏观偏析

图9-11所示为典型铸锭中的宏观偏析，反映了铸件凝固组织中的几乎所有的偏析形式。图中的“+”号表示正偏析，“-”号表示负偏析。其中A型偏析是由两相区非稳定液流造成的，而V型偏析的形成与非稳定液流和应力相关。热顶偏析是由两相区富集溶质的液相发生上浮造成的。仅当两相区液相密度小于液相区时才会形成热顶偏析。

在顺序凝固条件下，对于溶质 $k<1$ 的合金，固-液界面处液相中的溶质含量会越来越高，因此越是后结晶的固相，溶质含量也就越高；对于 $k>1$ 的合金，越是后结晶的固相，溶质含量越低。铸锭断面上此种成分不均匀现象称为正偏析。这意味着，对于 $k<1$ 的合金铸锭，先凝固的表层和底部的溶质量低于合金的平均成分，后凝固的中心和头部的溶质量高于合金平均成分。正偏析的结果易使单相合金铸锭中部出现低熔点共晶组织和聚集较多的杂质。

反偏析与正偏析相反。$k<1$ 的合金铸锭发生偏析时，铸锭表层的溶质高于合金的平均成分，中心的溶质低于合金的平均成分。

实际生产条件下，合金品种的不同，冷却条件的差异，液体的对流及由对流引起的枝晶游离，使铸锭的偏析状况更复杂些。

通常，铸锭中的正偏析分布状况与铸锭组织的形成过程有关。表面细等轴晶是在激冷条件下形成的，合金来不及在宏观范围内选分结晶，故不产生宏观偏析。柱状晶区的凝固速度小于激冷区，凝固由外向内进行。$k<1$ 时，柱状晶区先结晶部分含溶质较低，而与之接触的液相含溶质较高，故随后结晶部分溶质逐渐升高。与此同时，游离到中心区的晶体由内向外缓慢生长并不断排出溶质，形成中心等轴晶区，直至与柱状晶区相交为止，铸锭的凝固即告完成。因此，铸锭断面柱状晶区与中心等轴晶区交界区偏析最大。所以，实际的正偏析分布状况多如图9-12所示。通过控制凝固过程，扩大等

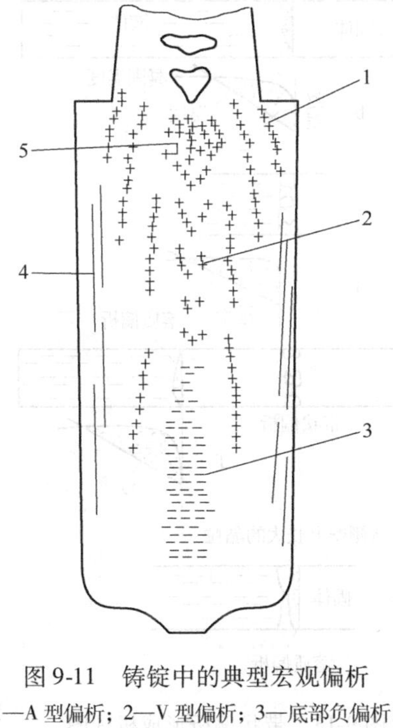

图9-11 铸锭中的典型宏观偏析

1—A型偏析；2—V型偏析；3—底部负偏析；4—带状偏析；5—热顶偏析

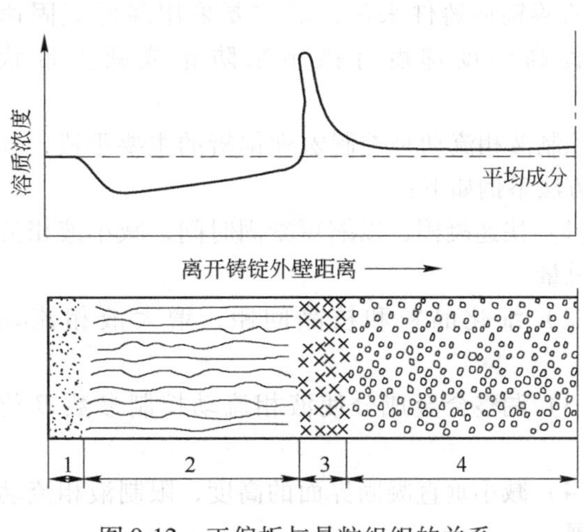

图9-12 正偏析与晶粒组织的关系

1—激冷区；2—柱状晶区；3—偏析最大区；4—中心等轴晶区

轴晶区，细化晶粒，有利于降低偏析度。

反偏析形成的基本条件是：合金结晶温度范围宽，溶质偏析系数（$1-k$）大，枝晶发达。结晶温度范围宽的 Cu-Sn 合金和 Al-Cu 合金是常见易发生反偏析的合金。关于反偏析的形成过程，迄今尚无令人满意的解释。一般认为，结晶温度范围宽且 $k<1$ 的合金，在凝固过程中形成粗大树枝晶时沿着枝晶富溶质的金属液在收缩力、大气压、液柱静压力、析出气体压力的作用下，沿着枝晶间的毛细通道向外移动，到达铸锭表层冷凝后形成反偏析。并有可能在铸锭与模壁间形成气隙后，铸锭表面温度升高时突破凝壳而在铸锭表面形成反偏析瘤。上述反偏析形成机理未能解释中心贫溶质的现象。有人根据游离晶形成中心等轴晶区的观点，认为中心贫溶质是先结晶的贫溶质枝晶游离到铸锭中心所致。

带状偏析出现在定向凝固的铸锭中，其特征是偏析带平行于固-液界面，并沿着凝固方向周期性地出现。

带状偏析的形成机理可用图 9-13 加以说明。当金属液中溶质的扩散速度小于凝固速度时，如图 9-13a 所示，在固-液界面前沿出现偏析层使界面处过冷度降低（见图 9-13b），界面生长受到抑制，但在界面上偏析度较小的地方晶体将优先生长穿过偏析层，并长出分枝，富溶质的液体被封闭在枝晶间。当枝晶继续生长并与相邻枝晶连接一起时，再一次形成宏观的平界面（见图 9-13c）。此时，界面前沿液体的过冷如图 9-13d 所示。平界面均匀向前生长一段距离后，又出现偏析和界面过冷（见图 9-13e 和 f），界面生长重新受到抑制。如此周期性地重复，在定向凝固的铸锭纵断面就形成一条一条的带状偏析。此外，当固-液界面过冷度降低生长受阻时，如果界面前沿过冷度足够大，则可能由侧壁形成新晶粒，并在界面局部突出生长前很快长大而横穿富溶质带前沿，将其封闭在界面和新晶粒之间，于是也形成带状偏析，如图 9-13g 所示。

显然，带状偏析的形成与固-液界面溶质偏析引起的成分过冷有关。溶质偏析系数大，有利于带状偏析的形成。如加强固-液界面前沿的对流、细化晶粒、降低易于偏析的溶质量，则可减少带状偏析。但对于希望通过定向凝固以得到柱状晶组织的铸锭或铸件来说，应主要采用降低凝固速度和提高温度梯度等措施来防止或减少带状偏析。

控制液相流动是控制宏观偏析的主要手段，其具体方法举例如下：

（1）快速凝固，以缩短凝固时间，减小液相流动的总量。

（2）细化晶粒和枝晶间距，增大液相流动阻力。

（3）调整合金成分使液相流动控制参数 B 值减小。

（4）减小垂直凝固界面的高度，限制液相流动的发展。

（5）外加电、磁场，控制液相的流动。

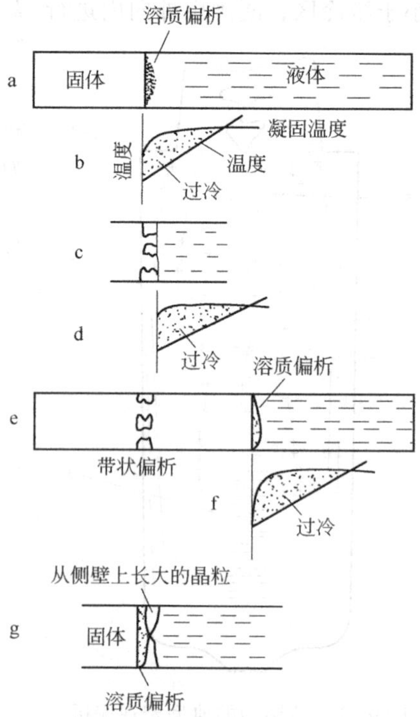

图 9-13　带状偏析形成机理图
（a ~ g 表示过程）

9.4 凝固收缩及凝固组织致密度的控制

在铸锭中部、头部、晶界及枝晶间等地方，常常有一些宏观和显微的收缩孔洞，通称为缩孔。容积大而集中的缩孔称为集中缩孔；细小而分散的缩孔称为分散缩孔或缩松，其中出现在晶界或枝晶间的缩松又称为显微缩松。缩孔和缩松的形状不规则，表面不光滑，故易与较圆滑的气孔相区别。但铸锭中有些缩孔常为析出的气体所充填，孔壁表面变得较平滑，此时既是缩孔也是气孔。

任何形态的缩孔或缩松都会减小铸锭受力的有效面积，并在缩孔和缩松处产生应力集中，因而显著降低铸锭的力学性能。加工时缩松一般可以复合，但聚集有气体和非金属夹杂物的缩孔不能压合，只能伸长，甚至造成铸锭沿缩孔轧裂或分层，在退火过程出现起皮起泡等缺陷，降低成材率和产品的表面质量。

产生缩孔和缩松的最直接原因，是金属凝固时发生的凝固体收缩。因此，有必要了解收缩过程及其影响因素。

9.4.1 凝固收缩率

致密的凝固组织是优质铸件与铸锭的主要标准之一。导致凝固组织不致密的主要原因是缩松和气孔，两者通常是相互影响的，凝固收缩可能促使气孔的形成。凝固过程体积收缩的分析是研究凝固组织致密度的基础。凝固过程的收缩包括液相和固相冷却过程的冷缩以及液-固转变时的相变收缩。膨胀系数是表征液相及固相冷却过程收缩的基本参量。其线胀系数 α_l 和体胀系数 α_V 分别定义为

$$\alpha_l = \frac{1}{l_0}\frac{dl}{dT} \tag{9-7}$$

$$\alpha_V = \frac{1}{V_0}\frac{dV}{dT} \tag{9-8}$$

式中 l_0——试样原始长度；

T——温度；

V_0——试样原始体积。

对凝固组织致密度影响最大的是凝固过程的相变收缩，常用凝固收缩率 β 表征。单质的凝固通常是在恒定的温度下完成的，凝固收缩率 β 定义为

$$\beta = \frac{V_L - V_S}{V_L} = 1 - \frac{V_S}{V_L} \tag{9-9}$$

式中 V_L，V_S——分别为凝固前的液相和凝固后的固相体积。

由于凝固过程中体系的质量不变，因此式 9-9 可写为

$$\beta = 1 - \frac{\rho_{Le}}{\rho_{Se}} \tag{9-10}$$

式中 ρ_{Le}，ρ_{Se}——分别为在凝固温度下液相和固相的密度。

由于多元合金的凝固是在一定的温度范围内进行的，ρ_{Le}、ρ_{Se} 均为温度和溶质浓度的函数，并且析出固相又可能是多相的。因而式 9-10 不足以反映合金凝固收缩的实际情况，应当根据需要引入新的定义。凝固收缩率的定义可分为以下几种情况。

9.4.1.1 等温收缩率

图 9-14 所示为二元共晶系合金凝固过程与成分的变化情况。溶质质量分数为 w_{C_0} 的合金在凝固温度范围内某一温度 T 下析出的固相溶质质量分数为 w_S，这一过程的凝固收缩率定义为等温收缩率 β_T，写为

$$\beta_T = 1 - \left[\frac{\rho_L}{\rho_S}\right]_T \qquad (9\text{-}11)$$

在封闭体系中，由于选择结晶导致固相和液相成分的变化，从而引起凝固温度的变化。因此，等温凝固仅在凝固体系有物质交换的开放体系中才能发生。

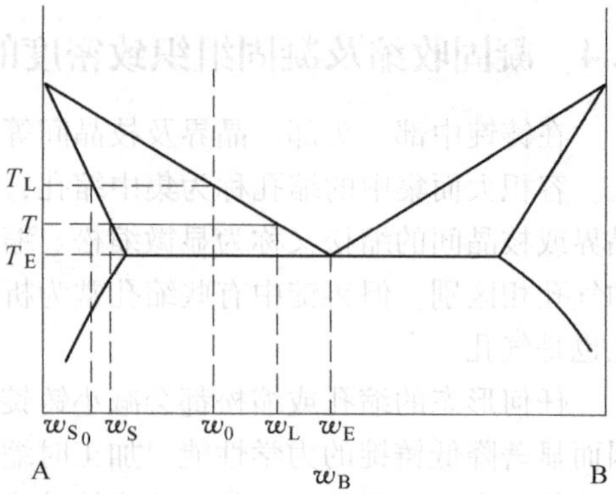

图 9-14 二元共晶系合金凝固过程
T_L—液相线温度；T_S—固相线温度；
w_E—共晶中溶质质量分数

9.4.1.2 多相合金凝固收缩率

以共晶合金凝固为例，其凝固过程是在恒定的温度下同时析出两相 α 和 β。设 α 和 β 相的密度分别为 ρ_α、ρ_β。固相平均密度则为

$$\rho_{\alpha+\beta} = \rho_\alpha(1 - \varphi_\beta) + \rho_\beta\varphi_\beta \qquad (9\text{-}12)$$

式中 φ_β——β 相的体积分数，可根据杠杆定律由相图确定。

因此，共晶合金（w_E 处）凝固过程总的收缩率 β_E 为

$$\beta_E = 1 - \frac{\rho_L}{\rho_\alpha(1 - \varphi_\beta) + \rho_\beta\varphi_\beta} \qquad (9\text{-}13)$$

9.4.1.3 实际凝固收缩率

在固溶体合金的实际凝固过程中温度和成分同时变化，除了凝固收缩外还有冷却收缩的作用，整个凝固过程总的收缩率为

$$\beta_\Sigma = \frac{\Delta V}{V_0} \qquad (9\text{-}14)$$

式中 V_0——在液相线温度下的液相总体积；

ΔV——整个凝固过程中的体积收缩，可采用式 9-15 估算。

$$dV = V_0[-\varphi_L\alpha_{VL}dT - (1 - \varphi_L)\alpha_{VS}dT + \beta_0 d\varphi_S] \qquad (9\text{-}15)$$

式中 α_{VL}，α_{VS}——分别为液相和固相的体胀系数；

φ_L，φ_S——分别为液相和固相的体积分数；

β_0——液固相变收缩率。

假定液相分数的变化可用 Scheil 方程计算，并且已知 $dT/dw_L = m_L$ 为液相线的斜率，式 9-15可写为

$$dV = V_0\left\{-m[\alpha_{VS} + (\alpha_{VL} - \alpha_{VS})\varphi_L] - \beta_0\frac{d\varphi_L}{dw_L}\right\}dw_L \qquad (9\text{-}16)$$

设合金为共晶系的端部固溶体，则初生固相的体积分数为

$$\varphi_\alpha = 1 - \left(\frac{w_E}{w_{C_0}}\right)^{\frac{-1}{1-k}} \qquad (9\text{-}17)$$

在凝固温度范围内将近似取为常数，则凝固过程总的体积收缩可通过对式 9-16 的积分

得到

$$\Delta V = V_0\left\{\int_{w_{C_0}}^{w_E}\left\{-m[\alpha_{VS}+(\alpha_{VL}-\alpha_{VS})\varphi_L]-\beta_0\frac{d\varphi_L}{dw_L}\right\}dw_L+\beta_E\varphi_E\right\}$$

$$=V_0\left\{-m\left[\alpha_{VS}(w_E-w_{C_0})+(\alpha_{VL}-\alpha_{VS})\left(1-\frac{1}{k}\right)\times\left[\left(\frac{w_{C_0}}{w_E}\right)^{\frac{k}{1-k}}-1\right]\right]+\beta_E\varphi_E\right\} \quad (9\text{-}18)$$

此处假设合金为共晶系端部固溶体合金。式中，{ } 号内的第一项为固溶体合金凝固过程的收缩率，第二项为残余共晶的凝固收缩率。由式 9-14 和式 9-18 可以进行凝固过程实际收缩率的计算。

9.4.2 缩松的形成与控制

除极少数金属以外，收缩是凝固过程伴随的必然现象。然而凝固收缩是否会导致缩松的形成则与凝固条件相关。凝固收缩若能得到液相的及时补充则可防止缩孔的形成。凝固过程中的补缩通道是否畅通是决定缩孔形成的关键因素。

在定向凝固过程中，如果凝固以平面状或胞状方式进行，液相的补缩通道始终是畅通的，凝固收缩得到液相的及时补充而不形成缩松。凝固在整个铸件中始终以糊状方式进行时，任何局部都得不到别处液相的补充，凝固收缩均以缩松的形式存在于凝固组织中。实际凝固过程往往介于两者之间。

缩松是铸件凝固组织中的一种重要缺陷，其严重程度的量化指标是其存在的区间大小和空隙的体积分数（孔隙率）。设残余液相被隔离时的临界固相体积分数为 φ_S，凝固收缩率为 β，则可以求出缩松区的孔隙率 η_S 为

$$\eta_S = \beta(1-\varphi_S) \quad (9\text{-}19)$$

决定缩松形成倾向和程度的主要因素是：

（1）凝固组织形态。当凝固以平面状或胞状方式逆热流方向进行时利于液相的补缩。相反，当凝固以发达的枝晶进行时补缩较困难。而当凝固以等轴晶方式进行时，补缩更难。

（2）凝固区的宽度。凝固区的宽度越大，补缩通道就越长，补缩的阻力也越大，补缩就越困难。在小的生长速度和大的温度梯度下，可能获得胞状，乃至平面状凝固界面，利于液相的补缩。同时，在大的温度梯度下，凝固区窄，枝晶间距大，补缩通道短，利于补缩。在工程上可用凝固区的温度梯度作为判断缩松形成的条件，并可在经验的基础上找出定量规律。

（3）合金液中的气体。通常液态合金中存在着溶解的气体，这些气体在固相中的溶解度远小于其在液相中的溶解度。因而在凝固过程中将发生气体的析出，可能形成孔洞。枝晶间液相的凝固收缩产生的真空，促使液态金属补缩，也会促使合金液中气体的析出。气体析出的条件是析出气泡内的各种气体的分压力总和 Σp_G 大于气泡外压力的总和 p_E。可以看出，控制液相中的气体含量可有效地控制缩松的形成。为了提高凝固组织的致密度，除了采用各种精炼方法除气，降低合金液中的气体含量外，可采用压力下凝固的铸造方式抑制气体的析出。

9.5 裂纹的形成与控制

大多数成分复杂或杂质总量较高，或有少量非平衡共晶的合金，都有较大的裂纹倾向，尤其是大型铸锭，在冷却强度大的连铸条件下产生裂纹的倾向更大。在凝固过程中产生的裂纹称

为热裂纹，凝固后冷却过程产生的裂纹称为冷裂纹。两种裂纹各有其特征，热裂纹多沿晶界扩展，曲折而不规则，常出现分枝，表面略呈氧化色；冷裂纹常为穿晶裂纹，多呈直线扩展且较规则，裂纹表面较光洁。铸锭中有些裂纹既有热裂纹特征，又有冷裂纹特征，这是铸锭先热裂而后发展成冷裂所致。

根据裂纹形状和在铸锭中的位置，裂纹又可分为许多种，如热裂纹可分为表面裂纹、皮下裂纹、晶间裂纹、中心裂纹、环状裂纹、放射状裂纹等；冷裂纹可分为顶裂纹、底裂纹、侧裂纹、纵向表面裂纹等。

裂纹是铸锭或加工制品成为废品的重要原因。由铸锭遗传下来的微裂纹，常常还是制品早期失效的根源之一，在使用中可能造成严重事故。生产裂纹最直接的原因是铸造应力的破坏作用。下面首先简要介绍应力产生的原因。

9.5.1　铸造应力的形成

铸锭在凝固和冷却过程中，收缩受到阻碍而产生的应力称为铸造应力。按其形成的原因，可分为热应力、相变应力和机械应力。

热应力是铸锭凝固过程中温度变化引起的。凝固开始时，铸锭外部冷得快，温度低，收缩量大；内部温度高，冷得慢，收缩量小。由于收缩量和收缩率不同，铸锭内外层之间便会互相阻碍收缩而产生应力。温度高、收缩量小的内层会阻碍温度低、收缩量大的外层收缩，使外层受拉应力，收缩量小的内层受压应力。在整个凝固过程中，热应力的大小和分布将随铸锭断面的温度梯度而变化。以圆锭为例，在浇注速度一定的情况下，铸锭拉出结晶器后外层受二次水冷而强烈收缩，但此时内层温度高收缩量小，阻碍外层收缩并使之受拉应力，内层则受压应力，如图9-15a所示。当经过 t_1 和 t_2 以后，铸锭外部温度已相当低，冷却速度小，中部温度高冷却速度大，收缩量大，会受外部阻碍而受拉应力，外部则受压应力。此时应力分布与铸锭刚拉出结晶器的情况正好相反，如图9-15b所示。铸锭在以后的冷却过程中，中部冷却速度降低，但仍大于外部，故铸锭断面的应力符号不变，只是应力有所增大（图9-15c）。扁锭的应力分布有所不同，大面的冷却速度低于小面，因此大面中部冷得慢受压应力，小面、棱边及底部冷得快受拉应力。

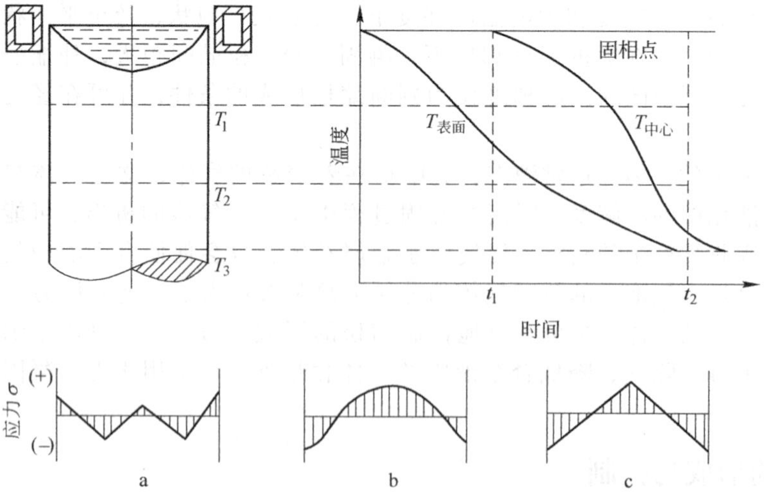

图9-15　连铸圆锭中温度与应力分布

a—凝固初期；b—凝固中期；c—凝固结束

热应力大小一般可用下式来表示，即

$$\sigma_{热} = E_{\varepsilon_L} = E_{\alpha_L}(T_1 - T_2) \tag{9-20}$$

式中 E——弹性模量；

$T_1 - T_2$——铸锭断面两点间的温度差。

该式表明，金属性质和铸锭条件是影响热应力 $\sigma_{热}$ 大小的两个主要因素。金属的弹性模量和线收缩（膨胀）系数大，铸锭中 $\sigma_{热}$ 大；金属的导热性差，铸锭断面的温度梯度大，则 $\sigma_{热}$ 大。连铸时提高浇注温度和浇注速度，铸锭断面的温度梯度会增大，$\sigma_{热}$ 也增大。连铸高合金化的大锭，特别要注意热应力的产生。锭模铸锭时，浇注温度和模温高，模壁冷却能力降低，铸锭各部分温度比较均匀，因而有利于减小 $\sigma_{热}$。扁锭中的热应力分布还与宽厚比有关。宽厚比大，小面所受的拉应力也大；当宽厚比不变而铸锭尺寸增大时，应力分布状况不变，只是总的应力会增大。当宽厚比趋近于 1 时，则与圆锭的情况基本相同，即铸锭中心受拉应力。

具有固态相变的合金，在冷凝过程中铸锭各部分由于散热条件的不同，达到相变温度的时间也不同，各部分相变的程度、新旧相体积比的不同，引起铸锭不均匀收缩而产生的应力称为相变应力。例如，有新相析出的 LY11 合金，在浇口处往往易产生拉应力而导致顶裂。因金属黏附于模壁或结晶器变形、内表面粗糙、润滑不良等使铸锭发生悬挂，由此引起铸锭收缩受阻而产生的应力称为机械应力。当上述两种应力符号与热应力符号相反时，可使铸锭中应力相互抵消或减小。当上述三种应力同时存在于同一区域并且都为拉应力时，则破坏作用更大。

9.5.2 裂纹的形成机理及影响因素

9.5.2.1 热裂形成机理及影响因素

热裂是在线收缩开始温度至非平衡固相线温度范围内形成的。热裂形成机理主要有液膜理论、强度理论及裂纹形成功理论。

液膜理论认为，铸锭的热裂与凝固末期晶间残留的液膜性质及厚度有关。此时若铸锭收缩受阻，液膜在拉应力作用下被拉伸。当拉应力或拉伸量足够大时，液膜就会破裂，形成晶间热裂纹。这种热裂的形成取决于许多因素，其中液膜的表面张力和厚度影响较大。当作用力垂直于液膜时，将液膜拉断所需拉力 P 为

$$P = \frac{2\sigma F}{b} \tag{9-21}$$

式中 σ——液膜的表面张力；

F——晶体与液膜的接触面积；

b——液膜厚度。

上式表明，将液膜拉断所需要的力与液膜的表面张力及晶体与液膜的接触面积成正比，而与液膜厚度成反比。液膜的表面张力与合金成分及铸锭的冷却条件有关；液膜厚度取决于晶粒的大小。晶粒细化，晶粒表面积增大，单位晶粒表面积间的液体减少，因而液膜厚度变薄，铸锭的抗热裂能力增强。随着低熔点相增多，液膜变厚，即凝固末期晶间残留较多液体时，液膜被拉断所需拉力变小，因而热裂倾向增大。结晶温度范围大的合金热裂倾向大，其原因与此有关。

强度理论认为，合金在线收缩开始温度至非平衡固相点间的有效结晶温度范围，强度和塑性极低，故在铸造应力作用下易于热裂。通常，有效结晶温度范围越宽，铸锭在此温度下保温时间越长，热裂越易形成。

裂纹形成功理论认为，热裂通常要经历裂纹的形核和扩展两个阶段。裂纹形核多发生在晶界上液相汇集处。若偏聚于晶界的低熔点元素和化合物对基体金属润湿性好，则裂纹形成功小，裂纹易形核，铸锭热裂倾向大。例如，Bi 的熔点低（271℃），几乎不溶于 Cu，与 Cu 晶粒的接触角几乎为零，润湿性非常好，可连续地沿晶界分布，故 Cu 中有 Bi 时，裂纹形成功小，铸锭的热裂倾向大。因此，紫铜中 Bi 的含量一般不允许超过 0.002%。据研究，凡是降低合金表面能的表面活性元素，如铜合金中的 Bi、Pb、As、Sb，铝合金中的 Li、Na 都会使合金的热裂倾向增大。

必须指出，并非收缩一受阻，铸锭就会产生热应力，就会热裂。如果金属在有效结晶范围内，具有一定的塑性，则可通过塑性变形使应力松弛而不热裂。例如，铝合金的伸长率只要大于 0.3%，铸锭就不易热裂。

影响铸锭热裂的因素很多，其中主要的有金属性质、浇注工艺及铸锭结构等。合金的有效结晶温度范围宽，线收缩率大，则合金的热裂倾向也大。有效结晶温度范围和线收缩率与合金成分有关，故合金的热裂倾向也与成分有关，如图 9-16 所示。由图可知，非平衡凝固时的热裂倾向与平衡凝固时基本一致，因此可以根据合金的平衡凝固温度范围大小粗略估计合金的热裂倾向大小。该图还表明，成分越靠近共晶点合金，热裂倾向越小。当合金元素含量较低时，它们对凝固收缩率的影响不明显，但对高温塑性的影响则较大。因其沿晶界的偏聚状况，不仅影响液膜的厚度和宽度，而且也影响晶粒的形状和大小，进而影响到塑性。因此，通过调整合金中某些元素或杂质含量，可以改变铸锭热裂倾向的大小。如用 99.96% Al 配制的合金，含 0.2% Cu 的热裂倾向最大，而用 99.7% Al 配制的合金，热裂倾向最大的含 Cu 量为 0.7%。Cu-Si 等合金也有类似情况。可见，用低品位金属配制的合金，热裂倾向反而小些。这是由于用高品位金属配制的合金中，含有少量非平衡共晶分布于晶界，降低了合金的强度和伸长率所致。但当上述铝合金中的 Cu 增加时，凝固末期晶间的共晶量增多，即使出现裂纹也可以得到愈合，故热裂倾向降低，以致铸锭不裂或少裂。据研究，大多数铝合金都有一个与成分相对应的脆性区，如 LY11 的脆性区在 0.1% ~0.3% Si 内，而 LY12 在 0.4% ~0.6% Si 内。因为在脆性区温度范围内，合金处于固液状态，强度和塑性都较低，所以脆性区温度范围大，合金热裂倾向也大。通过适当调整成分和工艺，可提高合金在脆性区温度范围内的强度和塑性，提高其抗裂能力，铸锭也可能不热裂。

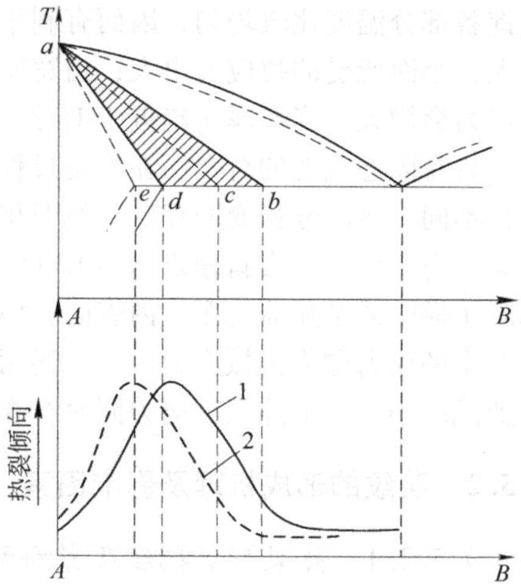

图 9-16　有效结晶温度范围及热裂倾向与成分的关系

ab—平衡条件下线收缩开始温度；*ac*—铸造条件下线收缩开始温度；*ad*，*ae*—分别为平衡固相线和非平衡固相线温度；1，2—平衡和非平衡凝固条件的热裂倾向

脆性区温度范围还与浇注工艺有关。浇注温度高，往往提高脆性区上限温度。如 LC4，由 720℃过热到 820℃浇注，脆性区上限温度提高 15℃。浇注温度过高时，紫铜扁锭表面裂纹严重。提高冷却速度，由于非平衡凝固会改变共晶成分和降低共晶温度，因而降低脆性区下限温度。如含有 Cu、Si 的铝合金，冷却速度由 20℃/s 提高到 100℃/s，共晶温度由 578℃降到 525℃，即降低了脆性区的下限温度，扩大其温度范围。浇注速度的影响类似于浇注温度。所以，浇注温度浇注速度过高、冷却速度过大会增大铸锭的热裂倾向。实践证明，冷却速度大的

连续铸锭比铁模铸锭的热裂倾向大得多。连铸时冷却水和润滑油供给不匀，浇口位置不当，则在冷却速度小或靠浇口的地方，凝壳较薄，在热应力作用下此处易于热裂。

铸锭结构不同，铸锭中热应力分布状况不同，故铸锭的结构必然对热裂的形成产生影响。大锭比小锭易热裂，圆锭多中心裂纹、环状或放射状裂纹，扁锭最易产生侧裂纹、底裂纹和浇口裂纹。扁锭的热裂还与锭厚及其宽厚比有关。如图 9-17 所示，当浇注速度及宽厚比 n 一定时，随着锭厚增大热裂倾向增大。由图还可看出，当锭厚一定时，热裂随着浇注速度增大而增大。例如，锭厚为 b_3、浇注速度为 v_1 时，可能产生冷裂而不产生热裂；v_2 时则可能产生冷裂也可能产生热裂；v_3 时则产生热裂。

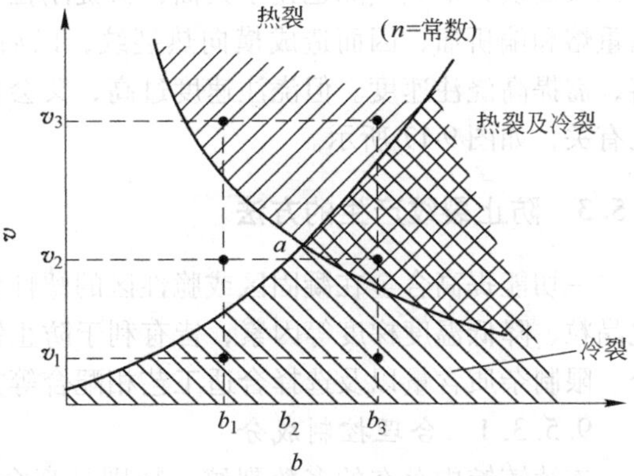

图 9-17 扁锭产生裂纹的倾向与锭厚及浇注速度的关系
b—扁锭厚度；v—浇注速度

以上分别讨论了影响热裂的主要因素。但为了有效地防止热裂的产生，必须对不同合金锭中不同类型裂纹产生的原因作具体分析。例如，中心裂纹和浇口裂纹是在浇注温度和浇注速度高、冷却强度大的情况下，从液穴底部开始形成并逐渐发展起来的，甚至可延伸至径向的 1/3～1/2 处，严重时甚至可以从头到尾、从中心到边缘整个铸锭开裂，造成通心裂纹或劈裂。连续铸造的 QSi3-1、HPb59-1 及 LF21 圆锭，产生通心裂纹的倾向较大。成分复杂的 LY12、LC4、HAl66-6-3-2、HAl59-3-2、HAl77-2 等圆锭，当冷却强度大且不均匀时中心裂纹常沿径向扩展，以致造成劈裂。环状裂纹是在结晶器出口处水冷不均，破坏了液穴和凝壳厚度的均匀性情况下，在柱状晶区和等轴晶区相接的弱面处，在径向和轴向拉应力的共同作用下形成的。环状裂纹多是不连续的，且与氧化夹杂的分布有关。放射状裂纹多在浇注温度低、结晶器高或金属水平高的条件下发生，铸锭在结晶器出口处受喷水急冷，径向收缩受阻，在水冷较弱处产生边裂纹或表面裂纹，以后由外向里扩展而成。低塑性合金圆锭的横裂是在直径大、浇注温度低、表面氧化渣多且有冷隔或偏析瘤等缺陷时拉裂的，即主要由机械应力造成。LC4、LY12 及铍青铜扁锭的侧裂与圆锭的横裂原因类似，并与大面及小面冷却不匀、结晶器变形和表面夹杂较多等有关。

9.5.2.2 冷裂的形成及影响因素

冷裂一般是铸锭冷却到温度较低的弹性状态时，因铸锭内外温差大、铸造应力超过合金的强度极限而产生的，并且往往是由热裂扩展而成的。

铸锭是否产生冷裂，主要取决于合金的导热性和低温时的塑性。若合金的导热性好，凝固后塑性较高，就可不冷裂。高强度铝合金铸锭在室温下的伸长率高于15%，便不产生冷裂。易于产生晶间裂纹的软铝合金，如 LF21 和 LD2 等，因其在室温下塑性较好，故虽有晶间裂纹也不致产生冷裂。合金的导热性好，可降低铸锭断面的温度梯度，有利于降低其冷裂倾向。因为合金的导热性和塑性与成分有关，所以合金成分对冷裂的形成影响很大。例如，HAl59-3-2 合金的热导率只有紫铜的 21%，含 Cu、Mg 的固溶体铝合金的热导率约为纯铝的 25%，因此 HAl59-3-2 比紫铜、Al-Cu-Mg 合金比纯铝易于冷裂。此外，非金属夹杂物、晶粒粗大也会促进冷裂。热裂纹的尖端是应力集中处，在铸锭凝固后的冷却过程中热应力足够大时，会使热裂纹扩展成冷裂纹。例如，扁锭侧向横裂纹，开始时是热裂纹，其后才是冷裂纹。因小面开始时冷得比大面快，形成气隙也先于大面，铸锭刚拉出结晶器时由于温度回升，有时甚至出现局部表面重熔和偏析瘤，因而造成横向热裂纹，以后由于应力集中而发展成冷裂纹。为防止表面重熔，需提高浇注速度。但浇注速度过高，又会促进大面产生纵裂。扁锭的冷裂也与锭厚及宽厚比有关，如图 9-17 所示。

9.5.3 防止裂纹产生的方法

一切能提高合金在凝固区或脆性区的塑性和强度、减少非平衡共晶或改善其分布状况、细化晶粒、降低温度梯度等因素，皆有利于防止铸锭热裂和冷裂。工艺上主要是通过控制合金成分、限制杂质含量以及选择合适工艺相配合等方法，来防止铸锭产生裂纹。

9.5.3.1 合理控制成分

连续铸锭中存在的多数裂纹，特别是高合金化或多元合金铸锭中的裂纹，往往既是热裂纹，又是冷裂纹。实践证明，控制合金成分及杂质限量是解决大型铸锭产生裂纹的有效方法之一。如工业纯铝的含 Si 量大于 Fe，因生成熔点为 574.5℃的 $\alpha(Al) + Si + \beta(AlFeSi)$ 三元共晶分布于晶界而易热裂。但当 $w(Fe) > w(Si)$ 时，因在629℃产生包晶反应 $FeAl_3 + L = \alpha(Al) + \beta(AlFeSi)$ 而完成凝固，提高了脆性区的下限温度，即缩小了脆性区温度范围，故不产生热裂。LF21 中含 Si 量大于0.2%且 $w(Si) > w(Fe)$ 时，常易产生热裂，这是形成熔点为575℃的三元共晶 $\alpha(Al) + T(Al_{10}Mn_2Si) + Si$ 分布于晶界所致；而 $w(Fe) > w(Si)$ 时，热裂倾向降低，是因形成 $Al_{10}(FeMn)_2Si$，减少了游离 Si 和三元共晶；但加 Fe 过多，会形成大量化合物初晶，降低流动性和塑性，增大热裂倾向。因此要防止裂纹，必须将合金元素及杂质量控制在少于或大于最易形成裂纹的临界共晶量以外，以避开其脆性敏感范围并尽量避免形成有害的化合物。铸锭尺寸大，杂质量宜低。如铝合金圆锭直径增大，则含 Si 量应降低。有些铝合金，如 LC4 的大型扁锭，仅控制铁硅比有时仍不能完全消除裂纹，还需从提高塑性的观点去调整其他成分，并配合适当的浇注工艺等才能防止裂纹。LC4 中的 Cu、Mn 含量取中下限，Mg 和 Zn 取中上限，并使 $w(Mg)/w(Si) > 12$、$w(Fe) > w(Si)$，就可降低大扁锭的热裂倾向。因为降低 Cu 含量可减少非平衡共晶，调整 Mn、Mg、Zn 含量可改善其塑性。

9.5.3.2 选择合适的工艺措施

采用低浇注温度、低浇注速度、低液面水平、均匀供流及冷却等措施，均有利于防止产生通心裂纹。某些铜合金如 HPb59-1，采用高浇注速度、低水压、小喷水角等拉“红锭”的措施，使铸锭在拉出结晶器后较远处才水冷，可防止中心裂纹。用短结晶器或低金属水平、低浇注速度、均匀冷却的方法，可防止环状裂纹。短结晶、低金属水平、高浇注速度及均匀水冷，可使铸锭外层在水冷收缩时内部具有较高塑性，以减小对外层的阻力，可防止放射状裂纹。利用热解石墨结晶器有利于防止易氧化铜合金水平连续铸锭的表面横向裂纹。选择较大锥度和高度的芯子，正确安装芯子和芯杆，并采用低浇注速度、低水压的方法，可消除含铜锻铝空心锭的径向裂纹。宽厚比较大、塑性较差的铝合金扁锭，采用小面带切口的结晶器，提早水冷并加大小面的冷却速度，以防止表面重熔或温度回升而形成反偏析瘤，可防止表面横向侧裂纹和纵裂纹。

9.5.3.3 变质处理

在合金成分及杂质量不便调整时，可加适量变质剂进行变质处理，细化晶粒以减少低熔点共晶量并改善其分布状况，也能降低铸锭产生裂纹的倾向。如 H68 铸锭中含 Pb 量不小于 0.02% ~0.04%时易裂，加入 Ce、Zr、B 等可防止裂纹；铝合金加入 Ti 或 Ti + B，镍及其合金加 Mg、Ti，镁合金及铜合金加 Zr、Ce 和 Fe 等进行变质处理，均可减少裂纹。

9.6 气孔及非金属夹杂的形成与控制

铸件中的气孔和夹杂物对铸件的使用性能影响很大，因其减少铸件的断面积使之过早失效。夹杂物和气体影响铸造性能如充型能力及抗热裂性。铸件表面的夹杂物降低铸件抗蚀性，影响机械加工性能，恶化表面质量。

铸件中的气孔与合金液中所含气体有关，而夹杂物也影响合金液的质量。所以研究合金液中气体和夹杂物，了解它们的来源、存在形式以及排除方法等，可以采取相应措施减少其在合金液中的含量，以便提高铸件的质量。

9.6.1 气体对铸锭质量的影响

9.6.1.1 对力学性能的影响

金属所吸收的气体对铸锭的力学性能有很大的影响。

孔穴减少了铸锭的有效截面，且当孔穴有尖角时，还会引起应力集中，结果降低了铸锭的力学性能，尤其是它的塑性、冲击韧性和疲劳强度。气孔的不同形状及分布对力学性能的影响也不同。一般来说，圆滑球形气孔与分布均匀时，使力学性能下降较少，反之则大。合金中溶解的气体对铸锭力学性能的影响也较大，一般是恶化金属的塑性及冲击韧性。当气体从溶液析出时，甚至会引起裂纹。

9.6.1.2 对铸造性能的影响

试验表明，对某些合金而言，它们的抗热裂倾向会因含有气体而降低。应该指出，当金属中溶有大量气体时，由于凝固期间的大量气体析出也会产生裂纹。

铸件凝固时析出的气体阻碍金属液的补缩，造成晶间疏松。轻合金中的这种缺陷随氢含量的增加而加剧。合金液含有气体会降低其流动性。

9.6.2 铸锭中的气孔

金属中的气体含量超过其溶解度（包括局部区域超过溶解度），或侵入的气体不被金属液溶解，则以分子状态（即气泡形态）存在于金属中。若凝固前气泡来不及排除，铸锭将产生气孔。

9.6.2.1 气孔的种类与特征

铸锭表面与内部由于气体而产生的各种形状和大小的孔洞称为气孔。孔壁表面一般比较光滑，带有金属光泽，有些有氧化色。根据气体来源和形成机理可分为析出性气孔、侵入性气孔和反应性气孔。按气体类别可分为氢气孔、氮气孔和一氧化碳气孔等。根据气孔的形状和位置，又分为针孔和皮下气孔。

A 析出性气孔

熔炼浇注过程中溶解吸收了较多气体的金属液在冷却和凝固过程中，因气体溶解度下降，析出的气体来不及排出而在铸锭中产生的气孔叫做析出性气孔。

这类气孔的特征是多而分散、尺寸较小，分布在铸件的整个断面或某一部分，尤以冒口附近和铸锭最后凝固的热节部位为多，同一炉和同一包浇注的一批铸锭中几乎都有。析出性气孔的形状呈裂纹状多角形、团球形、断续裂纹状或混合型。

通常金属含气量较少时呈裂纹状，含气较多时则气孔较小，呈团球状。铝合金析出气孔常以针孔形式出现。析出性气孔主要是氢气孔，其次是氮气孔，氢气孔比氮气孔明亮。铝合金中最易出现析出性气孔，其次是铸钢件，铸铁件有时也会出现。

B　侵入性气孔

这是在浇注过程中铸型和型芯在高温金属液的作用下产生的气体以及空气侵入金属液中而形成的气孔。其特征是数量较少、体积较大、孔壁光滑、表面氧化，常出现在浇注位置的上表面或靠近型、芯的表面处。形状多呈梨形、椭圆形或圆形，有时带有孔尾，而此处往往就是气体的侵入部位。侵入的气体一般是水蒸气、一氧化碳、二氧化碳、氢、氮和碳水化合物等。

C　反应性气孔

浇注过程中，由金属液的某些成分之间和金属液与造型材料、熔渣等产生的气体形成的气孔称为反应性气孔。金属-铸型间的反应性气孔，通常分布在铸锭表皮下1～3mm处，通称皮下气孔。形状有球状和梨形（常发生在球铁件中），孔径约1～3mm。有些皮下气孔呈细长状，垂直于铸锭表面，深度可达10mm左右。

另一类反应性气孔是金属内部各元素之间或元素与非金属夹杂物（包括熔渣）发生化学反应产生的蜂窝状气孔，呈梨状或团球状均匀分布。

9.6.2.2　气孔的形成

A　析出性气孔的形成

金属液中含气量较多时，随着温度下降溶解度降低，气体析出压力增大，当大于外界压力即具备 $\Sigma P_G > \Sigma P_E$ 时便形成气泡。气泡如来不及浮出液面，便留在铸件中形成气孔，这就是析出性气孔。

金属液中的含气量较低时，甚至在含气量比凝固温度下液相中的溶解度还低时也可能产生气孔。这种现象需用溶质再分析来解释。

金属在凝固过程中，可以认为气体溶质只在液相中存在有限扩散，而在固相中的扩散可忽略不计，这样可用下式来描述气体浓度 C_L 的分布

$$C_L = C_0\left[1 + \frac{1-k}{k}\exp\left(-\frac{R}{D_L}x\right)\right] \tag{9-22}$$

式中　C_0——金属液中气体原始浓度；

k——气体在金属中的平衡分布系数；

R——凝固速度；

D_L——气体在金属液中的扩散系数；

x——离开固-液界面的距离。

该式表示的气体在金属中的浓度分布如图9-18所示。在固-液界面处，液相中气体浓度 $C_L^* = C_0/k$ 最高。设液相中气体浓度 C_L 大于某一过饱和度 S_L 时，才析出气泡，则大于 S_L 的气体富集区 Δx 可由式9-22求出，即因为 $x = \Delta x$ 处，$C_L = S_L$，所以，

$$\Delta x = \frac{D_L}{R}\ln\left[\frac{C_0(1-k)}{k(S_L - C_0)}\right] \tag{9-23}$$

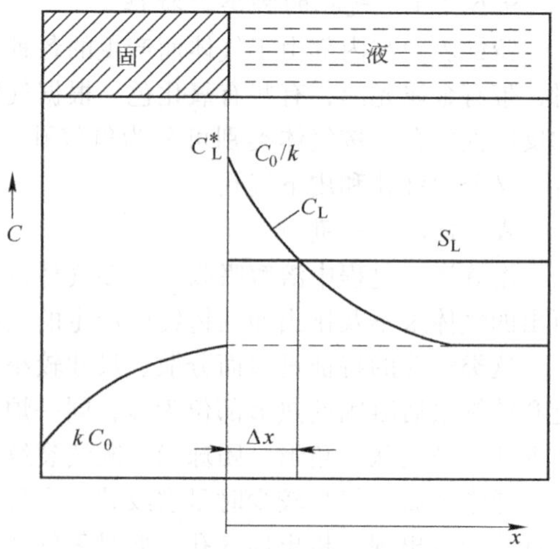

图9-18　凝固时气体浓度分布

析出气泡取决于 Δx 存在的时间，Δt 越长即凝固越缓慢，越有利于析出气泡。

$$\Delta t = \frac{\Delta x}{R} = \frac{D_L}{R^2}\ln\left[\frac{C_0(1-k)}{k(S_L - C_0)}\right] \tag{9-24}$$

可见，当合金成分一定时，Δt 主要由凝固速度 R 决定。Δx 是枝晶间尚待凝固的液相内气体溶质的富集区。这里凝固速度 R、分配系数 k、扩散系数 D 及气体原始浓度 C_0 都会影响到 Δx、Δt 及液相中气体浓度的分布。

即使金属液中气体原始浓度 C_0 小于凝固温度下液相中的饱和浓度，由于金属凝固时存在溶质再分配，在凝固过程中液-固界面处的液相里，于某一时刻所富集的气体浓度将可能大于饱和浓度 S_L 而析出气体。

从上面金属凝固过程的气体溶质再分配的规律可见，结晶前沿，特别是枝晶间液相的气体浓度聚集区 Δx 中，气体浓度将超过它的饱和浓度 S_L，且被枝晶封闭在液相内，具有更大过饱和浓度，有更大的析出压力，而又以液-固界面（$x=0$）处气体的浓度最高，该处也同样有其他气体的偏析，易产生非金属夹杂物。如果枝晶间产生收缩，则该处易出现气泡，而保留下来形成气孔。

在铸件最后凝固的热节处，液相中气体浓度更大。所以在该处往往产生的析出性气孔最大，数量也最多。

显然，有以下主要因素影响析出性气孔的形成：

（1）金属液原始含气量 C_0。C_0 愈大，C_L、Δx、Δt 也相应增大。

（2）冷却速度。铸件冷却速度愈快，凝固区域就愈小，枝晶不易封闭液相，且凝固速度 R 愈大，则 Δx 和 Δt 愈小，气体来不及扩散，因而气孔不易形成。

（3）合金成分。成分影响原始含气量 C_0，还决定分配系数 k 和扩散系数 D，以及合金收缩大小和凝固区域。特别是 k 愈小、合金液收缩愈大及结晶温度范围越大的合金则容易产生气孔和气缩孔。

（4）气体性质。氢比氮的扩散速度快，即扩散系数 D 大，因此氢比氮易析出。而氮的浓度需很高时才会析出。

B　反应性气孔的形成

反应性气孔是由金属液的某些成分之间或金属液与造型材料、冷铁和熔渣进行反应而形成的气孔。这种气孔多分布在铸锭的表皮下，又称为皮下气孔。

在高温金属液热作用下，铸型中水分蒸发以及黏土中结晶水分解而产生大量蒸汽与金属液表面接触，如金属液中某元素与氧的亲和力大于氢和氧的亲和力则会被氧化。

皮下气孔的形成显然与金属-铸型界面处的气体有直接关系。一般情况下，界面上气体侵入铸件表面是困难的。然而，界面上 H_2、N_2、CO 等气体组成与皮下气孔有直接关系。它们虽不易侵入，但有可能分解为原子状态溶解在金属液内。对此，皮下气孔的形成有氢气说、氮气说、CO 说等多种理论。

金属液内反应性气孔分为两类：金属液与渣相互作用产生的渣气孔和金属液内成分之间作用产生的气孔。

渣气孔的产生是由于在浇注前熔渣没有清理干净且浇注过程中又产生二次氧化渣。铸件凝固中，凝固前沿液相区内存在含 FeO 的熔渣与液相中富集的碳反应生成 CO，依附在熔渣上形成渣气孔。渣气孔一个明显的特点是气孔与氧化熔渣依附在一起。

金属液中元素间反应性气孔包括 C—O 反应性气孔、水蒸气反应性气孔以及 C—S 反应性气孔。前者是由于钢水脱氧不完全或铁水严重氧化，溶解的氧若与铁液中的碳相遇将产生 CO 气泡，气泡上浮中也吸入氢和氮而长大；中者金属中溶解的[O]和[H]若相遇则产生水蒸气气泡；后者是在铸件最后凝固部位的液相中，含有较高浓度的[H]和[C]，凝固过程中将产生 CH_4。上述这些气泡如来不及排除便在铸件中产生气孔。水蒸气反应性气孔主要产生在溶解氢和氧的一些铜合金铸件中，通常位于铸件上部和热节处。

反应性气孔产生的原因是多种因素造成的，因此存在多种类型。

9.6.3 铸锭中的非金属夹杂物

在铸锭内部或表面上某些与基体成分不同的质点称为夹杂物。这些夹杂物是由渣、砂、涂料、氧化物、硫化物、硅酸盐等形成的。

夹杂物有金属夹杂物和非金属夹杂物。非金属夹杂物主要分两类：一类是内在的非金属夹杂物，由金属液内的反应产生；另一类是外来的非金属夹杂物。

非金属夹杂物在合金中都以独立相存在。夹杂物的存在破坏了合金基体的连续性，造成合金组织不均匀，影响了合金的力学性能和铸造性能。非金属夹杂物还降低合金的抗蚀性，尤其是熔剂夹杂。非金属夹杂物恶化铸件加工性能，使加工表面质量变坏，增加刀具磨损。在某些场合下，非金属夹杂物对合金也有其有利的一面，如高熔点、高弥散度的碳化物、氧化物等可作为合金凝固时的非自发结晶核心，起到细化晶粒的作用。

由此可见，研究非金属夹杂物的成因及消除措施，从而做到除弊兴利是很有意义的。然而，以前对夹杂物的重视程度除航空部门外并未提到足够的高度。近年来，由于对铸件质量要求越来越高，尤其是薄壁铸件的广泛应用，微合金化、稀土处理等工艺的推广，因此对夹杂物的重视程度也越来越高。

9.6.3.1 夹杂物的分类

按夹杂物的化学成分，夹杂物可以分为氧化物、硫化物、硅酸盐、氮化物、磷化物、卤化物等，以及由它们所组成的多组元的复杂化合物。

A 氧化物系夹杂

氧化物系夹杂可分为简单氧化物和复杂化合物夹杂两大类。铝合金中常见的简单氧化物夹杂为 Al_2O_3；铜合金中常见的简单氧化物夹杂有 Al_2O_3、SiO_2、SnO_2 等；镁合金中常见的简单氧化物夹杂有 MgO、Mg_3N_2、Mg_2C、MgS 等。复杂化合物是溶解有多种组元化合物的固溶体或由两种以上化合物组成的共晶体或复合体，包括尖晶石类夹杂物和各种钙的铝酸盐等。尖晶石类氧化物常用化学式 $AO \cdot B_2O_3$ 表示，A 为二价金属，如 Mg、Mn、Fe 等；B 为三价金属，如 Fe、Cr、Al 等。这类夹杂物因具有尖晶石（$MgO \cdot Al_2O_3$）结构而得名。

硅酸盐成分较为复杂，是一种玻璃体夹杂物。这类夹杂物熔点较低，在金属凝固过程中，由于冷却速度较快，某些液态的硅酸盐来不及结晶，部分或全部以过冷液体即玻璃态的形式存在于金属中。

B 硫化物系夹杂物

铜合金中硫化物夹杂主要是 Cu_2S，镁合金中硫化物是 MgS。铜合金中的 Cu_2S 分布在晶界上，会造成铜合金热脆。

按夹杂物形成的时间可分为初生、次生夹杂物以及二次氧化夹杂。初生夹杂物是在金属熔炼及炉前处理过程中产生的；次生夹杂物是在金属凝固过程中生成的，而在浇注过程中生成的是二次氧化夹杂物。根据夹杂物的几何形状可分为球形、多面体、不规则多角形、条状、板形、薄膜形等。氧化物多呈球形或团状，同一类夹杂物在不同铸造合金中也有不同形状。

根据夹杂物的大小可分为宏观和微观两种，按熔点还可以分为难熔或易熔夹杂物，按来源分为内在夹杂物和外来夹杂物两类。

9.6.3.2 非金属夹杂对铸锭质量的影响

A 对合金力学性能的影响

宏观夹杂物作为脆性相而影响合金的力学性能，故对这种夹杂物的数量、大小有较为严格的检验标准，以确保铸锭的质量。微观夹杂物对铸件的力学性能也有很大的影响，会降低铸锭的塑性、韧性和抗疲劳性能。

一般来说，夹杂物对力学性能的影响与下面六个因素有关：

（1）夹杂物的尺寸。尺寸增加时，有效截面积减小。

（2）夹杂物的形状。这将决定应力集中的程度，进而影响合金的强度和塑性。因此，球状相造成的应力集中将比薄的、带锐角的要低。

（3）夹杂物的方位（相对于主应力方向）。如果第二相的形状是不利的（薄的、延伸的），则相对于外加应力的纵向比横向损害小。

（4）夹杂物在断面中的位置。任一断面很少经受单纯的拉伸应力而无弯曲。于是在表面上的应力将比断面中心的大。因此，表面上的第二相比断面中心的将有更坏的影响。

（5）夹杂物本身的强度（相对于基体）。如果强度较高，则总的强度也高。然而通常其他一些因素会抵消这种影响。

（6）夹杂物与基体间的冶金结合。这将影响上面所提到的全部因素，良好的冶金结合是人们所希望的。

由于金属材料中存在非金属夹杂物，当材料受拉时断面的应力分布是不均匀的，在与夹杂物端部相毗邻的金属基体处的应力将大大升高（即应力集中）。夹杂物愈大，与基体间的结合力愈小，同时由于大多数夹杂物比基体金属的塑性要低得多，因此在金属受力变形的过程中，夹杂物不能随基体相应地变形，这样在夹杂物周围就产生愈来愈大的应力集中，而使夹杂物本身裂开或使夹杂物同基体的连接遭到破坏，两者界面脱开而产生裂纹。随着变形的不断进行，微观裂纹不断扩大并发展成显微孔洞。随着孔洞的不断扩大，相临孔洞相互连通，直到破坏。可见夹杂物对金属的疲劳寿命以及与断裂过程有关的性能指标如伸长率、断面收缩率、韧性等影响很大。

B 对铸造性能的影响

难熔夹杂物以固体状态悬浮于金属液中，使金属液的流动性降低。易熔夹杂物在金属凝固过程的前期仍保持液态，因而这种夹杂物将集中在最后凝固的部分。一般情况下，这最后的凝固部分就是晶粒边界，这就使晶粒边界成为薄弱环节，常成为热裂的直接原因。夹杂物还会造成局部残余应力。收缩大、熔点低的夹杂物将促使微观缩气孔的生成。夹杂物也促进气孔的形成，它既能吸附气体，又是气核形成的良好衬底。

C 对切削性能的影响

夹杂物的存在恶化铸件的加工表面。往往由于夹杂物自加工表面剥落而使材料出现缺陷，表面粗糙度变大。夹杂物的存在还会加速刀具的磨损。实践表明，硫化物增加合金材料的脆性，可提高切削速度；而氧化物和硅酸盐夹杂物，由于硬度高而对切削不利。利用夹杂物来提高合金的切削性能是在牺牲材料的其他性能的情况下获得的。

D 对其他性能的影响

合金中非金属夹杂物影响零件热处理，使工件在氮化时起泡。夹杂物是产生焊缝热裂的主要原因，它对材料的磁性也有影响。在某些情况下，夹杂物可提高材料的硬度，增加耐磨性。

9.6.3.3 初生夹杂物的形成

从溶解有金属和非金属元素的均质液相中析出非金属夹杂物是一种凝固过程。核的生成有均匀生核和非均匀生核两种。

从溶解有金属与非金属元素的均质液相中析出非金属夹杂物，取决于热力学及动力学条件。该过程的化学反应为

$$m[\mathrm{A}] + n[\mathrm{B}] \rightleftharpoons \mathrm{A}_m\mathrm{B}_n \tag{9-25}$$

其中，A、B 分别表示金属与非金属元素，A_mB_n 为产生的非金属夹杂物相，其平衡常数为

$$K = \frac{a_{\mathrm{A}_m\mathrm{B}_n}}{a_{\mathrm{A}}^m a_{\mathrm{B}}^n} \tag{9-26}$$

式中　a——相应元素的活度。

标准状态下，夹杂物的生成自由能与平衡常数之间的关系为

$$\Delta G^{\ominus} = -RT\ln K \tag{9-27}$$

$\Delta G^{\ominus}$愈小，该夹杂物愈容易从液相中析出，该过程通常是放热反应，因此温度愈低，$\Delta G^{\ominus}$越小，该化合物越容易形成。

同一液相中到底优先析出哪一种化合物，这就要看 $\Delta G^{\ominus}$的大小，即生成该化合物亲和力的大小。不同类型化合物也可进行比较，如氧化物在通常温度范围内 $\Delta G^{\ominus} < 0$。有相当多的氮化物在高温下 $\Delta G^{\ominus} > 0$，即在该温度下不能析出。

夹杂物的熔点大致反映生成热的高低及元素之间亲和力的大小。熔点愈高，生成热愈大，即 $\Delta G^{\ominus}$愈小。因此比较熔点可大致比较其生成的难易程度。

实际上金属液内各元素浓度是不同的，仅从 $\Delta G^{\ominus}$的大小来判断是不够的，还应考虑到反应过程的动力学条件。根据质量作用定律，[A]和[B]元素浓度越高，式 9-27 向右反应速度越快，越有利于生成物的形成。反应速度还决定于反应元素的扩散速度，即扩散系数越大或温度越高，反应速度也越大。所以从液态金属中析出非金属夹杂物的难易程度同时取决于热力学和动力学条件。在生产条件下，金属液的过热温度不太高，热力学条件一般都能满足，因此夹杂物的析出主要取决于动力学条件。

初生夹杂物是在液相中析出并在其中长大的。初生时其基本尺寸多数只有几微米，然而数量却是惊人的，它们很快地聚合，即便是保持恒温也是如此。初生夹杂物的聚合长大非常迅速，其中一个重要原因就是因为夹杂物在随金属液运动中发生碰撞聚合所致。

金属液与夹杂物之间存在密度差，因而产生上浮或下沉的力。夹杂物颗粒大小不同，沉浮速度也不相同。夹杂物颗粒愈大，其沉浮速度也愈大。尺寸不同的夹杂物沉浮速度存在一个差值，这将导致夹杂物颗粒之间在沉浮时发生碰撞。由于金属液中夹杂物的数量极多，粒子只需移动数十微米就可能发生一次碰撞，可见粒子间发生碰撞的几率是很大的。

夹杂物发生碰撞后能否聚合在一起，取决于夹杂物的表面性质、金属液的温度、夹杂物的熔点及尺寸大小。金属液与夹杂物的界面张力 $\sigma_{\mathrm{m-s}}$愈大，则夹杂物自发聚合的趋势愈大。低熔点的夹杂物处于高温金属液中可能成为液滴状态。液态夹杂物彼此碰撞时，几乎能百分之百地聚合。聚合后两个液滴成为一个完整球状夹杂物时，称为“合一”。液滴黏度低时，则“合一”的速度快。

如果金属液温度较低而夹杂物的熔点较高时，夹杂物呈固态，碰撞时可黏结在一起，或单个靠在一起，或多个聚合在一起，呈粗糙的群落状。与大颗粒相比，小颗粒夹杂物的比表面积大，表面能也大。因此，由小颗粒碰撞后变成大颗粒的过程是自发的。非同类的两种夹杂物碰在一起，将组成更复杂的化合物。

夹杂物长大后沉浮速度增大，达 100μm 后沉浮速度才显著增加。夹杂物粗化后，又加快了它的沉浮速度，容易与其他夹杂物发生碰撞而长大。这样在不断的沉浮过程中，夹杂物不断地长大，其成分与形状也更加复杂。与此同时，金属液中某些成分也会不断向夹杂物扩散或溶解，这样处在运动中的夹杂物时而在某处长大，时而在某处因成分变化又部分熔化。因此，铸

件中的夹杂物常为多种组元而非单一化合物。

9.6.3.4 二次氧化物夹杂及其影响因素

金属液在浇注及充填铸型的过程中所产生的氧化物称为二次氧化夹杂物。这是铸锭中产生夹杂物的又一重要途径。有时二次氧化物夹杂可使熔炼脱氧、精炼的作用化为乌有。

液态金属与大气接触时，其表面很快形成一层氧化膜。随着吸附在表面的氧元素向液体内部扩散，内部易氧化的金属元素向表面扩散，氧化膜不断增厚。不过当致密的氧化膜增厚到能够阻挡氧原子继续向内部扩散时，氧化过程就停止。此时如果氧化膜遭到破坏，在破坏的表面很快又会形成新的氧化膜。

在浇注过程中，由于金属流动时的紊流、涡流、飞溅等，表面氧化膜往往会被卷入金属液内部，加上此时冷却速度较大，卷入的氧化物来不及上浮到表面而留在金属中形成二次氧化夹杂物。二次氧化夹杂物常常出现在铸锭上表面或型芯下表面，或死角处，是铸件中非金属夹杂物缺陷的重要组成部分。

二次氧化夹杂物的形成与金属液的化学成分、液面条件、液流特征、浇注工艺及铸型条件等因素有关。

（1）化学成分。二次氧化夹杂物能否形成，取决于金属中各元素氧化的热力学及动力学条件。首先，金属液中要有强氧化性元素。氧化物的标准生成自由能越低，表明该元素氧化性越强，生成二次氧化夹杂物的可能性越大。二次氧化夹杂物的生成还取决于氧化反应的速度，即与被氧化元素在液体中的活度有关。通常合金元素的含量都不大，一般可看作是稀溶液，可用浓度近似代替活度。被氧化元素含量的多少影响到夹杂物形成的速度和数量，即便是强氧化性元素，如果含量低，也会因反应速度低而不易生成。合金中通常含有多种元素，究竟优先产生哪一种氧化物，既要看该元素的氧化性强弱，也要看该元素含量的多少。

（2）液面条件。二次氧化发生在液面，氧化物的生成与液面的氧化条件有关。金属液充填铸型时，由于铸型中的水分蒸发而形成氧化性气氛，加速了液面的氧化，增大了产生二次氧化夹杂物的倾向。

（3）液流特性。浇注时，金属液的流动若是平稳的层流，则氧化膜破坏而被卷入金属液内部的可能性极小；如果是紊流，这种可能性就会增大；出现涡流时，造成空气卷入，增加了与大气接触氧化的机会。浇注中液滴的飞溅，可直接将表面二次氧化物送入金属液内，金属液内的对流也会把夹杂物带入液体内部。

9.6.3.5 次生夹杂物的形成

次生夹杂物是指在主要相凝固或凝固后生成的非金属夹杂物。这类非金属夹杂物通常属于微观范畴，它的形成与合金凝固时液相中溶质元素的富集有关。

液态合金凝固时发生的溶质再分配现象，使合金元素及杂质元素将富集在枝晶间尚未凝固的液相内。该液相的成分、浓度、表面能等均有别于母液的初始成分。凝固区域内的偏析，在合金凝固过程中就可能在某些地方产生新的非金属夹杂物。这些夹杂物是从偏析液相中产生的，因此也可称为偏析夹杂物。各枝晶间偏析液相成分往往不相同，所产生的偏析夹杂物也不一样。

合金凝固时，由于枝晶间溶质的富集，在某温度下，靠近凝固界面的溶液中某些地方（可看成是小液滴）有可能具有夹杂物的形成条件。可把这种“液滴”看成是孤立的“小铸件”，同时假定该“液滴”仅仅富集了两种成分（实际上液滴的成分要复杂很多）。由于合金中含有多种成分，因此实际上夹杂物的偏晶反应比二元偏晶反应要复杂得多，因而次生夹杂物的组成是很复杂的。

次生夹杂物有各种不同的形状，形状不同取决于相界面动力学和其他因素；次生夹杂物的尺寸主要由合金的结晶条件和成分决定。由于次生夹杂物是在枝晶偏析流相中产生的，冷却速度大时，晶粒细化，树枝晶的一次、二次分枝间距缩小，偏析夹杂物也随之细化。

形成夹杂物的元素特别是含量较少的非金属元素，原始含量愈高，枝晶间偏析液相中富集的该元素浓度就愈高，在相同的结晶条件下，夹杂物也愈大。

9.6.4　气体与非金属夹杂的排除

由于金属液中的气体与夹杂物对铸件的性能带来不利的影响，故在熔炼及浇注过程中，要设法将其去除。近年来对金属质量的要求日益严格，薄壁铸件的广泛使用，对气体及夹杂物的去除要求更为迫切。

防止或减少气体和非金属夹杂物的有效措施，是尽可能彻底地精炼去渣，适当提高浇注温度和降低浇注速度，供流平稳均匀，工模具保持干燥等。铝合金连铸时，采用过滤法能显著减少铸锭中的夹杂。

下篇

有色金属及合金的熔铸技术及设备

10 有色金属及合金的熔炼技术

本章要点：随着时代的发展和技术的进步，各种先进的有色金属熔炼技术相继被开发应用。本章主要介绍了目前已经工业化应用的一些典型熔炼技术的特点和存在问题。学习本章应重点掌握下列内容：(1) 感应炉熔炼技术的基本原理与特点；(2) 真空熔炼的理论基础与技术特点；(3) 各种先进熔炼技术的优缺点对比。

10.1 熔炼炉选用的基本要求和种类

10.1.1 熔炼炉的基本要求

有色金属及合金熔炼过程中元素容易氧化和容易吸气。为获得烧损小、含气量低、夹杂物少和化学成分均匀优质的合金液，对熔炼炉的基本要求是：

(1) 有利于炉料快速熔化升温，缩短熔炼时间，减少元素烧损和吸气；

(2) 能耗低、热效率高和坩埚炉衬寿命长；

(3) 操作简单，炉温便于调整和控制，工作环境好。

10.1.2 熔炼炉的种类和应用

常用有色金属及合金熔炼炉可分为燃料炉和电炉两大类。燃料炉常用的有焦炭炉和燃油炉。燃料炉分为坩埚炉和反射炉。电炉分为电阻熔化炉、感应熔化炉和电弧炉。感应炉分为有芯和无芯，按频率又可分为工频和中频。电弧炉可分为自耗炉和非自耗炉。常用的有色金属及合金熔炼炉及应用见表 10-1。

表 10-1 常用有色金属及合金熔炼炉的分类和选用

类型		特点	应用
电炉	电阻炉	坩埚式	Al、Zn、Mg 等低熔点金属及合金
	感应炉	无芯工频感应、中频感应	Cu、Al、Mg 及其合金
	电弧炉	真空电弧凝壳炉	Ti、Zr 及其合金
燃料炉（固、液、气）	坩埚炉	固定式、可倾式	Cu、Al、Mg 及其合金
	反射炉	固定式、可倾式	Cu、Al 及其合金

10.2 坩埚炉和反射炉熔炼技术

10.2.1 坩埚炉熔炼

坩埚炉熔炼是一种古老的冶炼方法，随着人类文明和科学技术的发展，新的熔炼方法层出不穷，但是作为一种最基本的冶炼方法，坩埚熔炼一直沿用至今。然而，现代的坩埚熔炼已有较大的改进。坩埚一般是用耐火材料制成，也有使用石墨、铸铁或铸钢材料制成，在高科技领域还有应用刚玉坩埚和铂金坩埚。金属坩埚在使用时内表面应用涂料保护。坩埚炉的加热方式是由周围和底部加热，可用固体、液体、气体燃料，也可用电加热。坩埚炉熔炼的特点是：设备灵活性大；可繁、可简；投资可多、可少；适用于小批量、多品种；生产灵活性大，合金成分可以精确控制，金属烧损小。由于火焰坩埚炉烟尘大、热效率低、污染环境，温度不易控制，现在多用电阻或感应加热来代替。坩埚炉熔炼多用于小型铸造厂、实验室或用于生产中间合金。

10.2.1.1 坩埚电阻炉

坩埚电阻炉是利用电流通过电加热元件发热辐射坩埚传导给金属使其熔化升温。常用的电加热元件是镍铬合金或铁铝铬合金。主要用于低熔点的有色金属或合金的熔炼，如铝、锌、镁、锡和巴氏合金等。

坩埚电阻炉主要由电炉本体、控制柜（包括控温仪表）和坩埚组成。其结构形式分为固定式和倾斜式两种。坩埚电阻炉用的坩埚多采用耐热铸铁提高使用寿命。坩埚电阻炉与感应电炉相比，结构紧凑，电气配套设备简单，价廉。与火焰坩埚炉相比，温度易控制，元素烧损小，合金液吸气少，工作环境好。因此被广泛用于铝、锌、镁和巴氏合金熔炼炉，特别是适用于铝、锌合金压铸和铝合金低压铸造的保温炉。这种炉的最大缺点是熔炼时间长，耗电量大，生产效率低。从发展趋势来看，较大熔化量铝合金将被中频感应炉和火焰反射炉代替。

10.2.1.2 燃料坩埚炉

燃料坩埚炉是通过燃料燃烧加热坩埚传导给金属炉料生温熔化。该类型坩埚炉分为焦炭坩埚炉、燃油坩埚炉和燃气（煤气）坩埚炉。

（1）焦炭坩埚炉。它是熔炼铜、铝合金应用最广泛的用炉，它的燃烧方式有自然通风和鼓风两种。它的结构由炉体、炉口圈、炉盖、坩埚、炉灰坑、烟道和烟囱组成。

（2）燃油坩埚炉。它主要是熔炼铝、锌和镁合金用炉，熔铝、锌合金用耐热铸铁坩埚，熔镁合金用钢板焊制坩埚。它的结构分固定式和可倾式两种，主要由炉体、烧嘴、坩埚、炉盖、烟道和倾斜机构组成。

10.2.2 反射炉熔炼

10.2.2.1 火焰反射炉熔炼技术

火焰反射炉又称角型炉，是目前工业生产的主要炉型，它是利用高温火焰加热炉顶，然后靠炉顶和火焰本身的辐射传热来加热和熔化炉料。燃料可用煤、石油、煤气和天然气等。火焰反射炉容量大；温度高（可达1600～1700℃），适用于大批量生产，多用于熔炼铝、镁、锌金属及其合金和紫铜。因为主要靠辐射传热，所以熔池面积越大，熔化速度越快，生产效率越高；但是，熔池面积大也带来了氧化损失和吸气量的增加。另外，由于炉料上部先受热熔化，下部炉料靠本身传导和吸收上层炉料熔化流淌下来所带的热量，慢慢升温熔化，熔体产生不了热对流效应，上下温差很大，所以熔池不能太深。因此，反射炉熔炼时，必须注意熔体保护，加强覆盖和经常搅动，使温度和成分均匀。反射炉废气带走大量热量，热效率较低；为了充分利用废气余热，最好采用换热器预热煤气和空气，或设置余热锅炉回收部分热量。

火焰反射炉从燃料来分有焦炭反射炉、燃油反射炉和燃气反射炉，常用于有色金属熔炼的焦炭反射炉（铜合金）、燃油反射炉（铝合金）。燃油反射炉又分为固定式和可倾式两种。

（1）焦炭反射炉。主要用于熔炼铜合金，容量在3～5t，浇铸大型铸铜件。它的炉体主要由熔池（也称金属料池）、炉盖、燃烧室、烟囱、鼓风机和启动设备组成，详见图10-1。

（2）燃油反射炉。主要为铝合金批量生产的低压铸造、铝合金压铸和金属型铸造作熔炼炉，精炼除渣处理后，供给保温炉用来浇铸铸件，容量在300～1000kg，很少用来直接浇铸铸件。燃油反射炉分为固定式和可倾式两种。它的炉体结构由带出水口和加料口的熔池（也称料池）、烧嘴、烟囱和倾斜装置组成。固定式燃油铝合金反射炉如图10-2所示。

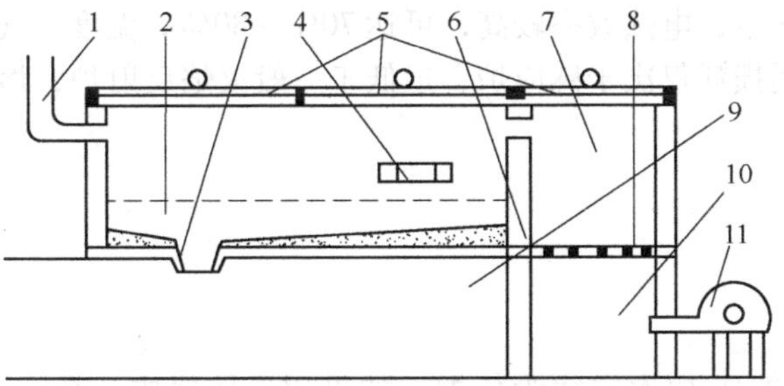

图10-1 熔铜焦炭反射炉示意图

1—烟道；2—熔池；3—出水口；4—调料口；5—炉盖；6—炉体；7—燃烧室；8—炉箅；9—炉坑；10—灰坑；11—风机

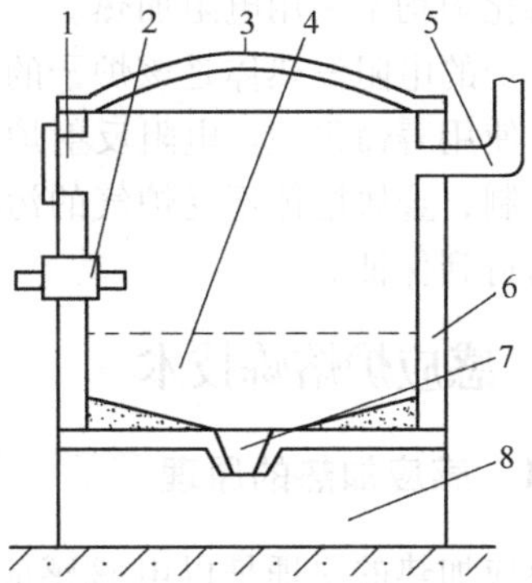

图10-2 固定式燃油铝合金反射炉示意图

1—投料口；2—喷嘴；3—炉盖；4—熔池；5—烟道；6—主体；7—出水口；8—炉坑

另外，铝的黑度很小，吸收辐射效率低，因此熔铝炉的热效率很低。目前如何提高火焰反射炉热效率、降低能耗是一个重要课题。提高热效率且降低能耗的主要途径是：

1）改变传热方式，加强对流传热作用，将辐射传热为主要传热方式转变为辐射和对流都起主要作用的传热方式；

2）使装炉等操作机械化，缩短装炉等辅助时间；

3）实现熔炼过程自动控制，使熔炉始终处于最佳工作状态；

4）合理利用余热。

10.2.2.2 电阻反射炉熔炼技术

图10-3是电阻反射炉的典型结构示意图。电阻反射炉的加热是靠安装在炉顶的电阻发热元件产生的热量辐射加热炉料。电热体有金属和非金属两种，金属发热体多为镍铬高温合金制成，非金属发热体多采用碳化硅棒作为发热元件。为了获得比较均匀的热分布，炉顶大多采用平顶，平均负荷，每平方米炉顶面积的功率通常不超过30～35kW，温度一般不超过1100℃。熔炼温度低于850℃，加热速度慢、熔炼时间长，且电阻易为熔剂和炉气烟尘所腐蚀，使用寿命短，单位电耗大(450～650kW·h/(tAl))，故炉子容量不宜过大，一般不超过10t，熔池不宜过深。所以电阻反射炉多用于铝及铝合金、镁及镁合金的熔化和保温，工业生产中大容量的铝

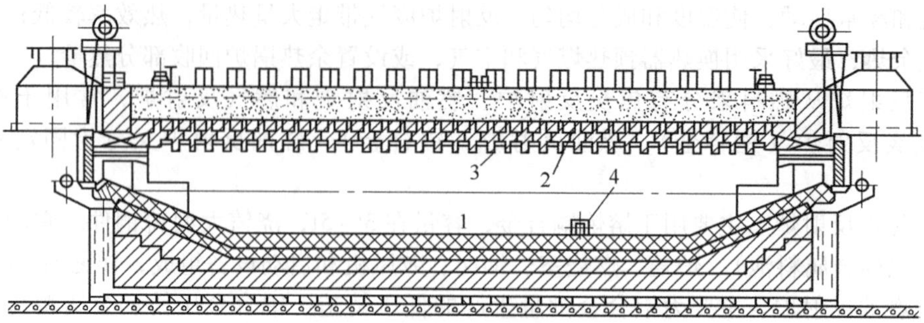

图 10-3　电阻反射炉剖面图

1—炉底；2—型砖；3—电阻器；4—金属流口

合金熔化炉均不采用电阻加热。

电炉的电阻发热体是该炉子的主要消耗品，因为它受炉气、熔剂、飞溅金属的腐蚀，容易损坏，使用寿命很短。电阻反射炉的结构简单，电热效率较高，可达 70% ~80%，温度和气氛容易控制，金属熔体不受炉气的污染，金属损耗仅次于感应炉，远低于一般火焰反射炉，熔体质量易得到保证。

10. 3　感应炉熔炼技术

10. 3. 1　感应加热的原理

感应加热的原理是以电磁感应定律和焦耳-楞次定律为依据，如果用导体绕成一个线圈，并在线圈中通入交变电流，则在线圈内产生一个相应的交变磁场，也即大小和方向都随时间改变的交变磁通量。当把一块导电金属放在线圈内时，根据电磁感应定律，金属内必定会产生感应电势。由于一块整体金属可以视作一短路的导体，于是在感应电势的作用下，金属内就有电流产生，这电流叫做感应电流或涡流，那个线圈叫做感应线圈或感应器。这涡流产生的磁通量，总是力图阻止线圈内的磁通量发生变化。若施于线圈的交变电流不停止，则金属内的涡流也不会停止。众所周知，任何金属都具有电阻，因此金属被加热甚至熔化，一般所谓感应加热就是指此而言的。

感应炉就是利用电磁感应原理，使处于交变磁场中的金属材料内部产生感应电流，从而把材料加热直至熔化的一种电热设备。

显然，实现感应加热必须具备两个条件：一是感应线圈中通入的必须是交变电流；二是处于感应线圈中的被加热材料必须是能导电的，或用电的导体作为发热体，利用导体发出的热量去间接加热非导电材料。

此外，如果处于感应线圈中的是导磁的金属（例如，磁性钢、铁、钴和镍等），则除了由于涡流发热外，还会由于这些金属内部存在磁滞现象，在被交变磁场反复磁化的过程中产生磁滞损耗而发热，这也是感应加热的效果之一。但相对于感应电流发热来说，磁滞损耗发热较为次要。

10. 3. 2　感应炉的分类和特点

10. 3. 2. 1　感应炉的分类

A　按工作频率分类

感应炉按工作频率分类如下。

（1）工频感应炉。它的工作频率为50Hz，可由单相、两相和三相电源供电。

（2）中频感应炉。它的工作频率范围高于工频，低于10kHz。通用频率（Hz）挡级依次是：150、(250)、450、1000、2500、4000、8000、10000。一律采用单相供电。自从出现可控硅中频装置以后，所用的频率范围已逐渐扩大到100kHz。

（3）高频感应炉。它的工作频率高于100kHz。

B　按结构特点分类

根据炉子结构中有无铁芯穿过被熔化的金属熔池这一特点，又可把感应熔炼炉分为无（铁）芯和有（铁）芯两种。

（1）无芯感应熔炼炉。这种熔炼炉分为真空和非真空两种。非真空无芯感应熔炼炉（简称无芯感应炉）多用于熔炼钢、铸铁以及铜、铝、锌、镁等有色金属及其合金。真空感应熔炼炉（简称真空感应炉）用于熔炼耐热合金、磁性材料、电工材料、高强度钢、特种钢和核燃料等。无芯感应熔炼炉视所熔炼材料的性质及工艺要求可选用工频、中频或高频加热电源。

（2）有芯感应熔炼炉。这种炉子设有围绕铁芯的液体金属熔沟，因此又叫做熔沟炉或沟槽式感应熔炼炉。这种炉子一般用于铸铁和铜、铝、锌等有色金属及其合金的熔炼、保温和浇铸。通常都采用工频电源。

10.3.2.2　感应熔炼炉的特点

感应熔炼炉同其他一些用于熔炼金属和合金的电弧炉、冲天炉等相比具有下列一些优点：

（1）在被加热的金属本身感应产生强大的感应电流，使金属发热而熔化，因而加热温度均匀，烧损少，可以避免像电弧炉那样产生局部高温。这对于贵重金属和稀有金属及其合金的熔炼具有十分重要的意义，例如，镍、铬、钒、钨在感应炉中熔炼的烧损比电弧炉的少2/3。

（2）感应熔炼炉中，由于电磁力引起金属液搅动，所以熔化所得的金属成分均匀，质量高，加热设备不会污染金属。

（3）熔化升温快，炉温容易控制，生产效率高，能广泛应用于黑色及有色金属的熔炼。

（4）炉子周围的温度低，烟尘少，噪声小，因此作业的环境条件好。

（5）没有电极或不需要燃料，可以间歇或连续运行。

感应熔炼炉的一些缺点是：

（1）对作为加热对象的原材料有一定要求，多半只用于金属和合金的重熔。

（2）冷料开炉时，需要起熔块（频率较低的炉子），升温慢。材料熔化后，由于炉渣本身不产生感应电流，靠金属液传给它热量，所以炉渣的温度比金属液的低，不利于造渣，从而影响到精炼反应的进行。这一缺点，决定它只适宜于熔化金属，而不适于金属的冶炼提纯。

（3）感应熔炼炉本身的功率因数低，需要辅之以一定数量的补偿电容器，这是比较昂贵的。

10.3.3　无芯感应炉熔炼

无芯感应熔炼炉主要由电炉本体、电气配套设备以及相应的机械传动和保护装置组成。无芯感应熔炼炉不仅用途广泛，而且炉子容量、供电频率、炉体的结构方式以及热工特点等差异很大。

这种炉子的特点之一是功率因数低，通常只有0.1～0.25左右。为把炉子的功率因数调整到1，需要并联电容量大的补偿电容器。

无芯感应熔炼炉按电源频率不同，分为高频（50～500kHz）、中频（0.15～10kHz）和工频炉三种。一般来说，炉子容量愈大，所用的供电频率愈低。

10.3.3.1　工频无芯熔炼炉

工频无芯熔炼炉是20世纪40年代发展的炉子，最初用于熔炼铸铁，后来用来熔化铜和铝基合金。由于不需要变频设备，因此发展迅速。图10-4是工频无芯感应熔炼炉的炉体结构。它用于熔炼铜合金及铁合金，额定容量1.5t，坩埚尺寸为ϕ580mm×1190mm，熔化最高温度为1600℃，每炉熔化时间2～3h，额定功率为420kW，供电容量为560kV·A，电源电压为380V，频率为50Hz，炉体最大倾转角度为90°。炉子分成炉体、炉架、液压倾转系统、冷却水系统等四个部分。

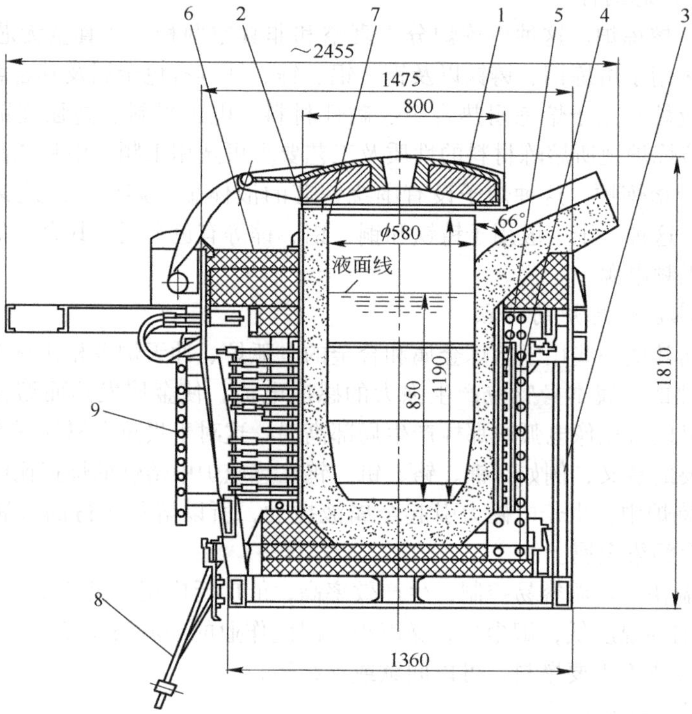

图10-4　工频无芯感应熔炼炉

1—炉盖；2—坩埚；3—炉架；4—轭铁；5—感应器；6—耐火砖；7—坩埚模；8—可绕汇流排；9—冷却水系统

炉体有感应器、磁轭及炉衬三个主要部分，配以型钢结构组成单元整体。坩埚由耐火材料烧结而成，坩埚的底部及上部四周均用耐火砖与绝缘材料砌筑。感应器用异形铜管绕制。感应器经过绝缘处理，它的内壁与炉衬之间用云母片与石棉纸围成圆筒，作为电和热的绝缘层。感应器的外面有几组轭铁，由硅钢片叠制而成，铁芯的上下端用螺钉固定在两个型钢焊接成的圆箍上。炉衬紧靠着感应器内层，在熔炼钢、灰铸铁和铜合金时，常用石英砂捣打炉衬。

炉架主要由型钢焊接而成，分固定和转动两个支架，旋转运动由用于操作的液压倾动机构来完成。转动炉架是一个可绕炉口旋转的单元整体，承托炉体与炉料两种载荷，整个架子可围绕炉口旋转95°，以满足清理完坩埚中液体炉料的需要。在固定炉架的倾斜型钢上装有一个行程开关，以防止翻炉事故。炉顶是一个砌有耐火砖的炉盖，可以减少辐射热损失，并且当炉子旋转在任何角度时，它也能够盖好。用液压装置倾斜炉体和启闭炉盖。液压系统由油箱、油泵、压力阀、操纵阀、倾动油缸及炉盖油缸等液压设备组成。操纵阀有三个位置，向前位置为倾炉，中间位置为停止，向后位置为复位。

冷却水的作用是带走感应器本身损耗所产生的热，以及透过坩埚壁的传导传热。水压为0.2～0.3MPa，进水温度为15～25℃。通常从感应器中排出到集水漏斗的冷却水温度不超过50℃，以免水中所含的钙镁杂质沉附在感应器钢管的内壁上。

为了使感应器对炉料的功率传递具有一定的效率，工频无芯炉坩埚容量不能太小，对于有色金属约为600kg。容量太小，炉子的电效率就显著下降，熔化的电耗增加。其次，为了加强感应圈对炉料的功率传递，减少磁漏损耗，一般装有硅钢片叠成的磁轭，作为外磁通路。至于感应圈本身，由于其中通过强大的工频电流，而这电流又因趋肤效应和邻近效应，集中在感应圈靠近坩埚的内侧，因此为了节省铜材和便于线圈的布置和加工，感应圈需要用侧壁厚（13～15mm），其余三面壁薄（2～4mm）的矩形铜管绕成。此外，工频炉的电动效应强烈，要求整个炉体装配牢固，以减少因电动效应而产生的炉体各部分振动。为避免金属熔体从炉中喷出和降低液面凸起高度，感应器的上端应低于熔池液面。

使用工频无芯熔炼炉时由于电源的频率低，所以在冷炉起熔时要求装入大块物料作起熔体，否则很难起熔。在一炉熔炼结束后，也不宜把金属熔体全部倒完，而应留下1/4～1/3作为下一炉的起熔体，否则下一炉不易起熔。另外，这种炉子的电动搅拌作用强，起熔后可以熔炼碎料，如金属碎屑。但液面凸起高度大，对于要求炉渣覆盖金属的还原熔炼，就要求增加炉渣的数量。必须对液面凸起高度加以控制，否则熔体甚至往炉外喷溅。

在熔炼轻金属时，为提高功率因数和电效率，熔铝采用钢坩埚，熔镁采用石墨坩埚。这时主要由坩埚完成电热转换，传热给物料。工频无芯熔炼炉用于钢、铸铁、铜和铝等有色金属及其合金的熔炼和保温。平均单耗(kW·h/t)：铜为380～400，黄铜为300～320，铝为450～500；功率因数：对于铝为0.12～0.17。

10.3.3.2 中频无芯熔炼炉

中频炉结构和工频炉结构基本相同，但也有不可忽视的差异。中频炉电动效应较弱，所以不必使熔体液面高度显著超过感应圈的上端，通常维持两者大体上平齐。感应圈靠物料的一侧的管壁较工频炉薄，因为其频率较高，穿透深度小。中频炉定频率通常在4kHz以下。电炉所需的补偿电容相当多，一般配有独立的补偿电容器架或柜。用它熔炼有色金属及其合金的电能单耗为：铜400～500kW·h/t，镍650～700kW·h/t，黄铜220～360kW·h/t。

10.3.3.3 高频无芯感应炉

高频炉的工作频率通常是50～400kHz，高频变频器的效率低，设备费用较高，适合于实验或小规模生产，供特种钢和特种合金熔炼使用。装料量一般在50kg以下，输入功率在100kW以下。炉体部分结构简单，感应线圈铜管的外面一般不作绝缘处理，坩埚的倾倒采用手动机构。

高频炉起熔容易，可以处理碎料，熔池稳定，熔体凸起高度小，产品质纯且金属损耗小。但电能单耗较高，为中频炉电耗2～3倍，容量为10kg的炉子输入功率为30～60kW，熔化时间为15～25min，电能单耗为1500～2000kW·h/t。

10.3.4 有芯感应炉熔炼

有铁芯感应熔炼炉也称熔沟式感应炉（如图10-5所示），常用来熔炼钢与铜合金。炉子由熔池、熔沟炉衬（炉底石）、感应器及炉壳等组成。熔沟炉衬中有一或两条环沟，其中充满和熔池联通的熔体，称为熔沟。铁芯炉铁芯由硅钢片制作，感应圈套在铁芯上。

有铁芯感应熔炼炉的工作原理、技术特点与坩埚式感应炉基本相同。所不同的是使用工频

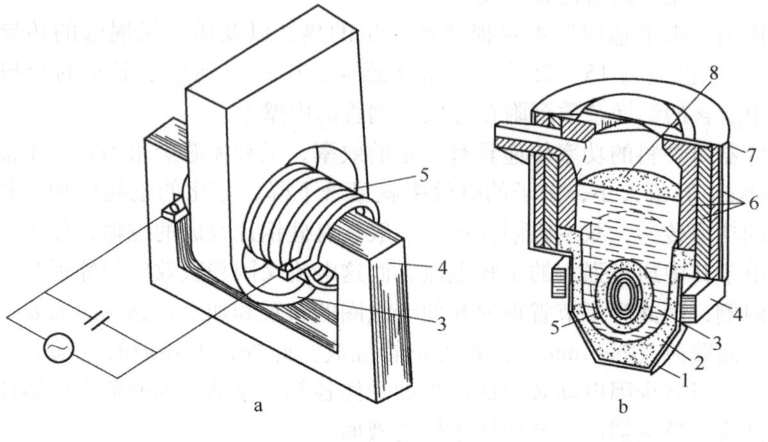

图 10-5　有铁芯感应炉工作原理（a）及结构示意图（b）

1—炉底；2—炉底石；3—熔沟；4—铁芯；5—感应器；
6—炉衬；7—炉壳；8—熔体

电，热电效率较高，电气设备费较少，熔沟部分易局部过热，炉衬寿命一般也较长，熔炼温度较低。由于熔沟中金属感生的电流密度大，加上有熔沟金属作起熔体，故熔化速率较高。炉子容量已系列化（0.3～40t），并正向大型化、自动化发展。

对于单熔沟感应炉来说，最大的问题是熔沟中金属液流紊乱，局部过热严重。熔炼铜合金时，熔沟中部与上部熔池中金属液的温差可达100～200℃。由于熔沟底部泄漏磁场对熔沟金属施加电磁力，因此熔沟底部产生局域性涡流而出现死区，见图 10-6a。常处于过热状态的熔沟金属液在静压力作用下会渗透到炉衬的空隙中去，加上熔体的冲刷作用，因而降低炉衬寿命，甚至会穿透炉衬而造成漏炉。为克服这一缺陷，已发展出一种单向流动单熔沟，见图10-6b。这种熔沟断面呈非对称椭圆形变断面结构，并由左向右上升流动。两侧熔沟断面积以 $A/B = 1/1.5$ 为宜，过大熔沟易损坏；过小熔体流动慢，热交换差。单向流动熔沟中熔体流速高，不仅可减小熔沟和炉膛中熔体的温差，避免熔沟金属过热，还可缩短熔炼时间，提高熔炉生产率10%～30%，增加炉衬寿命0.5～1.0倍，改善电效率，降低电耗和成本。

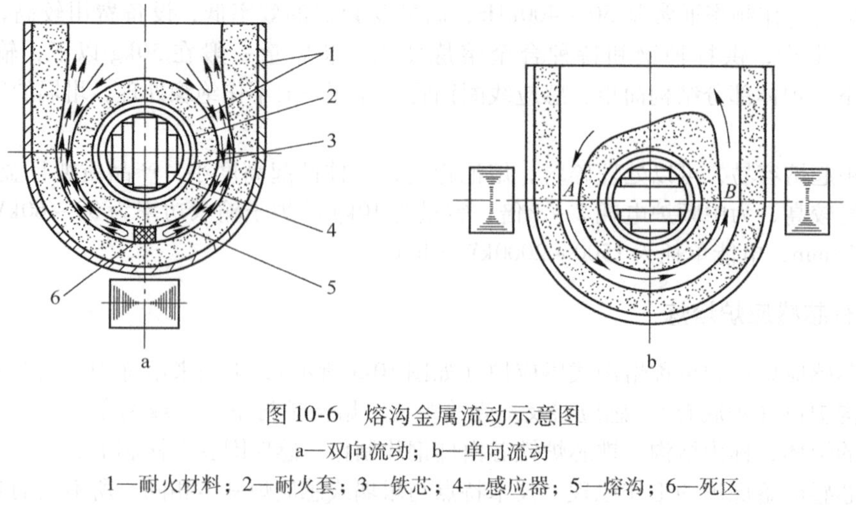

图 10-6　熔沟金属流动示意图

a—双向流动；b—单向流动

1—耐火材料；2—耐火套；3—铁芯；4—感应器；5—熔沟；6—死区

此外，采用多相双熔沟并立结构，也可得到单向流动的结果。它利用中部共用熔沟与边部熔沟内磁场强度的差异，使中部熔沟中的熔体向下流动，两侧熔沟中的熔体向上流动。在熔沟耐火材料中加入少量冰晶石粉，并将感应器外的耐火套改用水冷金属套，均有利于延长熔沟使用寿命。

图10-7是容量为3t的熔炼黄铜的铁芯感应炉，炉子功率为750kW，具有三个铁芯感应器，变压器容量为1000kV · A，炉子周期工作。炉料从上部的炉口加入，出料口在炉子端墙上，其中心线与炉子倾转轴线重合。排渣口在另一端墙上。炉子坐落在铁轮上，用电机驱动倾转，设有终点行程开关以限制倾转角度。通水冷却感应圈，并且用鼓风冷却熔沟部位的炉衬。炉子生产率为5t/h，电能单耗为200kW · h/t，电效率为0.95，热效率为0.89。

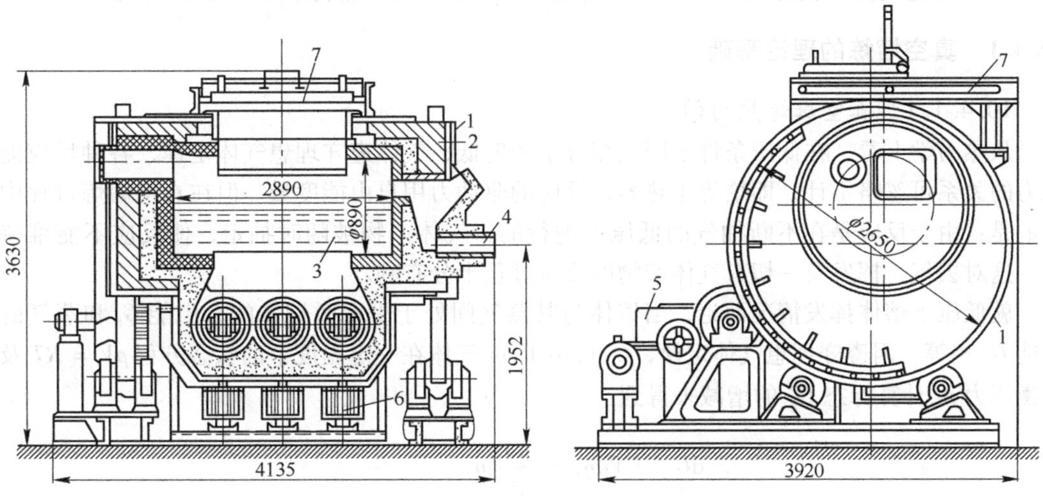

图10-7　容量为3t的熔炼黄铜的铁芯炉
1—炉壳；2—炉衬；3—熔池；4—放出槽；5—倾转机构；6—铁芯；7—炉盖

10.4　真空熔炼

真空熔炼与真空技术的发展紧密相关。早在1905年Bolton就利用自耗电极和水冷铜结晶器，在低压氩气保护下熔炼钽获得成功。人们了解在真空状态下，熔炼金属可以防止大气污染和有利于熔体除气和除杂质，但是由于当时缺乏大型真空装备，真空技术尚属落后，所以真空熔炼迟迟得不到发展。20世纪50年代以后，随着真空技术的进步，大功率、高效真空泵的出现，就可以利用这些高抽气率的真空泵，在所建立起的足够低的压力条件下，保证将真空熔炼过程中，金属反应所析出的气体迅速抽出，并且成功地解决了真空容器、密封材料、真空检测仪表和远距离控制等问题，使真空熔炼技术的发展有了保证。20世纪50年代钛及钛合金的出现和应用，使现代工业规模的真空自耗电弧炉得到应用，并迅速向大容量发展；接着用真空电弧炉重熔钢和镍基合金，使之可以制造燃汽轮机涡轮盘、轴和机壳的锻件，其质量和性能大大优于在大气中熔炼的相应材料。特别是近代，由于高新技术的发展，在物理学、电子学、半导体材料、火箭技术、回转加速器、航空技术及原子能工业等领域，需要多种高纯金属及合金、耐热材料、磁性及超导材，进一步推进真空熔炼的发展。现在，不仅有真空感应熔炼、真空电弧炉熔炼，又出现了电子束炉、等离子炉熔炼等多种方法；出现了100t容量的真空感应炉，以及能熔炼重达50t、直径1.5m铸锭的真空电弧炉。真空熔炼已成为现代金属材料生产的一个重要手段。真空熔炼主要用于熔炼钨、钼、钽、铌、锆等稀有金属，及耐热合金、磁性材料、电真空材料、核材料及高强度钢等。

真空熔炼具有以下功能：

（1）在真空或惰性气体保护下，采用水冷铜结晶器，可防止活性金属受大气和耐火材料的污染。

（2）由于有真空净化和提纯作用，可以获得含气量低、夹杂少、偏析小、力学性能高、加工性能好的高级金属及合金材料。可以认为，真空熔炼是所有已知的冶金生产方法中，能获得高纯度、高质量的最好方法。

（3）真空电弧可获得2000℃以上的高温，保证了高熔点金属熔炼所需要的高温。

10.4.1　真空熔炼的理论基础

10.4.1.1　真空熔炼热力学

从热力学上看，在低压条件下因气相分子密度低，气体遵守理想气体定律，各种反应能与压力的关系可忽略不计，即焓等于热容，反应的驱动力用自由能度量。但在真空熔炼过程中不同的是：由于反应是在不断抽气的低压下进行的，气体产物被随时抽走，使反应不能维持平衡。这对去气、挥发及一切有气体产物的反应过程十分有利。

就低压下熔体挥发情况而论，当熔体与其蒸气间处于平衡时熔体的自由能 G_l 和蒸气的自由能 G_g 相等。因遵守理想气体定律，G_g 可由1mol气体在一定温度下的状态方程 $pV = RT$ 及其平衡压力 p_e 计算标态 $G_g^{\ominus}$ 的增减来得到：

$$dG_T = Vdp_T = \frac{RT}{p}dp_T$$

积分上式，得

$$G_g = G_g^{\ominus} + RT\ln(p_e/p_e^{\ominus}) \tag{10-1}$$

自由能变化量为

$$\Delta G = G_g^{\ominus} - G_g = -RT\ln(p_e/p_e^{\ominus}) \tag{10-2}$$

式中　p——气体压力；
V——气体体积；
T——绝对温度；
R——气体常数。

由于 $p_e^{\ominus} = 1.0 \times 10^5\text{Pa}$，则式10-2变为

$$\Delta G^{\ominus} = -RT\ln\left(\frac{p_e}{1.01 \times 10^5}\right)^n \tag{10-3}$$

式中　n——同1mol初始物质进行反应的气体物质的量。

在给定温度下，上述关系式也可用质量作用定律表示，即

$$\Delta G^{\ominus} = -RT\ln K \tag{10-4}$$

式中　K——平衡常数。

由上述标准状态自由能变量 $\Delta G^{\ominus}$ 可知：真空度越高，与之相平衡的 p_e 越小，反应的 $\Delta G^{\ominus}$ 值越负，该反应越易进行。这就是真空熔炼时真空度或低压所起的作用。

10.4.1.2　真空熔炼动力学

A　挥发

真空熔炼的特点之一是不仅蒸气压大的元素易挥发，而且蒸气压较小的杂质及某些一氧化物也能挥发。因此，真空熔炼的重要问题之一是挥发速率及其损失大小，这主要取决于动力学因素的影响。一般元素的挥发速度与其蒸气压及活度成正比，挥发损失随温度升高及时间延长而增大，且随熔池面积增大而加大。一些 $p_i^{\ominus}$ 较低的元素，由于其一氧化物具有较高的蒸气压，也可造成较大的挥发损失。钨、铪、钍、镱等金属的一氧化物的 $p_{io}^{\ominus}$ 比 p_i 高出几个数量级，更易挥发损失。此外，当真空炉内的气压低于熔炼金属三相点的压力时，在升温加热过程中固体金属便可因升华面损失。如钴、镍在三相点时的 $p_i^{\ominus}$ 分别为 0.10Pa 和 0.57Pa，当在 0.13 ~ 0.013Pa 的真空炉内缓慢加热时，挥发损失会很大甚至得不到金属液。实践表明，在真空感应炉内加热镍、钴时，由于升温速度大于升华速度，即使在 0.013Pa 下也能熔化且挥发损失并不大。

金属的挥发过程包括：原子由熔体内部向液面迁移；原子通过液相边界层扩散到液-气界面；由原子转变成气体分子，即 $[i] \rightarrow i_气$；分子气体由界面扩散到气相中，然后被抽走或冷凝于炉壁上。一般认为，$p_i^{\ominus}$ 大的元素在温度高时挥发速度由液相边界层内的扩散控制；$p_i^{\ominus}$ 小的元素在温度较低时则受限于 $[i] \rightarrow i_气$。充气熔炼时气相的压强将对 $[i] \rightarrow i_气$ 产生阻碍作用。在以 $[i] \rightarrow i_气$ 为限制环节时，元素 i 的挥发速度 v_i（以质量分数计）可由下式计算并判断是否优先挥发

$$v_i = 0.05833 f_i N_i p_i^{\ominus} \sqrt{\frac{M_i}{T}} \tag{10-5}$$

式中　M_i——i 元素的相对分子质量；

f_i——活度系数；

N_i——浓度；

$p_i^{\ominus}$——蒸气压。

对于由 w_A(g) 基体金属 A 和 w_i(g) 合金元素 i 组成的二元合金，经真空熔炼后挥发损失的 A 和 i 分别为 x(g) 和 y(g)，则挥发损失为 $x' = \frac{x}{w_A} \times 100\%$，$y' = \frac{y}{w_i} \times 100\%$，由式 10-5 可以得出其相对挥发损失的关系式

$$y' = 100 - 100\left(1 - \frac{x'}{100}\right)^a \tag{10-6}$$

式中　a——挥发系数，$a = \frac{f_i}{f_A} \times \frac{p_i^{\ominus}}{p_A^{\ominus}} \times \sqrt{\frac{M_A}{M}}$，$M_A$ 为基体金属的相对分子质量，M 为合金相对分子质量。

由上式可知，$a = 1$ 时，$y' = x'$，表示合金元素的相对含量不会变化；$a > 1$ 时，$y' > x'$，则 i 元素含量将减少；$a < 1$ 时，则 i 元素反而相对增加。

对于一定温度下由液相边界层扩散控制的挥发过程，i 元素的挥发速度为

$$V_i = k\frac{A}{V}(c_i^{\ominus} - c_i) \tag{10-7}$$

式中　$c_i^{\ominus}$，c_i——分别为熔体中及界面处 i 的浓度；

k——传质系数，在 $10 \sim 10^2$cm/s 范围内，也称为速度常数，随温度升高及压力降

低而增大，在充气熔炼时随时间延长而减小；

A，V——熔池面积和体积。

可见，熔池面积大，熔炼温度高、时间长，挥发损失大。在熔炼后期加入 $p_i^{\ominus}$ 高的元素，充入惰性气体或关闭炉体真空阀门后加入 i 元素，均可降低其挥发损失。如用真空感应炉熔炼高温合金时，锰的挥发损失达95%；若在出炉前充 Ar 至$(4.0 \sim 4.8) \times 10^4$Pa 后再加锰，则收得率可达94%以上。

B 除气

真空除气的特点是去氢效果好，还可除去部分氮。根据平方根定律，金属中气体的溶解度随气相中该气体分压的降低而降低。挥发去气速度主要取决于气体在熔体内的迁移速度。因此，去气速度可用下式表示：

$$-\frac{\mathrm{d}c}{\mathrm{d}t} = \frac{D}{\delta} \cdot \frac{A}{V}(c_1 - c_2) \tag{10-8}$$

积分得

$$t = \frac{\delta}{D} \cdot \frac{V}{A} \cdot 2.3\ln\left(\frac{c_0 - c_2}{c_1 - c_2}\right) \tag{10-9}$$

式中 δ——界面层厚度；

D——气体原子在熔体中的扩散系数；

c_0，c_1——分别为 t 为0时及 t 时刻熔体中的气体浓度；

c_2——界面处熔体中的气体浓度。

由上式可知，真空感应炉的坩埚因熔池面积小且深度大，不利于挥发去气。但由于有电磁搅拌，增大了表面积，故去气效果较好。将大气下熔炼的铝液在13.3～66.9kPa的真空室内静置数分钟，也能收到一定的去气效果，可降低铸锭的疏松度，其力学性能提高10%～15%。在相同条件下，用动态真空处理技术去气效果更好，铸锭的力学性能可提高30%～40%。

真空自耗炉熔炼钛合金的除气情况表明，仅靠挥发去气只能除去部分氢和氮。但海绵钛中带入镁或氯化镁时，则可除去更多的气体。在真空下依靠熔池内产生气泡去气时去气速度比挥发去气要快得多，去气效果主要取决于气泡内外的分压差，因为此时动力学因素比热力学因素起更大作用。氮的去除主要靠界面处氮化物的分解。TiN、ZrN、AlN 及 Mg_3N_2 的分解压为0.13～0.013Pa，而在真空电弧炉熔池附近的压强约为13.3～0.13Pa，故仅能分解部分氮化物，去氮效果不够好。提高真空度对去氮有利，但对去氢的影响不明显。实践表明：去氢所需真空度并不高。如在1600℃和大气下，镍基高温合金中氢的溶解度为0.00382%，只要将[H]降至0.00015%以下就可不产生氢脆。为了去氢，用一般的真空设备就可满足要求。这也是近年来大力发展大型炉外真空处理技术的原因之一。

C 脱氧

氧化物的分解压比氮化物低得多，一般在$1.33 \times 10^{-5} \sim 1.33 \times 10^{-7}$Pa以下，而生产用真空炉要达到这样高的真空度是困难的。因此，只能靠加入还原剂来脱氧。真空脱氧的特点是：一切形成气体产物的反应均能顺利进行，故脱氧反应可在较低温度下实现，脱氧效果好。如在1.33Pa下用铝、硅还原 CaO，反应温度可分别由大气压下的2250℃及2500℃降至930℃及1380℃。用碳作脱氧剂时几乎能还原一切氧化物。实践表明，碳在真空下的脱氧能力很强，可达到在大气下脱氧能力的100倍左右，比铝强得多。这是因为它的脱氧产物 CO 是气体。加上 Al_2O 及 SiO 也有较高的蒸气压，和 CO 一样是气体产物。所以，在真空炉内气压达到133Pa左右便可得到较好的脱氧效果。

从动力学来考虑，CO 等气体在熔体中形成气泡时会受到炉气压力、液柱静压力及熔体表面张力的影响。在真空条件下炉内气体压力小，对形成气泡有利。对一定合金而言，液柱静压力取决于气泡在熔体中所处的位置。当 CO 气泡的半径很小时，克服熔体表面张力就成为限制因素。在炉内的 $p_{气}$ 比液柱静压力和表面张力小得多时，用提高真空度来增大形成气泡反应的能力是有限的。因此用碳及其他脱氧剂时，须注意以下几点：

（1）凡易与碳形成稳定碳化物的钛、锆、铌等金属用碳脱氧时，铸锭中易形成闭合孔洞，使 CO 气泡不易逸出而脱氧不全，且可形成碳化物夹杂，故不宜用碳作脱氧剂；

（2）用真空感应炉熔炼时，碳与坩埚中的 Al_2O_3 等相互作用，会使熔体产生增铝增硅等，缩短坩埚寿命；残留熔体中的碳也会污染金属。

10.4.2 真空感应炉熔炼技术

真空感应熔炼炉是一种无铁芯感应熔炼炉，其装置如图 10-8 所示。这种电炉的坩埚装在一个真空室里面，熔炼时真空室内被抽成真空，炉料在真空或惰性气氛下熔炼和浇铸。真空感应熔炼炉具有用耐火材料做的坩埚，所以不能用来熔炼能与坩埚起作用的活泼金属，如钛、锆等纯金属及其合金，也不能熔炼高熔点的难熔金属，如钨、钼等。

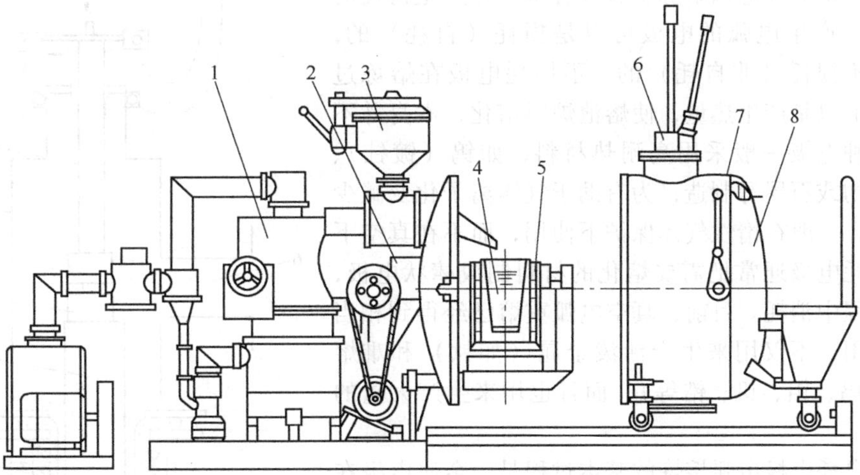

图 10-8 真空感应熔炼炉结构简图

1—真空系统；2—转轴；3—加料装置；4—坩埚；5—感应器；6—取样和捣料装置；7—测温装置；8—可动炉壳

用真空感应炉熔炼金属材料有以下优点：

（1）净化效果好，能把氢、氧、氮等大部分气体除掉，熔炼金属的含气量低；

（2）合金元素的氧化损失小，所得金属或合金熔体中氧化物夹杂少；

（3）提高了金属及合金材料的性能。

真空感应熔炼主要用来熔炼耐热合金、磁性材料、电工材料、高强度钢、原子能反应堆材料，也可为真空电弧炉等提供重熔锭坯。同真空电弧炉熔炼和电子束炉熔炼相比，在用真空感应炉进行熔炼时，炉温、真空度、熔炼时间等控制比较容易，合金元素的添加量可以控制得很准确，所以真空感应熔炼适合于熔炼含铝、钛等元素的耐热合金。

在真空感应炉熔炼过程中，为保证熔体质量和安全生产，首先要检查真空及水冷系统，使真空度和水压达到要求值，漏气率小于规定值。所用原材料的纯度、块度、干燥程度均应符合要求。坩埚须经烧结和洗炉后方可用来熔炼合金。其次，为防止炉料黏结搭桥，装料应下紧上松，以便能较快地形成熔池。炉料中的碳不应与坩埚接触，以免发生作用造成脱碳不脱氧而影响脱氧及去气效果。再次，熔炼期不宜过快地熔化炉料，否则，因炉料中的气体来不及排除，而在熔化后造成金属液的大量溅射会影响合金成分，增大损失。精炼期主要是脱氧、去气、除去杂质、调整成分及温度。熔炼镍基高温合金时，一般用碳脱氧和高温沸腾精炼。碳氧反应强烈，CO 气泡沸腾去气，但温度升高时熔体与坩埚反应也强烈。因此，必须严控温度和真空度，采用短时高温、高真空精炼法。为进一步脱氧、去硫而加入少量活性元素时，以在较低温度下加入为宜。熔炼完毕后，静置一段时间并调控好温度，即可带电浇注。真空铸锭可适当降低浇温，浇注应先快后慢，细流补缩。收缩系数大的合金铸锭，也可在浇注后破真空补缩。总之，真空感应炉熔炼的技术特点是：适当延长熔化期，用高真空度和高温短时沸腾精炼，低温加活性和易挥发元素，中温出炉，带电浇注，细流补缩。

10.4.3 真空电弧炉熔炼技术

真空电弧炉熔炼，是指在真空条件下，通过低电压、强电流来形成电弧熔炼金属或合金，并产生铸锭的生产过程。产生电弧的电极可以是损耗（自耗）的，也可以是不损耗（非自耗）的。不损耗电极在熔炼过程中实际上只是产生热量，使熔池炉料熔化，本身并不消耗。这种电极一般采用高耐热材料，如钨（镀钍）、金属碳化物或石墨等制造；为有助于气体离子化及减少电极蒸发，一般在惰性气体保护下使用，而不在真空下使用。损耗电极通常把需要熔化的材料制成棒状电极，在熔炼过程中消耗。目前，真空电弧重熔已经得到相当广泛的应用，不仅用来生产活泼金属（如钛）和难熔金属（如钨、钼、钒、锆等），而且也用来生产大量的镍基合金。

真空自耗电极电弧熔炼的基本过程是，金属电极在直流电弧高温作用下，迅速熔化并在水冷结晶器内凝固；当液态金属以熔滴形式通过近 5000℃ 的电弧区域汇聚到结晶器保持和凝固的过程中，发生一系列的物理化学反应，使金属得到精炼，从而达到净化金属，改善结晶结构，提高性能的目的。

真空电弧炉成套设备包括：电路本体、电源设备、真空系统、电控系统、光学系统、水冷系统等几部分，见图 10-9。

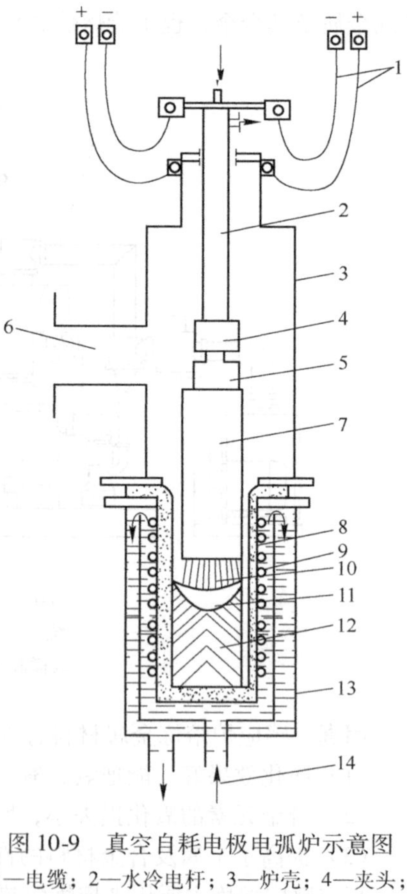

图 10-9 真空自耗电极电弧炉示意图

1—电缆；2—水冷电杆；3—炉壳；4—夹头；5—过渡极；6—真空管道；7—自耗电极；8—结晶器；9—稳弧线圈；10—电弧；11—熔池；12—锭坯；13—冷却水；14—进水口

电炉本体由炉壳、电极、电极杆、电极升降装置、坩埚等几部分组成。电炉的炉壳一般用不锈钢制成，以保证真空卫生和减少电功率的损失。炉壳与坩埚、真空系统及各种机构相连，炉壳和各部分间的连接都是真空密封的。

电极，按照在熔炼过程是否消耗，分为非自耗电极和自耗电极两种。用非自耗电极的电弧炉称非自耗电弧炉，用自耗电极的则称自耗电弧炉。工业上应用的多数是自耗真空电弧炉。

真空电弧炉的坩埚（也称结晶器），一般呈直筒形，用紫铜制成，壁厚约 10 ~ 20mm，外面有水套冷却。坩埚为正极，电极为负极，熔炼时电极与坩埚底部起弧，电弧的高温使电极熔化，液态金属便在水冷坩埚中凝固形成铸锭。

10.5　快速熔炉熔炼技术

近年来，人们利用电解铝液直接输入保温炉，并配入合金元素，精炼后铸锭和连轧成材，这样做可节约能耗、缩短生产周期、降低成本等。为强化熔炼过程，节约能耗，提高热效率和生产率，国外已开发出一些新的熔炉和熔炼工艺。下面简介几种典型快速熔炼炉及熔炼技术。

10.5.1　竖炉熔炼技术

图 10-10 是一种和冲天炉相似的竖炉。炉料由炉顶侧门装入，与由下而上的炉气接触，吸收热量而升温熔化。炉膛周围装有多排多个可控高速喷嘴。由喷嘴喷出的高温火焰直接喷射到经充分预热的炉料上，故熔化率高。废气由炉顶导入换热器预热空气和煤气。这种炉子的特点是：可连续快速熔化和供给金属液，可随时快速开停炉，熔化率高，设备简单，占地面积少，炉衬寿命长，操作方便，但要严格控制空气过剩量。最近已研制出自动调控空气燃气混合比的喷嘴，达到既完全燃烧又不氧化铜的目的，这也是竖炉熔炼紫铜成功的关键。由于竖炉具有连续、高速熔化和过热熔体的特点，须配置保温炉进行合金化及精炼熔体，然后再连铸连轧。要注意的是开炉熔炼时要防止炉内炉料相互黏结搭桥。为此开炉时要先预热好炉料及炉衬。当铜料快要熔化时，即加大火力进行高温快速熔化。停炉时只要停止送燃料，并继续送风一段时间使铜凝固即可。

竖炉除用于紫铜线坯连铸连轧外，还广泛用于铝线坯连铸连轧生产线上。

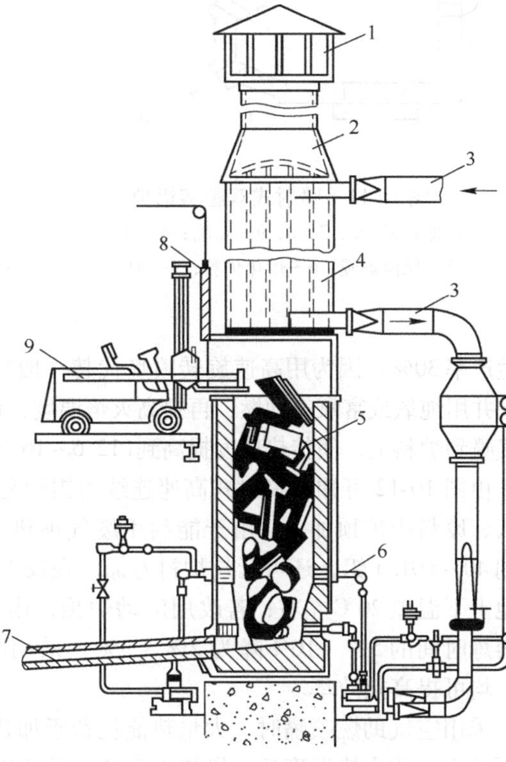

图 10-10　竖炉结构示意图

1—烟罩；2—烟囱；3—风管；4—炉筒；5—炉膛；6—喷嘴；7—流槽；8—装料门；9—装料车

10.5.2　喷射式熔炉熔炼技术

用火焰炉熔铝时，因铝的黑度低，吸热性差，所以加热速度慢，热效率低（15% ~30%）。用高速燃气直接喷射炉料熔铝法可使熔化速率及热效率提高，金属烧损和能耗显著降低。如日本的 1500 型喷射式熔铝炉及高速连续熔铝炉（见图 10-11 和图 10-12），前者在炉顶及炉墙上装有加氧烧油喷嘴，使火焰直接喷到炉料上，可强化熔化过程，缩短熔炼时间 30% ~50%，热效率提高到 50% 以上，降低金属烧损 20% ~26%。在加料、点火、测温、供氧和油、搅拌及熔体转注等方面采用微机控制条件下，可提高熔

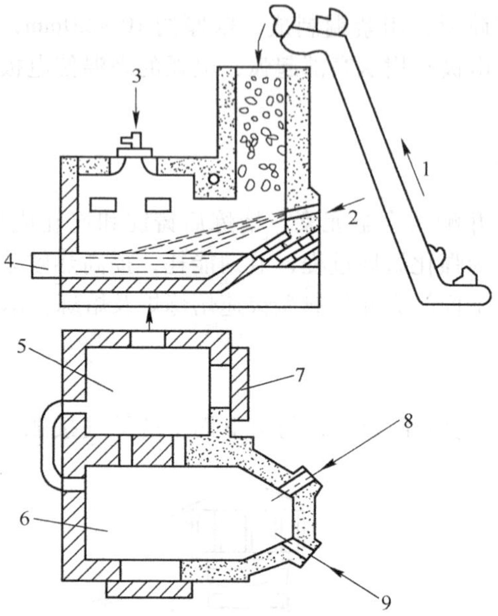

图 10-11 喷射式双膛熔铝炉
1—加料机；2，3，8，9—喷嘴；4—出口；
5—保温炉膛；6—熔化炉膛；7—炉门

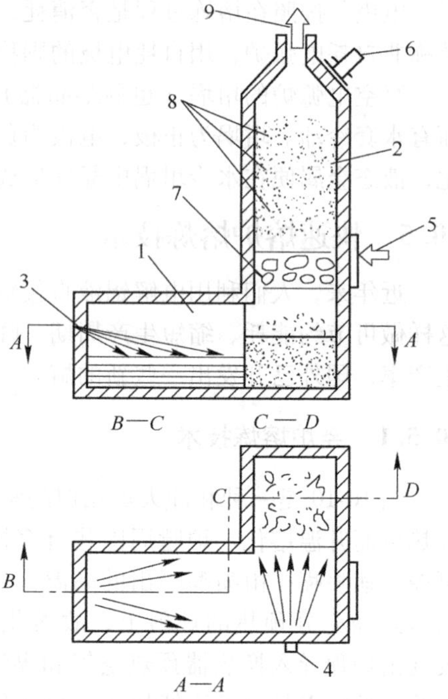

图 10-12 喷射式高速连续熔铝炉
1—保温炉膛；2—熔化炉膛；3，4—喷嘴；
5—加料门；6—废铝加料门；7—块料；
8—废料；9—废气出口

炉生产率30%。因为用高速旋转喷嘴代替一般喷嘴，采用高发热值燃料，预热炉料和燃料、空气，并用纯氧或富氧气助燃，再提高火焰温度，以强制对流传热为主的高温高速（200～250m/s）燃气喷到炉料上，使传热速度提高到$(12.6\sim16.7)\times10^5$kJ/(m^2·h)，为普通反射炉的5倍。

由图10-12可知，喷射式高速连续熔铝炉是由竖炉和反射炉组合而成的。铝锭由竖炉下部装入，废料由炉顶加入。由于能利用废气预热炉料，热效率可提高到70%，油耗由100L/t铝降到40～60L/t铝，还可延长炉衬寿命。在反射炉底安设感应搅拌器能提高熔化率15%，降低熔池上下温差20℃左右；若改用活动炉顶，由炉门装料改为炉顶装料，可使装料时间从占整个熔炼时间的5%～10%降为2%～3%。采用陶瓷纤维作炉壁绝热层，减少炉衬的蓄热损失等，均可提高热效率。

采用空气助燃喷嘴时，大量热能耗费于加热体积为氧体积四倍的氮气上，且大量热量为废气所带走，故火焰温度低，燃烧不完全，游离碳使火焰的辉光辐射增强导致炉衬温度升高，降低炉衬寿命。加氧喷嘴的火焰中氮气少，燃烧较完全，火焰温度高（2200℃左右），火焰直接覆盖炉料，在炉膛内与炉料接触停留时间较长，能更好地进行对流传热，故热效率较高，且NO_2气公害减少。此时，火焰温度中部高、周边低，游离碳少，其辉光辐射系数较小，炉衬温度低，故炉龄较长。由于熔化率高，熔炼时间缩短，因而可降低熔损率和含气量。可见，采用加氧或纯氧喷嘴可降低油耗，提高热效率，减少噪声。快速熔炉正在完善和向大型化发展。

10.6 电子束炉熔炼技术

电子束炉利用在真空下受热阴极表面发射的电子流，在高压电场的作用下产生高速运动，并通过聚焦、偏转使高速电子流准确地射向阳极，把高速电子的功能转变成热能被阳极吸收，使阳极金属熔化。由于阳极是受电子轰击而熔化，所以也叫电子轰击炉。

电子束炉目前主要用于熔炼在熔点时蒸气压低的一些金属材料，如四大难熔金属钨、钼、钽、锆以及稀有活泼金属钛等。这些材料应用电子束炉熔炼，被公认为是最理想的熔炼方法。其次，在熔炼优质合金钢，特别是镍基和钴基合金钢时，电子束炉熔炼也得到了广泛的应用。电子束炉的功率已经达几千千瓦，能熔炼重达10t以上的钢锭。

电子束熔炼是高速电子的发射、真空冶金、水冷铜坩埚铸锭三个主要技术的结合，与其他真空熔炼方法相比，有以下主要优点：

（1）由于熔炼是在高真空度（0.00027~0.027Pa）下进行，保证了在熔炼温度下，能使气态或蒸气压较高的杂质被除去，可获得很高的净化效果，如难熔金属中的碳、钒、铁、硅、铝、镍、铬、铜等元素均可挥发除去，其含量低于分析法的准确范围，有的可达光谱分析极限水平，比精炼前可降低两个数量级，可得到晶界无氧化物的钼和钨。高温合金经电子束熔炼后，去除杂质的效果比其他真空熔炼都好。氧可从0.002%降至0.0004%~0.0009%，氮降至0.004%~0.008%，氢含量低于0.0001%~0.0002%。

（2）熔炼速度和加热速度可以在较大范围调节。被熔化的金属材料保持在液态的时间可以在很大范围内控制，有利于液态中的碳和氧反应，使扩散能力低的杂质能扩散到熔体表面，参与蒸发作用。

（3）功率密度高，可达到$10^4 \sim 10^8 W/cm^2$，熔池表面温度高并可以调节；同时，电子束的扫描对金属熔体有搅拌作用。

（4）熔体在水冷铜坩埚中凝固形成铸锭，熔融金属不会被耐火材料污染。

（5）可以得到很高的温度，能熔化任何难熔金属，也可以熔化非金属。

电子束熔炼除上述优点外，有以下缺点：

（1）熔炼合金时，添加元素易于挥发，合金的成分及均匀性不易控制。

（2）电子束炉结构比较复杂，需采用直流高压电源，运行费用较高。

（3）由于电子束炉熔炼采用高压加速电子流，在工作中会产生对人体有害的X射线，故需要采取特殊的防护措施。

10.6.1 电子束炉工作原理

电子束炉的心脏是电子枪，电子枪有轴向、横向、远环和近环四种。应用最普遍的是轴向枪，如图10-13所示。

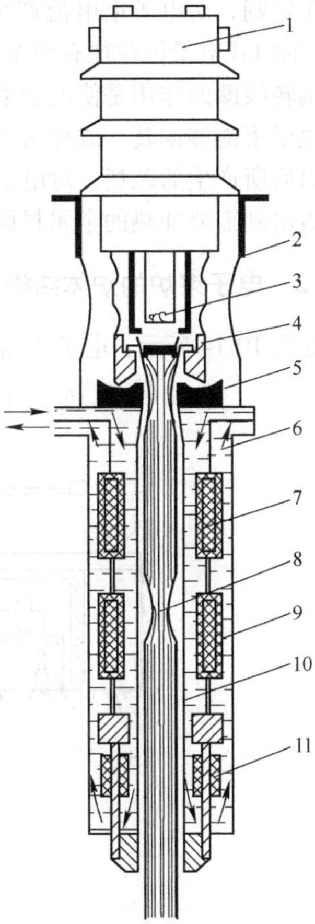

图10-13 轴向枪内部结构示意图
1—绝缘瓷瓶；2—真空抽气口；3—加热阴极；4—块状阴极；5—加速阳极；6—冷却水；7，9—聚焦线圈；8—电子束；10—电子束导管；11—偏转线圈

其主要构件及作用原理分析如下：

阴极用钽或钨制成。前者的自由电子逸出功较低，电子发射率较高，且加工较容易，所以阴极多用钽做成。

加热阴极的方法有直热式和间热式两种。直热式在高温下易变形，且寿命短，很少采用。间热式是在靠近阴极安置钨丝制成的灯丝，灯丝通电加热至高温，进行热电子发射，对阴极进行轰击加热，使阴极达到热电子发射所需的温度。为此，必须在灯丝与阴极之间加上电压，使灯丝的电位比阴极更低，一般低2～5kV。轴向电子枪的间热式阴极做成圆块形，发射电子表面做成凹球面，便于电子流聚集成束。

聚束极或称控制极，其作用是促使阴极表面发射出来的电子横截面收缩，以便于穿过加速阳极的小孔。为此聚束极与直流电源的负极相接，其电位等于或比阴极的更低一些，借助聚束极所产生的电场斥力，使电子流收缩成束。聚束极用紫铜制作，通水冷却。

从理论上讲，加速电压可直接加在阳极与阴极之间，如此配置两者必须靠近。但是如此配置，金属熔炼过程中产生的金属蒸气容易污染阴极，缩短它的寿命。为解决这个问题，必须使作为阳极的被熔金属距离阴极远一些，而在靠近阴极的地方设置一加速阳极。

聚焦线圈的作用是使电子束截面收缩。电子束类似于光束，横截面有自然扩张的趋势。穿过加速阳极以后，截面逐渐扩大，若不使之收缩，则热能不集中，电子束轰击被熔金属时难以达到所希望的高温。因此，有必要在电子束周围安置螺旋管式线圈通以直流电，利用其磁场，按左手定则，对电子束电流产生一向心的电磁作用力，使电子束横截面收缩，这称之为“聚焦”。轴向式电子枪往往有两个聚焦线圈。

偏转线圈的作用是使电子束改变方向。为了使电子束能均匀地轰击到被熔金属的料面上，要求电子束能够偏转，或称为“扫描”。这就有必要在偏转方向的两边设置线圈，利用它接通电流以后所产生的磁场，对电子束电流作用一定方向的电磁力，促使电子束偏转一定位置，准确地轰击到需要加热的金属料面上。

10.6.2　电子束炉的炉体结构

如图10-14所示，电子束熔炼炉全套设备主要由炉体、电器系统和真空系统三大部分组

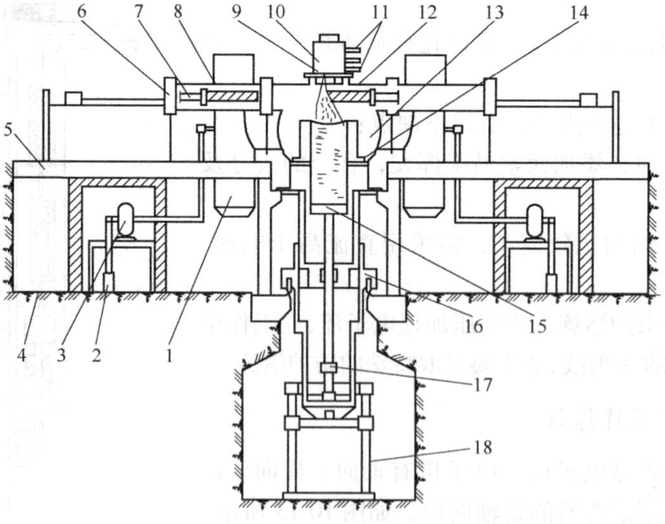

图10-14　电子束熔炼炉结构简图

1—油扩散泵；2—预真空机械泵；3—罗茨泵；4—车间地面；5—操作平台；6—装料阀门；
7—装料推送机构；8—料棒；9—电子束偏转系统；10—电子枪；11—电子枪真空接口；
12—电子束；13—熔炼室；14—水冷铜结晶器；15—水冷链模具；
16—锭子车；17—拖链机构；18—拖链机构架

成。炉体由电子枪、结晶器、真空炉壳、加料装置等几个主要部分组成。

结晶器是由紫铜制成的，通水冷却。炉底有固定炉底和活动式炉底两种结构形式。活动炉底与拖锭机构连接，工作时拖杆不断旋转，将铸成的锭子连续往下拖。

电子束炉炉型主要根据电子枪形式的不同来区分，有轴向枪式电子束炉、非自加速环行枪式电子束炉、自加速环行枪式电子束炉和横向枪式电子束炉。图 10-14 所示是配置轴向枪的电子束炉。

电子束炉与真空电弧炉一样，也可做成浇铸式电子束炉（或称凝壳式电子束炉），用于真空条件下浇注各种铸件。

10.7　等离子炉熔炼技术

等离子炉是利用气体电离所产生的等离子体的能量进行加热的一种电炉。等离子炉是 20 世纪 60 年代发展起来的，此后得到较快的发展。

等离子炉可用来熔炼钨、钼、钽、铌、钛、锆等难熔金属和活泼金属，也可用来熔炼工具钢、耐热钢、耐蚀钢、高强度钢等优质钢。

10.7.1　基本原理

气体电离产生等离子体，是物质第四态。等离子体由正离子、负离子和自由电子以及中性分子组成。其中正离子所带正电荷的总量，与自由电子及负离子所带负电荷的总量相等。产生等离子体的方法，就是使气体电离的方法，就气体电离来说，普通电弧炉中电弧也是等离子体，不过其电离程度较低而已。等离子炉中的等离子体一般是细长的喷流，称为等离子束。

等离子电热和电弧电热类似，原理上大同小异。等离子电热是以电弧电热为基础发展起来的，可以认为是电弧电热的改进和强化。两者都是等离子体，都是气体自激弧光放电效应，本质和基本规律相同。但是形成方式和结构有差异，主要差异是等离子束是用空心电极强制工作气体产生的喷流流束，它的温度较高，刚性较好，并且对物料有保护作用，可以大幅度改善物料熔炼效果。

工业上用等离子枪产生等离子束。等离子枪的作用相当于空心电极，用它供电和强制供入工作气体，形成有刚性的等离子体喷流的流束。

产生等离子所用的工作气体有氩、氦、氢、氮、氩和氢的混合气体，氩和氮的混合气体等，其中以氩气用得最多，因为它是单原子气体，容易电离，又是惰性气体，对电极和被熔化的金属可以起到保护作用，另外它的价格较为便宜。

图 10-15 为几种等离子枪结构形式，工作原理各有特点。图 10-15a 是非转移式电弧等离子枪，由阴极和阳极构成。阴极通常是一根钨棒或表面涂二氧化钍的钨棒；阳极是一个用水冷却的铜电极，端头有喷口，工作气体从上面引入，从喷口喷出。工作时先用其他电源，如电火化高频发生器，使阴极和阳极之间触发电弧。在一定条件下，电弧就在两极间稳定燃烧，产生等离子体。等离子体（其中包含未电离的中性气体）从喷口喷出后，其中自由电子和负离子与正离子随即复合为气体的原子或分子，放出原先在电离时吸收的能量，生成等离子焰。等离子焰达到比电弧更高的温度，如 Ar 的等离子焰的中心温度可达到 15000℃。这种等离子焰可供金属喷涂或焊接等使用。这种等离子枪产生的等离子焰比较短，功率也不大，在电炉上没有应用。

图 10-15b 为转移式电弧等离子枪，结构和非转移弧式的几乎一样，起弧方式也相同，只

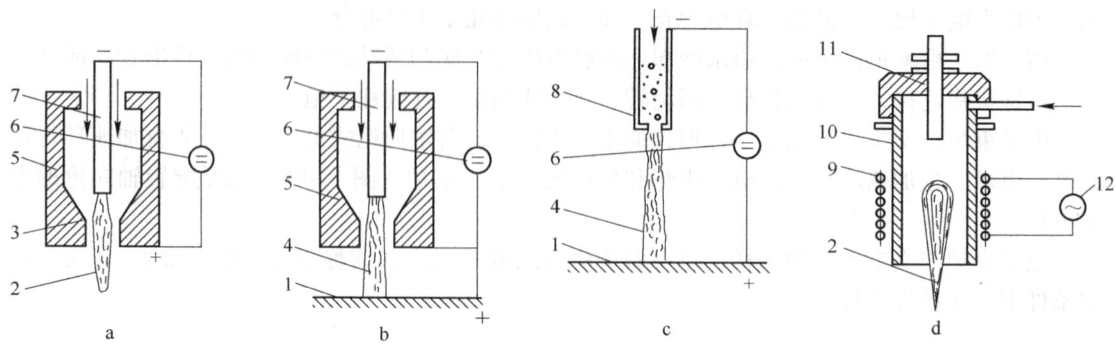

图 10-15　几种等离子枪工作原理图

a—非转移式电弧等离子枪；b—转移式电弧等离子枪；c—中空阴极式电弧等离子枪；
d—高频感应等离子枪

1—被加热材料；2—等离子焰；3—电弧；4—电弧等离子流；5—喷口；6—直流电源；
7—钨或钍阴极；8—中空阴极；9—高频线圈；10—石英管；
11—引燃电极；12—高频电源

是在起弧以后电源的正极从枪体的喷口转移到被加热材料上。这种电子枪在转移弧后只起阴极作用，电弧存在于等离子枪和被熔炼的物料（相当于阳极）之间，无论形式还是原理，电热转换和普通电弧类似。但由于使用工作气体和等离子枪，大幅度地改进了电弧结构和效果。工作气体可起保护作用，因此这种炉子可用于熔炼活泼金属。

图 10-15c 是中空阴极式电弧等离子枪，它的结构简单，只有一根发射电子用的空心阴极。目前一般是用钽管，因为钽比钨更容易发射电子。这种枪也是利用高频电触发工作气体电离。它的工作原理和转移型电弧等离子流有同有异，相同的是也有强化电弧的功能，不同的是它强化了电子的作用，具有类似电子束电热的功能。因为电子束电流在电工上称为传导型电流，所以中空阴极式等离子枪称为传导型等离子束。

它配用真空电炉，炉内预先抽真空 0.1 ~ 10Pa，通少量的工作气体，同时通叠加有高频电的直流电，阴极内工作气体在高频电场作用下电离，形成低压等离子体。这种等离子枪工作气体耗量小，工作电压低，功率容易做得大，特别适用于大型电炉，例如生产 245mm 厚、1125mm 宽、2450mm 长的钛锭。

图 10-15d 是高频感应等离子枪，枪体是石英管，管外绕感应线圈，通 5 ~ 20MHz 高频电。工作气体从石英管上部送入，从下端管口喷出。石英管上部有根石墨或钨制的引发棒，用来引发工作气体电离。工作时先把引发棒移到感应线圈中间，用高频感应电流把它加热到高温，使其周围气体电离，以后高频电就能直接输送到工作气体中形成稳定的等离子体。等离子体喷出管外复合，形成等离子焰。以 Ar 为工作气体时，喷速在 10 ~ 100m/s 范围，温度为 10000 ~ 15000℃。这种枪功率不能做得太大，效率也较低，但是石英管不产生污染，所产生等离子焰比较纯净，用于制造高纯氧化物和单晶体材料。

10.7.2　炉型与炉体构造

等离子体熔炼炉炉型多样。按配置等离子枪的类型，有转移弧式、非转移弧式、中空阴极式等。按炉体结构，有的炉子像电弧炉那样有耐火材料炉衬，有的采用水冷铜结晶器。就炉内压力而言，有常压炉和真空炉。此外，还有配置等离子枪的感应熔炼炉。

图 10-16 为 2000kW 中空阴极等离子电炉。等离子枪的结构很简单，用一根钽管做成的阴极，故称为中空阴极。用钽管的主要原因是同样温度条件，钽阴极发射热电子的能力比钨阴极要大 10 倍左右，激发气体电离的能力强，可获得很大的电流。但钽管容易氧化，炉内需维持 13 ~ 0.13Pa 的中真空。

炉体结构类似于真空非自耗电极电弧炉，一般有水冷铜结晶器在中空阴极与结晶器之间（即阴极与被熔炉料之间），连接有叠加高频电流的直流电源。操作时，先将炉子抽成低真空，再以 0.05 ~ 2m/s 的速度向阴极内通入少量氧气，然后接通并联的直流电源和高频电源。在高频电源的激发下，通过阴极管的氧气电离，于是在阴极与炉料之间生成低压的等离子弧。弧稳定以后，切断高频电流，单独由直流电源工作。此时主要依靠中空阴极的热电子发射来激发氧气的电离而维持稳定的电弧。中空阴极式等离子炉与真空电弧炉基本相似，不同的是中空阴极式等离子炉内通过微量氧气，电离度高些，温度也相应高些，熔化速度快些，又兼有氧气对熔炼金属具有保护作用的优点。

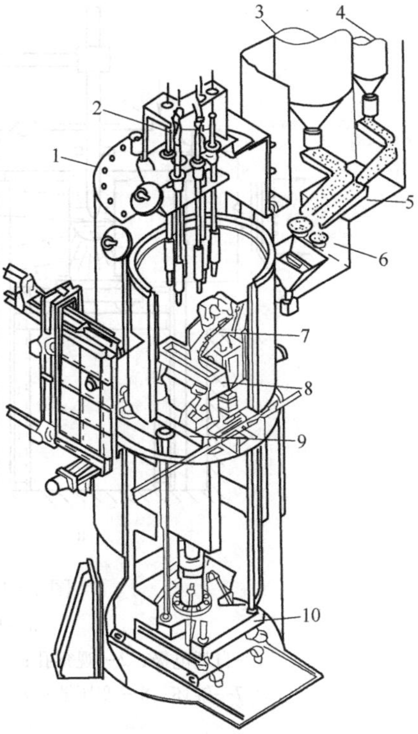

图 10-16　中空阴极等离子电炉的炉体结构
1—真空外壳；2—等离子枪；3—海绵铁料斗；4—合金料斗；5—给料装置；6—称重料斗；7—中间熔槽；8—结晶器；9—结晶器小车；10—锭子车

10.8　电渣炉熔炼技术

10.8.1　电渣熔炼工作原理

电渣熔炼是有色金属及其合金熔炼铸造的又一特殊工艺，它是将用一般熔铸方法产生出来的铸锭进行重新熔铸，因此一般又成为电渣重熔。由于电渣熔炼比普通熔炼能够获得质量更为优良的铸锭，因而被用于生产要求较高的合金，在钢铁上许多特殊钢都是用电渣熔炼法生产出来的。在有色金属生产中，目前应用电渣重熔的合金数量还不很多。

电渣炉的工作原理如图 10-17 所示。电渣熔炼过程中，熔化、精炼和铸造是同时进行的。自耗电极就是准备重熔的铸锭；结晶器既是盛满熔体的容器，又是铸模；熔池上面的熔渣具有导电性，但其电阻较大。熔渣的电阻热使自耗电极熔化（电阻热可使渣温达到 1700 ~ 1800℃），熔化了的金属液滴穿过渣层汇聚在结晶器中，在底水箱和结晶器的水冷作用下，凝结成锭。

熔渣的电阻热使自耗电极熔化，电阻热可使渣温达到 1700 ~ 1800℃，熔化了的金属滴穿过渣层汇聚在结晶器中，在底水箱和结晶器的水冷作用下，凝结成锭。由于电渣熔炼必须先用其他方法生产自耗电极作为重熔的原料，因此工序比较长，所需要的生产费用较高。这种熔解方法只在生产要求特别严格的合金品种时才应用。

总之，电渣炉熔炼过程的特点是：在熔滴离开电极端面时，往往会形成微电弧，在电磁力等作用下熔滴被粉碎，因而与熔渣接触面积大，有利于精炼除去杂质。熔渣温度高，且始终与

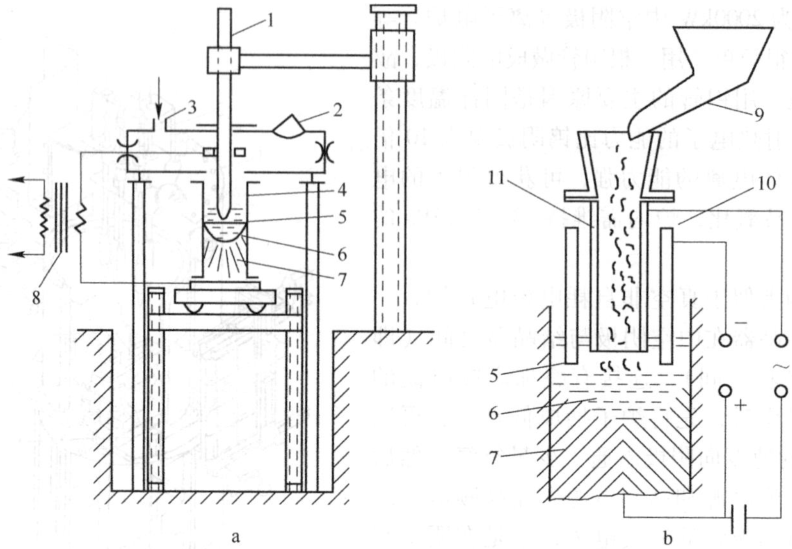

图 10-17　电渣炉工作原理图

a—自耗式；b—非自耗式

1—自耗电极；2—观察孔；3—抽气口；4—结晶器；5—电渣液；6—熔池；7—锭坯；8—变压器；9—加料斗；10—附加非自耗电极；11—加料器

金属液接触，既可防止金属氧化和吸气，又有利于吸附、化合造渣，因而可得到较纯洁的金属熔体。

10.8.2　电渣炉的构造和技术性能

电渣炉包括电气设备、机械设备、熔铸设备三部分。电气设备包括降压变压器和供电电气等。电渣炉用变压器可以是单相的，也可以是三相的，一般小型电渣炉大多采用单相变压器。变压器的容量视重熔铸锭的截面积而定。

机械设备主要包括电极升降机构、排烟装置、抽锭装置、密封设备等。熔铸设备包括结晶器和底板。对结晶器和底板的要求是：结构简单，有良好的导热性和足够的刚性。一般采用紫铜焊接，底板除散热外，还起导电作用。

电渣炉可配备真空设备，即真空熔炼电渣炉。电渣炉有许多种结构形式。图10-18所示的双支臂抽锭式电渣炉是一种常见的炉型，在熔炼过程中，电极送进机构交替工作，同时由抽锭装置将铸锭由结晶器下方匀速引出。

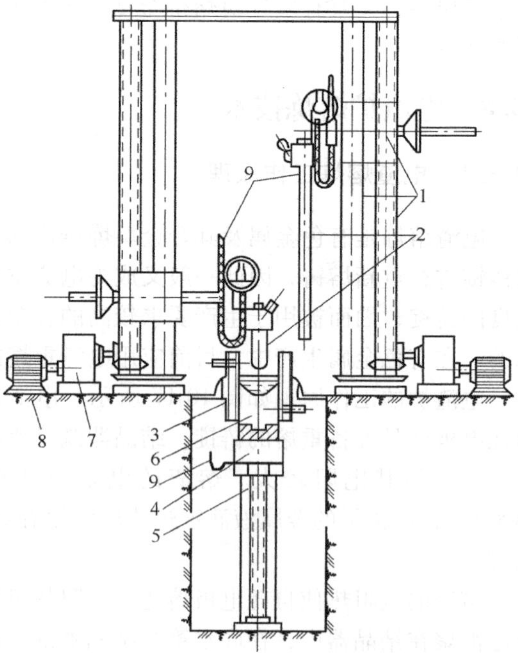

图 10-18　双支臂抽锭式电渣炉

1—电极升降机构（左右各一个）；2—自耗电极；3—结晶器；4—底水箱；5—引锭机构；6—铸锭；7—减速器；8—电动机；9—电缆

11 有色金属及合金的铸造技术

本章要点： 铸造是将符合要求的金属液通过一系列转注工具浇入到具有一定形状的铸模（结晶器）中，使液态金属在重力场或外力场的作用下充满铸模型腔，冷却并凝固成形状、尺寸、成分和质量符合要求的铸锭或铸件的工艺过程。一般铸造应满足下列要求：

（1）锭坯形状和尺寸必须适合压力加工的要求；

（2）锭坯内外不应有气孔、缩孔、夹杂、裂纹及明显偏析等缺陷，表面光洁平整；

（3）锭坯的化学成分符合要求，结晶组织基本均匀，无明显的结晶弱面和特粗晶粒。

有色金属及合金铸造技术在金属压力加工工业的发展和推动下正在不断提高，新方法、新工艺不断涌现。按铸锭长度和生产方式，铸锭方法可分为普通铸锭和连续铸锭两大类。前者简单灵活，多为一些小厂所沿用，至今仍占有一定的比例；后者为大型企业采用，铸锭质量高，成品率和生产率高。学习本章应重点掌握下列内容：（1）各种普通铸造技术的技术特点；（2）半连续铸造技术的技术特点和工艺控制；（3）连续铸轧、连铸连轧等先进铸造技术的发展与优缺点。

11.1 普通铸造技术

普通铸造技术主要是指生产中使用的铁模和水冷模铸造技术两类。该技术虽然比较落后，但设备投资少，生产方法简单、灵活，又可利用锭温余热，所以在有色金属及合金铸锭生产中仍占有一定的比例，尤其在小型企业中。

按浇注的方式来区分，普通铸造技术可分为水平、垂直（立模）、倾斜锭模、无流铸造等四种不同的类型。

11.1.1 水平模铸造

水平模铸造最适于仅对轮廓外形有要求，尺寸、重量不大的铸锭生产。同时也适合用于铸造各种金属及合金的或重熔与回炉料，或者对铸锭表面缺陷和内部结晶组织不作严格要求的铸锭生产。这种锭模一般都是用生铁整体制成，也可以制成模底用水冷却的水冷模，如图 11-1 所示。由于模底是主要散热面，所以要求底板要有足够的厚度以防止它在受热、冷却过程中发生变形，而且要保证模子具有较高的冷却和散热能力。水冷水平模的模底最好用铜板制作。用水冷却时应注意水的流动和流速，如水量不足或发生断水，则容易引起模底的热变性，甚至会发生熔化或爆炸事故。

用水冷底板的水平模铸造具有自下而上顺序凝固的优点。但是其上表面易氧化生渣，收缩下凹或出现缩松，要多次补缩，故铸锭表面质量较差。浇注熔点较高合金时，常易在流柱冲击处产生熔焊现象，降低底板寿命。水平模铸造法主要用于生产线坯及某些热轧易裂合金扁锭，如铅黄铜、单相锡黄铜、锌白铜等。有时也用来浇注易产生气孔和反偏析的锡锌铅青铜扁锭。此外，铅板坯、中间合金及重熔废料的铸坯，多用水平模法铸造。为防止产生粗晶，浇注温度不宜太高。

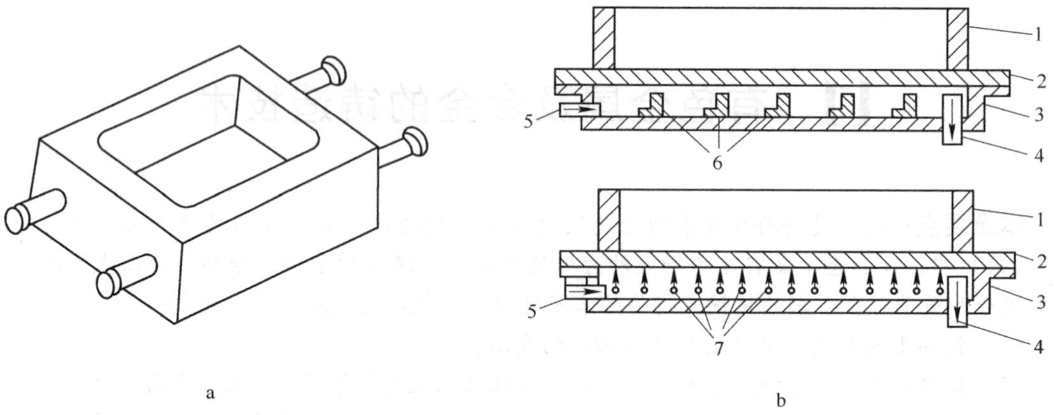

图 11-1　平模结构示意图

a—整体式；b—水冷式

1—锭模；2—底板；3—水套；4—出水口；5—进水口；6—挡板；7—喷水管

11.1.2　立模铸造

立模铸造法分为静立模顶注法和倾动模顶注法两种，简称为立模法和斜模法。铸锭所用模子有铁模和水冷铁模两种，按其结构可分为整体模和两半模，如图 11-2 所示。

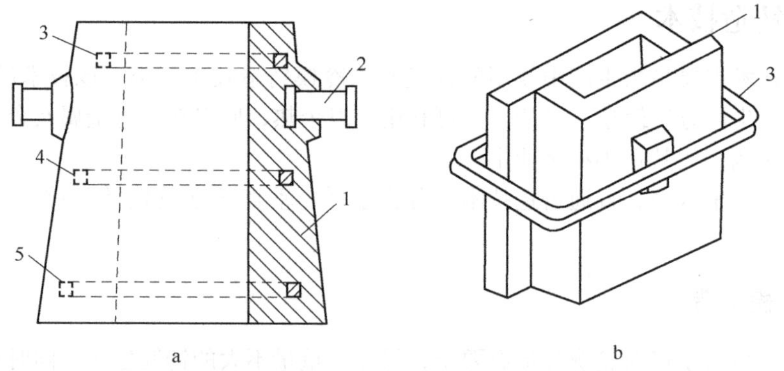

图 11-2　铁模结构示意图

a—整体模；b—两半模

1—锭模；2—吊耳；3～5—钢箍

整体模铸造最适于为轧制生产提供所需的管、棒、线材坯料。锭模的模型一般都是下厚上薄，模底厚度大。这样尺寸的锭模在一定程度上可以控制警惕的结晶方向和提高铸锭的结晶速度。为了方便铸锭脱模，整体模要有一定斜度，锭模内壁呈锥体，一般是下大上小。

该铸锭模的缺点是不能很好地促进铸锭自下而上的顺序凝固，铸锭凝固时析出的气体不易排除，铸锭的收缩孔或收缩管必然扩大，从而降低了铸锭的质量、增加了铸锭的几何损失。

为了提高锭模的生产能力，整体模也可以做成水冷立模。整体立模铸造的铸锭几何尺寸稳定，但其最大的缺点就是脱模困难，尤其是遇到径高比小、锭模内表面不光滑、凝固收缩小的合金，或者在较高温度下脱磨后抽取方向偏斜等情况，脱模更加困难。

为了解决整体立模在铸造中脱模的困难，生产中大量采用的是两半模铸造（或者称对开式立模）。该锭模是沿垂直断面分为两半，铸造时使用夹具或环形箍将两部分牢固结合。两半模的优点是内壁容易清理，便于涂料及润滑，并更易脱模；缺点是铸造时对缝处易产生铸翅，铸锭容易变形和在端头产生裂纹。因此两半模铸造只适合于对铸锭质量要求不高的铸锭生产。

立模铸造的无水冷铁模冷却强度有限，结晶组织以径向为主且不均匀；在浇注过程中流柱长、冲力大，易于裹入气体和夹杂，容易产生二次氧化。流柱越高越易产生气孔和夹杂。因此，铸造板锭时两半模有时也用水冷，水套材料一般使用膨胀系数较小的铜板或铸铁板制成。

11.1.3 斜模铸造

斜模铸造多用于铝及铝合金、铍青铜、硅青铜等小型铸锭生产。铸造时，锭模处于倾斜位置，金属流柱沿铁模窄面模壁流入模底，浇注到模内液面至模壁高的1/3时，便一边浇注一边慢慢转动模子，在快浇到预定高度时使模子正好转到垂直位置，故也称为转动模铸锭，如图11-3所示。

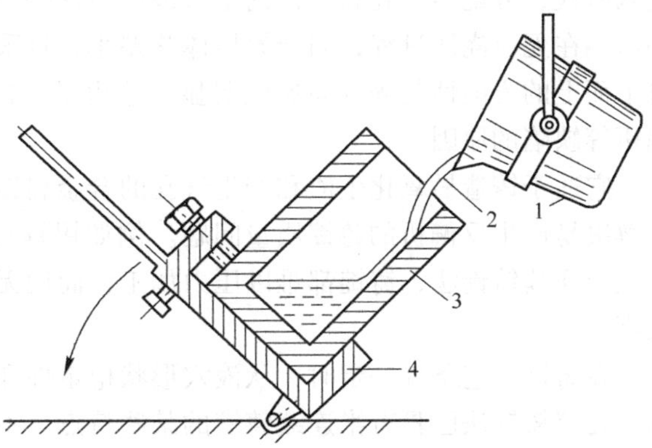

图11-3 斜模铸造示意图

1—浇包；2—流柱；3—锭模；4—转动装置

用此方法浇注，液流稳定，可保持液体表面层上致密的氧化膜的完整性，所以既可减少金属氧化损失，又可减少铸锭内氧化夹杂的混入。另外，因为倾斜锭模铸造，液流沿锭模的侧边进入模内，浇注时对模底无冲击作用，因此避免了液体金属在模内的激烈翻腾和搅动，从而可有效地减少液体的机械作用而带入的过量气体和由此而引起的气孔、气泡等缺陷。

锭模可用铸铁或水冷模。但要求这种可倾斜的锭模能够顺利地围绕水平轴进行转动一定角度，还要求模子在浇注过程中能平稳、连续地进行转动。铸造时，将锭模与垂直方向倾斜成30°~40°铸造角，浇注的速度必须与模子的转动速度相适应，待模子转到垂直位置时金属液体要注满铸模。

斜模铸造适于铸造易氧化生渣的合金，可生产扁锭、实心锭或空心圆锭。用水冷斜模铸造时，冷却强度比铁模大，组织较细密，但铸锭的浇注一侧及模口处的晶粒较粗大，并且易产生晶间裂纹及夹杂等。转动模为机械化生产，劳动强度较小，在脱模后即进行热轧，节省能耗。但生产率较低，模缝处易漏和黏渣，须经常维修和上涂料。

11.1.4 无流铸造

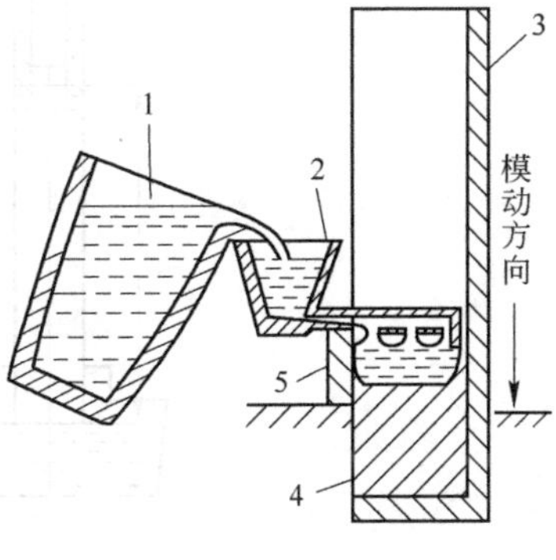

图11-4 无流模铸造示意图

1—浇包；2—漏斗；3—长模；4—铸锭；5—短模

无流铸造的铸模可以是铁模，也可以是带有水冷套结构的铁模，其结构示意图如图11-4所示。浇注时，已凝固的金属随活动模壁下降。金属液体自上部连续补充，这样使其具有半连续浇注的特点。该技术的金属流柱短，近似“无流”，因此称为无流铸造。

无流铸锭模由一个带模底的三面可动的模壁及一个单面的固定模壁组成。可动模壁借助于丝杠传动机构在垂直方向以一定的速度移动。可动模壁与固定模壁所形成的空腔为金属凝固的模子。已凝固的金属随可动模壁下降而与固定模壁间存在相对移动。为了使活动模壁与固定模壁间严密接触，模的接触面必须仔细加工，固定模工作面最好衬以光滑的石墨片。金属液体从固定模壁上方伸入模内，漏斗是用黏土石墨制造，浇注时液态金属从漏斗经分配槽下面的小孔进入铸模，分配槽底孔和铸模内金属液面应保持一最小距离，以减少液体金属落下时的飞溅和冲击。在无流浇注过程，因金属熔体落差小，且采用多孔的液流分配槽，因此液穴浅平，铸锭自下而上的方向性凝固倾向比较明显。这也是它能有效地避免或减少铸锭气孔、疏松、夹杂、偏析等缺陷的原因。

它适于铸造易氧化生渣和产生气孔的合金扁锭，如铍青铜、锡磷青铜和某些铅黄铜等；也能解决易产生反偏析的铸锭质量问题。例如锡锌铅青铜扁锭，过去采用铁模和水冷模顶注法，甚至半连续铸锭法，铸锭都难以压力加工，而用无流铸锭法则可较顺利地进行轧制，成材率也较高。

在铸锭工艺条件一定时，从液穴形状稳定性和一个侧面模壁与铸锭间有相对运动的特征来看，无流铸锭法已具有半连续铸锭的某些特点。不同之处是无二次水冷，冷却强度低，铸锭规格较小，且其固定短模一侧的表面质量较差。

11.1.5 真空吸铸技术

真空吸铸装置见图 11-5。它是将水冷模下端浸入金属液中，用机械泵将模内的空气抽出，金属液便在大气压力作用下进入模内，经过一定的冷凝时间后接通大气，凝固的锭坯依靠自重而脱落下来，即可得到一定长度的锭坯。若在模中装一芯棒，或在铸锭中部的金属液尚未凝固时使之与大气相通，未凝固的金属液便在自重下落回熔池中，这样就可得到管坯。锭坯长度可用真空度来控制，其关系式为：

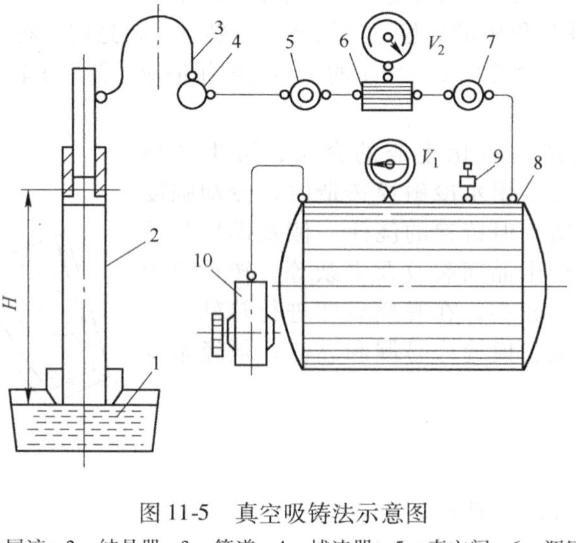

图 11-5 真空吸铸法示意图

1—金属液；2—结晶器；3—管道；4—捕渣器；5—真空阀；6—调压器；7—节流器；8—真空罐；9—放气阀；10—真空泵

$$p = 1.01 \times 10^5 - 1.01 \times 10^5 \rho L/10336 \tag{11-1}$$

式中 p——模内的气压，Pa；

ρ——金属液密度，g/cm^3；

L——锭长，mm。

真空吸铸的金属和合金，一般浇温较低。冷却结晶器的进水温度要比室温高 5～10℃。吸铸和冷凝时间应保持一定。结晶器浸入熔池中的深度可用下式求出：

$$h = Lr^2/R^2 + 10 \tag{11-2}$$

式中 h——结晶器浸入熔体深度，mm；

r——结晶器半径，mm；

R——熔池半径，mm。

真空吸铸法适于生产一些易于氧化生渣的合金，是生产小直径锭坯、管坯的一种简便方法。铸锭的长度受限制且与密度有关。其特点是没有二次氧化，且可去气，表面质量好，劳动条件好，但生产率低，锭内有缩孔及疏松。

11.2 立式半连续铸造技术

半连续铸造技术与金属模、水冷金属模等普通铸造技术是截然不同的。该技术是把熔融金属液体直接导入外壁用水冷却的“结晶器”中，金属液由于冷却作用而进行凝固结晶。开始，液态金属受到结晶器壁的激冷作用，形成一层坚固的凝固壳，这时通过铸造机底座的牵引作用，已开始凝固结晶的那部分逐渐以一定速度均匀下降。当它脱离结晶器后，立即受到来自结晶器下缘的强烈的二次冷却水作用，金属锭中凝固结晶不断向中心扩展，铸锭进一步被冷却，热量迅速被冷却水带走，使铸锭内部也完全实现凝固的全过程。上部不断向结晶器内供给液体金属，液体金属在结晶器内不断凝固成铸锭，并随之以匀速下降，实现铸锭生产的连续化作用。待铸到所需的长度后，即停止铸造，将铸锭从铸造井中提出卸下即完成一个铸次。而连续铸锭生产是指在半连续铸造技术的基础上，安装有与铸锭行程同步的锯切装置，使铸造生产能边铸边切，从而实现铸锭的完全连续化。

这种铸造技术实际上的冷却作用是依靠结晶器下端的强烈二次水冷，即金属受冷却水的直接冷却，因此称为直接水冷半连续铸造。

11.2.1 立式半连续铸造的特点

立式半连续铸造又称垂直铸造（vertical direct chill casting），由德国 Junghaus 于 1933 年研制成功，目前已成为压力加工用有色金属铝、镁、铜等及其合金坯锭生产使用最广泛的铸造方法，而且在不断地改进，使铸锭质量得以提高。

立式半连续铸锭的特点如下：

（1）由于浇铸过程是连续而稳定地进行，浇注速度和冷却强度可控制。允许采用较低的铸造温度，并减少液流的冲击作用，从而减少了夹杂、气孔和缩孔等缺陷，提高了成材率。特别是近些年来，发展了同水平铸造，使浇铸过程更为平稳，铸锭的表面质量也得到了大大的提高。

（2）由于受结晶器和二次冷却水的强烈冷却作用，可以采用较高的铸造速度，获得微细的结晶组织，从而提高了铸锭的力学性能。

（3）生产过程机械化，改善了劳动条件。可以实现多流同时浇铸，目前生产棒锭时最多可同时浇铸 72 根，大大地提高了劳动生产率。

（4）工艺条件要求严格，技术性强。在铸造过程中，要求浇铸温度、铸造速度和冷却强度很好地配合，才能使生产过程稳定，并获得良好的铸锭组织和表面质量。

（5）由于铸锭受强烈的直接水冷，产生的收缩应力大，铸锭的裂纹倾向大。

11.2.2　半连续铸造设备

半连续铸造设备包括：可调液流的中间包、结晶器、铸造平台、升降台、传动装置、引锭底座、水冷系统和铸锭机等。

11.2.2.1　铸锭机

半连续铸锭机应该是结构简单、牢固，上下运行灵活平稳，有效长度长，铸锭根数多，生产效率高，控制系统先进等。半连续铸锭机分为四种类型，即钢丝绳传动铸锭机、丝杠传动铸锭机、液压传动铸锭机和链传动铸锭机。

目前，工厂广泛应用的是钢丝绳传动铸锭机，如图 11-6 所示。在铸锭过程中，用无级调速的直流电机控制铸锭速度，交流马达用于牵引底盘快速升降。这种铸锭机的特点是：结构较简单，运行速度较稳，载重量大，适于铸造较大锭坯，能利用地坑，占地面积小；但缺点是易产生摇晃，金属液易漏在钢绳和滑轮上，维修不方便。钢绳易损坏，当其变形不匀时运行不平稳。

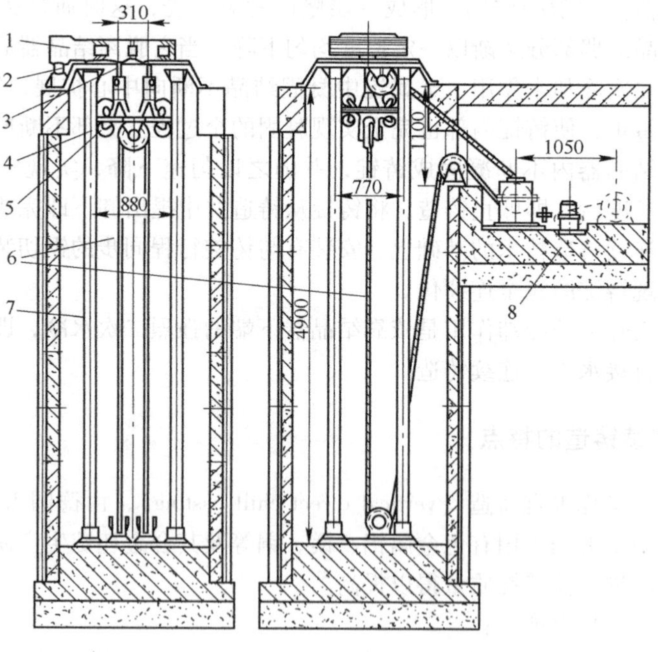

图 11-6　钢丝绳式半连续铸锭机示意图

1—回转盘；2—结晶器；3—托座；4—升降台；5—导轮；
6—钢绳；7—导杆；8—驱动机构

丝杆铸锭机也是常用的铸锭机之一。其运行情况和钢绳铸锭机相类似，铸锭时运行较稳定，也能铸造较长较大铸锭；但丝母易损坏，维修较频繁。

液压式铸锭机的结构示意图见图 11-7。该机的结构较复杂，适于铸造规格较小的锭坯；行程较短，一般铸锭不超过 3m 长，且易受锭坯重量变化而变速。在铸锭后期，铸锭速度将随锭重增大而逐渐加快。制造维修较困难，易发生漏液现象；铸坑的有效利用率较低，但运行平稳，可任意调控铸锭速度。

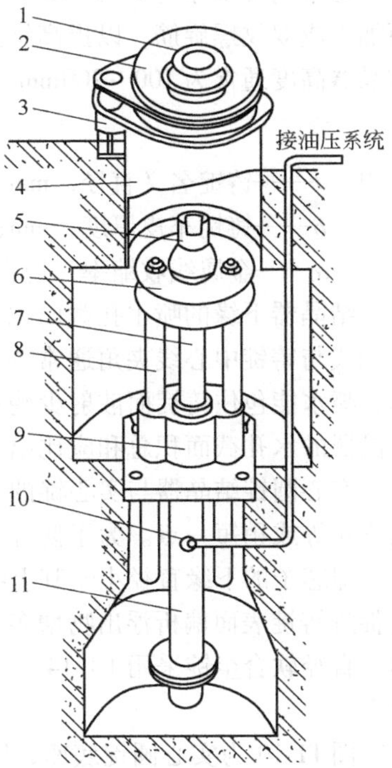

图 11-7　液压式铸锭机示意图

1—结晶器；2—回转盘；3—轴承座；4—保持罩；5—托座；6—底盘；7—柱塞；8—导杆；9—底座；10—油管；11—柱塞缸

11.2.2.2　结晶器

半连续铸锭用的铸模，称为结晶器，亦称冷凝器，是连续铸锭的核心部分。它的结构不仅决定了铸锭的形状和尺寸，而且影响到铸锭的内部组织、表面质量和裂纹等。结晶器由内套和外套组成。内套材料要求有较高的导热性、良好的耐磨性和足够的强度，圆锭结晶器通常用 LD5 和 LY11 合金的锻造坯料，经淬火后加工而成，也有用紫铜制作的。扁锭结晶器用紫铜制作。生产铝线锭时，曾用工业纯铝浇铸成结晶器坯料，再经机械加工而成。

A　圆铸锭用结晶器

圆铸锭用结晶器的构造通常有圆柱形、带锥度和复杂结构三种形式。圆柱形结构为普通型，结晶器内壁不带锥度，这种结晶器制作时加工比较方便。用这种结晶器可以获得直径为 400mm 的铸锭。

图 11-8 为内套下部带锥度的结晶器，在距离内套表面上口 20 ~ 50mm 处，将结晶器壁加工成一锥度区，下缘直径大于上口，锥度为 1∶10 。锥度有正锥和倒锥之分，正锥度有利于成形的铸锭抽出结晶器，但一次冷却强度降低；倒锥即下缘直径小于上口，有利于加强一次冷却强度，但铸锭抽出困难。实际生产中通常采用正锥度，特别是对于铸锭表面容易出现小铸瘤的合金锭生产时有利。图 11-8 为正锥圆锭结晶器结构。金属液面保持在锥度区内，当铸锭下降时使铸锭和结晶器内壁之间先形成空隙，以降低结晶器中铸锭外层的冷却强度，有利于减少和消除冷隔，这种结晶器适用于铸造直径大于 300mm 的合金铸锭。因为铸锭直径大，铸造速度慢，在结晶器内停留时间长，铸锭表面容易形成较深的冷隔。普通型圆锭结晶器的总体结构与图 11-8 相同，只是结晶器内壁不带锥度，而为圆柱形。图 11-9 为结构复杂组合式结晶器，这种结构可以控制结晶器上部的冷却强度，加强铸锭的二次冷却强度。这种结晶器可用以铸造直径大于 500mm 的铸锭。

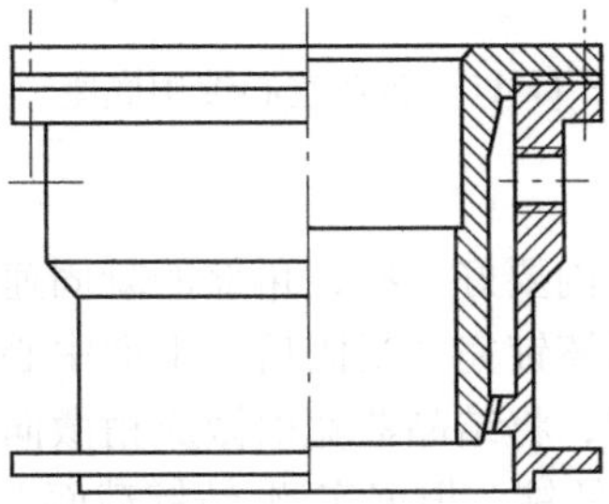

图 11-8　带锥度的圆锭结晶器结构

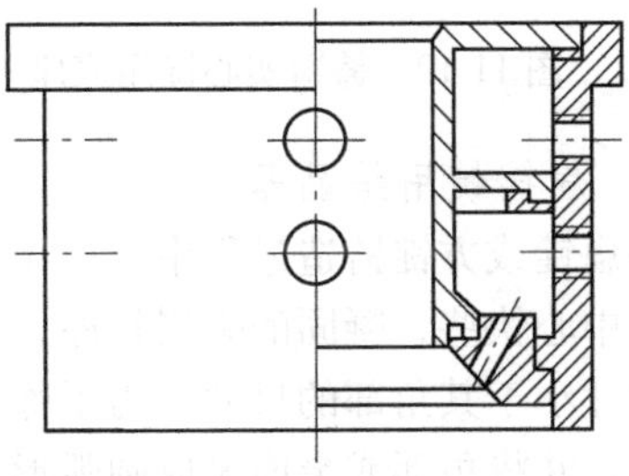

图 11-9　复杂组合式圆锭结晶器结构

通常内套壁厚为 8 ~ 10mm，内表面粗糙度不大于 0.8μm。大规格铸锭的结晶器的内套外表面加工成双纹螺旋筋，以提高结晶器刚度，同时作为冷却水的导向槽，使结晶器内水冷均匀。结晶器高度通常为 100 ~ 200mm。内套下缘直径 D 为：

$$D = (d + 2\delta)(1 + \alpha) \tag{11-3}$$

式中　d——铸锭名义直径，mm；

δ——铸锭车皮厚度，mm；

α——金属线收缩率，通常取值为 1.6% ~ 3.1%。

结晶器下缘的喷水孔截面积为 3mm × 3mm 或直径为 2 ~ 3mm 的钻孔，水孔中心距 7mm。水孔轴线与铸锭中心线夹角通常为 20° ~ 30°，夹角小时喷水在铸锭表面的落水点距结晶器下缘远，喷水能包住铸锭而散射少些；夹角大时喷水的落水点距结晶器下缘近，喷水散射多些。进结晶器的水孔截面积总和应比出水孔截面积总和至少大 15% ~ 25%。

空心圆锭结晶器与实心锭的相同，只是在结晶器中心位置安放芯子。芯子的高度和结晶器高度相等或稍短一点。为了防止铸造时由于铸锭凝固冷缩而将芯子包住，芯子应有一定的锥度，即芯子的下缘直径小于其上缘。锥度过小，易使铸锭内孔产生放射性裂纹；锥度过大，则会促进铸锭表面偏析浮出物增多。锥度一般为 1∶(14 ~ 17)，通常采用 1∶15；对于线收缩大的大直径软合金锭采用 1∶14；对于外径较小的硬合金锭采用 1∶17。结晶器安装在铸造平台上。

图 11-10 为实心圆锭底座，图 11-11 为空心圆锭底座，底座中心的孔道是为了排放芯子喷出的冷却水。底座多采用 LD5 或 LY11 合金锻造毛坯制造。底座断面一般小于结晶器下缘尺寸 1% ~ 1.5%。为了使铸造开始时将铸锭从结晶器内拉出来，底座上设有不大的燕尾槽，一般有 $B - A = 4 \sim 6$mm。底座安装在升降台上。

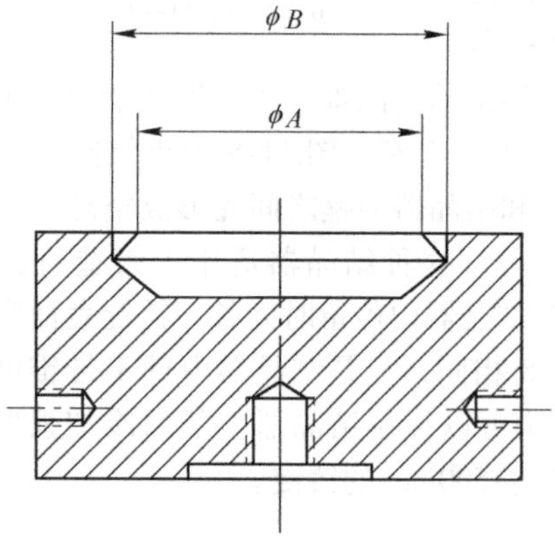

图 11-10　铸造实心锭用底座

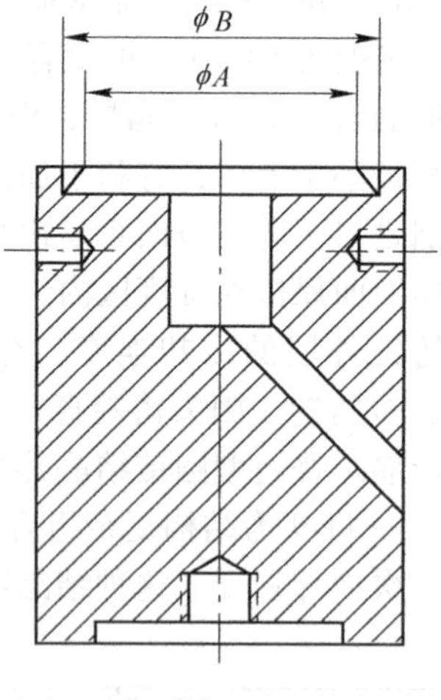

图 11-11　铸造空心锭用底座

B　扁铸锭用结晶器

在扁锭或方锭铸造过程中，由于其角部散热条件比平面内要好一些，角部的凝固速度相对于平面中心快些，凝固的壳层较厚，平面越宽差别越大。当铸锭完全凝固后，平面中心部位的厚度尺寸小于其角部的尺寸。为了弥补尺寸收缩不均等情况，将结晶器宽面做成稍微向外突出的弧形，并将角部或窄面做成圆弧形，以期获得表面平整的铸锭。根据实测，铸锭截面上沿宽度方向的收缩率为 1.5% ~ 2.0%，在铸锭横截面两端沿厚度方向的收缩率为 6.4% ~ 8.1%。图 11-12

和图 11-13 为工厂常用的几种扁锭结晶器形状。扁锭用结晶器的主要尺寸参数列于表 11-1 中。

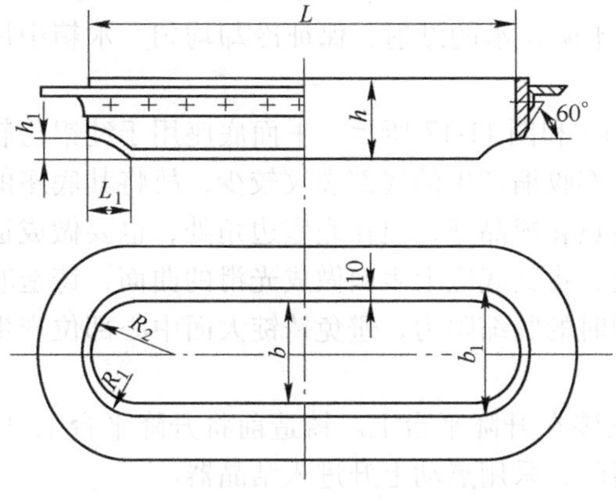

图 11-12 铸造软合金扁锭用结晶器

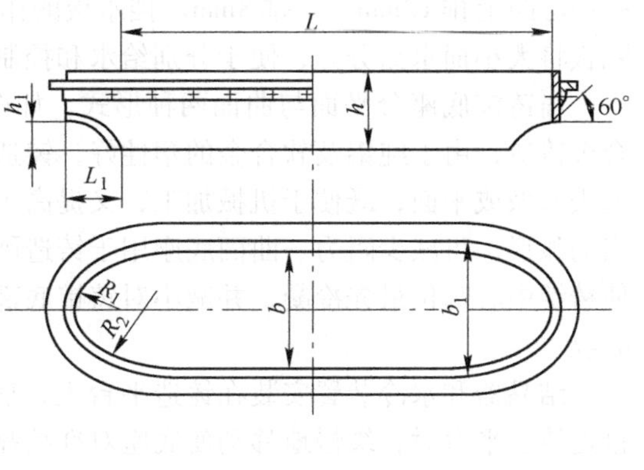

图 11-13 铸造 LC4 及硬铝合金用结晶器

表 11-1 扁锭用结晶器主要尺寸参数

铸锭规格 /mm × mm	结晶器长度/mm		结晶器宽度/mm		结晶器高度/mm		小弧半径/mm		备 注
	L	L_1	b	b_1	h	h_1	R_1	R_2	
275 × 1040	1070	80	280	280	190	35	15	225	软合金
275 × 1240	1260	80	280	280	190	35	15	500	软合金
300 × 1200	1230	230	310	300	200	65	88	210	LC4 合金
200 × 1400	1420	205	205	205	200	75	60	145	硬铝合金

扁锭结晶器窄面都带有缺口，其缺口大小及形状因合金而异。用于硬合金铸造的缺口较大，目的是防止侧面裂纹；用于软合金铸造的缺口较小，以避免大小面同时接触二次冷却水时因收缩剧烈而造成小面漏铝。结晶器采用厚 10mm、高 180 ~ 200mm 的紫铜板在两端对焊而成。结晶器内表面粗糙度 Ra 值不大于 0.8μm。

扁锭结晶器宽面的弧形加工不太方便，通常先将角钢焊制成要求形状的框架，再把紫铜板焊制的内套固定在角钢框架内。为便于加工制作，前苏联将扁锭结晶器宽面做成人字形斜面。

扁锭结晶器的冷却装置有水管式和水箱式两种结构，分别如图 11-14 和图 11-15 所示。

水管式冷却装置用于铸造软合金扁锭。结晶器外周两条内径为 38mm 的环形管上下排列，在每条管壁上斜向结晶器方向开一排小孔，与铸锭垂线夹角为 45°，孔径 4mm，孔中心距

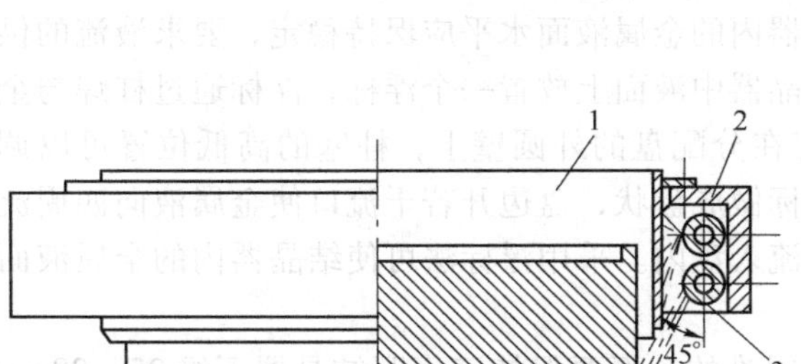

图 11-14 水管式冷却装置示意图
1—结晶器；2—盖板；3—水管；4—底座

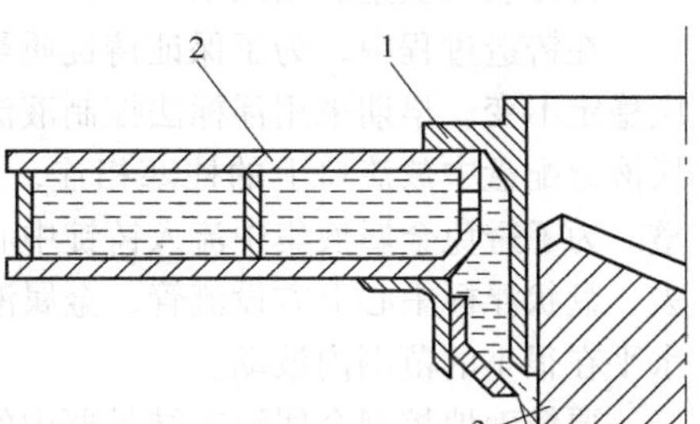

图 11-15 水箱式冷却装置示意图
1—水箱；2—挡水板；3—结晶器

8mm。为了使铸锭大小面冷却均匀，下排水管的小面端头不开水孔。水箱式冷却装置用于铸造硬合金扁锭。水箱内侧有两排小孔，上排水孔与结晶器壁成90°，下排为45°，孔径均为4mm，孔中心距上排12mm，下排8mm。挡水板的作用在于防止水的溅射，保证冷却均匀。水箱中用隔板将大小面水路分开，便于分别给水和控制。

扁铸锭底座分平面与曲面两种形式，如图11-16和图11-17所示。平面底座用于纯铝与软合金铸造，由于纯铝及软合金的塑性好，铸造时底部收缩产生的底部裂纹较少，故将其底座的上表面做成平面，既便于机械加工，又提高了铸锭热轧成品率，但在底座边角处，也要做成适当的弧形，可减少阻力。曲面底座用于铸造硬合金，将其底座上表面做成光滑的曲面，铸造时使铸锭中心部位最先冷凝，并减小对铸锭底部凝固时的收缩阻力，避免铸锭大面中心部位产生裂纹。

结晶器和水冷装置安装在铸造平台上，底座安装在升降平台上。铸造前将升降平台上升，接近铸造平台时，缓慢地移动使底座对准结晶器型腔，采用点动上升进入结晶器。

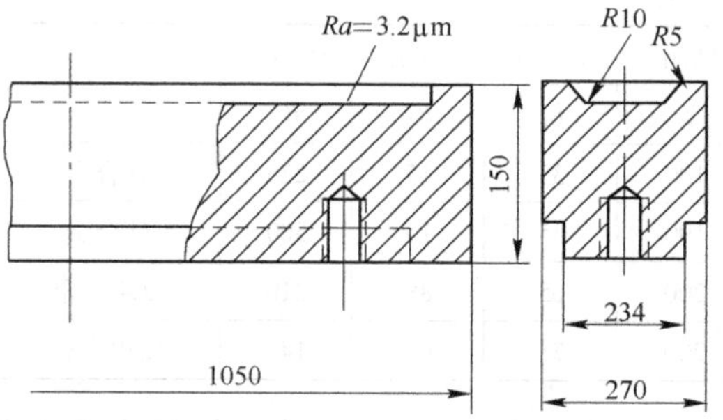

图11-16　铸造软合金扁锭用底座

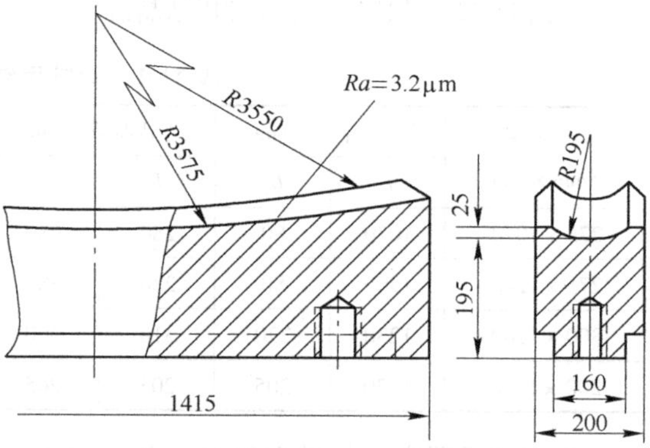

图11-17　铸造硬合金扁锭用底座

11.2.2.3　熔体转注及节流装置

金属液从保温炉输送到结晶器去的全过程称为熔体转注。为了避免熔体在转注过程中遭受污染，最好采用封闭式转注与封闭式流槽。有的采用电磁泵输送铝液，也有采用虹吸管转注铝液，但管道容易被堵塞，很不方便。在转注过程中金属液要保持在氧化膜下平稳地流动，转注距离应尽可能短，严禁有敞露的落差和液流冲击。否则，二次氧化渣及气体混入熔体，会造成夹杂和气孔。漏斗用于合理分布液流和调节流量，影响液穴形状和深度、熔体流向及温度分布、铸锭表面质量及结晶组织。图11-18是几种常用漏斗及液流自控装置。

在铸造过程中，为了保证铸锭质量，结晶器内的金属液面水平应保持稳定，要求液流的供应稳定不变。早期采用浮标法控制液流，在结晶器中液面上放置一个浮标，浮标通过杠焊与金属液分配盘中放流口上的柱塞相连，杠焊固定在分配盘的外圆壁上，柱塞的高低位置可以调整。为了避免金属液集中流入铸锭中心，将浮标做成盘状，盘边开若干流口使金属液向四周流去，盘状浮标中心上方设流管，金属液经流管流入盘内。采用浮标法可使结晶器内的金属液面水平在很小的范围内波动。

要精确地控制金属液在结晶器中的水平是困难的，而要保持液面距结晶器下缘25～38mm严格稳定的水平尤其困难。

铝合金温度低且温降较慢，利用石棉压制的浮塞，便可实现简便的自动节流。铜合金温度高且温降快，要用不易黏结铜的石墨作塞棒、注管等，依靠调节塞棒上下的距离来控制流量，

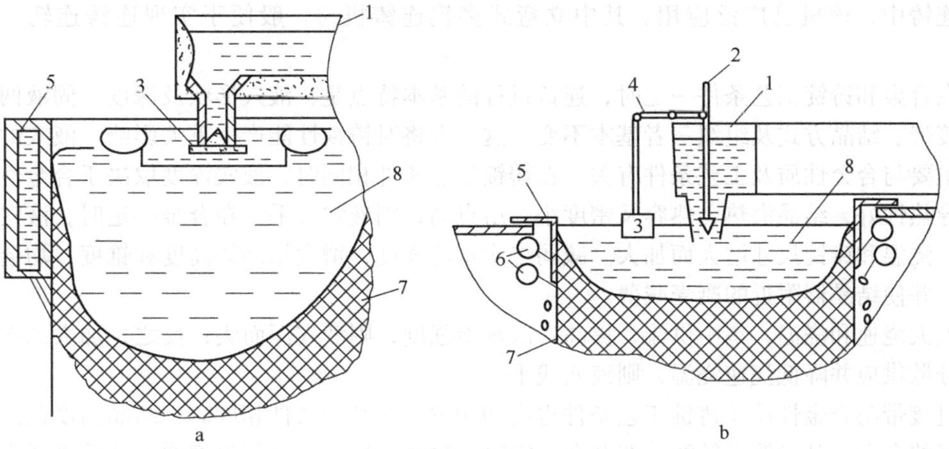

图 11-18　铝合金常用自控节流装置示意图

a—圆锭用；b—扁锭用

1—流盘；2—控制阀；3—浮塞；4—杠杆；5—结晶器；6—喷水管；7—铸锭；8—液穴

如图 11-19 所示。但石墨塞棒等易氧化、破断及使用寿命短。镁合金熔体在转炉及转注过程中，更易氧化生渣，宜采用密封性好的电磁泵、离心泵或虹吸法进行转运。

11.2.3　立式半连续铸造技术的发展

11.2.3.1　立式连续铸造

立式连续铸造和半连续铸造基本相同，不同之处在于多一套同步锯切和辊道运锭装置。为使结构简单和操作方便，立式连续铸锭机多用辊轮引锭装置，如图 11-20 所示。在紫铜、锌、

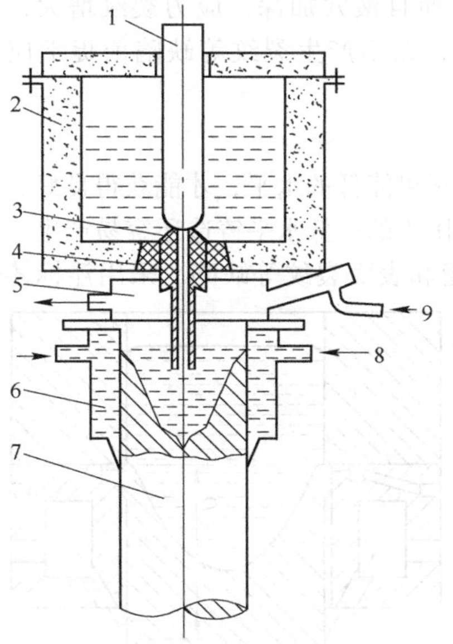

图 11-19　铜合金熔体节流及保护示意图

1—塞棒；2—保温炉；3—石墨锥；4—浇管；5—保护气体罩；6—结晶器；7—铸锭；8—进水；9—保护气体

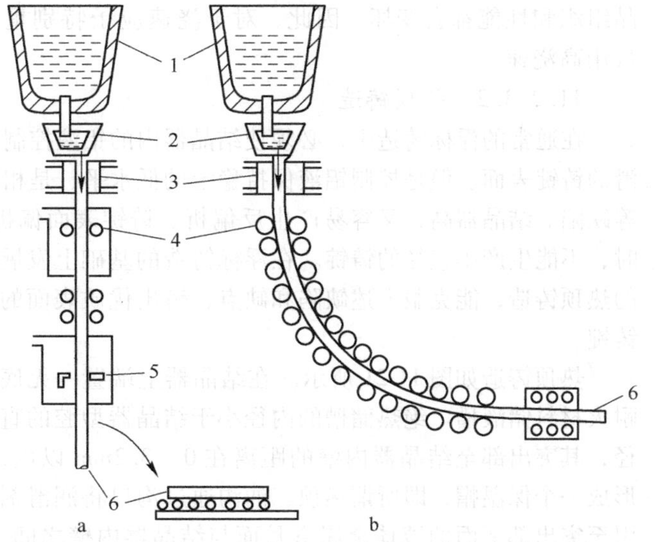

图 11-20　辊轮式连续铸造示意图

a—立式；b—立弯式

1—保温包；2—浇斗；3—结晶器；4—夹辊；5—飞剪；6—锭坯

黄铜连铸中，该机已广泛应用。其中立弯式多辊连铸机，一般便于实现连铸连轧，多见于铸钢。

在合金和铸锭工艺条件一定时，连铸过程的基本特点是：液穴形状及深度、固液两相共存的过渡带、结晶方式及组织三者基本不变。这三者将对铸锭性能产生重大影响。液穴的形状及深度主要与合金性质及工艺条件有关。在铸锭工艺条件相同时，液穴深度取决于合金性质。合金的导热性好，结晶潜热、热容及密度小，熔点高，则液穴浅平。在合金一定时，液穴深度随浇速、浇温和铸锭尺寸增大而加大。减弱二次水冷强度，增大结晶器高度和锥度，均会使液穴加深，并使结晶器附近的凝壳减薄。

加大浇速和浇温，集中供流，提高一次水冷强度，则液穴深而尖；反之，加大二次冷却强度，分散供应并降低浇速浇温，则液穴浅平。

过渡带与合金性质及铸锭工艺条件也密切相关。在其他条件相同时，结晶温度范围宽且导热性好的合金，其过渡带较宽。在合金一定时，过渡带尺寸随冷却强度增大及结晶器高度减小而减小；反之，随浇温浇速增大及冷却强度减小而增大。此外，加大结晶器高度和浇速，会使铸锭周边部分的过渡带扩大。结晶器锥度及供流也有影响。

液穴和过渡带尺寸增大，会促使铸锭周边组织疏松、产生气孔、偏析并粗化晶粒，降低强度和塑性；在二次水冷强度较大时，液穴过深会促进中心裂纹甚至出现通心裂纹。在连铸大规格高强度合金铸锭时，最不易解决的裂纹、缩松和偏析等问题，都与液穴深和过渡带宽有关。

此外，液穴形态对铸锭的结晶组织也有影响。当其他条件一定时，浇速愈快，结晶器愈短或金属液面愈低，则平均结晶速度愈大。实践表明，尽管提高浇速对生产有利，但结晶速度和浇速的增加都是有一定限度的。当浇速提高到使液穴深度等于铸锭半径时，结晶速度、组织和性能就达到较高水平；进一步提高浇速，从理论上还可加快结晶速度至接近或等于浇速，但在实际上不仅结晶速度不再呈线性增大，而且液穴加深，应力裂纹增大，结晶组织和性能都会变坏。因此，对于浇速应予特别重视，在不产生裂纹等缺陷前提下应尽量用高浇速。

11.2.3.2　热顶铸造

在通常的浮标铸造中，必须使结晶器内的铝液控制在尽可能低的水平，才能获得良好、光滑的铸锭表面。但是控制铝液保持稳定的低水平，是相当困难的；低水平铸造还容易产生冷隔等缺陷。结晶器高，又容易产生反偏析、铸锭表面偏析瘤和表面裂纹等缺陷。采用浮标铸造时，不能生产小直径的铸锭。在浮标铸造的基础上发展的热顶铸造，能克服上述缺陷和缺点，铸出优质表面的铸锭。

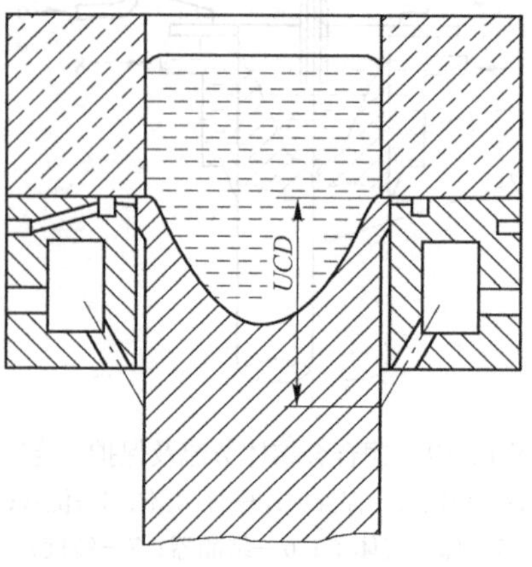

图 11-21　热顶铸造示意图

热顶铸造如图 11-21 所示。在结晶器上端置一无底耐火材料储液槽。绝热储槽的内径小于结晶器型腔的直径，其突出部至结晶器内壁的距离在 0 ~ 3. 2mm 以内，形成一个保温帽，即所谓热顶。油沟通过沟口将润滑剂引至突出部下面的液体金属弯月面与结晶器内壁之间。冷却水从进水管进入结晶器，从喷水孔排出并喷射到铸锭的表面上。铝液经流槽流入储液槽和结晶器中。

在热顶铸造过程中，将结晶器内的铝液面引至储液槽。由铸锭直接喷水线至铸锭表面上凝固线间的距离，叫做上流导热距离（*UCD*），或叫喷水直接冷却距离。与此方向相反，即单靠结晶器壁在铸锭表面上产生的向下冷却距离，叫做铸模单独冷却距离（*MAL*）。已经发现，通过控制铸造速度，可以使结晶器的热导率由零变至最大，即当 *UCD* 延伸至绝热储液槽底时结晶器热导率为零，而当 *UCD* 距储液槽与结晶器的接触线大约为 12.7～25.4mm 时为最大，在这个范围内对铸锭质量无不良影响。实验表明，上流导热距离与铸锭尺寸无关；对于一定的合金和水冷温度来说，*UCD* 是铸造速度和浇铸温度的函数。上流导热距离 *UCD* 的数学关系式为：

$$UCD = -\frac{a}{U}\ln\frac{c_p(t_0 - t_1) + Q}{c_p(t_0 - t_g) + Q} \tag{11-4}$$

式中　a——合金的热扩散率，m^2/K；

U——铸造速度，m/h；

c_p——合金的质量热容，J/(kg·℃)；

t_0——液穴中金属液的温度，℃；

t_1——合金的液相线温度，℃；

t_g——铸锭喷水处冷却温度，℃；

Q——合金的结晶潜热，J/kg。

当 *UCD* 近似于结晶器高度加上结晶器底边至水湿线的距离时可获得最佳值，可以通过测定结晶器壁温度来确定铸造速度或上流导热距离是否满足所要求的关系式。当结晶器材料为铝时，若保持结晶器壁温度比入口水温度高 38～114℃，一般可满足这一条件。调整铸造速度可使结晶器壁温度保持在此范围内，温度波动高于 114℃将有冷隔形成。用某些形式的直接水冷装置，改变水湿线的距离来调整上流导热距离，可使上述条件下的结晶器壁温度每周期波动保持在 1.12℃以上。上流导热始于铸锭表面直接水湿线。在低水流速下，会形成水流膜，妨碍水湿铸锭达到 25.4mm 长度以上（从喷水点向下）。因此，在足够的流量和速度下消除水流膜的形成，水流均匀，对于保持上流导热的凝固面恒定来说是重要的。图 11-22 表示在热顶铸造中

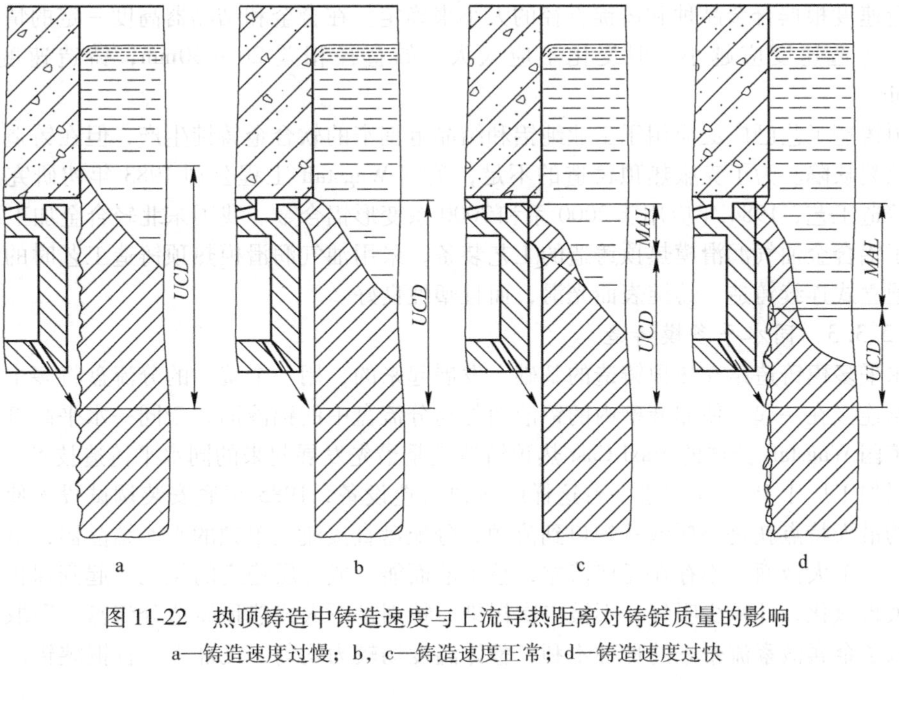

图 11-22　热顶铸造中铸造速度与上流导热距离对铸锭质量的影响

a—铸造速度过慢；b，c—铸造速度正常；d—铸造速度过快

铸造速度和上流导热距离对铸锭表面质量的影响。

图 11-22a 表示铸造速度太慢，使 *UCD* 造成的凝固前沿进入到储液槽突出部以上，这种现象与铸造温度及水湿线位置也有关系。这种状况会在铸锭表面上引起拉裂、波纹和冷隔等缺陷。这时结晶器壁温度与入口冷却水温度之差在 38℃ 以下。随着铸造速度的提高，凝固前沿逐渐向下流方向移动。

图 11-22b 表示生产良好铸锭表面的最大上流导热距离。此时凝固前沿正好终止于结晶器与储液槽的接合处。结晶器壁温度高于入口冷却水温度 38 ~ 57℃，满足了适宜条件。此时结晶器单独冷却距离(*MAL*)为零。

图 11-22c 表示生产良好铸锭表面的最小上流导热距离值。由于铸造速度提高，其凝固前沿向下移动，而 *MAL* 不超过 25. 4mm。结晶器壁温度达到最高值，即比入口冷却水温度高将近 114℃。使 *UCD* 位于图 11-22b，c 位置之间的任意铸造速度均将生产出表面缺陷非常浅的铸锭。例如，在铸造铝时，表面缺陷深度最大为 3. 2mm，典型的小于 1. 6mm。而按以前普通工艺生产的铸锭，表面缺陷深度常常达 12. 7mm 乃至更深。为了使冷隔深度不超过 1. 6 ~ 3. 2mm，还必须保持平衡结晶器壁温度波动在 14℃ 以内。

当铸造速度进一步提高时，凝固前沿趋近于水湿线（图 11-22d）。这时，由结晶器壁冷却收缩形成的很薄的初生外壳在到达凝固前沿以前将经过一段低冷却区。这时薄壳处于高于合金固相线温度之下而且是多孔性的，因而导致偏析浮出物的产生。薄壳还容易因润滑剂的蓄积而引起变形，机械地造成油隔或波纹。结晶器壁温度高于入口冷却水温度不超过 114℃，换句话说，当结晶器壁达到图 11-22c 的最大值之后，随着铸造速度的提高而趋于水平，不再继续提高。

热顶铸造时，结晶器的高度主要根据铸锭直径来选择。直径小，结晶器高度也应小；直径大，相应结晶器高度也应大一些。但高度最小不能小于 25mm，最大不应超过 50mm。一般直径 120mm 以下，结晶器高度为 25 ~ 35mm；直径 145mm 以上，结晶器高度选 30 ~ 45mm 为好。结晶器外套可用 LD5 锻铝，结晶器内衬可用紫铜制作。

铸造速度根据合金品种和铸锭直径的大小来确定。在合金和结晶器高度一定的情况下，直径越大，铸造速度应越小，但变化不应太大，如直径相差 20 ~ 30mm，铸造速度相差 5 ~ 10mm/min。

热顶铸造工艺已广泛应用于工业纯铝和结晶范围窄的软合金铸锭生产，但在铸造过程中容易产生拉裂缺陷。为了克服热顶铸造的不足，美国 Wagstaff 工程公司 1983 年初研究成功了气体润滑铸造工艺，1984 年应用于 2000 系和 7000 系变形铝合金。我国东北轻合金加工厂于 1991 年研究了铝合金油气润滑模热顶铸造的工艺装备，采用油气润滑模热顶铸造工艺时的铸造速度高于普通立式连续铸造。铸锭表面光滑，而且塑性良好。

11. 2. 3. 3 同水平多模铸造

同水平多模铸造是在热顶铸造的基础上发展起来的，用一个统一的分流盘将多个热顶铸造的储液槽连接在一起，使储液槽内的铝液面都与分流盘中的铝液面处于同一水平高度，并受其控制。美国 Wagstaff 公司的 Maxi Cast 热顶铸造就是最先发展起来的同水平铸造技术。我国广东有色金属加工厂于 1983 年引进一台这样的热顶铸造设备，1985 年底安装调试投入使用。同水平铸造的最大特点就是金属液从炉口到流槽、分配盘直接流入单独的水冷结晶器，金属液在同一水平，一个大液面，不存在任何落差，整个液面能形成一层稳定的氧化膜起到保护作用，防止金属液再氧化，并减少吸气，不被二次污染。特别是下入式热顶铸造分流盘，采取下入式进流，克服了金属液紊流带来的种种不利，整体温度场较为均匀，无冲击。青铜峡铝厂将普通立式半连续铸造改造为同水平热顶铸造法生产6063合金圆锭，产品成品率由原来的70%提高到92%。

11.2.3.4 电磁结晶器铸造

电磁结晶器铸造也叫电磁场铸造，它是利用电磁力代替DC法的结晶器，支撑熔体使其成形，然后直接水冷形成铸锭，所以也称为无铸模铸造。此法是在熔体不与结晶器接触的情况下凝固，不存在凝固壳和气隙的影响，铸锭不产生偏析瘤和表面黏结等缺陷，不用车皮即可进行压力加工，硬合金扁锭的铣面量和热轧裂边量大为减少。电磁结晶器铸造结构及其工作原理如图11-23所示。

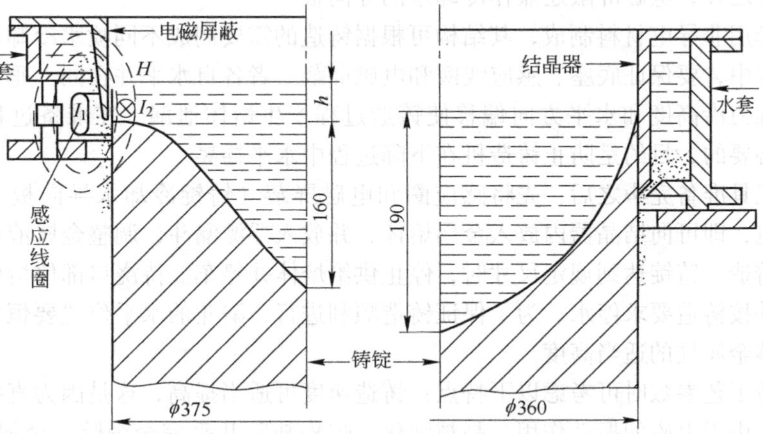

图11-23 电磁结晶器铸造结构示意图

采用无铁芯感应炉熔化金属时，熔体金属上表面的中心部位与周围相比，高高隆起，尤其是在电流频率低、熔体电导率高和熔化量少的情况下，凸起更加严重。电磁铸造就是利用这种原理工作。如图11-23所示，它是用产生电磁场的感应器、磁屏及冷却水箱等组成结晶器。由左手定则可知，在感应器通以交流电时，其中金属液便会感生出二次电流，由于集肤效应，金属液柱外层的感生电流较大并产生一个压缩金属液柱使之避免流散的电磁推力 F，依靠此 F 维持并形成铸锭的外轮廓。因此，只要设计出不同形状和尺寸的感应器，便可铸得各种与感应器形状相对应的锭坯。要得到所需尺寸的铸锭，关键是要使金属液柱静压力和电磁推力相平衡。感应器产生的电磁推力为

$$F = KI^2W^2/h^2 \tag{11-5}$$

式中 I——电流；

W——感应线圈匝数；

h——感应器高度；

K——考虑到电磁装置结构及尺寸、电流频率及金属电导率等有关的系数。

由于电磁感应器内壁附近的电磁推力最大，且沿铸锭的高度方向不变，致使金属液隆起而形成液柱。但液柱静压力是随液柱高度而变化的。为使液柱保持垂直形态，必须使其静压力与电磁推力相适应，故在感应器上方加一电磁屏使沿液柱高度 h_1 内各点的电磁推力等于各点液柱静压力，方可使液柱表面呈直立形状和保持固定的尺寸。可见，感应器的作用和结晶器类似，其形状和尺寸决定着铸锭的形状，但尺寸还与金属液柱静压力与电磁力的平衡情况有关。液柱静压力 p 为

$$p = h_1 \rho \tag{11-6}$$

$$h_1 = KI^2/\rho g \tag{11-7}$$

式中　h_1——金属液柱高度；

ρ——金属液密度；

g——重力加速度。

电磁结晶器装置的上部附加的电磁屏蔽用非磁性材料制成。电磁屏蔽是一个壁厚带有锥度的圆环，起到抵消感应线圈磁场的作用，并且以其壁厚的变化由下至上增加抵消量，以保持铸锭上部的熔体柱为垂直状态。采用1Cr18Ni9Ti白钢磁屏蔽，选择一个合适锥角以满足铸锭铸造的要求。除此之外，电磁屏蔽还兼作冷却水的导向板。

冷却水套用非导电材料制成，其结构可根据铸造的需要制成不同喷水冷却形式。在铸造工具的准备过程中，要保证底座、感应线圈和电磁屏蔽三者各自水平并在同一垂直轴线上，否则会由于电磁推力沿高度和水平方向偏移使铸造过程产生熔体泄漏。在准备过程中要调好铸造机，涂油是必要的，目的是防止铸造机在下降过程中水平摇晃。

当铸造工具准备完毕之后，先将感应圈和电磁屏蔽（铸锭冷却水导向板）给水，然后往感应线圈送电，即可向结晶器内放入金属熔体，并放入浮漂漏斗，调整金属液面至正常的铸造水平后开车铸造。铸锭达到规定尺寸时，停止供给熔体并停车。待浇口部位熔体的周边凝固后即可停电，并按铸造要求停水。为了保证铸造顺利进行，漏斗的水平位置要恒定，并且要保证铸锭边部液体金属柱的适当高度。

确定铸造工艺参数时可考虑以下特点：铸造速度可适当提高，这是因为直接水冷铸锭使冷却强度增大；由于电磁的振动作用，晶粒细化，疏松缺陷几乎完全消除，金属的伸长率提高，裂纹倾向减少。据称铸造速度可提高10% ~13%，电磁铸造的圆锭化学成分沿其直径分布均匀；冷却水用量可适当减少，这是因为液穴中熔体运动，铸锭表面与冷却水直接接触，当冷却水与铸锭轴线的夹角较小时，铸锭表面光滑使散射的水量减少，这些都会使铸造过程传热效率提高，据报道可节约用水量25% ~50%；铸造温度可适当提高，这是因为液穴熔体的电磁搅拌作用会使液穴温度有所降低。例如，电磁铸造直径为345mm的铝铸锭，感应线圈通以2500Hz的高频电流，铸造速度为120mm/min。

电磁铸造时，铸锭的尺寸精度与磁场的稳定性和磁场沿液态金属区周边分布的均匀性有关，同时还与液面控制精度有关。为了使磁场均匀和降低电磁铸造的工作电压，常采用单匝感应器。此时在感应器的电流导入处将产生磁场减弱的现象，从而可能使铸锭呈椭圆形。研究结果表明：若感应器内的间隙不大于0.2 ~0.3mm，则磁场减弱不多，因而对铸锭尺寸的影响不大。圆锭的液面控制比扁锭困难些，为了调整金属液面高度，常采用薄片式浮漂，它保证其波动范围在±1mm以内和铸锭厚度偏差减少到5mm以下。目前已采用自动化控制金属液水平，金属液水平控制装置由一台非接触金属液水平传感器和一个步进电动机驱动的流量控制元件所组成，可以保持金属液水平的控制误差在1mm以内。

在电磁铸造过程中，铸锭产生的区域偏析与铸造工艺参数有关。在电磁铸造条件下，较高的铸造速度下容易产生逆偏析。电磁场的存在对液穴内熔体移动的流体动力学和偏析元素沿断面的分布状况均产生一定的影响。电磁搅拌能降低液穴深度，起到降低结晶器内熔体水平的相似作用。以电磁场作导热条件的铸造，实际上与金属水平接近于零的普通（滑动）结晶器浇铸铸锭相似。电磁铸造的液穴浅，相对应的各点结晶速度有所提高；而且过渡区窄，尤其是边部，所以铸锭结晶过程容易补缩，有利于排出气体，不易产生偏析。液穴在电磁搅拌作用下没有粗大晶区，结晶组织全为细的等轴晶，无需其他细化处理。

11.3　连续铸轧技术

连续铸造的概念出现在一百多年前，早在 1846 年 Henery Bessemer 就曾以专利形式介绍了冷却辊式连续铸造原理，液态金属从上面注入两个外冷却铸辊的间隙内。但是，当铸造辊旋转时把液态金属刚刚形成的硬壳折断，所以没有研制成功。由于对有色金属加工材消费的迅速增长，特别是对铝材要求的增长，从 1930 年开始，美、前苏联制成了试验性设备，试铸钢和有色金属，研究工作一直持续到 20 世纪 40 年代，仍无好效果。直到 1955 年才由美国亨特工程公司制成铝工业上用的连续铸造设备，铸出宽 965mm 的板带，亨特法是把液态金属从下面送入两个铸辊的间隙内，铸辊采用内冷却形式。

20 世纪 60 年代美国哈威（Harvy）公司又制成了横向供料的两辊铸造机，随后又发展成双带式连续铸造机，称为新亨特法。

1961 年斯卡尔公司在法国发展了 3C 法，即液态金属从水平方向送入两个水冷铸轧辊的间隙内，改造的 1200mm 高速薄带坯铸轧机的最大铸轧速度为 10m/min。冷凝的板坯在凝固过程中同时受到铸轧辊的轧制作用，因此这种方法又称为连续铸轧法。1994 年意大利法塔亨特公司与美国诺兰达尔公司共同研制出宽度为 2180mm 的高速铸轧机，机列的最大铸轧速度为 38m/min。目前铝工业生产中应用最广泛的就是连续铸轧法。

11.3.1　连续铸轧机组的组成

连续铸轧机组包括铸轧机、牵引机、剪切机、卷取机、液压系统和电气传动系统等部分。图 11-24 为连续铸轧法工作原理图，金属液通过前箱从下面、斜下面或者水平方向送入两个铸轧辊的间隙内，铸轧辊内壁喷水冷却。金属液在两辊之间凝固的同时进行一定量的轧制。铸轧板被送入牵引机，经切头，取试样后送入卷取机卷成带卷。带卷达到要求重量时剪断，高速卷取，卸卷，卷取机再卷取下一个带卷。铸轧卷经检验合格后包装入库。

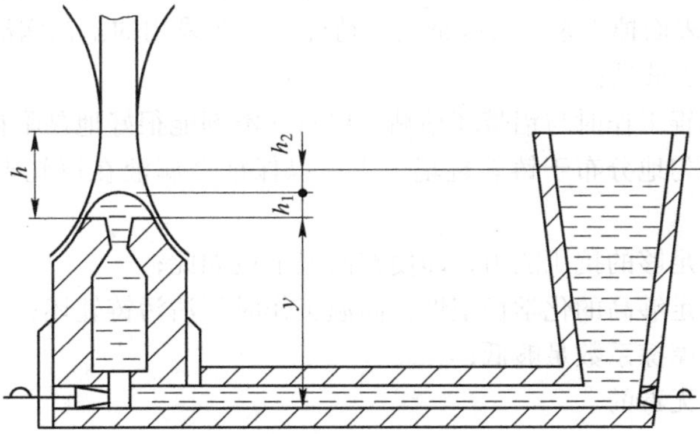

图 11-24　连续铸轧原理示意图

铸轧的全过程可分为三个区域，即冷却区、铸造区、变形区，其中铸造区和变形区统称为铸轧区。在整个铸轧生产线上，主要的工艺参数有：铸轧区长度、铸轧速度、浇注温度、前箱熔体液面高度、带坯速度、铸轧力、液穴形状与深度、铸轧角与铸轧辊辊径等。这些参数之间存在着密切的内在联系。从实践中得来一个基本规律：调整各工艺参数时，应使凝固区与变形区的高度保持一定的比例，以保证绝对压力量恒定，才能保证铸轧过程的连续性和稳定性，使带坯具有优良的正常组织。关于上述工艺参数的选择与调整，将在下章铝合金的连续铸轧章节中详细介绍。

11.3.2　铸轧辊及工艺润滑

双辊式连续铸轧设备的两个铸轧辊，在金属液浇入后，既要承受金属液结晶凝固而产生温度变化应力的影响，又要承受对凝固的铸坯施加一定压下量所引起金属变形抗力的影响。为了使金属液与轧辊接触后能迅速地吸走大量的热量，辊内需通水进行强制冷却。因而铸轧辊往往被做成开有通水槽的辊芯和外面套着耐温变材料做的辊套。冷却水由辊芯中心进入，穿过径向排列的孔眼，沿凹槽流动，冷却辊套。然后，冷却水从另一排孔眼返回辊轴中心，流经集水装置，排入循环水系统，使金属凝固时放出的热量不断由辊套导出，被冷却水带走。

关于辊芯槽沟的形状，国内曾有工厂做过许多试验，其中曾对螺旋形槽沟、环状槽沟、纵向和横向井字形槽沟做过比较。其结果表明，井字形槽沟虽然加工复杂，但冷却效果好，沿辊身长度方向温度分布均匀。

铸轧过程中，辊套在圆周上周期性的冷热不均；在轴向上，冷却水和铝液的温度在各部位不完全相同；在辊套厚度上，由于辊套外表面与液体金属接触，内表面被温度不均匀的冷却水所循环，因而辊套金属的温差很大，温度分布也不均匀。这些所引起的内应力，导致辊套材料的损坏，多呈现为变形和裂纹两种形式。因此，必须针对辊套的高热导率、低的线膨胀系数以及足够的中温强度和刚度等要求，慎重选择辊套材料。

在连续铸轧过程中，工艺润滑的好坏，是决定带坯质量、稳定生产过程以及影响铸轧辊使用寿命的重要因素之一。由于铸轧的苛刻条件所限，工艺润滑的进行比普通轧制时要困难得多。因为铸轧用的润滑剂，不仅要与凝固的铸坯接触，而且还要与未凝固的液体金属接触，而润滑剂与液态金属接触会立即分解成气体，往往被金属所吸收。这些气体在铸轧坯进行退火时以气泡的形式显露出来。

工艺润滑的特点是工作温度高，润滑剂有可能与高温熔融的金属产生化学反应，而且在铸轧过程中常常从铸轧辊表面掉下来。实践证明，铸轧过程所采用的工艺润滑剂中，不能含有脂肪酸。对工艺润滑剂的要求是：

（1）为了防止铸轧辊工作时与铝带坯粘贴，要求润滑剂能很好地黏附在铸轧辊表面上；

（2）润滑剂必须均匀地分布于铸轧辊辊面上，以保证金属液在铸轧辊的整个长度上的结晶凝固都相同；

（3）润滑剂要具有足够的抗压能力，即使在高温下也如此；

（4）润滑剂要具有足够高的化学稳定性，高温工作时不沾污铸轧坯；

（5）希望润滑剂的摩擦系数足够低；

（6）润滑剂应该是无毒的。

11.3.3　浇注系统和供料嘴

在连续铸轧过程中，浇注系统的结构及供料嘴材料对保证连续铸轧过程的稳定和铸轧坯的质量至关重要。前箱、供料嘴和中间的连接管，往往被装在一块底板上。装配时，调整底板上的微动机构，可保证供料嘴与两辊缝间能具有允许的公差。供料嘴装配得好坏，将会直接影响供料嘴使用寿命和铸轧坯的质量，所以应由经验丰富的人员来担当这项工作。在下注式、倾斜式和水平式三种双辊连续铸轧方案中，下注式供料嘴的装配最为复杂，而水平式较为方便。图11-25是双辊铸轧设备的几种浇注系统结构图。

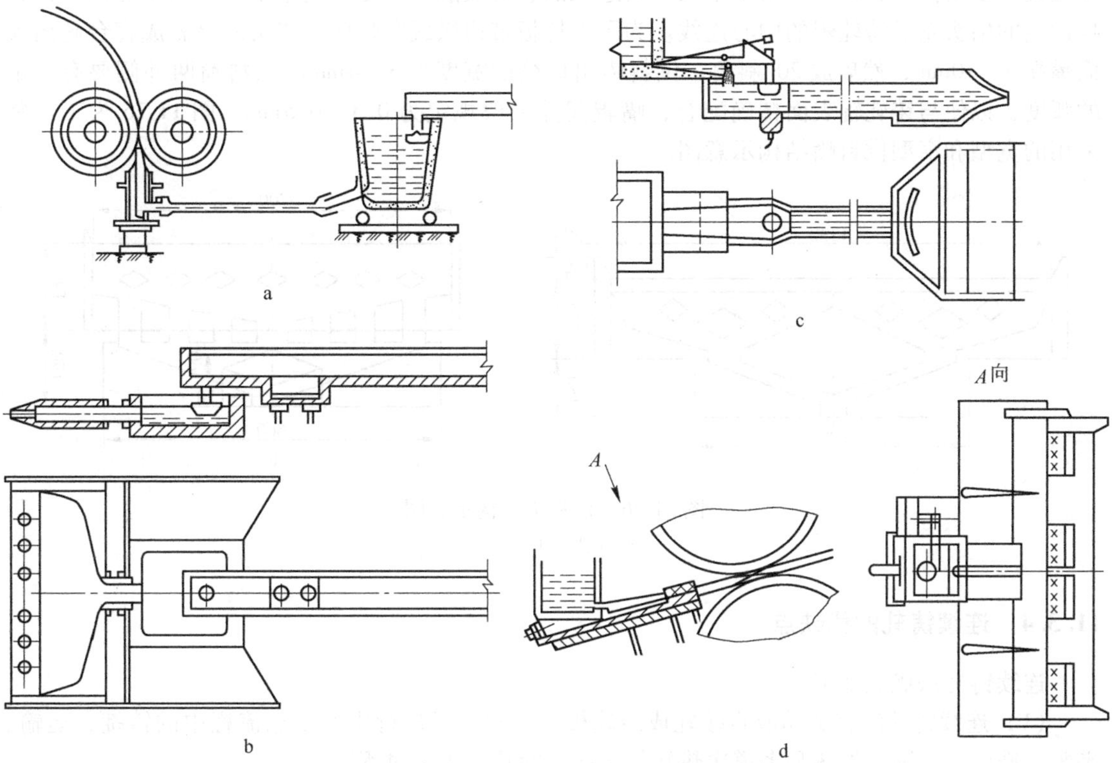

图 11-25　双辊式连续铸轧设备的浇注系统

a—下注式；b—前苏联水平式；c—整体水平式；d—倾斜式

图 11-25a 为常用的下注式浇注系统。前箱装在一小台车上，在前箱靠近金属液出口处有时设有一个带孔的隔板，用来防止氧化进入供料嘴。前箱液面上放有浮漂用来准确地控制金属液面高度。在前箱中也可以对金属进行精炼处理。这种浇注系统结构复杂，制造和操作困难，生产之前要用许多时间进行装配和调整。

图 11-25b 是前苏联水平式双辊连续铸轧机的浇注系统。由流槽中流入前箱的金属液，通过流槽上一个可以更换的用硅酸铝黏土制造的竖管，竖管下端放有一块由硅酸铝黏土制作的浮漂，控制着竖管流入前箱的金属液，用以保证前箱内金属液面高度不变。此外，在流槽底部还装有两个多孔性的陶瓷塞子，氮气可以通过这两个塞子吹入金属液中，进行精炼处理。

图 11-25c 是水平式双辊连续铸轧机上采用的整体浇注系统。在这个系统中，流槽与前箱布置在不同的水平面上，在流槽里面放置着由玻璃布做的滤网和钛合金做成的格子板。格子板在生产过程中不断熔化，起着使金属晶粒细化的作用。在流槽上常加有用石棉作内衬的盖板。

图 11-25d 是倾斜式双辊连续铸轧机的浇注系统，其中包括前箱、导管及供料嘴三部分。这三部分又统一装置在一块底板上，供装配时统一调整用。

供料嘴是直接把金属液送进两铸轧辊辊缝中的关键部件，对铸轧坯的质量和产量有着直接的影响。供料嘴材质的要求是：保温性能好，其导热系数较低；化学性能稳定；线膨胀系数小；在 20～770℃的温度范围内抗温变性能好；加工性能好；有足够的强度和刚度。

对供料嘴结构的要求是：金属液通过时流线合理无死角；金属液应均匀分布于辊缝，而且金属液在流出供料嘴时的温度要均匀一致。供料嘴往往由几块组装而成。上下对合的两块间，常设置一定的挡块，以保证由集中入口处进入的金属液能均匀分布到整个供料嘴型腔内。供料嘴两端的堵头超过铸轧辊的中心连线。为了保持板带边缘成圆弧状，堵头内壁做成直台超出大面嘴端 8 ~ 10mm，然后成 20°斜角，供料嘴出口缝的宽度为 3 ~ 4mm。供料嘴两外侧要有一定的弧度，以便与铸轧辊表面精确配合，嘴辊间隙一般规定为 0.3 ~ 0.5mm。图 11-26 为工厂常采用的宽型和窄型供料嘴结构示意图。

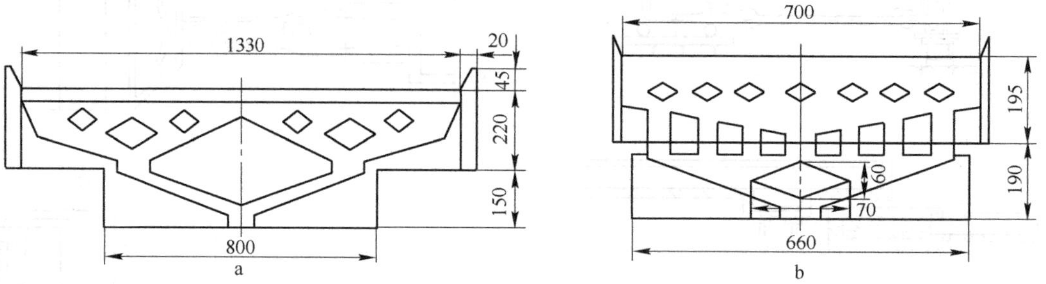

图 11-26　供料嘴结构示意图

a—宽型；b—窄型

11.3.4　连续铸轧的优缺点

连续铸轧法优点如下：

（1）连续铸轧法将金属液直接轧成冷轧板坯，省去了现行生产工艺流程中的铸锭、运输、平整、铣面、浸蚀、加热和多道次热轧等工序，简化了工艺过程。

（2）设备结构简单，生产成本低。与热轧方法相比，节省了 30% ~35% 的能源，并省去了上述各工序设备的投资费用。

（3）设备占地面积小，基建投资少。

（4）操作简单，用人少，劳动强度低。

（5）几何废料少，成品率高。铸轧车间纯铝铸轧卷综合成品率为 88%，提高 8% 左右；其几何废料为 1.5%，技术废品为 8%，烧损率为 2.5%（含渣中金属损失）。

（6）轧制力小，动力消耗少。例如，涿神公司生产的 650mm × 1600mm 的铸轧机，最大轧制力为 480t，最大卷取张力为 5t，铸轧机电机功率为 2214kW，卷取机电机功率为 1112kW，总装机容量为 7216kW。

（7）可以生产多种规格的金属板，并可生产很长的带卷，如 650mm × 1600mm 的铸轧机，可生产最大铸轧板坯宽度为 1400mm，厚度为 6.5 ~ 10mm；卷材内径 500mm 或 600mm，卷材外径为 700 ~ 1700mm。铸轧卷最大重量为 7t。

连续铸轧法缺点如下：

（1）对于结晶温度间隔较大的合金，因其液固两相区较宽而需要冷凝时间较长，对此种冷凝速度较快的连续铸轧法带来一定的困难。

（2）对于硬铝合金，虽可铸轧成板，但需解决实现包铝层的问题。

（3）铸轧速度比其他一些连续铸板法低。

（4）浇注厚度大于 12mm 的带坯比较困难。

11.3.5　连续铸轧的技术发展

从 20 世纪 90 年代以后，铝带坯连续铸轧技术取得了重大进展，主要反映在如下几方面：

(1) 带坯厚度显著减薄。带坯最薄厚度由传统的6mm降到1mm，工业化生产宽带坯(2000mm)的厚度为2mm。

(2) 铸轧速度大为提高。铸轧速度由常规的1m/min左右提高到15m/min，生产效率可提高1～2.5倍。一台现代化的薄带坯铸轧机的生产能力可达到30～45kt/a。

(3) 可生产的铝合金范围大大拓宽。常规双辊连续铸轧机只能生产1000系合金和3000系、5000系、8000系合金中的少数几个合金，而薄带坯铸轧机，据称目前工业铝合金几乎全部能生产。

(4) 铝熔体凝固速度提高10～100倍。普通双辊铸轧机中熔体的凝固速度为100～1000K/s，而在薄带坯高速连续铸轧过程中的冷却速度却高达10000～100000K/s。因此，带坯晶体组织具有极短的枝晶间距，合金元素在铝中的过饱和固溶度大为提高，从而使材料质量有较大的提高和改善。

(5) 当前的一些高新先进技术在高速薄带坯铸轧生产中得到了充分应用，形成了自动化生产线，可生产出质量稳定的带坯。英国牛津大学、德国亚深大学的科学家与一些跨国铝业公司的研究中心等在高速凝固理论研究方面也取得了相当的成就。

11.4　连铸连轧技术

自Properzi两轮轮带式连铸连轧机问世后，相继出现了三轮、四轮、五轮及六轮轮带式连铸机，如Secim式、Porterfield-Coors式、Pigamonti式、Mann式、Spidem式及SCR式轮带式连铸机。在这些连铸机后面配上轧机所组成连铸连轧生产线，可生产出直径为8～12mm的线坯。过去很长一段时间，轮带式连铸机列主要生产铝线坯，到20世纪70年代中期才推广生产铜线坯。引人注目的是60年代末开发的SCR、Up Casting、Dip Forming法及70年代初的Contirod法，现均已推广于线坯，生产效益显著。

11.4.1　Properzi 连铸连轧

Properzi连铸连轧机最初是由意大利米兰的S1P1A1 Continuns公司设计和制造的，以Properzi命名的连铸机配以连轧机组成。最初提出用于生产铅线，后来用它在轧机的型辊上制造过弹丸。1949年Properzi连续铸棒法在工业生产中正式投产，很快发展到铝线的生产。目前国内外广泛采用连铸连轧法生产电工用铝导线。我国于1967年开始对Properzi连铸连轧进行试验，由冶金工业部和原第一机械工业部有关单位共同研究开发。我国第一台连铸连轧机组使用于铜川铝厂，1977年稳定投入生产。目前，贵州铝厂、青铜峡铝厂、盘石铝厂、太原铝厂等都安装了连铸连轧设备。

连铸连轧机列主要包括连铸机、串联轧机和卷取设备，此外还有轧机润滑系统、电系统、冷却水系统和液压剪等附加设备。连铸连轧机列如图11-27所示。

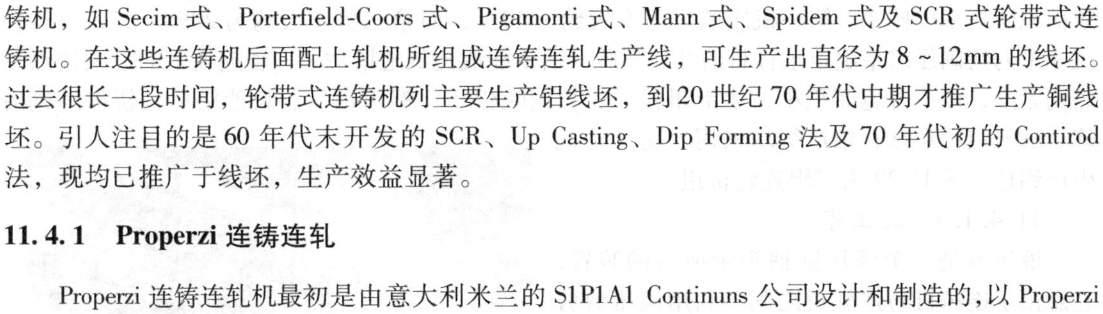

图11-27　连铸连轧机组示意图

1—混合炉；2—连铸机；3—液压剪；4—三辊连轧机；5—收线小车

11.4.1.1 连铸机

连铸机主要为紫铜结晶轮与环状钢带组成的线坯铸模。环状钢带包在结晶轮外沿上用一个张紧轮将其拉紧，也有使用两个张紧轮，如图 11-28 所示。结晶轮为一紫铜环。铜环的外端做成 U 形槽，环状钢带盖紧在槽口，组成线坯铸模。铜环的内侧喷水冷却。

图 11-28 连铸机

11.4.1.2 三辊连轧机

与 Properzi 相配的连轧机有三辊和两辊两种形式。三辊连轧机根据产品规格和设备产能大小而串联 7、9、11、13、15、17 个机座。每个机座有三个轧辊，互成 120°，形状似 Y 形，所以又称为 Y 形三辊轧机。辊轴安装在滚柱轴承上。每个机座有一个工作辊是垂直的，单号机座的垂直辊通常在下方，而双号机座的垂直辊在上方，交错安放。垂直辊是固定的，而其他两个工作辊可以在彼此垂直方向上调整。从第一辊到最后一个机座的辊速是渐次增加的，这种增加与杆材的有效面积压缩率成比率。第一机座的压缩率大约为 12%，而第二机座大约为 20% ~27%，每一机座中的精确压缩率决定于杆材的几何形状，而不能成比例地增加。三辊连轧机的最大优点是结构紧凑，设备占地面积小，如贵州铝厂、青铜峡铝厂、铜川铝厂、长沙铝厂、新疆红旗冶炼、解州铝厂和盘石铝厂等均采用三辊连轧机生产铝杆。图 11-29 为三辊连轧机组。

图 11-29 三辊连轧机

11.4.1.3 液压剪

液压剪是一个液压缸轴头带剪刃的装置，它悬吊于连铸机与连轧机之间。利用液压剪剪掉铸坯冷头后，使铸坯温度保持在 450℃ 左右送进连轧机；当连铸机或连轧机出现故障时，也可以用液压剪碎断铸坯。

11.4.1.4 润滑系统

轧制时润滑和冷却是十分重要的。为此设立专门的润滑和冷却循环系统，通常将其设于地下室。润滑剂经过滤器过滤再送入轧机，所用的液体可以用浸入式加热器预热。一般采用矿物油作为冷却剂和润滑剂。

11.4.1.5 中间包及供料嘴

中间包是供给连铸机液态金属的浇注装置。它用钢制外壳内衬以耐火材料做成，可用浮标控制包内金属液面高度。中间包内的液态金属经供料嘴注入连铸机铸模内。供料嘴，早期用石墨管或铸铁管做成，使用过程中容易堵塞，而且还妨碍操作者视线，不便观察铸模内液态金属的供应情况。钢制或铸铁供料嘴，没有涂层时使用寿命能浇 14 ~18t 金属，有涂层时可浇 30 ~40t 金属。后来采用短的敞开式绝热流槽代替管状供料嘴，它既不会堵塞，又方便观察铸模中液面高度。当采用敞开式流槽供料时，为浇注方便，通常将铸模入口移至近铸轮顶端处。

11.4.2 SCR 技术

此法和前述 Properzi 法基本相同。它采用四轮式或五轮式轮带连铸机，双辊式剪切机，二辊悬臂式平/立辊轧机。铸轮外缘与钢带组成的模腔底部也是船形，三个小轮有使钢带定位、导向和张紧作用。浇温约比熔点高 30～40℃。铸轮的温度、浇温、浇速、冷却水温及流量等均须控制，才能得到稳定的开轧温度和结晶组织。轧制 8mm 线坯，用涡流探测器检验。线坯的性能、卷重、单产量及质量等级，都受到电脑的监控并在电视屏幕上显示出来。轮带式连铸机也可连铸带坯。

11.4.3 Up-Casting 法（上引法）技术

上引法是 20 世纪 60 年代末由芬兰 Outokumpu 公司 Proi 厂首先用于生产无氧铜棒坯的。它是利用真空吸铸原理，将铜液吸入水冷结晶器内冷凝成锭坯并由上面引出来。铜液在石墨管内冷凝时，铜棒收缩而脱离模壁，加上模内是真空状态，故铜棒冷却较慢。单个结晶器的生产率较低，因此，采用多孔结晶器同时上引，通过夹持辊再盘卷到卷线机上，方能满足生产要求。该技术的生产机列如图 11-30 所示。现有同时上引 24 根铜棒连铸机的牵引机列。为防止铜液氧化，熔沟式感应炉内用木炭覆盖，铜液经气体密封流槽流入保温炉内，并始终处于保护性气体或石墨粉覆盖下。

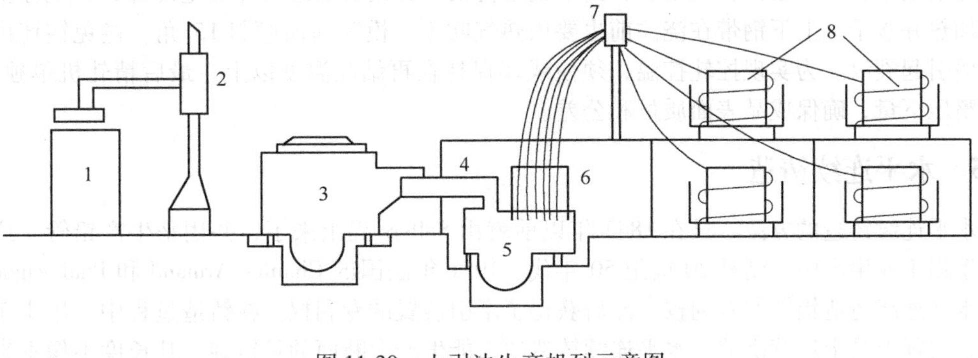

图 11-30 上引法生产机列示意图

1—料筒；2—加料机；3—感应炉；4—流槽；5—保温炉；6—结晶器；7—夹持辊；8—卷线机

此法除生产无氧铜线坯外，还可用以生产黄铜、白铜、青铜、锌、镉、铅、贵金属及其合金的棒、管、带及线坯等产品。其特点是可连铸小规格线坯及管坯，质量好、设备简单、投资少，可同时连铸几种规格不同的锭坯。尽管适于批量生产，但生产率并不高。

11.4.4 Dip-Forming 法（浸渍成形法）技术

浸渍成形法主要用于生产无氧铜线坯。美国通用电器公司从 1953 年开始到 1966 年研成此法，1968 年投产。浸渍法生产无氧铜线坯和上引法一样，线坯都是向上拉铸的，然后经连轧机而轧成盘条。它已成为生产铜线坯的主要方法，在欧洲、日本和美国得到了应用。浸渍法来源于浸涂上蜡技术，当一根铜芯杆通过铜液时，它吸取周围铜液的凝固潜热及过热量，芯杆本身的温度升高至熔点时的热容量约为 420J/g。铜液因失散热量而凝固于铜芯杆上使芯杆直径增大。吸附在芯杆表层铜液结晶时放出的热量约为 210J/g。故在理论上可得到 2 倍于铜芯杆重量的浸渍铜。可见，铜芯杆和铜液的温度，铜芯杆直径及拉速等均能直接影响浸渍铜线坯的重量和尺寸。在这些条件不变时，可得到直径一定的线坯。实际上当铜芯杆直径为12.7mm时，浸渍后可得到直径为21mm线坯，其断面积由126.7mm^2变成346.3mm^2，即增大1.73倍。浸渍工艺比较简单，先将扒皮的洁净芯杆经真空室垂直上升并高速通过坩埚内铜液，约经0.3s便变成为更粗的线坯，进入冷却塔冷却到可热轧的温度时，再进入热轧机轧至所需直径，经冷却到80℃以下再卷取成3～10t盘条。由于整个过程都是在氮气保护下进行的，故线坯的含氧量保持在0.002%以下。此法的特点是：可生产小规格线坯，减少拉伸道次，产品质量好，含氧量低，电导率高达102.5%IACS，生产率和经济效益高，整个生产过程自动控制，投资较少，占地面积小，适用于中小型电线、电缆厂，有可能直接利用电解铜液生产线坯。

11.4.5　Contirod 技术

Contirod 技术和前述的 SCR 生产机列大体相同，只是采用了 Hazelett 双带式连铸机和克虏伯摩根式连轧机。熔体由保温炉到浇斗有熔体液面水平控制。浇注前模腔内有引锭塞。其特点是上下环形钢带和左右环形青铜侧链同步旋转，与铸锭无相对运动；为消除凝固收缩形成的气隙，钢带和链条均随铸锭前移而放松，使钢带和链条与铸锭表面始终保持接触。同时由于锭坯是直线对称的矩形，冷却均匀，浇温较低，结晶组织细密。钢带由滚筒传动，其上下两外侧均装有冷水喷嘴。侧链紧压在钢带上，由下钢带传动，脱模后即进入冷却室冷却，在浇注前用热空气加热并吹干。上下钢带在浇注前也要用热气吹干。模腔向前倾斜15°角，避免锭坯出模后弯曲而引起裂纹。为实现控轧控温，须使线坯保持在再结晶温度以上。最后精轧机单独传动，可调整压下量，确保成品表面质量和公差。

11.5　水平连续铸造

水平连续铸造的方法，早在1843年以前就由 Sellers 提出来了，并用来生产铅管。这种方法用于铝工业生产中，则是20世纪50年代。1951年法国的 Chanles Armand 和 Pual Angleys 获得了水平连续铸造铝锭的专利权。此后获得了牵引装置的专利权。在铸造过程中，用小车牵引铸锭，实际上是半连续浇铸。水平连续铸造法，能生产大断面的长铸锭，其长度不像垂直铸造那样受限制。

我国于1964年开始，沈阳铝镁设计院与抚顺铝厂对水平连续铸造100mm×100mm的拉丝铝锭进行试验。试验设备为两对辊式牵引，不附切断装置，实属半连续铸造设备。1972年北京（延庆）有色金属材料试验厂对68mm×385mm铝板锭进行水平连续铸造试验，采用整体式结晶器，辊式牵引，铸锭在两条平行的钢轨上滑行，同步圆锯切割，用重锤使锯复位。1974年衢州铝厂改扩建工程实施水平连续铸造铝母线，采用链板式牵引装置和组装式结晶器，并附简易的同步锯。1976年开始试验，生产出40mm×350mm的铸造铝母线，随后，用此设备生产圆铝锭，并完成了水平连续铸造空心铝锭的试验。在此基础上，1979年底完善了水平连续铸造铝母线设备设计，使这项工艺设备广泛地应用于国内各铝厂的建设和技术改造中，目前很多铝厂都安装有这套水平连续铸造铝母线设备。

11.5.1　工作原理

水平连续铸造的基本原理与立式连续铸造基本相同，特别是与热顶铸造的工作原理相似处更多。所不同的是铸锭在水平方向运动，凝固壳在重力作用下，铸锭的下表面与结晶器内壁接触的部分更多一些，铸锭与结晶器壁之间的气隙更小一些，致使在同一横断面上的凝固条件上下差别较大。图 11-31 为水平连续铸造示意图。

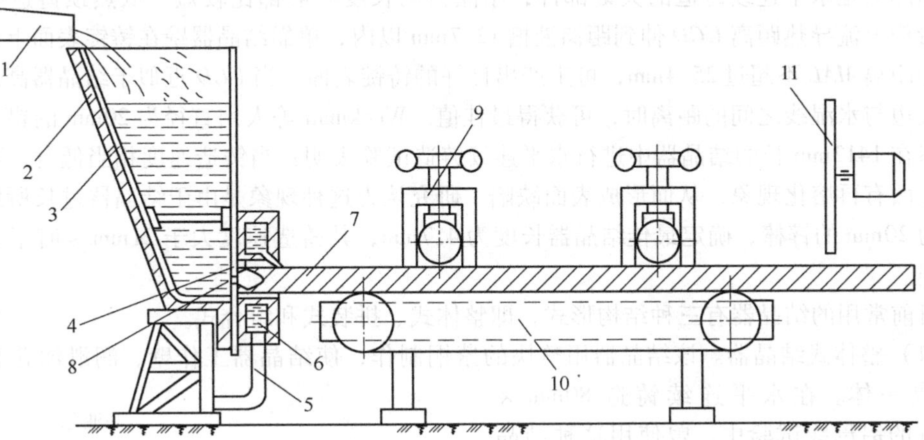

图 11-31 铝合金水平连续铸造装置示意图

1—流槽；2—中间包；3—石棉；4—喇叭碗；5—供水管；6—结晶器；7—铸坯；8—中间包前壁浇口；9—游动压辊；10—带式牵引机；11—同步锯

在水平连续铸造中，结晶器固定在中间包的垂直面上。中间包为钢制外壳，内壁衬以保温材料。浇铸前用端头带有燕尾槽的引锭塞入结晶器的出口端。铝液流入中间包内，液面高于结晶器。结晶器通水进行一次冷却，从结晶器出口端喷出的水直接喷射到铸锭表面上进行二次冷却。铸锭随着引锭水平移动，待铸锭进入牵引装置后卸去引锭。待铸锭达到预定长度时，同步锯即行切断。使整个生产过程连续进行下去，直至炉料全部铸造完毕。

从水平连续铸造工艺的发展进程来看，它先于热顶铸造。水平连续铸造工艺的发展，为热顶铸造积累了实践经验。所以热顶铸造的工艺原理与水平连续铸造的工艺原理相似处更多些。

水平连续铸锭的特点是：

（1）铸造过程可完全连续，开头次数少，生产效率高。

（2）与热顶铸造相似，结晶器短，凝固壳主要靠直接水冷形成，所以减少了表面偏析。由于是封闭铸造，液流平稳无冲击，所以氧化物卷入很少。

（3）不需要立式铸造的深井和大型吊车，设备简单，投资省。

（4）减少切头、切尾，提高了铸锭的成材率。

（5）铸锭的铸造长度可随意控制，为生产长规格的坯锭提供了条件，这是铸造铝母线生产采用水平连续的主要原因。

11.5.2 设备组成

水平连续铸造设备包括中间包、结晶器、牵引装置、同步锯和引锭装置等。

11.5.2.1 中间包

中间包外壳用钢板焊接而成。固定结晶器的一面垂直安装，一般使用较厚的钢板以免固定结晶器时发生变形，其外表面要刨平；安装结晶器的地方开孔，以便金属液通过。与垂直面相对的一面往往倾斜安装，使中间包下部稍窄于其上口，这样有利于保持金属液进入结晶器内的温度。中间包内衬以保温材料。

11.5.2.2　结晶器

结晶器是水平连续铸造的关键部件，结晶器的长度一般都比较短。从热顶铸造中所述已知，希望上流导热距离 *UCD* 伸到距储液槽 12.7mm 以内，单靠结晶器壁在铸锭表面上产生的向下冷却距离 *MAL* 不超过 25.4mm，可生产出良好的铸锭表面。当 *UCD* 近似于结晶器高度加上结晶器底边与水湿线之间的距离时，可获得最佳值。Weckman 等人用直径为 20mm 的铅、锡和锌合金棒在 1412mm 长的结晶器中进行水平连续铸造试验表明：当铸造速度相当低时，可观察到铸坯表面有再熔化现象，从而形成表面缺陷。研究认为这种现象是由于结晶器过长所致。对于直径为 20mm 的锌棒，确定最佳结晶器长度为 417mm，其铸造速度大于 21mm/s 时不会出现表面缺陷。

目前常用的结晶器有三种结构形式，即整体式、拼装式和组合式。

（1）整体式结晶器。该结晶器用整块的紫铜制作，使结晶器工作壁、润滑油孔和冷却水箱连成一体。在水平连续铸造 80mm × 400mm 的铝母线试验中，曾使用这种结晶器，其长度为 40mm。这种结晶器制作比较困难，特别是加工直径小于 0.5mm 的润滑油孔时不方便。但在铸造生产中安装时很方便，结晶器的平面不容易变形。图 11-32 为水平连续铸造直径为 8 ~ 11mm 铝杆的结晶器。

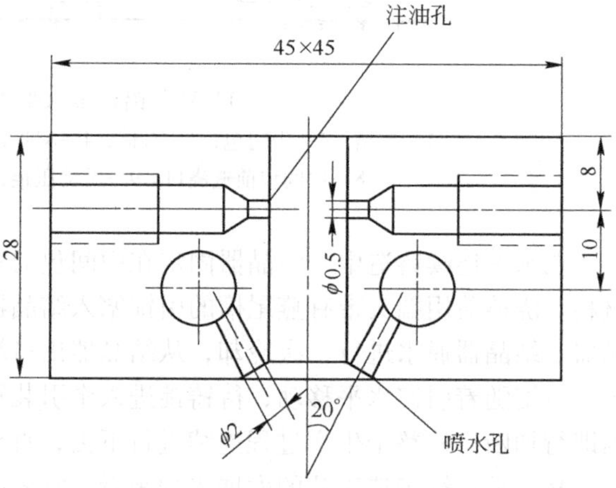

图 11-32　水平连续铸造铝杆用整体式结晶器

（2）拼装式结晶器。将结晶器的四个面分为四个平面式单块，相对的两块各自相同，然后将其拼装起来固定为一个完整的结晶器。每个单块的内壁用紫铜制作，其外壁用钢板或铸铁板制作。结晶器的冷却水孔和润滑油孔钻于紫铜内壁中，冷却水冷却结晶器壁后直接喷射到铸锭表面上。外壁作为润滑油槽、水箱和紧固件用，即结晶器的内壁固定在其外壁上，润滑油和冷却水通过外壁进入内壁。一组单块夹紧在另一组单块之间，用长螺栓紧固。这种结晶器制作方便，互换性强，只要将其中的一组单块更换调整，即可组成不同铸锭规格的结晶器。通常将紧固螺栓设于大面的一组单块上，通过调整紧固螺栓使结晶器大面呈现一定的弧度，以弥补铸锭大面因冷缩而出现的凹陷量。在铝厂建设和技术改造中，因所需铝母线的规格较多，均采用拼装式结晶器，使结晶器的制作量减少，这种结晶器适于方铸锭生产。图 11-33 为拼装式结晶器。

（3）组合式结晶器。结晶器内套用锻铝、紫铜或铬铜制作，大多数结晶器衬有石墨内套，可起缓冷和一定的润滑作用，改善铸锭的表面质量；内套固定在作冷却水箱用的外套里，外套用钢板焊接而成。冷却水通过外套冷却内套后，从内外套之间的喷水孔直接喷射到铸锭表面上。结晶器固定在中间包上时，在两者之间要放置有一定可压缩性的导流板。导流板一般用耐热保温材料制作。导流板上的导流口可根据铸锭的形状和大小来确定。由于凝固壳受重力影响与结晶器下表面接触较多，凝固壳下部冷凝较其上部快，使液穴偏移于铸锭中心的上方。为减小液穴偏移现象，导流口一般设于结晶器中心线的下方。结晶器固定在中间包上之后，通常在结晶器与导流板接触处用耐热保温材料做成喇叭碗状的隔热环，以减少铸锭表面的冷隔缺陷。

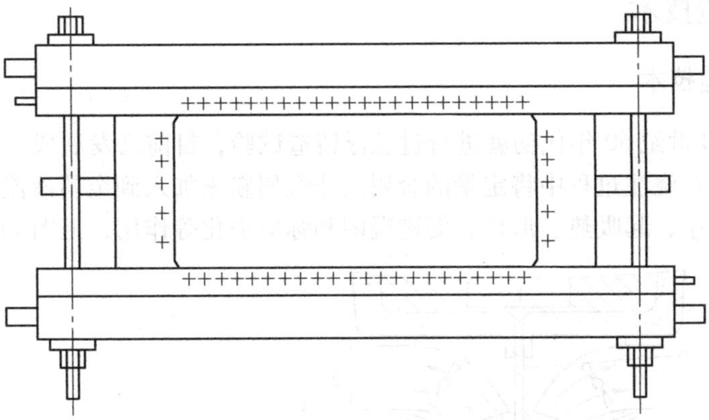

图 11-33 水平连铸用拼装式结晶器

11.5.2.3 牵引装置

牵引装置的作用是将铸锭连续地从结晶器内牵引出来。常用的牵引装置有如下三种结构形式：链板式、辊式和链条式。

（1）链板式牵引装置。牵引装置的下部为环形链板结构，由前后两个链轮传动，远离中间包的前轮为主动轮；近中间包的后轮为从动轮，主要起张紧作用。每块链板的两端装有滚动轮，在导板上滚动运行。在环形链板上方，设有两个滚筒式压辊，可上下运动，滚筒轴向与链板运动方向垂直；两个压辊之间相隔一定距离，以便铸锭出毛病时可交替压在铸锭上方，确保连续铸造过程接续运行。传动装置可无级调速。这种结构形式的牵引装置，容易保证铸锭平直不变形。当铸锭重量较大时，不使用压辊装置也能牵引铸锭。

（2）辊式牵引装置。由两对牵引辊组成，每对牵引辊均为主动辊。当铸锭出问题时，两对牵引辊可交替牵引，以确保铸造过程的连续性。这种牵引装置不能克服铸锭在垂直面内的弯曲变形。为了防止铸锭的上下弯曲变形，通常在牵引辊的前方或后方设置平放导轨。

（3）链条式牵引装置。在两条平铺的钢轨之间，设置环状链条。链条钩住引锭装置牵引铸锭在钢轨上滑行。平行平铺的钢轨可以防止铸锭上下弯曲变形。引锭被牵引到极限位置，铸造过程终止，实属半连续生产过程。有的在链条运行的前端设置一对牵引辊，待引锭进入牵引辊后，卸去链条挂钩，由辊式牵引继续保持生产过程的连续性这种牵引装置，当生产大断面的铸锭时难以满足生产要求，因为铸锭与钢轨之间的摩擦阻力太大。

11.5.2.4 同步锯

同步锯由夹紧装置、锯切装置和冷却装置组成。夹紧装置与锯切装置固定在同一小车上，小车可沿着铸锭运动的方向往返运动。夹紧装置的压板可以上下升降运动，当铸锭长度达到切断标准时，夹紧装置的压板下降，夹紧铸锭，锯切小车随铸锭同步运动。在小车同步运动过程中，高速旋转的锯片沿着垂直于铸锭运动方向进行切割，直到将铸坯切断。随后，锯片返回原始位置，再松开夹紧装置的压板，锯切小车返回原位。

11.5.2.5 引锭装置

引锭装置由引锭头和引锭杆组成。引锭头一般用工业纯铝制作，其一端做成可卸式燕尾槽。引锭杆用钢质型材焊制而成，其长度根据中间包至牵引装置压紧机构的距离而定。引锭头固定在引锭杆一端，不同规格的铸锭，可更换相应的引锭头。

11.6　其他铸造技术

11.6.1　悬浮铸造技术

研究者早在20世纪60年代初就进行过悬浮铸造试验，目前已发展成一种具有实用价值的生产技术。此法是在浇注过程中将定量的金属或非金属粉末加入到金属液流中，使之与熔体均匀混合并悬浮于其中，起吸热、形核、促进凝固和弥散强化等作用，见图11-34。

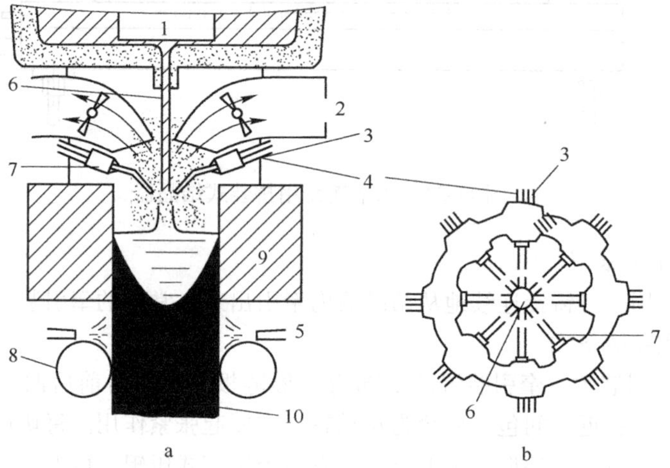

图11-34　悬浮铸造示意图

a—加粉示意图；b—加粉器

1—浇斗；2—收尘器；3—进粉管道；4—氩气管道；5—喷水嘴；6—流柱；7—喷粉嘴；8—导辊；9—结晶器；10—铸锭

熔体在加入少量悬浮剂后，已不是过热度较高的熔体，而是含有定量悬浮粉末的金属液。粉末悬浮剂可以是纯金属、同成分或不同成分的合金，也可以是高熔点化合物。可以在流柱中或漏斗内加入，但最好用惰性气体喷射法，以便同时使熔体振动或搅拌，让粉粒能均匀地分布于熔体中。由于粉粒的性状不同，它在熔体中的行为也不尽相同。按照粉粒所起作用可分为三种：

（1）微型冷铁作用。粉粒成分一般和熔体相同，加入量为熔体质量的0.5%～5%，在熔体中起微型冷铁作用。通过吸收熔体的过热热量，使粉粒周围的熔体产生一定的过冷，从而达到提高熔体中原有晶坯的稳定性，促进同时凝固的作用。

（2）异质晶核作用。粉粒可不同于熔体成分，多是一些能降低熔体过冷度或对氧亲和力较大的活性金属，加入量在0.01%～0.5%之内。粉粒在熔体中除起一定的吸热或内冷铁作用外，主要还是起异质晶核作用而使熔体增核，细化晶粒；也可作为某种表面活性物质，阻碍晶粒长大或改变晶粒形态，或形成某种新的弥散相作为形核基底等。

（3）微合金化及弥散强化作用。粉粒成分与熔体不同，多是一些非活性金属或其化合物，加入量为0.5%～3%。这种悬浮剂与熔体相互作用后，被加热、溶解或熔化，借以加入不易加入的少量元素，提高某种元素的含量而促进新相的形成等。此外也可加入一些氧化物、碳化物起弥散强化作用。

由于这些粉粒具有较大的表面积及表面活性，并均匀分布于熔体之中，它们将与金属液产生一系列物理、化学及机械作用。一方面使其周围的熔体过冷，提高该过冷液体中原子团的稳定性，从而利于形核；另一方面粉粒本身或与熔体间产生某种合金化反应（如包晶、偏晶等），也有增核作用。此外，由于粉粒在与熔体接触过程中会选择熔化，使粉粒表层和其周围薄层熔体的成分发生变化，所形成的微观不均匀性肯定会对形核结晶产生影响。显然，粉粒与熔体接触的微观界面的结构及作用机制，现尚不甚清楚。

悬浮法的特点是能细化晶粒，明显改善铸锭组织和性能的均匀性，降低热裂和偏析倾向，提高致密度和力学性能，还可提高锭模寿命及铸锭速度。但必须事先制粉，且粉粒不易均匀分布在熔体中，另外还可能增加夹杂和气孔等缺陷。但它是一种直接控制金属液凝固过程的有效方法，有许多问题尚未弄清楚，所以值得深入研究和应用。

11.6.2　喷射铸轧技术

喷射铸轧法是借助高压惰性气体或机械离心力来雾化金属液，并使液滴喷到锭模或铸辊上，冷凝成锭坯后连轧成板、带材等产品的新技术。由于工序简单且能连续工作，节省能耗及原料损耗，产品性能好，因而从20世纪60年代初开始研究以来逐步发展为一种很有开发前景的新技术，引起了各方面的注意。目前已有三种喷射铸轧法基本上达到工业应用阶段，还有几种尚处于试验之中。

11.6.2.1　喷射铸锭法

喷射铸锭法示于图11-35。雾化的金属液滴始终在保护性气氛中，以一定的密度喷落到锭模内，当其顶部尚未凝固时，下一批液滴又已落下来，如此连续不断地沉积并熔接一体，随即冷凝成锭。由于液滴小且成分均匀，不氧化，故晶粒细密、性能均匀。但锭坯表面质量不够好。目前，此法多用于铸件和锻坯。

11.6.2.2　喷射轧制法

喷射轧制法示于图11-36。雾化液滴连续沉积到轧辊上，至一定厚度时进入辊缝中，被热

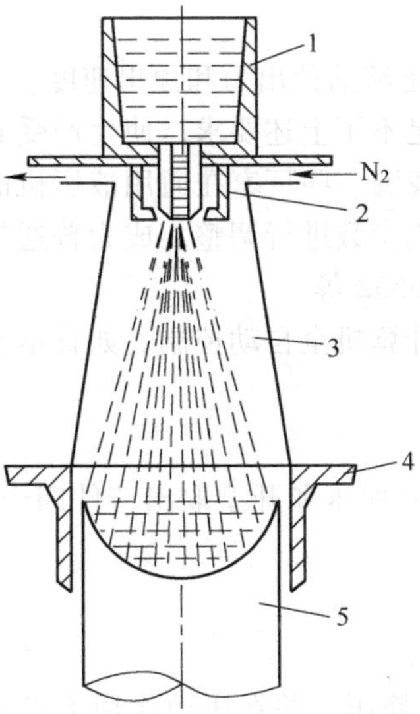

图11-35　喷射铸造示意图
1—保温炉；2—雾化器；3—雾化室；
4—结晶器；5—铸锭

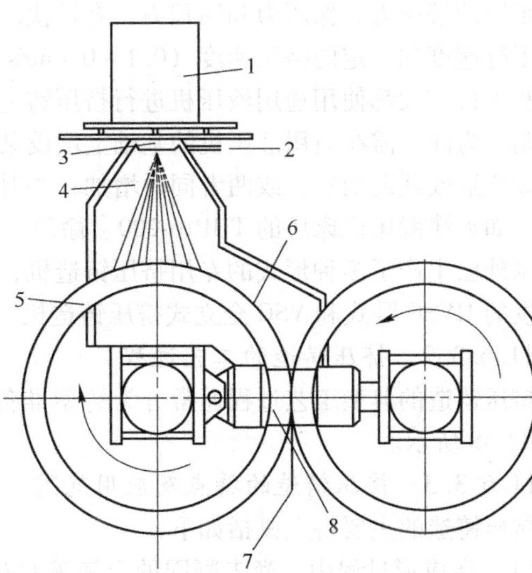

图11-36　喷射轧制示意图
1—保温炉；2—氮气；3—雾化器；4—雾化室；
5—铸轧辊；6—沉积层；7—热轧带；8—液压器

轧成更致密的带材。特点是雾化和铸轧过程都在氮气保护下进行，又受到一定的变形，故带材表面光洁、组织细密，能利用余热并连续生产，省去了粉末贮存、运输、筛分处理和黏结剂。此法适于生产不好热轧的合金板带材，如 Al-6Cu、Al-5Mg 等合金板材。还可生产汽车轴承用的钢/Al-Sn 复合带材。问题是如何控制液滴沉积层的厚度和均匀性。利用多个喷嘴进行气动扫描喷射法，可能有所改善。此法可生产(1 ~ 18) × 500mm 的铝带材。

喷射成型技术是在粉冶和熔铸加工两种成材方法基础上发展出来的。其目的是简化成材工序，节省能耗，提高生产率和质量。这些技术虽已进行了一些工业性试验，但多数仍处于发展阶段，对其潜力尚未认识透彻，尤其是对制取多层复合材料及新型高性能薄膜材料的可行性问题，更是如此。估计今后这些成形技术有可能成为取代部分以铸锭加工成材的传统生产技术。

11.6.3　挤压铸造技术

挤压铸造又称“液态模锻”或“液态挤压”，是对浇入铸型型腔内的液态（或液固态）金属施加较高的机械压力，使之成形和凝固从而获得优质铸锭的一种工艺方法。

11.6.3.1　挤压铸造设备

挤压铸造一般在液压机或专用的挤压铸造机上进行。图 11-37 为挤压铸造机的结构。为了保证挤压过程的顺利进行和铸件质量，要求挤压机有足够的挤压力、保压力和回程力；有较快的空载下行速度和一定的挤压速度（0.1 ~ 0.4m/s），顶出缸有足够的顶出力和顶出速度。

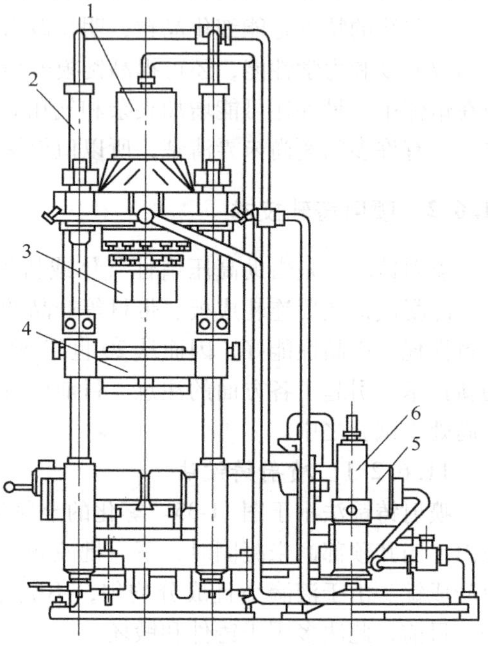

图 11-37　挤压铸造机结构
1—主油缸；2—辅助油缸；3—主缸活塞；4—活动横梁；5—侧缸；6—增压器

我国目前大都使用通用液压机进行挤压铸造，这往往满足不了上述要求，使生产受到一定的限制。为此，需在通用液压机的基础上增设某些装置。如我国一些厂家在通用液压机的基础上增加侧缸或辅助油缸，或两者同时增加，并对原来某些性能参数进行调整，成为普通挤压铸造机。如天津锻压机床厂的 THP16-200、徐州二轻机械厂的 J6532 等。

国外已生产了多种形式的专用挤压铸造机，有些已采用计算机全自动控制。如日本宇部公司开发的 HVSC 卧式和 VSC 全立式挤压铸造机。

11.6.3.2　挤压铸造的工艺过程

挤压铸造的典型工艺过程通常分为铸型准备、浇注、合型加压和开型取出铸件四个步骤，如图 11-38 所示。

11.6.3.3　挤压铸造的特点及应用范围

挤压铸造的主要特点概括如下：

(1) 在成形过程中，尚未凝固的金属液自始至终承受等静压，并在压力作用下发生结晶凝固、流动成形；

(2) 已经凝固的金属在成形的全过程中，在压力作用下发生微量的塑性变形，使铸件外侧紧贴金属模膛壁；

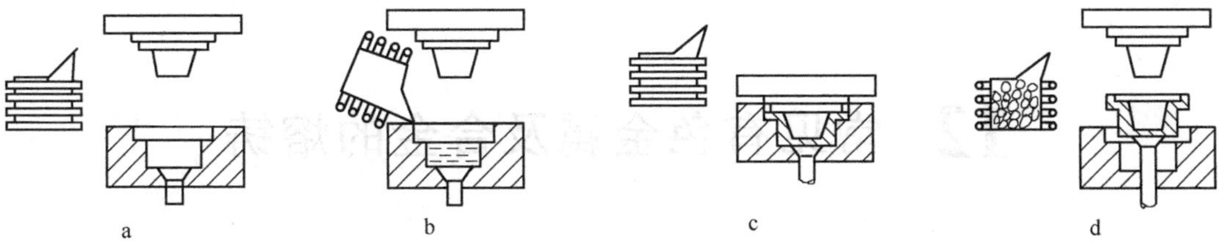

图 11-38 挤压铸造工艺过程示意图
a—铸型准备；b—浇注；c—合型加压；d—开型取件

（3）由于结晶凝固层产生塑性变形，要消耗一部分能量，因此金属液经受的等静压不是定值，而是随着凝固层的增厚而下降；

（4）固-液区在压力作用下发生强制性补缩，从而消除了制件内部缩孔、缩松等铸造缺陷，可以提高制件力学性能；

由于挤压铸造是在压力下充型和结晶，因而其铸锭组织致密，晶粒细化可消除铸件内部的缩孔、缩松、裂纹等缺陷；力学性能接近同种合金锻件水平；铸件尺寸精度可达 IT11-13，表面粗糙度可达 $Ra = 6.3\mu m$；工艺适应性强，能适用于多种合金；便于实现机械化、自动化生产；通常无浇冒口，铸件工艺出品率高。

但挤压铸造很难生产结构复杂的铸件，因所浇注的金属全部形成铸件，故高度方向上的尺寸精度较难控制。另外，对薄壁和复杂铸件，有时来不及加压就已凝固，影响成形质量。

因此，挤压铸造适于生产各种力学性能要求高、气密性好的厚壁铸件，如汽车、摩托车铝合金轮毂；发动机的铝缸体、铝缸盖、铝活塞；空调压缩机、泵体；铝合金压力锅、铜合金轴套以及铝基复合材料零件等。

11.6.4 VADER 法

1982 年美国特殊金属公司的 W. J. Woeseh 等提出一种 VADER 法，用以制得了细匀晶粒的优质铸锭。它是以两根经真空感应电炉熔铸的合金锭坯作自耗电极装于卧式真空炉内，通电后在水平电极间产生电弧，刚要熔化的糊状金属液滴在高速旋转电极离心力作用下，被甩落到下面的水冷结晶器内，凝固成细晶粒铸锭。与立式真空电弧炉相比，熔池不需加热，熔化速率高三倍，能耗低 40%，金属糊状熔滴温度低，凝固速率大，晶粒细达 110μm 左右，成分均匀，无宏观偏析，缩松度低，力学性能高，热塑性好，对纯金属及合金均可得到细等轴晶粒组织。但对炉料的质量要求较严，高速旋转电极的密封装置易于损坏且较复杂。此法有可能取代粉末法来制造高温合金涡轮盘，是一种有开发前景的新技术。

11.6.5 内部凝固法

1983 年初，日本千叶工业大学大野研究室研制成功一种与传统铸锭完全不同的凝固技术，即熔体内部凝固法。它是将锭模加热到合金熔点以上温度，以保证紧靠模壁的熔体最后凝固，依靠在熔体内部加入晶核物质，使熔体由中部向外进行顺序凝固。这样，就从根本上解决了内部出现各种缺陷（如气孔、缩孔、裂纹等）的问题。此法既可用于铸锭，也可用于铸件。无疑，这是一种改善铸锭内部质量的新动向。

12 常见有色金属及合金的熔铸

本章要点：各种有色金属在一定熔铸条件下所表现的行为往往各不相同，这便是合金的熔铸技术特点。例如，在半连续铸锭条件下，有的合金铸锭易裂，有的锭坯表面常出现反偏析瘤，有的易产生皮下气孔或异常粗大晶粒等缺陷。显然，合金的氧化、吸气、挥发、收缩、偏析及开裂等行为，不仅与合金品种和成分有关，而且与其熔铸工艺条件密切相关。本章主要介绍了铝、镁、铜三种常见有色金属及其合金熔铸的基本特点与典型工艺。学习本章应重点掌握不同金属及合金的熔铸工艺，以及如何选择设备和工艺参数。

12.1 铝及铝合金的熔铸

12.1.1 铝及铝合金的熔炼特性

铝合金的熔炼是铝铸件生产中的一个重要环节，合理地选择熔炼设备和熔炼工具，正确地进行配料计算，精心地进行炉料处理和严格地控制熔炼工艺过程是获得优质铝合金铸件的关键。

铝铸件生产中，与熔炼工艺过程有关的缺陷如渗漏、气孔、夹杂、冷隔等主要是由于铝液中的气体和氧化夹杂、熔剂夹杂引起的。因此，了解铝液的物理化学特性，弄清铝液中气体和氧化夹杂的来源是精炼处理的基础。

铝合金熔炼操作原则是：

（1）炉料成分准确，清理干净，充分预热；

（2）熔炼工具、坩埚仔细清理，喷涂料后烘干，不许铁器直接与铝液接触；

（3）所用覆盖剂、精炼剂、变质剂严格脱水；

（4）避免炉气与金属液接触，必要时用覆盖剂；

（5）快速熔化，避免合金过热；

（6）保持完整氧化膜，搅拌时注意不破坏表面氧化膜；

（7）精炼后，扒渣，静置 8 ~ 15min 后浇注或进行变质处理。

铝合金熔炼工艺过程的控制包括：正确的加料顺序、熔炼温度和时间的控制、有效的精炼和变质效果及可靠的炉前检验等。

铝合金熔炼常用的熔剂成分见表 12-1。

表 12-1 铝合金熔炼常用熔剂分类

序号	成分（质量分数）/%							用途
	NaCl	KCl	Na_3AlF_6	CaF_2	NaF	$MgCl_2$	其他	
1	50	50						一般铝合金用覆盖剂
2	47	47	6					
3	20	50					$CaCl_2$ 30	
4	75						$CaCl_2$ 25	

续表 12-1

序 号	成分(质量分数)/%							用 途
	NaCl	KCl	Na_3AlF_6	CaF_2	NaF	$MgCl_2$	其他	
5	45	45		10				精炼熔剂
6			75				$ZnCl_2$25	
7	45		15		40			Al-Si 系精炼、变质通用
8	36 ~ 38			15 ~ 20		44 ~ 47		Al-Mg 系覆盖剂及精炼
9	39	50	6.6	4.4				重熔切屑
10	50	35	15					重熔废料
11	40	50			10			重熔废料
12	60			20	20			搅拌法熔化切屑
13	60 ~ 70		6 ~ 10		5 ~ 10		$BaCl_2$14 ~ 25	重熔氧化严重的切屑

注：所有盐类应在 200 ~ 300℃下烘烤 3 ~ 5h，配制后干燥存放；使用前在 150℃下保温 2h。

12.1.2 典型铝合金的熔炼工艺

12.1.2.1 ZL104 合金的熔炼工艺

将 Al-Si 中间合金、铝锭、回炉料及 Al-Mn 中间合金按顺序装料，熔化后进行搅拌，用钟罩将镁锭压入铝液；升温至 720 ~ 750℃进行精炼，完毕后进行除渣。在 730℃左右进行变质处理。在熔炼该合金时应注意在低于 700℃时加镁，在配料时应考虑镁的烧损。

12.1.2.2 ZL102 合金的熔炼工艺

预制合金的工艺为：将铝锭、Al-Mn、Al-Ti 中间合金按顺序装料，化清后升温至 740 ~ 750℃，保温 15min，充分搅拌，用 $w(MnCl_2) = 0.2\%$ 在 720 ~ 730℃分批精炼，静置 5 ~ 10min 后扒渣，至 670 ~ 720℃浇锭。

工作合金的工艺为：待预制合金锭及回炉料熔化后升温至 740 ~ 750℃，进行搅拌；用 $w(MnCl_2) = 0.2\%$ 在 720 ~ 730℃精炼，静置 5 ~ 8min 后扒渣，调整温度浇注。

在熔炼该合金时应严格控制成分和杂质含量，防止钛偏析；回炉料所占比例不超过 60%，配料时要核算钛、硅含量；用 $MnCl_2$ 精炼应考虑带入的锰；不要使用熔炼过含镁的铝合金的坩埚。

12.1.2.3 ZL301 合金的熔炼工艺

在坩埚中先加入占炉料质量 5% ~ 6% 的覆盖剂 ($w(KCl) = 5\%$、$w(NaCl) = 25\%$、$w(CaCl_2) = 70\%$) 熔化后加入铝锭熔化；在 680 ~ 700℃将镁锭压入铝液，并缓慢移动，化清后搅拌均匀，静置 5 ~ 8min；在 670 ~ 680℃温度范围内熔炼，然后在熔液层上撒上熔剂 ($w(CaF_2) = 20\% \sim 30\%$、$w(Na_2SiF_6) = 30\%$)，静置 3 ~ 5min，把熔剂压入铝液，扒渣，浇注。

熔炼该合金时不宜用石墨坩埚或反射炉。熔炼温度不超过 700℃。铝液始终在覆盖剂下熔炼。若要求高质量的铸件，可进行二次熔炼。

12.1.2.4 ZL402 合金的熔炼工艺

将铝锭、Al-Cr、Al-Ti 中间合金按顺序装料，化清后压入锌锭；在 730 ~ 740℃温度精炼；静置 5 ~ 10min 后扒渣，压入镁锭；然后进行搅拌、调整温度、浇注。

12.1.3　铝及铝合金的铸锭生产

12.1.3.1　铸造工艺特点

铝合金极易吸气、氧化，且收缩大，易产生缩孔、缩松、夹杂、变形甚至开裂缺陷。除了较矮的铸件（小于100mm）可用顶注式或中间注入式浇注系统外，多采用底注开放式、垂直缝隙式的浇注系统。

铝合金铸件应按顺序凝固的原则，即远离浇口的地方先凝固，浇口附近后凝固。较大的铸件最好开设环形横浇道，多开设内浇道（如图12-1所示），这样可以快浇，减少氧化，有利于内浇道的补缩作用，使金属液很快地流入型腔，减少金属液氧化和局部过热。浇注系统应保证金属液较快地平稳地浇满铸型，防止产生涡流和飞溅等现象，因为这些都是造成夹杂、气孔等的主要原因。由于金属液易氧化，应在浇注系统中安排有过滤作用的浇口组。

图12-2中的浇注系统是合理的，金属液自下面流入铸型保证了流动平稳；横浇道两端伸长可以集渣；冒口中的金属液由上层内浇道流入，这样有利于补缩。有时在浇注系统内放置过滤网以加强撇渣；内浇道的数量应多些，以便快速充型；浇注系统应有利于实现顺序凝固和冒口的补缩；要充分发挥冷铁的作用以增强冒口的补缩效果等。

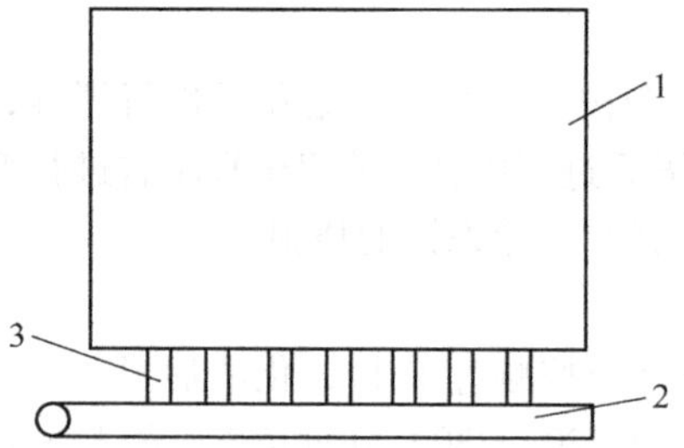

图12-1　铝合金铸锭开设多个内浇道
1—铸件；2—横浇道；3—内浇道

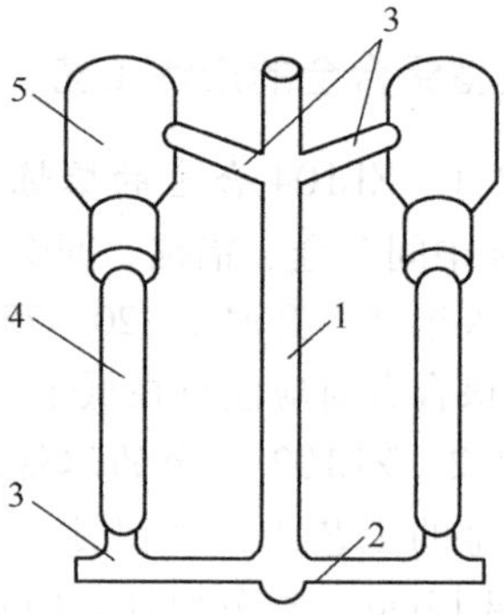

图12-2　铝合金铸锭浇注系统
1，2—直、横浇道；3—内浇道；4—铸件；5—冒口

另外，铝合金的熔点低，对型砂耐火度要求不高，可选用 SiO_2 含量低的硅砂，但粒度应较细（通常为0.147～0.074mm（100～200目）），以便降低铸件表面粗糙度。

12.1.3.2　立式半连续铸锭生产

采用立式半连续铸锭方法生产不同形状的铝合金铸锭，结晶器的选择也不相同。圆铸锭用结晶器的构造通常有圆柱形、带锥度和复杂结构等三种形式。圆柱形结构为普通型，结晶器内壁不带锥度，用这种结晶器可以铸到直径为400mm的铸锭。在扁锭或方锭铸造过程中，由于其角部散热条件比平面内要好一些，角部的凝固速度相对于平面中心快些，凝固的壳层较厚，平面越宽差别越大。当铸锭完全凝固后，平面中心部位的厚度尺寸小于其角部的尺寸。为了弥补尺寸收缩不均等情况，将结晶器宽面做成稍微向外突出的弧形，并将角部或窄面做成圆弧形，以期获得表面平整的铸锭。

精炼后的铝液要求平稳地流入结晶器内。在铸造过程中，为了保证铸锭质量，结晶器内的铝液面水平应保持稳定，结晶器内液面水平控制在距结晶器上缘20～40mm处为宜，要求液流的供应稳定不变。早期采用浮标法控制液流，在结晶器中液面上放置一个浮标，浮标通过杠焊与铝液分配盘中放流口上的柱塞相连，杠焊固定在分配盘的外圆壁上，柱塞的高低位置可以调整。为了避免铝液集中流入铸锭中心，将浮标做成盘状，盘边开若干流口使铝液向四周流去，盘状浮标中心上方设流管，铝液经流管流入盘内。采用浮标法可使结晶器内的铝液面水平在很小的范围内波动。

铸造过程中，要控制好炉内铝液温度，不得超过标准值。铸造工艺条件应根据合金种类、铸锭形状和规格，采用适当的工艺参数。几种规格的主要铝合金铸造工艺参数列于表 12-2 ~ 表 12-9。

表 12-2　工业纯铝、软合金圆锭的铸造工艺制度

合　金	铸锭直径/mm	结晶器高度/mm	铸造速度/m · h⁻¹	铸造温度/℃	冷却水压/MPa
工业纯铝	81 ~ 145	80	718 ~ 1018	715 ~ 730	0. 049 ~ 0. 098
	162	150	619 ~ 712	715 ~ 730	0. 049 ~ 0. 098
	242	150	517 ~ 610	715 ~ 730	0. 049 ~ 0. 098
	360	180	412 ~ 415	715 ~ 730	0. 078 ~ 0. 147
	482	180	310 ~ 313	715 ~ 730	0. 078 ~ 0. 147
	630	200	118 ~ 211	725 ~ 735	0. 039 ~ 0. 078
	775	200	115 ~ 118	725 ~ 735	0. 039 ~ 0. 078
3A21 (LF21)	91 ~ 142	80	616 ~ 718	715 ~ 730	0. 049 ~ 0. 098
	162	150	610 ~ 613	715 ~ 730	0. 049 ~ 0. 098
	242	150	412 ~ 415	715 ~ 730	0. 049 ~ 0. 098
	360	180	313 ~ 316	715 ~ 730	0. 049 ~ 0. 098
	482	180	217 ~ 310	715 ~ 730	0. 039 ~ 0. 078
	630	200	118 ~ 211	725 ~ 735	0. 039 ~ 0. 078
	775	200	115 ~ 118	725 ~ 735	0. 039 ~ 0. 078

表 12-3　工业纯铝、软合金扁锭的铸造工艺制度

铸锭规格/mm × mm	合　金	铸造速度/m · h⁻¹	铸造温度/℃	冷却水压/MPa
275 × 1040	工业纯铝	313 ~ 316	690 ~ 710	0. 078 ~ 0. 147
	LF21M	310 ~ 313	710 ~ 720	
	LF21Y2	214 ~ 217	690 ~ 710	
	LD2	313 ~ 316	690 ~ 710	
275 × 1240	工业纯铝	313 ~ 316	690 ~ 705	0. 147 ~ 0. 245
	LF21M	313 ~ 316	720 ~ 730	
	LF21Y2	310 ~ 313	695 ~ 710	
	LD2	313 ~ 316	695 ~ 710	

表 12-4　铝-镁合金圆铸锭的铸造工艺制度

合　金	铸锭直径/mm	结晶器高度/mm	铸造速度/m·h⁻¹	冷却水压/MPa
5A02（LF2） 5A03（LF3）	91～143	80	616～718	0.049～0.098
	162	150	517～610	0.049～0.098
	242	150	511～514	0.049～0.098
	360	180	319～412	0.078～0.147
	482	180	217～310	0.078～0.147
	630	200	112～115	0.039～0.059
	775	200	110～112	0.039～0.059
5A05（LF5） 5A10（LF10） 5A11（LF11）	91～143	80	610～712	0.049～0.098
	162	150	511～514	0.049～0.098
	242	150	319～412	0.049～0.098
	360	180	217～310	0.049～0.078
	482	180	118～211	0.049～0.078
	630	200	110～112	0.039～0.059
	775	200	108～110	0.039～0.078
5A06（LF6） 5A12（LF12）	91～143	80	612～718	0.049～0.098
	162	150	418～511	0.049～0.098
	242	150	310～313	0.049～0.098
	360	180	214～217	0.049～0.098
	482	180	115～118	0.047～0.078
	630	200	112～115	0.039～0.059
	775	200	110～112	0.039～0.059

表 12-5　铝-镁合金扁铸锭的铸造工艺制度

合　金	铸锭规格/mm×mm	铸造速度/m·h⁻¹	铸造温度/℃	大面水压/MPa	小面水压/MPa
5A02（LF2）	275×1040 275×1240	313～316 310～313	690～710	0.078～0.147	—
5A05（LF5）， 5A12（LF12）	300×1200	412～415	700～710	0.098～0.147	0.039～0.059
2A03（LY3）， 5A06（LF6）， 5A11（LF11）	300×1540	412～415	690～705	0.118～0.196	0.039～0.059

表 12-6　硬铝扁铸锭的铸造工艺制度

合　金	铸锭规格/mm×mm	铸造速度/m·h⁻¹	铸造温度/℃	大面水压/MPa	小面水压/MPa
2A06(LY6) 2A12(LY12)	200×1400 300×1500	616～619 610～613	720～730	0.078～0.147 0.118～0.196	0.049～0.069 0.059～0.078
2A11(LY11) 2A16(LY16)	200×1400 300×1500	412～415 415～418	715～725	0.078～0.147 0.118～0.196	0.049～0.068 0.059～0.078
2A17(LY17)	200×1400	514～517	730～740	0.078～0.147	0.049～0.069

表 12-7 硬铝圆铸锭的铸造工艺制度

合 金	铸锭直径/mm	结晶器高度/mm	铸造速度/m·h⁻¹	铸造温度/℃	冷却水压/MPa
2A11（LY11）	91～143	80	616～814	715～725	0.049～0.098
	162	150	517～610	715～725	0.049～0.098
	242	150	412～415	715～725	0.049～0.098
	360	180	313～316	720～730	0.049～0.098
	482	180	115～118	720～730	0.039～0.078
	630	200	112～113	725～735	0.039～0.078
	775	200	109～110	725～735	0.039～0.078
2A12（LY12） 2A06（LY6） 2A16（LY16）	91～143	80	616～916	720～730	0.049～0.098
	162	150	517～610	720～730	0.049～0.098
	242	150	316～319	720～730	0.049～0.098
	360	180	211～214	730～740	0.049～0.098
	482	180	113～115	730～740	0.039～0.078
	630	200	110～112	730～740	0.039～0.078
	775	200	108～110	730～740	0.039～0.078

表 12-8 锻铝扁铸锭的铸造工艺制度

合 金	铸锭规格/mm×mm	铸造速度/m·h⁻¹	铸造温度/℃	大面水压/MPa	小面水压/MPa
2A70（LD7） 2A80（LD8） 2A14（LD10）	200×1400	412～415	690～710	0.049～0.177	0.049～0.069
	300×1500	415～418	690～710	0.118～0.196	0.059～0.078
	300×1200	313～316	690～710	0.078～0.147	0.059～0.078

表 12-9 锻铝圆铸锭的铸造工艺制度

合 金	铸锭直径/mm	结晶器高度/mm	铸造速度/m·h⁻¹	铸造温度/℃
2A50（LD5） 2A14（LD10）	91～143	80	616～718	715～730
	162	150	517～610	715～730
	242	150	412～415	715～730
	360	180	118～211	725～735
	482	180	118～211	725～735
	630	200	112～113	725～735
	775	200	110～111	725～735
2A80（LD8） 2A70（LD7）	91～143	80	610～712	725～735
	162	150	511～514	725～735
	242	150	412～415	725～735
	360	180	214～217	740～755
	482	180	118～211	740～755
	630	200	112～113	740～755
	775	200	110～111	740～755

12.1.3.3　连续铸轧生产

A　连续铸轧的工艺过程

连续铸轧的工艺过程如下。

(1) 铸轧准备工作。铸轧前检查各岗位使用的工具、用品及装置是否齐全完好。检查电器及机械传动系统是否运转正常，如铸轧机组、升降台、冷却系统等。供料嘴及堵头的加工修整按图纸要求制作和安装。每次铸轧前应仔细检查辊套表面，不得有严重裂纹、凹陷及划伤。铸轧前铸轧辊表面需进行涂油。按板厚要求调整两辊间隙，其两端相差不大于102～103mm。

(2) 浇注系统的安装和调整。从加热炉内取出浇注系统，立即检查供料嘴顶端有无变形等，如有问题应迅速进行修理。浇注系统在加热炉内的预热制度是250～300℃，保温4h。对于下部供料的连续铸轧机，将预热好的浇注系统置于升降台上，对准两辊间隙缓缓升起，通过调整螺丝进行嘴辊间隙调整。铸轧区高度应在27～35mm。将流槽和稳流器装好，并调整浮子使前箱铝液面水平低于两辊中心连线0～10mm。启动设备，测量温度准备铸轧。

(3) 铸轧开始阶段。打开保温炉流口钎子，放铝液烫热流槽、前箱和横浇道。操作时保证由横浇道放出的铝液量适宜，在保证浇注系统达到足够的温度情况下，放掉的铝液应尽可能地少。当前箱内铝液温度达到并稳定在730℃左右时，即可停止热烫，堵严浇注系统的放铝口。用铁铲将辊缝中涌出的热铝片沿外辊贴出。开始贴辊的铸轧线速度为1500～1700mm/min。

(4) 正常铸轧阶段。将铸轧板头引入牵引矫直机中，调整其速度与铸轧速度相适应。输送辊道应旋转自如、表面清洁，按要求长度切断板坯。控制冷却水压力为0.196～0.588MPa，出水温度在15～30℃。保持前箱铝液温度为690～720℃，控制前箱铝液面水平低于辊中心连线0～10mm，铸轧速度为500～1000mm/min。

连续铸轧板的引出过程是连续出板的关键。开始出板过程一旦建立，只要铝液源源供给，即可长时间地进行连续铸轧。铝液在一定的压力下经供料嘴进入转动着的两个铸轧辊之间。开始时，采用较高的铸轧温度、铸轧速度和液面高度，半凝固状态的板状碎铝贴附于外辊而排出。然后，逐渐降低铸轧速度，给铸轧辊以一定压力的冷却水，控制前箱的液面高度由出板前与铸轧辊中心连线相平缓慢下降到低于两铸轧辊中心连线5～10mm。冷却水量应当是先小后大，使冷却水出口温度逐渐降低到12～20℃范围内。在正常出板阶段水量和水温应当保持稳定。

B　连续铸轧过程主要工艺参数选择

连续铸轧过程主要工艺参数选择如下：

(1) 浇注温度。浇注温度是指前箱的铝液温度。在铸轧板的引出过程中，浇注温度应高一些，以免开始时浇注系统较冷导致铝液凝固在供料嘴中。在正常铸轧出板时，浇注系统内壁的温度基本接近铝液温度，则可降低炉内金属温度，使之达到和保持要求的浇注温度。一般浇注温度高于金属熔点30～50℃。

(2) 铸轧速度。铸轧速度是指铸轧辊外径的圆周线速度，而不是铸轧板的真实速度。因为铸轧过程也如一般轧制过程那样，有一定的前滑量。铸轧板的前滑量，据东北轻合金加工厂实测的统计约在212%～216%之间，接近于一般轧制铝板的前滑量值3%～6%。铸轧速度必须与金属在铸轧区内的凝固速度相一致。如果前者高于后者，则易使铸轧板冷却不足，甚至于在板中心尚呈熔融状态。如果前者太小，则金属在铸轧区内停留时间较长，造成过度冷却，以致使金属熔体冷凝于供料嘴内，将供料嘴连同金属一起被轧入铸轧辊间，破坏铸轧过程。

（3）水冷强度。液态铝铸轧成固态板，其热量经铸轧辊快速传导，被辊内循环的冷却水吸收而排出。冷却速度越大，铸轧过程所需冷凝时间越短，允许的铸轧速度因之而升高。使冷却水具有一定的压力，以加速水在辊内的循环和保持较大的流量，同时控制较低的给水温度，可提高水冷强度。水压为0.588～0.784MPa，控制出水温度在20℃以下，进口与出口水的温差为5℃。继续增加水压，起不到增加水冷强度的作用。较低的冷却水温度，使铸轧区液穴到板面的温度梯度和辊套厚度上的温度梯度都较大，会增长柱状晶的倾向，增加合金（如LF21）的偏析度以及增大辊套使用中的热应力，缩短辊套寿命。同时，较低的冷却水温度，在夏季易使辊套表面产生水珠，影响铸轧板质量。

（4）前箱的金属液面高度。结晶瞬间的液体金属供给量和保持所需的静压力，都由前箱液面高度来控制，以保证金属结晶的连续进行。前箱也称为中间包。对于下注式浇注系统，前箱的金属液面高度应在两铸轧辊中心连线以下，并在液穴以上，也就是在铸轧区内的固态区高度范围内。正常铸轧时，保持适当的前箱液面高度是保证连续铸轧过程顺利进行并获得高质量板面的重要因素之一。在水平式双辊连续铸轧设备上，前箱液面应比两辊间铸轧中线高出30～40mm。前箱内熔体水平保持稳定的高精度偏差对确保铸轧生产的顺利进行也起着相当重要的作用。高速铸轧薄带坯时，由于熔体流速快，熔体水平控制精度成为更加突出的问题。法国Pechiney铝业公司的3C型铸轧机熔体水平自动控制系统，可使熔体水平控制精度小于0.5mm，为目前该类控制装置能达到的最高精度，如图12-3所示。

（5）铸轧区。正常铸轧时铸轧区的形状如图12-4所示，包括液穴、液固两相区和固态区三部分。铸轧区的边界是这样构成的：对于下注式连续铸轧而言，在两辊中心连线以下、供料嘴端以上对应旋转着的辊壁部分，为铸轧区的两侧面；供料嘴出口端上平面为铸轧区的底面；两辊之间最小间隙处，即连续铸轧板的出口为铸轧区的顶端平面。供料嘴两端堵头，高于供料嘴部分的内壁为铸轧区的两端面。铸轧区的高度l是指铸轧区底面到顶端平面的距离，一般取27～35mm；供料嘴带弧度的外壁和供料嘴两端堵头带弧度的外壁，要与对应旋转着的辊套的弧形外壁完全相似和吻合，仅保持0.3～0.5mm的缝隙值。用改变工艺参数的方法，可以稍加

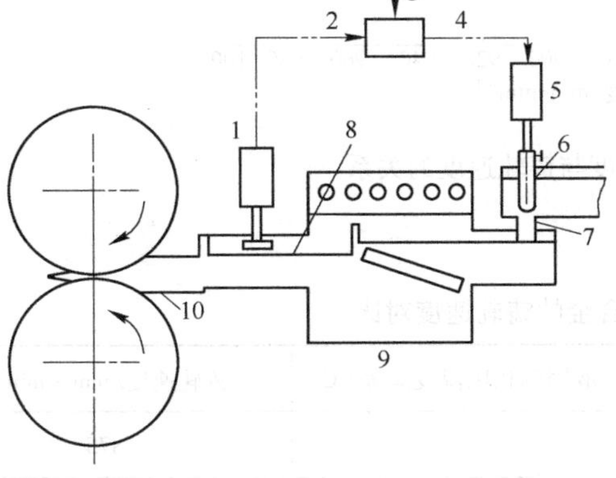

图12-3　前箱熔体水平自动控制系统示意图
1—电容传感器；2—测量值输入；3—计算机；4—信号输出；5—执行机构；6—塞棒；7—下注口；8—熔体水平；9—过滤系统；10—铸嘴

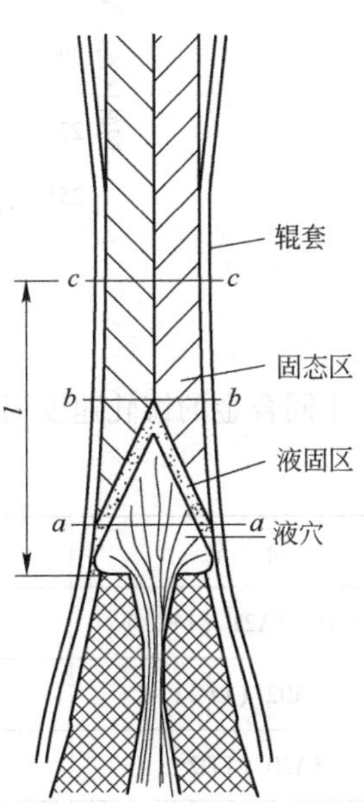

图12-4　铸轧区示意图

改变液穴高度和形状以及三区的高度分布，从而对板材质量有所影响，如铸轧速度提高，会使液穴随之升高，水冷强度增加会使液穴降低。在铸轧过程中，各工艺参数互相影响。浇注温度较高时，应以较低的铸轧速度相配合；浇注温度较低时，应以较高的铸轧速度相配合。考虑到较低的浇注温度有利于晶粒细化，较高的铸轧速度有利于提高产量，所以合理的制度应当是低的浇注温度配以高的铸轧速度，如图 12-5 所示。

根据东北轻合金厂的统计，每次出板时的浇注温度多在700～735℃（如图12-6 所示）。铸轧区高度大时，铸轧速度大，如图 12-7 所示。随着合金过渡区的增大，铸轧速度相应减小。纯铝的铸轧速度最大；铝锰合金 LF21 的过渡区很小，铸轧速度也很大，接近于纯铝；铝镁合金的铸轧速度，则随镁含量的增加亦即液固相区的增大而逐渐减小。

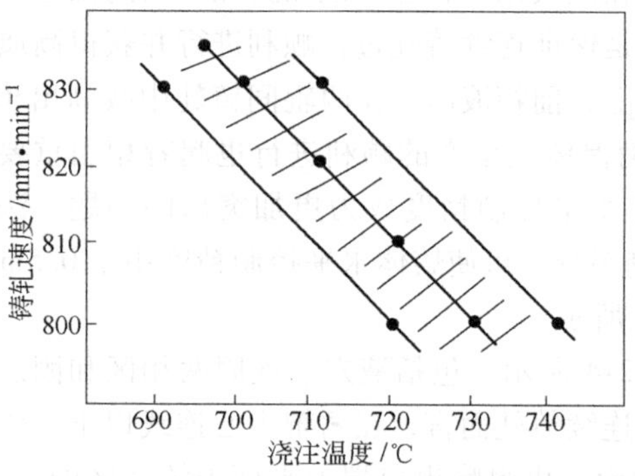

图 12-5　浇注温度与铸轧速度的关系

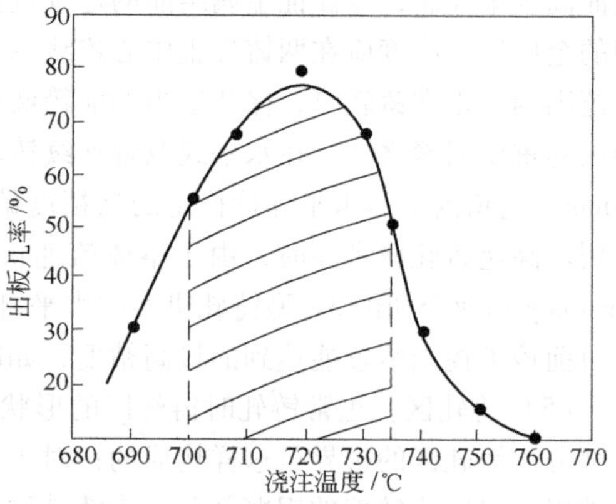

图 12-6　浇注温度与出板几率的关系

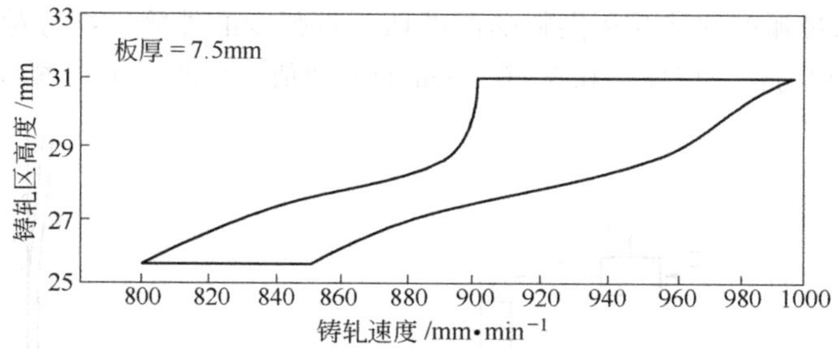

图 12-7　铸轧区高度与铸轧速度的关系

不同合金的铸轧速度列于表 12-10。

表 12-10　不同铝合金的铸轧速度对比

合　金	板厚/mm	液固两相区温度间隔/℃	铸轧速度/mm · min⁻¹
纯铝，3A21（LF21）	812		875
5A02（LF2）	8110	20	650～700
5A20（LD2）	810	35	620
5A12（LY12）	7175	133	600

铸轧区愈高，铸轧板的加工率愈大，同时，薄的铸轧板比厚的铸轧板加工率大，如图 12-8 所示。

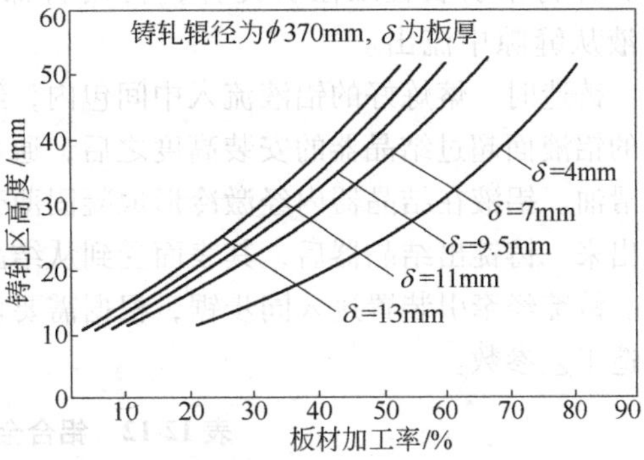

图 12-8 铸轧区高度与加工率的关系

12.1.3.4 连铸连轧生产

连铸连轧生产前，中间包必须预热，在检查连铸机钢带与铸轮包覆、开启冷却水系统和轧机润滑系统等后，将预热好的中间包安放到连铸机的合适位置上。冷却水通过空心传动轴流入铸轮内部喷射到铸机紫铜轮缘上，铸轮外部的冷却水喷射到钢带上。当铝液注入铸模中时，铸轮慢慢旋转，使铝液在结晶轮内外冷却水的强制冷却下冷凝成固态，形成铸坯。当连铸过程稳定后，将铸坯的入轧温度控制在 420 ~ 450℃，用液压剪剪掉铸坯冷头送进连轧机。此前连轧机和绕杆机均已启动。铸坯经多道次压缩变形，从最后一个机座轧出铝杆，再进入绕杆机缠绕成规定重量的杆卷。

中间包内铝液温度一般控制在 690 ~ 700℃。在稳定的生产过程中，铸坯离开铸轮时的表面温度是最重要的调整因素之一，也就是说根据铸坯的进轧温度来调整铝液浇铸温度和冷却水的冷却强度及铸轮旋转速度等因素。

根据铜川铝厂的试验结果，采用垂直浇注工艺，要求把铸铁供料嘴插入铝液中 10 ~ 15mm，但实际操作困难，不易掌握，只好将供料嘴离开液面，保持低液位浇注。这样造成铝液冲击、飞溅，产生夹皮或冷隔。

采取水平浇注，即将供料嘴水平放置，可使浇注工艺过程大为简化，缩短浇注前的准备时间，克服供料嘴堵塞凝结的现象，使铝液流动平稳无冲击，从而提高了铸坯质量。由于水平浇注，钢带包角增大，冷却区段长，从而提高了设备的单位产能，实现了流量的半自动控制。连铸连轧的工艺试验参数见表 12-11。

表 12-11 连铸连轧的工艺试验参数

序号	项目	数值		序号	项目	数值	
		设计	试验			设计	试验
1	铸坯段面积/mm²	1265	1500	7	乳液温度/℃	60	70 ~ 80
2	单位产能/t·h⁻¹	2.5	3	8	冷却水温度/℃	8	6 ~ 8
3	铸造速度/m·s⁻¹	0.20	0.23	9	耗水量/t·h⁻¹	45	15
4	铸造温度/℃	690 ~ 700	710 ~ 720	10	终轧速度/m·s⁻¹	3.75	4
5	入轧温度/℃	420 ~ 450	500 ~ 560	11	铸机实耗功率/kW	3	0.3 ~ 0.5
6	铝杆温度/℃	250	300 ~ 350	12	轧机实耗功率/kW	103	60 ~ 70

12.1.3.5 水平连续铸锭生产

水平连续铸造法，能生产大断面的铝合金长铸锭，其长度不像垂直铸造那样受限制。铸造前，必须对中间包进行充分预热。将结晶器固定在中间包上，并调整好结晶器与牵引装置的相对位置，然后将带引锭装置的引锭头送入结晶器，使结晶器内留有一定的空间，并将牵引装置压住引锭杆，再用石棉绳将引锭头与结晶器壁之间的缝隙堵塞，以免铝液从缝隙中流出。

铸造时，熔炼好的铝液流入中间包内，经中间包和导流板上的流口进入结晶器。待中间包内的铝液面超过结晶器的安装高度之后，通水冷却结晶器和引锭头，同时向结晶器工作面送入润滑油。铝液在结晶器内经激冷形成凝固薄壳。开动牵引装置，凝固壳随引锭装置从结晶器内拉出来。铸锭出结晶器后，其表面受到从结晶器内喷出来的冷却水直接冷却，使其中心完全凝固。铸锭经牵引装置送入同步锯，根据需要切取定长的坯锭。表 12-12 为 LD2、LY12 水平连续铸造工艺参数。

表 12-12　铝合金水平连续铸造工艺参数

铸锭规格/mm(× mm)	92	100	125	152	105 [LD2]	65 × 360	92 [LY12]
铸造温度/℃	685 ~ 710	690 ~ 710	690 ~ 710	690 ~ 710	685 ~ 710	685 ~ 710	690 ~ 740
铸造速度/mm · min^{-1}	200 ~ 300	200 ~ 280	180 ~ 240	130 ~ 160	115 ~ 145	140 ~ 160	160 ~ 240
结晶器水压/MPa	0. 03 ~ 0. 05	0. 03 ~ 0. 05	0. 03 ~ 0. 06	0. 04 ~ 0. 08	0. 03 ~ 0. 06	0. 06 ~ 0. 12	0. 02 ~ 0. 06

12. 2　镁及镁合金的熔铸

在熔炼镁合金过程中必须有效地防止金属的氧化或燃烧，可以通过在金属熔体表面撒熔剂或无熔剂工艺来实现。通常添加微量的金属铍和钙来提高镁熔体的抗氧化性。熔剂熔炼和无熔剂熔炼是镁合金熔炼与浇注过程的两大类基本工艺。1970 年之前，熔炼镁合金主要是采用熔剂熔炼工艺。熔剂能去除镁中杂质并且能在镁合金熔体表面形成一层保护性薄膜，隔绝空气。然而熔剂膜隔绝空气的效果并不十分理想，熔炼过程中氧化燃烧造成的镁损失还是比较大。此外，熔剂熔炼工艺还存在一些问题，一方面容易产生熔剂夹杂，导致铸件力学性能和耐蚀性能下降，限制了镁合金的应用；另一方面熔剂与镁合金液反应生成腐蚀性烟气，破坏熔炼设备，恶化工作环境。为了提高熔化过程的安全性和减少镁合金液的氧化，20 世纪 70 年代初出现了无熔剂熔炼工艺，在熔炼炉中采用六氟化硫（SF_6）与氮气（N_2）或干燥空气的混合保护气体，从而避免液面和空气接触。混合气体中 SF_6 的含量要慎重选择，如果 SF_6 含量过高，会侵蚀坩埚，降低其使用寿命；如果含量过低则不能有效保护熔体。总的来说，无论是熔剂熔炼，还是无熔剂熔炼，只要操作得当，都能较好地生产出优质铸造镁合金。

12. 2. 1　熔炼过程控制

在镁合金材料及部件的制备工艺中，合金的熔炼是重要的环节。它影响到合金熔体的质量，进而影响产品的最终性能。影响镁合金熔体质量的因素很多，主要有原料的品质、所使用的熔剂、熔炼方法和装置等，同时，与其他金属相比，镁的化学性质比较活泼，在液态下极易与氧、氮、水等发生化学反应，氧化及烧损严重，镁及镁合金的耐蚀性能对杂质元素如 Fe、Ni、Cu 等非常敏感，从而使镁合金的熔炼工艺具有自身的特点。因此，必须重视镁合金的熔炼工艺，否则不仅会降低熔体质量（影响合金纯净度、成分均匀性和准确性），增加材料损耗甚至还会产生危险。

12.2.2 熔炼设备

镁合金熔炼用主要设备包括预热炉、熔炼炉和保护气体混合装置等（见图12-9）。熔炼炉的加热方式有电阻加热、燃气加热和燃油加热等。相对来讲，电阻加热比较安全，炉型有单室炉、双室炉和三室炉等三种。

通常采用间接加热式坩埚炉来熔炼铸造镁合金，其结构与熔炼铝合金用坩埚炉类似。由于镁合金的理化性质不同于铝合金，因而坩埚材料和炉衬耐火材料不同，并且需要对炉子结构进行适当修改。

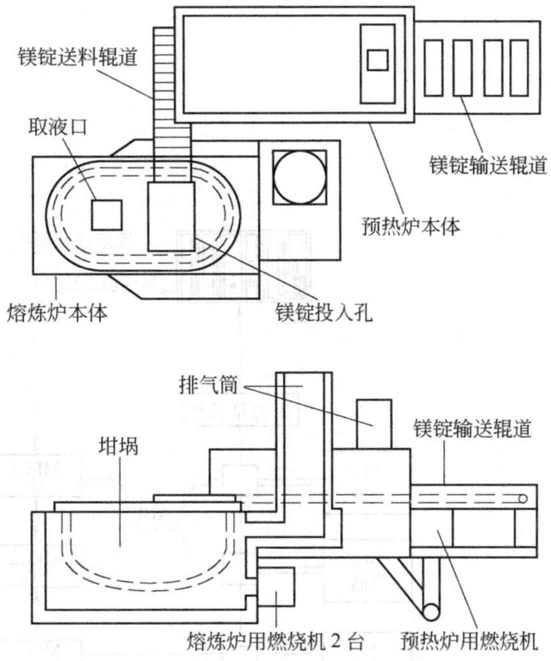

图12-9 镁合金熔炼装置示意图

镁熔体不会像铝熔体一样与铁发生反应，因此可以用铁坩埚熔化镁合金并盛装熔体。通常采用低碳钢坩埚来熔炼镁合金和浇注铸件，特别是在制备大型镁合金铸件时大多采用低碳钢坩埚。在镁合金的熔炼过程中，特别是采用熔剂熔炼工艺时，通常会在坩埚底部形成热导率较低的残渣。如果不定期清除这些残渣，则会导致坩埚局部过热，并且坩埚表面会生成过量的氧化皮。坩埚壁上沉积过量的氧化物也会导致坩埚局部过热。因此，记录每个坩埚熔化炉料的次数应当作为一项日常安全措施。坩埚必须定期用水浸泡，除去所有的结垢。通常无熔剂熔炼方法的结垢比较少。

熔炼混气装置是镁合金熔炼必不可少的设备。在实际生产中SF_6常和其他气体混合在一起通入到熔炼炉，常用的混合方式有空气/SF_6、SF_6/N_2、空气/CO_2/SF_6。混气装置的作用就是将这些气体精确地按一定比例混合后送入熔炉。镁合金熔炉装置必须要有效密封，一般SF_6浓度不宜超过1%，否则不仅抗氧化效果下降，而且气氛对设备具有严重腐蚀作用，所以保护气体的供应优化是系统设计和操作时的重要任务。图12-10所示为Rauch公司镁合金熔炉保护气混气、供气装置。

在图12-10所示装置中，SF_6和N_2通过减压阀和一个流量控制阀混合在一起，混合气体通过一个流量计分别独立供应泵室和熔室，泵室和熔室的气体流量可以分别独立调节，还可以通过PLC对泵室的流量在各个阶段进行控制，如在注料阶段可加大气体流量，从而更经济、更安全地保证气体供应。保护气体在进入熔炉时采用多管道多出口分配，尽量接近液面且分配均匀。

对于镁合金的浇注，小型铸件采用手工浇注比较方便，也就是直接用浇注勺从戽出炉子中舀出熔体并浇注到模具中。大批量生产铸件时，采用戽斗型浇注勺；小批量生产铸件时，采用半球形浇注勺。两者都采用低碳钢低镍钢制造，厚度为2~3mm。图12-11所示为浇注镁合金用戽斗型浇注勺的典型结构，它由防溢挡板和底部浇注口两部分组成，避免浇注过程中发生熔剂污染。浇注镁合金用的浇包、渣勺、搅拌器和精炼勺等部件都由与坩埚化学成分相同的钢材制成。

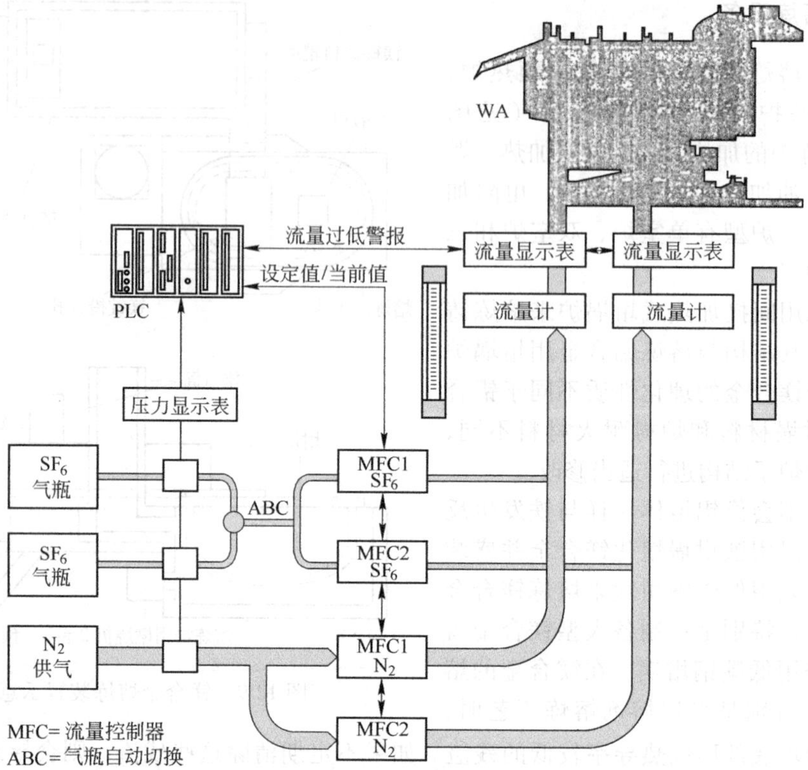

图 12-10　Rauch 公司镁合金熔炉保护气混气、供气装置

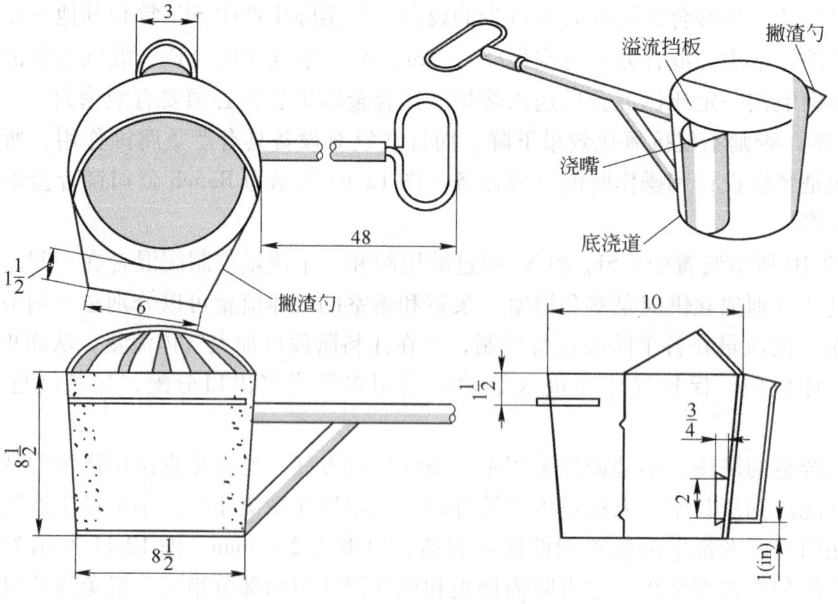

图 12-11　浇注镁合金用戽斗型浇注勺的典型结构（1in = 2. 54cm）

12.2.3 典型熔炼工艺

12.2.3.1 AZ91 合金的熔炼工艺

A 熔剂法

将坩埚预热至暗红色（400～500℃），在坩埚内壁及底部均匀地撒上一层粉状 RJ-2（或 RJ-1）熔剂。炉料预热至150℃以上，依次加入回炉料、镁锭、铝锭，并在炉料上撒一层 RJ-2 熔剂，装料时熔剂用量约占炉料质量的1%～2%。升温熔炼，当熔液温度达700～720℃时，加入中间合金及锌锭。在装料及熔炼过程中，一旦发现熔液露出并燃烧，应立即补撒 RJ-2 熔剂。炉料全部熔化后，猛烈搅动5～8min以使成分均匀。接着浇注光谱试样，进行炉前分析。如果成分不合格，可加料调整直至合格。

将熔液升温至730℃除去熔渣，并撒上一层 RJ-2 熔剂保温，进行变质处理。即将占炉料总质量0.4%的菱镁矿分成2～3包，用铝箔包好分批装于钟罩内，缓慢压入熔液深度2/3处，并平稳地水平移动，使熔液沸腾，直至变质剂全部分解（时间约为6～12min）；如采用 C_2Cl_6 变质处理，加入量为炉料总质量的0.5%～0.8%，处理温度为740～760℃。变质处理后，除去表面熔渣，撒以新的 RJ-2 熔剂。调整温度至710～730℃，进行精炼。搅拌熔液10～30min，使熔液自下而上翻滚，不得飞溅，并不断在熔液的波峰上撒以精炼剂。精炼剂的用量视熔液中氧化夹杂含量的多少而定，一般约为炉料质量的1.5%～2.0%。精炼结束后，清除合金液表面、坩埚壁、浇嘴及挡板上的熔渣，然后撒上 RJ-2 熔剂。

继续将熔液升温至755～770℃，保温静置20～60min，浇注断口试样。检查断口以呈致密、银白色为合格。否则，需重新变质和精炼。合格后将熔液调至浇注温度（通常为720～780℃），出炉浇注。精炼后升温静置的目的是减小熔体的密度和黏度，以加速熔渣的沉析，也使熔渣能有较充分的时间从镁熔液中沉淀下来，不致混入铸件中。过热对晶粒细化也有利，必要时可过热至800～840℃再快速冷却至浇注温度，以改善晶粒细化效果。

熔炼好的熔液静置结束后应在1h内浇注完，否则需重新浇注试样，检查断口。检查合格方可继续浇注，不合格需要重新变质、精炼。如断口检查重复两次不合格时，该熔液只能浇锭，不能浇铸件。整个熔炼过程（不包括精炼）熔剂消耗约占炉料总质量的3%～5%。

B 无熔剂熔炼法

20世纪70年代初，无熔剂熔炼技术的开发与应用引起了人们的关注。其中保护气体（SF_6、CO_2）的应用对镁合金熔炼技术的发展具有重要意义。无熔剂法的原材料及熔炼工具准备基本上与熔剂熔炼时相同，不同之处在于如下几点：（1）使用 SF_6、CO_2 等保护气体、C_2Cl_6 变质精炼、氩气补充吹洗；（2）对熔体工具清理干净，预热至200～300℃喷涂料；（3）配料时二、三级回炉料总质量不大于炉料总质量的40%，其中三级回炉料不得大于20%。

首先将熔炼坩埚预热至暗红色，约500～600℃，装满经预热的炉料。装料顺序为：合金锭、镁锭、铝锭、回炉料、中间合金和锌等（如无法一次装完，可留部分锭料或小块回炉料待合金熔化后分批加入），盖上防护罩并通入防护气体，升温熔化。当熔液升温至700～720℃时，搅拌2～5min以使成分均匀，之后清除炉渣，浇注光谱试样。当成分不合格时进行调整，直至合格。升温至730～750℃并保温，用质量分数为0.1%的 C_2Cl_6 自沉式变质精炼剂进行处理。

精炼变质处理后除渣，并在730～750℃用流量为1～2L/min的氩气补充精炼2～4min，通氩气量以液面有平缓的沸腾为宜。通氩气结束后，扒除液面熔渣，升温至760～780℃，保温静置10～20min，浇注断口试样。如不合格，可重新精炼变质（用量取下限），但一般不得超过3

次。熔体调至浇注温度进行浇注，并应在静置结束后2h内浇完。否则，应重新检查试样断口。

浇注前，从直浇道往大型铸型通入防护性气体2～3min，中小型为0.5～1min，并用石棉板盖上冒口。浇注时，往浇包内或液流处连续输送防护性气体进行保护，并允许撒硫磺和硼酸混合物，其比例可取1∶1，以防止浇注过程中熔液燃烧。

12.2.3.2 ZK40合金的熔炼工艺

熔炼ZK40合金时，坩埚、炉料等准备与AZ91合金相同，锆以Mg-Zr中间合金形式加入，并仔细清理炉料，绝不允许与Mg-Al系合金混料。熔化工具也专用，不得与Mg-Al系合金的熔化工具混用。炉料组成（质量分数）取：新料10%～20%、回炉料80%～90%（其中一级回炉料应占60%以上）。

将坩埚加热至暗红色，在其底部撒以适当的熔剂。加入预热150℃以上的镁锭及回炉料，升温熔化。当熔液温度达720～740℃时加入锌。继续升温至780～810℃，分批缓慢加入Mg-Zr中间合金。全部熔化后，搅拌25min以加速锆的溶解使成分均匀。在熔液温度不低于760℃时浇注断口试样。若断口不合格，可酌情补加质量分数为1%～2%的Mg-Zr中间合金，重新检查断口，允许第二次补加。若仍不合格，该炉合金只能浇锭。断口合格的熔液可调至750～760℃，将搅拌机叶轮沉至熔液2/3处搅拌4～6min，并不断在液流波峰上撒以熔炼熔剂，熔剂用量为炉料总质量的1.5%～2.5%。然后清除浇嘴、挡板、坩埚壁及熔液表面上的熔渣，再撒入新的覆盖熔剂。将熔液升温至780～820℃，静置保温15min，必要时可再次检查断口，直至静置总时间为30～50min即可出炉浇注。覆盖、精炼均采用RJ-4熔剂。在整个熔炼过程中，熔剂的消耗量占炉料总质量的2%～3%（不包括精炼用熔剂）。精炼后静置时间不允许超过2h，并且保持温度在780～820℃之间，以免锆沉淀。

锆还可以以氯锆酸盐或氟锆酸盐（Na_2ZrF_4）状态加入镁合金中，这时需要注意的是：（1）盐的加入量一般为计算组成的8～10倍；（2）以氟锆酸盐状态加入锆时，由于要求必须过热至900℃，操作中比较困难；（3）以氯锆酸盐状态加入锆时，虽然加入难度小，但所获得的铸件耐蚀性能不足。

含锆镁合金的关键是锆能否加入到镁合金中去，晶粒细化效果是否合格。为此要求：（1）要仔细清理炉料，采用较纯净的炉料以减少铁、硅、铝等各种杂质的影响，否则不仅会损耗一定数量的锆，而且会严重影响合金的质量；（2）锆的温度不低于780℃，否则锆很容易沉淀在坩埚底部造成合金中锆量不足。温度高于820℃时熔液表面氧化加剧，且将从大气中吸氢，同时因铁的溶入量增加使锆与铁、氢形成的化合物增多，也会加大锆的损耗，削弱锆的细化效果。为避免锆的沉淀析出，应尽量缩短合金液的停留时间，特别是760℃以下的停留时间。

12.2.4 典型的铸造工艺

12.2.4.1 砂型铸造

镁合金砂型铸件质量轻，在航空领域应用的优势明显。镁合金砂型铸造适用于生产小批量铸件和复杂件，砂铸的镁合金件最小壁厚为35mm，尺寸精度可达±0.6mm。最大镁合金砂型件300kg，承压9MPa。

A 铸型型砂

大多数镁合金铸造厂家生产的铸件质量范围大且尺寸范围很宽，需要调整铸型型砂、抑制剂的种类与数量来满足铸造厚截面的要求。型砂必须具有很高的透气性，使得金属-铸型界面上产生的气体可以自由地逸出来，但是颗粒粗大的型砂将导致铸件表面非常粗糙，因此需要权衡铸件表面质量和铸造气体排放的重要性。由于大部分添加物降低型砂透气性，从而通常采用颗粒比较粗大的型砂。型芯中的气体可以通过在型芯中钻辅助通道来排放，这些通道能够通过型芯座将气体快速排放到铸型外部，有时也使用辅助抽气法。

镁合金铸造的关键问题是镁合金在熔融过程中易与铸型发生反应，影响镁合金铸件的质量，所以阻止两者之间的反应是实现镁合金砂型铸件成功生产的前提。在砂型中浇注镁合金时，镁容易与铸型中的水分反应生成 MgO 并析出 H_2；在热量集中的部位，镁与 SiO_2 反应生成 MgO 和 Mg_2Si。此外，空气可以通过砂型与铸件间的空隙进入熔体，促使镁合金燃烧。为了阻止镁合金与铸型之间的反应，可以在铸型型砂中添加适量的抑制剂如硫粉、硼酸等。抑制剂的添加量主要取决于砂型中水分的含量。此外。抑制剂的添加量还与浇注温度、镁合金种类和铸件截面厚度等因素有关。浇注温度越高，反应越剧烈，则需要添加的抑制剂也越多。铸件截面越厚，冷却速度越慢，则抑制剂特别是挥发性抑制剂越容易从铸型表面损耗，因而远离厚截面的铸型区域需要补充抑制剂。这些抑制剂与镁合金反应生成一层稳定性较高的膜，阻碍氧化反应的连续进行。

为防止镁合金氧化燃烧，普通砂型铸造时必须在铸型中加防燃保护剂。但目前国内外使用的防燃保护剂在高温下都会产生有毒气体，对环境和设备都造成严重影响。而采用石墨砂型铸造镁合金，可在不加防燃保护剂的条件下获得质量优良的铸件。因为石墨砂型铸造镁合金时，表面氧化膜中由于 C 原子的渗入而形成 MgO + C 复合膜，其致密度较好，具有良好的防燃保护性能。同时采用石墨砂型铸造镁合金不需要使用保护剂，可以改善工作环境。

目前，湿砂造型工艺应用十分广泛。湿砂造型是最早采用的工艺，以水与天然黏土或者膨润土的混合物为黏结料。膨润土混合物中通常加入二甘醇以降低含水量，防止型砂干燥。通常，这些湿砂混合物中的含水量达 2.0% ~4.0%，从而需要添加较多的抑制剂。制造湿砂型铸型时，混制型砂时只需要加入少量的添加剂而不需要使用高成本的型砂回收系统，因而砂型铸造成本很低。然而，湿砂铸型工艺不适合生产形状复杂的铸件，且铸件尺寸精度低，不能达到当前许多应用零部件的要求。

B 浇口

镁及镁合金具有特定的化学和物理性质，人们在镁合金浇口技术方面已开展了大量研究。镁合金特别是稀土镁合金和含钍镁合金容易氧化、密度低，熔体湍流将导致氧化皮和氧化膜卷入金属液流中，使铸件出现夹杂或表面砂孔等缺陷，因而避免铸型中熔体的湍流效应是所有铸造工艺的目标。为此，将熔体倒入铸型时，要尽量避免金属液的紊流。

重力浇注系统是镁合金最常用的浇注系统。镁合金熔体经过浇口杯沿直浇口流入铸型底部的横浇道系统。一个铸型可以有一个或多个直浇口，直浇口通常是锥形的，便于熔体填满铸型底部而防止空气进入铸型。在熔体进入铸型型腔前通过放置筛网或过滤器除去金属液流中的氧化物，避免熔体湍流，从而大大减少铸件缺陷。此外，过滤器还能调节进入铸型型腔的金属液流流量。

横浇道有利于去除残渣。相对直浇口而言，增大横浇道的横截面积将降低熔体流动速度，便于在熔体进入铸型型腔前完全去除氧化物。因此横浇道的横截面通常很大，甚至比最后一道浇口还要大，在任何熔体通过浇口进入铸件前都必须完全填满横浇道。因此，多个铸件宜在上模箱中成形或者使用横浇道位于下模的三分模。浇注时必须防止金属溅射，如果横浇道的横截面比直浇道口大，浇口总截面比横浇道大就可以达到这个目的，习惯上三者之间的面积比为 1 : 2 : 4 或 1 : 4 : 8 。为了避免吸气和氧化物夹杂，铸型内熔体不允许从高处向低处流动。特别是在薄壁部位可以采用快速浇注、提高浇注温度和铸件周围密集分布浇口来避免滞留。金属浇注时要尽量避免铸型厚壁部分和薄壁部分处于同一水平面上，否则会导致熔体滞留，采用适当的浇口系统可以解决这一问题。

C　冒口

镁合金砂型铸件收缩倾向大，要求采用多冒口浇注系统。一些镁合金成本高且冒口多，有必要增加冒口的传送效率，但会降低铸件的质量。采用绝热套筒将冒口包起来能提高铸造产量，减少再生利用的加工碎屑量。

D　冷铁

冷铁在加速重力浇注系统中应用广泛，它将促进镁合金铸件从下至上逐层凝固或定向凝固进程，使铸件中远离直浇道的厚壁或凸起部分获得与定向凝固一致的效果。同时，冷铁可以大大加快周围金属的凝固，起到细化晶粒的作用，即使无锆镁合金也可以获得细小晶粒和优异的力学性能。

E　落砂

质量不到90kg的小型镁合金铸件，在260℃以上冷却时应保持铸件不动。此外，镁合金具有热脆开裂倾向，不宜立即从铸型中取出铸件，否则铸件开裂。铸件越大，开箱前需冷却的时间越长。传统的方法是采用带电磁冷铁的振动筛将铸件从铸型中取出来，然而这种工艺会产生噪声和灰尘。目前通常采用钢弹轰击打碎铸型的方法取出铸件，同时需要进行适当的工艺控制以避免铸件表面剥蚀并用酸浸洗铸件去除表面污染，提高铸件腐蚀抗力。为了不影响耐蚀性，最好使用非金属磨料介质如 Al_2O_3 来清理铸件。

12.2.4.2　金属型铸造

金属型铸造有时也称为永久型铸造。通常，适合砂型铸造的镁合金也可以进行金属型铸造，但Mg-Al-Zn系合金（如AZ51A和ZK61A）除外。Mg-Al-Zn系合金热脆开裂倾向大，不宜采用金属型铸造。如果能够采取措施降低镁合金常见的热脆倾向，那么可以相对经济地生产所有铸件。设计足够的拔模斜度是一项比较合适的措施，能最大程度地降低镁合金件的热脆开裂倾向。

金属型铸造不能铸造形状复杂的零件，特别是具有深肋和复杂型芯的零件。金属型铸造工艺成本很高，一般用于批量生产。但是也可以用于小批量生产高致密性的镁合金件。

金属型铸造时可以采用顶注式、立缝式、底注式三种类型的浇注系统。为了避免在浇注过程中金属不平稳进入铸型而形成熔渣，金属应当以较低的速度进入铸型。小工件以及有大平面的较大工件常常经过冒口浇注；采用底注式浇注系统时，最好是通过砂芯引入金属。

金属型铸造镁合金开裂倾向特别大，除了在金属型设计上采取措施外还必须刮掉缺陷处铸件表面的涂料。厚截面工件不能通过安置冒口来补给金属，但可以采用型芯来进行局部冷却。此外，并不是所有的金属型铸造都需要安置冒口。延长浇注时间、提高铸型温度和低温浇注可以降低镁合金开裂倾向。大多数情况下，提高铸型温度是防止铸件产生缩孔和裂纹等缺陷的最有效方法。如果在金属型铸造时使用砂芯，那么砂芯内放置冷铁将影响镁合金的结晶过程。金属型工作温度为250～300℃，型芯温度为300～400℃，浇注温度取决于镁合金铸件的性质和复杂程度，一般为700～760℃，有时可升至780℃。在浇注之前，金属型上要涂特殊涂料防止镁合金熔体与型壁之间发生黏结，以便于铸件的取出。为了避免金属与涂料反应，往往在涂料中加入硼酸。

12.2.4.3　压力铸造

由于镁晶体为密排六方结构，基体的独立滑移系少，室温塑性低，塑性成形能力差，所以镁合金首先是在铸造成形领域得到了发展。镁的低熔点、低热容、低相变潜热以及与铁的亲和力小等特点使镁合金具有耗能少、充型速度快、凝固速度快、实际压铸周期短、模具使用寿命长等优势。因此，极适合于采用现代压铸技术进行成形加工。镁合金常用的压力铸造主要包括热压和冷压铸造、真空压铸以及充氧压铸三种类型。

A 热压和冷压铸造

由于热室压铸机机型大小的限制,过去1kg以下的镁合金压铸件通常使用热室压铸机,1kg以上的镁合金压铸件往往只能使用冷室压铸机。但现在最大的热室压铸机已经达到930t(德国富来公司生产),其最高的铸件质量可达到6.4kg。所以另一种说法是以铸件的壁厚来确定应该采用哪一种压铸机。一般而言,镁合金薄壁件采用热室压铸机;厚壁件使用冷室压铸机(见图12-12)。

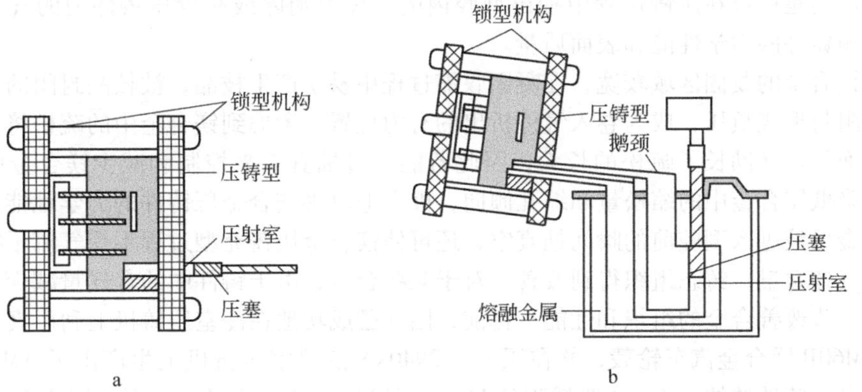

图12-12 镁合金的两种压力铸造示意图

a—冷压铸造；b—热压铸造

由于镁合金流动性高，凝固潜热小，凝固时间短。薄壁件采用热室压铸机有利于合金进入模腔前维持其温度，良好的流动性有利于迅速充满模腔，获得质量优良的压铸件。比较适合生产压铸件的合金主要有AZ91、AM60A和AS41A。目前大部分Mg-Al-Zn系合金件如AZ91特别是高纯AZ91E件也是采用压铸法进行生产的。

冷压铸造镁合金工艺流程示意图如图12-13所示。热室压铸机的外围设备与冷室压铸机相同，但无需定量浇注系统。镁合金热室压铸机与一般热室压铸机不同之处在于熔炼炉和射料部分，选择压铸机时应当考虑这样一些因素。

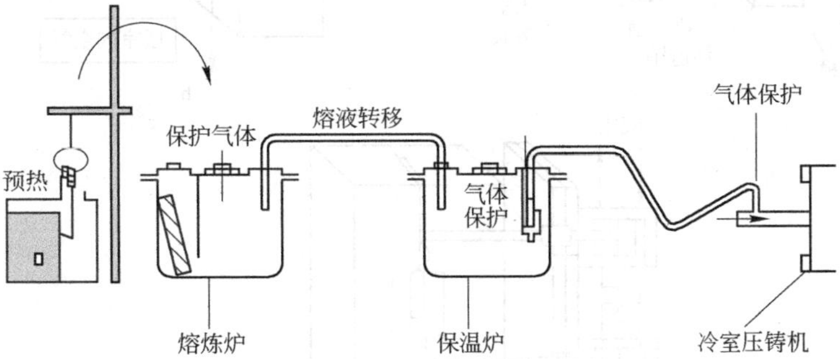

图12-13 冷压铸造镁合金工艺流程图

热压铸造的工艺及参数选择如下：

（1）镁合金锭预热，可去除铸锭中可能残留的水分，避免产生溅射和爆炸，也为了使镁合金熔炼炉内熔液温度不因为加料而降温，产生波动。预热温度达150℃。

（2）镁合金液浇注温度。热室压铸工艺所要求的镁液浇注温度在620～640℃之间，在具体的生产过程中可根据产品的技术要求适当调整。

（3）模具温度。为了使合金液具有良好的流动性和填充状态，得到良好的成形和铸件质量，要预热模具，一般控制在 230 ~ 280℃之间。

（4）压射力。热室压铸机压射力控制在 16 ~ 25MPa 之间。

（5）压射速度。由于镁合金运动黏度大，凝固时间短，镁合金压铸工艺要求压射速度快、填充时间短，特别是生产薄壁铸件，压铸机空射速度要大于 6m/s。

B　真空压铸

真空压铸是通过在压铸过程中抽出型腔内的气体而消除或减少压铸件内的气孔和溶解气体，提高压铸件的力学性能和表面质量。

由于镁合金的凝固区域较宽，在凝固收缩过程中易于产生枝晶，被枝晶封闭的局部地区液体补缩受阻将形成负压，成为卷入气体析出的有力位置。考虑到镁合金中的疏松将有利于气孔的形成，而气体又助长了疏松的长大，因此若能通过抽真空来控制和减少镁合金中气体卷入量，就会降低镁合金中的缩松量和缩孔倾向，极大地改善镁合金压铸件的力学性能。此外，通过在镁合金熔液进入型腔前的瞬间抽真空，还可使镁合金压铸充型过程不受气流干扰，减少压铸件中的气体含量，铸态组织得到改善。对于某些合金，由于铸件中的含气量减少，还可通过热处理进一步改善合金的组织和性能。目前，国外已成功地在冷室压铸机上利用真空压铸法生产出了 AM60B 镁合金汽车轮毂，并在压力为 2940kN 的热室压铸机上生产出了 AM60B 镁合金汽车方向盘，铸件的伸长率由 8% 提高到 16%。图 12-14 所示为镁合金真空压铸工艺。

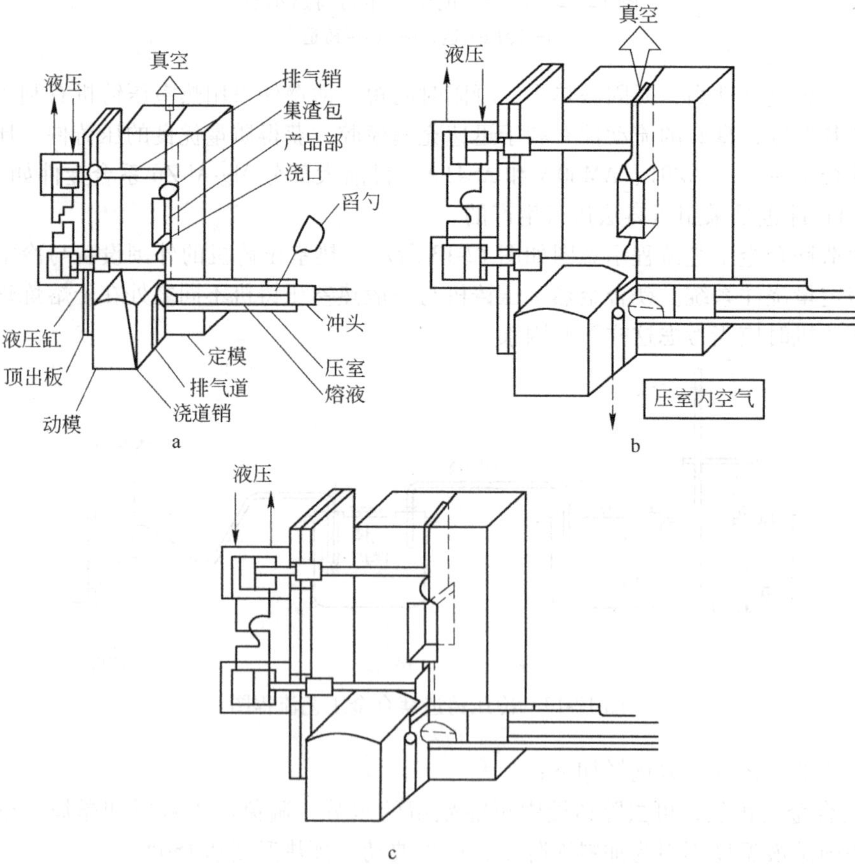

图 12-14　镁合金真空压铸工艺示意图

a—压射前；b—压射中；c—填充结束

12.2.4.4 半固态触变注射压铸

触变注射成形的工艺过程接近于注塑成形，其原理如图12-15所示。首先将镁合金锭加工切制成细颗粒状，将此种镁合金颗粒装入料斗中并强制输送到粒筒中，粒筒中旋转的螺杆驱使镁合金颗粒向模具方向运动，当其到达粒筒的加热部位时合金颗粒呈部分熔融状态，在螺旋体的剪切作用下具有枝晶组织的合金料形成了具有触变结构的半固态合金。当其累积到一定体积时，被高速（5.5m/s）注射到抽成真空的预热型腔中成形。半固态合金在外力作用下可以像热塑性塑料一样流动成形，但触变注射成形的温度、压力和螺杆旋转速度远远高于注塑成形。成形的加热系统采用了电阻和感应加热的复合工艺，将合金加热至(582±2)℃，固相体积分数达60%，同时通入氩气进行保护。

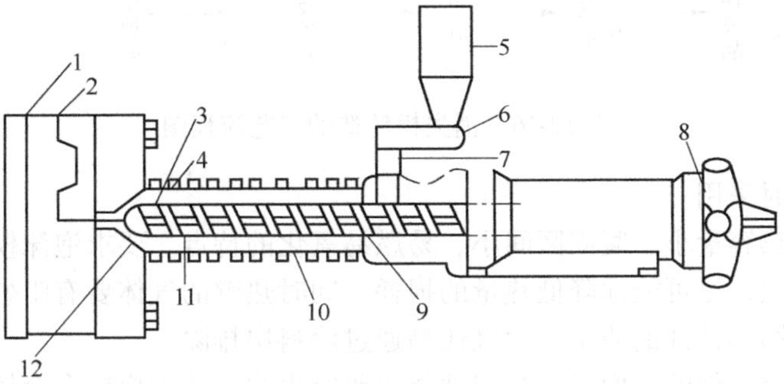

图12-15 镁合金触变注射成形机原理图

1—模具夹紧；2—压铸型；3—半固态镁合金收集室；4—加热线圈；5—颗粒镁合金料斗；6—喂料斗；7—氩气保护；8—旋转驱动及注射系统；9—往复螺杆；10—筒体；11—单向阀；12—注射嘴

与传统的压铸相比，触变注射成形无需金属熔化和浇注等工序，生产过程较为清洁、安全和节能。因为没有熔化工序，单位成形件的原材料损耗大为减少，无爆炸危险，无需 SF_6 气体保护，消除了 SF_6 对臭氧层的破坏。成形过程中卷入的气体大幅度减少，零件孔隙率小于0.069%，因此成形件可以热处理，成形件致密度高、力学性能好、耐蚀能力强。与传统压铸工艺相比，操作温度约降低100℃，有利于提高压铸模的寿命，并使其生产过程具有良好的一致性，减少了镁铸件在型腔内的收缩率，减少了铸件的脱型阻力，提高了铸件的尺寸精度，改善了零件表面质量，可铸造壁厚达0.7～0.9mm的轻薄件。目前已用此法生产出汽车的传动器壳体、盖、点火器壳体等，所用的镁合金是AZ91D。高度自动化的镁合金半固态触变注射成形机及其生产线在工业发达国家发展很快，我国台湾省的镁合金压铸业也在开始大量使用半固态触变注射成形机，今后该技术将成为生产镁合金铸件的主流。

12.2.4.5 消失模铸造

消失模铸造是精密度较高的铸造类型之一，不但可以铸造成形精密度高的铸件，而且可以铸造成形一般铸造方法不能铸造的复杂铸件。消失模铸造还具有污染小的特点，洁净铸造车间。因此在镁合金铸造件应用量迅速增加的今天，寻找一种更适合镁合金铸造成形的技术至关重要。

消失模铸造的工艺流程如图12-16所示。其中，实线箭头所示的是常规的工艺流程；双虚线箭头表示用泡沫塑料板材或块状坯料制模的过程；虚线箭头表示并非一定要经过的过程，只

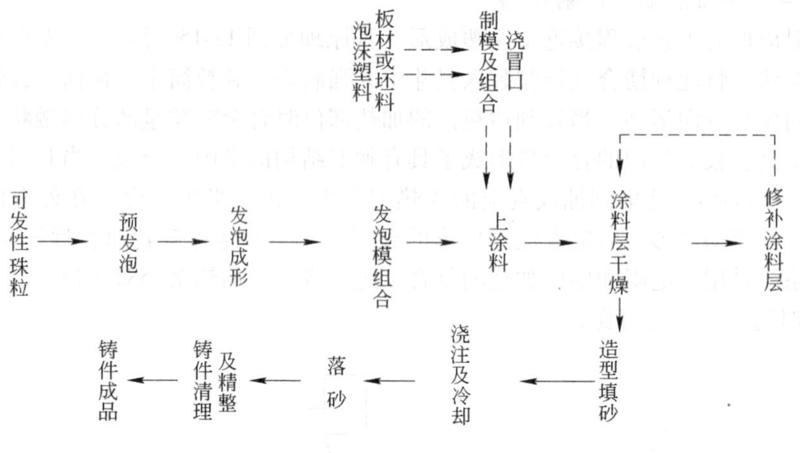

图 12-16　消失模铸造的工艺流程图

在涂料层不合要求时采用。

镁合金由于有热容量小、凝固区间小、易燃易氧化的特点，要求泡沫模在热量消耗不变的情况下热解速度更快，尽可能地降低热量的损耗。同时热解的气体要有阻燃性却又不能与镁合金发生不良反应而影响铸件的质量，而且还易通过涂料层排除。

对消失模镁合金铸件的表面成分与耐蚀能力研究表明，消失模镁合金铸件比其他铸造方法获得的铸件的耐蚀性能更好。在 50g/L 的 NaCl 盐浴中腐蚀，聚苯乙烯消失模镁合金试样的耐蚀性能比普通铸造得到的镁合金试样耐蚀性提高了约 3 倍。因此，消失模铸造非常适用于镁合金的成形。

12.3　铜及铜合金的熔铸

12.3.1　铜及铜合金的熔铸特点

12.3.1.1　炉料

铜合金的熔炼常用坩埚炉、反射炉和感应电炉等。铜合金的炉料主要包括铜锭、中间合金和回炉料。采用中间合金能降低难熔元素的熔点，避免某些元素如铝、硅与铜引起放热反应而导致合金过热，并能起到调节合金的作用。常用的中间合金有 Cu-Ni、Cu-Al、Cu-Fe、Cu-Mn、P-Cu 等，其中 P-Cu 还是很好的脱氧剂。

12.3.1.2　辅助材料

辅助材料如下：

（1）覆盖剂。覆盖剂能起到防止氧化和造渣的作用。常用覆盖剂有木炭粉、碎玻璃及苏打混合料、苏打及硼砂混合料、硼砂与长石混合料等。用量以盖满金属液表面为原则。当采用坩埚炉熔炼时，加入量一般是炉料质量的 0.7% ~1.5%。

（2）氧化熔剂。氧化剂起到除气作用，它由氧化物和造渣剂两部分组成。如 50% 的氧化铜和 50% 的碎玻璃；50% 的氧化铜、25% 的石英砂和 25% 的硼砂等。

（3）精炼剂。精炼剂具有吸附或溶解氧化物，并聚集成渣的能力。在生产中有时对含铝的铜合金进行精炼，以去除三氧化二铝（Al_2O_3）的夹杂物和气体的作用。常用的精炼剂有：60% 的食盐和 40% 的冰晶石（Na_3AlF_6）；20% 的冰晶石、20% 的萤石和 60% 的氟化钠（NaF）等。

12.3.1.3 熔炼工艺要点

铜合金的熔点在1000～1060℃之间，浇注温度一般在1060～1200℃。铜合金在加热熔化时易吸收气体，如果这些气体在铸件凝固前来不及析出，就会产生气孔，影响铜合金铸件质量。金属液温度越高，暴露的表面积越大，停留的时间越长，金属吸气越严重。因此，在熔炼操作时必须注意的是，铜液温度不要过高，表面要用覆盖剂保护好，并要及时浇注。因为铜液在高温时易氧化，所以要快速熔化，从而减少合金的氧化。加料顺序是，先加入占炉料重量最多的铜和难熔合金，然后再加入易熔合金。对于难熔、易氧化、易挥发元素以中间合金形式加入为宜。

12.3.1.4 铜合金的浇注要点

A 浇注工具

由于铜合金的浇注温度比灰铸铁低（1000～1150℃），浇包内衬只填塞一层软材料，再刷一层涂料，经烘干预热后就可使用。最常用的是手端包和抬包，浇注大件时也可以用吊包。

B 浇注操作

未经预热的工具不得接触铜液，以避免爆炸和带入气体。熔炼后要立即浇注，尽量减少金属液在大气中的停留时间。若需要停留时应覆盖保温剂。铁质工具在铜液中停留时间不宜太长，使用前刷上涂料。浇注时，直浇道要保持充满，不得中断，包嘴距浇口杯的距离尽量要小。

C 浇注系统特点

铜合金中除锡青铜外收缩性能大，因此浇注系统要保证铜液平稳流入铸型；铸型内气体能顺利排出，能起到良好的挡渣作用，并能控制冷却顺序。图12-17是水平分型的铜合金铸件的浇注方法，铜液的流入方向与横浇道逆向，这样有利于挡渣。横浇道两端有利于集渣。

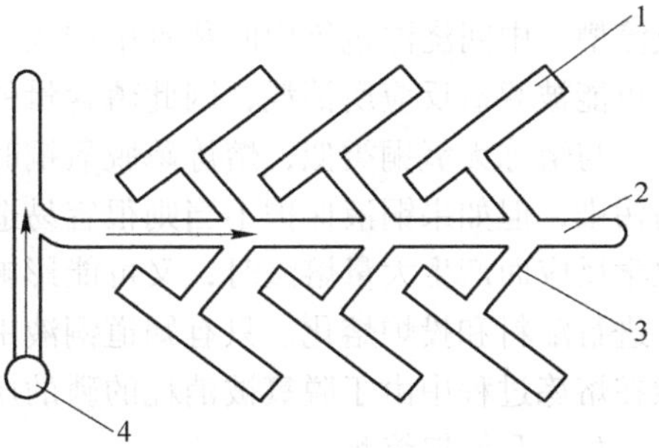

图12-17 水平分型浇注铜合金小铸件

1—铸件；2—横浇道；3—内浇道；4—浇口窝

12.3.1.5 铜合金的铸造特点

铜合金的铸造特点如下：

(1) 流动性。除铝镁系和镁锰系合金外，流动性都比较好。

(2) 收缩性。除锡青铜外，收缩性都较大，并且还具有热脆性，所以易产生缩孔、热裂等缺陷。

(3) 氧化性。金属在液态下易氧化，有些氧化物既不溶解，又不易上浮或下沉，难以除去。因此在熔化时要进行精炼、除渣、脱氧，在浇注时还要挡好渣。

(4) 吸气性。金属在液态下易吸收还原性气体，在冷却时析出，这时铸件已形成硬壳，析出的气体无法逸出，故形成气孔。因此在熔化过程中要严格控制时间和温度，并进行除气处理。

(5) 偏析。由于金属的互溶性受一定的限制，还因密度、熔点的不同，铸件在冷凝时易造成偏析。有时在浇注前需搅动金属液、浇注后用加速冷却的方法来预防偏析。

12.3.2 铜及铜合金的熔炼生产

12.3.2.1 纯铜的熔炼

A 普通纯铜

普通纯铜中氧的含量控制范围通常分为两组：一组为低氧铜，其氧含量为0.002%～

0.004%或者更低；另一组为含氧铜，其氧含量为0.01%以上。不同产品应该采取不同的熔炼工艺。工频有铁芯感应炉是熔炼普通纯铜时普遍选用的熔炼设备。

木炭是在感应电炉内熔炼普通纯铜时采用最为普遍的一种覆盖材料。炭黑、焦炭、石墨粉等以碳为主要成分的物质，也可以作为覆盖剂材料。熔池表面上的大约150～200mm厚的木炭覆盖层，可以使熔体免受氧化。炽热木炭同时还具有良好的保温作用。实际上还原性气氛或微还原性气氛只能防止氧化，并不能使熔体中的氢等气体和某些杂质元素除去，故原料的选择在很大程度上决定了最终产品的化学成分品位。

熔炼含氧铜时，可在已熔化的铜液中直接通入空气或者含氧气体，使熔体中氧的含量达到一定值时停止，然后在熔体表面上覆以某种还原剂，或者采用加入其他种脱氧剂的方法将多余的氧除去，使氧含量降低到所希望的范围。

某工厂在小型工频有铁芯感应电炉内熔化300kg铜，在1150℃时向铜液中直接吹入空气，30min左右即完成了氧化过程。期间也可通过对熔体的氧含量连续进行检测，以决定氧化过程的终止。脱氧剂可采用Cu-P、Cu-Ca等中间合金。

B　磷脱氧铜熔炼

磷脱氧铜几乎可以在所有的感应炉中熔炼。若用竖式炉或电弧炉熔炼时磷应该是在保温炉或流槽、中间浇注包等中间装置中加入。磷的熔点和沸点都远低于熔炼温度，而且熔体中的磷又可能被脱氧反应所消耗，因此磷含量的控制是个比较突出的工艺问题。

与熔炼无氧铜类似，熔炼磷脱氧铜时对铜液要严密保护。虽然有磷存在时可使铜液免受氧的污染，但如果铜液保护不当则很容易造成磷的大量烧损，而且当磷与铜等元素之间发生某些化学反应而产生大量熔渣时，又可能影响到铜液的流动性等铸造性能。磷以Cu-P中间合金形式进行配料和投炉熔化。只有知道铜液中的氧的含量，即在添加合金元素磷时同时考虑到了可能在熔炼过程中由于脱氧被消耗的磷的质量，才有可能保证最终熔体的磷含量。

C　无氧铜熔炼

无氧铜应分为普通无氧铜和高纯无氧铜。普通无氧铜可以在工频有铁芯感应电炉中熔炼，非常重要的高纯无氧铜的熔炼最好在真空感应电炉中进行。连续铸造时铸锭质量不仅依赖于熔炼过程，更重要的是需要整个系统和全过程的稳定性。

熔炼无氧铜应该以优质阴极铜做原料。熔炼高纯无氧铜应该采用高纯阴极铜做原料。阴极铜在进入炉膛之前，如果先经过干燥和预热，可以除去其表面可能吸附的水分或潮湿空气。熔炼无氧铜的感应电炉应该具有良好的密封性。为了不使熔体受到污染，无氧铜一般不采用任何添加剂的方式熔炼，熔池表面覆盖木炭以及由此而形成的还原性气氛是普遍采用的熔炼气氛。

熔炼无氧铜时炉内熔池表面上覆盖的木炭层厚度应该比熔炼普通纯铜时加倍，并需要及时更新木炭。木炭覆盖尽管有许多优点，例如保温、隔绝空气和还原作用，然而它同时存在一定的缺点，例如木炭容易吸附潮湿空气，甚至直接吸收水分，从而成为可能使铜液大量吸收氢的渠道。木炭或一氧化碳对氧化亚铜具有还原作用，但对于氢则完全无能为力。因此，木炭在加入炉内之前，应该进行仔细挑选和煅烧。

现代化的无氧铜熔炼铸造生产线，不仅熔炼，包括炉料的干燥预热、转注流槽、浇注室等都采取了全面的保护，而且往往需要大量的保护性气体。一种大量制造保护性气体的方法是：首先使硫含量比较低的天然气和94%～96%甲烷用理论值空气进行燃烧，以氧化镍为媒介除去氢，制成的气体主要由氮和碳酸气组成。然后，通过热木炭使碳酸气变成一氧化碳，得到含一氧化碳为20%～30%，其余为氮的无氧气体。除发生炉煤气外，也有采用氮、一氧化碳或氩等气体作为无氧铜熔体保护或精炼用介质材料。

真空熔炼是熔炼高品质无氧铜的最好选择。真空熔炼不仅可以使氧含量大大降低，同时也可以使氢以及某些其他杂质元素的含量同时降低。表 12-13 列出了真空熔炼与大气熔炼无氧铜的质量对比。在真空中频无芯感应炉内熔炼时，多采用石墨坩埚和选用经过两次精炼的高纯阴极铜或重熔铜做原料，与阴极铜一起装入炉内的，可以还包括用以脱氧的鳞片状石墨粉。其实，脱氧主要是通过石墨坩埚材料中的碳进行，碳的消耗量可以通过计算得知。

表 12-13 真空熔炼与大气熔炼无氧铜的质量比较

熔炼方法	杂质含量/%					
	氢	氧	硫	硒	碲	铅
大气熔炼	0.00012	0.00045	0.00023	0.00013	0.0001	0.0005
真空熔炼	0.00008	0.00004	0.0001	0.00005	0.00005	0.0001

12.3.2.2 黄铜熔炼

A 普通黄铜

工频有铁芯感应电炉是熔炼各种普通黄铜比较理想的熔炼设备。除用木炭作覆盖剂外，现代生产中开始采用各种由盐类组成的熔剂覆盖剂。组成为 60% NaCl、30% Na_2CO_3、10% Na_3AlF_6 的混合熔剂，已在黄铜的熔炼过程中取得了比较好的保护效果，当使用量为炉料的 0.5% 左右时，熔炼过程中随着除渣而损失的金属数量可减少一半，若包括挥发在内总的熔炼损失可降低 2/3 ~4/5。

另外一种比较理想的熔剂组成为 50% 硅酸盐、30% 硼砂和 20% 冰晶石，使用量仅为炉料的 0.2% ~0.4%。优良的熔剂应该同时具有保护熔体和成渣的作用。合适的熔剂应是一种能产生均匀、质轻的熔融性炉渣，并应具有尽可能低的熔点和适当的酸度。

熔炼非重要用途的黄铜时，经常大量使用废料。不过，为了保证熔体质量和减少烧损，各种锯屑或铣屑废料的使用量最好不超过三分之一。试验表明采用 50% 阴极铜和 50% 黄铜废料时，所需的熔炼时间最长，能耗最高。

大量采用废料时，熔炼损失比较大的元素应进行适当的预补偿。例如，低锌黄铜锌的补偿量可为 0.2%，中锌黄铜为 0.4% ~0.7%，高锌黄铜为 1.2% ~2.0%。低温加锌，几乎是所有黄铜熔炼过程中都必须遵循的一项基本原则。低温加锌不仅可以减少锌的烧损，同时也有利于熔炼作业的安全进行。

在工频有铁芯感应电炉中熔炼黄铜时，一般不必另外添加脱氧剂。只有当熔体质量较差时，才按投料量 0.001% ~0.01% 的比例加磷进行辅助脱氧。磷可以增加熔体的流动性。

B 铅黄铜熔炼

熔炼铅黄铜大都采用废杂料，而且包括了各种各样的废料。废料中不乏细碎、金属镀层、带有锡焊料以及混有铁屑等各种杂质元素，有时同时还可能含有较多的油、乳液甚至水分等杂物。对这些料仔细分拣和必要的预处理是非常必要的。例如采用磁吸方法将铁屑分离，通过人工挑选和分级，包括烘干、制团，对难以分辨的杂乱废料进行复熔等。当采用某些质量欠佳的重熔废料、再生金属或者是使用含有大量油和水的细碎屑料时，由于熔炼过程中熔体不可避免地常常会从中吸收一定数量的气体，因此有时需要采取除气精炼工艺。

为了改善铅黄铜的某些性能，可以在熔炼时添加 0.03% ~0.06% 的稀土元素。添加方法、时机等合适与否，关系到稀土元素最终在合金中的实收率和熔体的铸造性能。添加过晚或过多可能严重降低合金熔体的流动性，并可导致相变过程从熔体中析出吸附气体困难，以致造成铸锭出现气孔缺陷。一般可以用较薄的紫铜或黄铜带对稀土先进行包扎或捆绑，然后迅速地插入到熔池深处。最好先将稀土元素制成中间合金然后熔化，这无疑对于方便操作和提高实收率都大有益处。

铅密度大容易造成密度偏析（比重偏析）现象，若采用多台熔炼炉联合作业，或者将铅加在转注流槽内利用高温铜液的冲刷使其熔化，都有利于使铅分布均匀；加入少量的磷有助于提高熔体铸造过程所要求的流动性。

C　铝黄铜熔炼

铝黄铜在熔炼过程中容易起“沫”，以及容易被铝或其他的金属氧化物夹杂所沾污，合理的熔炼工艺应该包括某些预防性措施。

熔体表面上若存在铝的氧化物薄膜，可对熔体有一定保护作用，熔化时可不用加覆盖剂。理论上分析：在有 Al_2O_3 膜保护的熔池内加入锌时可以减少锌的挥发损失。由于锌的沸腾可能使氧化膜遭到破坏，因此只有当采用合适的熔剂即熔体能够得到更可靠的保护时，才能有效地避免或减少锌的烧损。冰晶石已经成为熔炼铝黄铜熔剂中不可缺少的重要组成部分。

铝黄铜熔体不允许过热，以防熔体大量氧化和吸气。如果熔体中气体含量比较多，可以选择熔剂覆盖进行精炼，或者采用惰性气体精炼，包括在浇注前更新熔剂并进行重复精炼，以及采用钟罩将氯盐压入熔体进行熔体精炼的方式。

复杂铝黄铜中的铁、锰、硅等高熔点合金元素，应该以 Cu-Fe、Cu-Mn 等中间合金形式使用。通常，大块废料和铜应该首先加入炉内并进行熔化，细碎的炉料可以直接加入熔体中，锌在熔炼末期即最后加入。采用纯金属作炉料时，应该在它们熔化之后先用磷进行脱氧，接着加入锰(Cu-Mn)、铁(Cu-Fe)，然后加铝，最后加锌。熔炼时应尽可能采用较低的温度，通常以 1000～1050℃为宜。

D　硅黄铜熔炼

选择硅黄铜炉料时，应该避免使用铝含量比较高的再生金属，杂质铝的存在对硅黄铜的熔体质量将造成非常不良的影响。同时，亦应尽可能地避免使用或者尽量少使用细碎的炉料。含有较多油或水的铜屑，都应该首先经过复熔处理。硅黄铜，尤其当采用受到铝轻微污染的炉料熔炼时应该采用木炭覆盖熔炼。必要时，可以采用熔剂进行熔炼。即使杂质铝的含量不高，当采用 $NaCO_3$ 等盐类覆盖熔炼时，容易引起铸锭凝固时的上涨。铝的存在，可能对气体的析出有促进作用。为了降低熔体中氢的含量，首先加入能够降低铜中氢溶解度的合金元素。如果在铜中首先加入提高氢在铜中溶解度的元素，或具有高的含气量的元素例如锰，熔体吸氢量明显增加。但是，如果首先加铝，随后再加入锰和镍，则将使液体中吸氢倾向明显降低。

硅黄铜可以采取无覆盖的熔炼方式。当熔体未强烈过热时，熔体表面可以得到由 $SiO_2 \cdot ZnO$ 构成的氧化膜的良好保护。如果氧化膜被随后的加料或者搅拌熔体时的冲击所破裂时，则可能导致氧化膜被卷进熔体中。熔体中的氧化物如果与金属有较高的附着力，则可能会在熔体中形成较大颗粒的悬浮夹杂物，并最终表现为铸锭内部的夹杂缺陷。

硅黄铜的流动性比较好，可以采用较低的浇注温度，例如 950～1030℃。

12.3.2.3　青铜熔炼

A　锡青铜

熔炼含有磷的锡青铜多采用木炭或石油焦等炭质材料覆盖熔体。

使用干燥炉料、熔化前预热炉料，可以减少甚至避免熔体吸收气体。工艺废料的合适比例亦有利于稳定熔体质量。工艺废料的使用量不宜超过 30%。熔炼锡锌青铜时，由于锌的沸点比较低且与氧有较大的亲和力，应该在对熔体进行脱氧后再投炉熔化，这样有助于避免产生 SnO_2 的危险。

熔体中的锌和磷综合脱氧的结果，生成的 $2ZnO \cdot P_2O_5$ 比较容易与熔体分离，有利于提高熔体的流动性。熔体被某些杂质污染时，可通过吹入空气或借助加入氧化剂例如氧化铜将其氧化清除。严重污染时，可以通过用熔剂或惰性气体精炼，或者重熔等手段提升品质。

工频有铁芯感应电炉熔炼有利于减轻和避免偏析现象发生。在熔体中加入适量的镍，有利于加速熔体的凝固和结晶速度，对减轻和避免偏析有一定效果。类似的添加剂还有锆和锂等。可以采取分别熔化铜和铅，然后将铅的熔体注入 1150～1180℃ 的铜熔体中的混合熔炼方法。

B 铝青铜

铝青铜在中、工频无芯感应电炉中熔炼比较合适，熔池表面可依靠自然形成的 Al_2O_3 薄膜自行保护。在工频有铁芯感应电炉内熔炼时最大的障碍在于：熔沟壁上容易粘挂由 Al_2O_3 或 Al_2O_3 与其他氧化物组成的渣，使得熔沟的有效断面不断减小，直至最后熔沟整个断面全部被渣所阻断。感应炉熔炼气氛容易控制、熔化速度快，有利于避免熔体大量吸氢和生成难以从熔体中排出的 Al_2O_3 的危险。虽然非常细小的 Al_2O_3 可能有细化晶粒的作用，但更大的危害是它有可能成为加工制品层状断口缺陷的根源。

以氟盐和氯盐为主要成分的熔剂对 Al_2O_3 具有比较好的湿润能力，可以有效地进行清渣并因此而减少渣量。精炼铝青铜，亦可采用混合型熔剂，例如采用木炭与冰晶石比例为2∶1的混合型熔剂。

熔炼铝青铜时，通常使用25%～75%的本合金工艺废料。大量使用复熔的废料，可能引起过多的某些杂质元素、氧化物、气体的聚集。含有油、乳液及水分较多的碎屑，应该经过干燥处理或复熔处理后再投炉使用。为了降低熔炼温度，预先将铁、锰等合金元素制成 Cu-Fe（20%～30% Fe）、Cu-Mn（25%～35% Mn）、Cu-Al（50% Al）、Cu-Fe-Al、Cu-Fe-Mn、Al-Fe 等中间合金是必要的。

按照合金元素的难熔程度顺序控制加料和熔化顺序，具体为：铁、锰、镍、铜、铝。由于铝和铜熔合时伴随着放热效应，可被利用于熔化预先留下部分铜，此预先被留下的部分铜俗称“冷却料”。锰在加铁之前加入熔体是合理的，因为铁不容易在铜中熔解。为避免熔体中产生 NiO 和 $NiO \cdot Cu_2O$ 等夹杂物，应注意避免熔体的氧化，必要时亦可在铜熔化后先进行脱氧。

C 硅青铜

硅青铜的熔炼特性与铝青铜相似，硅具有自脱氧作用，其熔体的吸气性比较强。采用感应电炉熔炼时可以不用覆盖剂。熔池表面上的 SiO_2 膜可以保护内部熔体免受进一步氧化。若采用木炭覆盖，则木炭必须是已经经过了干馏处理。

硅青铜中的硅、锰和镍等合金元素，在中频无芯感应炉中都可以直接进行熔化。然而，如果预先将它们制成 Cu-Si、Cu-Mn 和 Cu-Ni 等中间合金，则可大大降低熔炼温度、减少吸气并缩短熔化时间。熔炼硅青铜所用的原料必须干燥。细碎的或者潮湿的炉料，一般不能直接投炉使用。

熔体应该避免过热，过高的熔炼温度可能引起熔体的大量吸气。浇注之前，仔细搅拌熔体可使熔体中的气体含量大大降低。

D 其他青铜

国标（GB/5231—2001）中的铍青铜、镉青铜、铬青铜、锆青铜、铁青铜、钛青铜、碲青铜等，在国外多数标准中被列为高铜合金。这些合金都是以铜为基体，另外添加少量的合金元素而形成。它们是在保持铜的基本性质的基础上，根据所添加的合金元素种类及添加元素含量不同，从而具有各自不同的熔炼性质。高铜合金中多数合金元素的熔点比较高，并与氧的亲和力也都比较大。显然，应该根据合金特征即合金的不同熔炼特性进行工艺设计。

铬青铜在中频无芯感应电炉熔炼时，可以直接熔化铬，除了需要对熔体严密覆盖外，熔化温度的控制及铬的加入时机的选择尤为重要。可以采用煅烧木炭、炭黑，或者硼砂和玻璃粉等混合熔剂作为熔炼的覆盖剂。为减少铬的熔损，熔化铬之前应该先对熔体进行彻底的脱氧，或者保证在铜的熔化过程中根本未曾吸收氧。高熔点的铬最好预先在真空中频无芯感应电炉熔炼并制成 Cu-Cr 中间合金。

镉青铜中的镉沸点为765℃，比锌的沸点还低，在熔炼温度下镉的挥发甚至不可避免。镉青铜的结晶温度范围比较窄，一旦熔体中气体含量较高，则极容易在铸锭内产生气孔。因此，选择合适的覆盖剂和适宜的熔炼温度都是很重要的。镉通常采用 Cu-Cd 形式使用，可以减少熔炼损失，但制造 Cu-Cd 时同样面临较大的熔炼损失和环境污染。

铍青铜的熔炼过程并不是很复杂，铍以 Cu-Be 中间合金形式配料，镍可以采用普通白铜废料代替中间合金配料。铍虽有脱氧能力，但熔体容易大量吸氢。原料必须保持干燥。炉料质量、熔炼温度等工艺条件的正确设计是保证熔炼质量的关键。铍青铜浇注温度应该尽可能低，出炉前仔细搅拌熔体可以使之更好地排除气体。真空下熔炼铍青铜是比较理想的。

12.3.3 铜及铜合金的铸锭生产

12.3.3.1 纯铜铸锭生产

A 普通纯铜

普通纯铜线坯通常采用比较经济、而且生产规模比较大的竖炉或反射炉熔炼，钢带轮式或双钢带式、上引式铸造，以及浸滞成形等铸造方法生产。板带管棒材生产用各种不同断面的纯铜铸锭大多采用工频有铁芯感应电炉进行熔炼，半连续或连续铸造的方法生产。半连续铸造变换铸锭规格比较方便，全连续铸造生产效率比较高。“竖炉熔炼—流槽转注—工频有铁芯感应电炉保温—连续铸造”的方式适合单品种和铸锭规格不常变化情况下采用。

无论采用何种生产线，在保证铸造过程顺利进行的前提下，都应该尽可能地降低浇注温度，因为高温下铜液的吸气程度与温度的关系比较敏感。铸锭规格越小，浇注温度应该越高，铜的浇注温度一般都在1150～1200℃之间。

铸造纯铜可以采用纯铜质结晶器或带石墨内衬的结晶器，后者有利于改善铸锭的表面质量，但当铜中氧含量较高时石墨容易被氧化。铸锭规格越大，铸造速度越快，结晶器应该越高。当170mm×620mm 铸锭的结晶器高度从250mm 提高到330mm 时，极限铸造速度可提高20%。

用高质量还原性气体保护时，铸锭表面经常被一层紫红色氧化亚铜组成的薄膜所覆盖。采用炭黑覆盖时，铸造表面经常被一层呈暗黑色的氧化铜薄膜覆盖。当浇注的铜液中含气量较高时，铸造过程中从结晶器内金属液面上可能有气体不断涌出。此时，应适当降低导流管埋入液面的深度。纯铜铸锭中如果存在气孔，包括皮下小气孔，都将成为加工制品起皮、起泡的原因。纯铜铸锭内部结晶组织柱状晶比较发达，这主要与铜本身性质相关。

直接水冷方式铸造的扁锭结晶组织，表层为细小等轴晶，次层为发达的柱状晶，中心部有一格几乎贯穿整个断面的自下而上生长的巨大柱状晶。铸锭的高倍组织均为 α 单相晶。由于氧在铜中很少固溶，几乎所有的氧都生成氧化亚铜。

B 磷脱氧铜铸锭生产

半连续和连续铸造磷脱氧铜铸锭时，可以采用有铁芯感应电炉、无芯感应电炉或中间包作为浇注设备。

高温下铜液中的磷容易挥发。磷的沸点较低，熔炼、转注和浇注过程中都会损失，铸锭最终的磷含量与炉前分析值因此会产生较大的偏差。磷脱氧铜在浇注过程中铜液不能暴露，整个浇注系统应完全处于某种介质的保护之中。现代的磷脱氧铜铸锭生产线中同时配置了氧的连续监测、反馈和自动加磷装置。在线的固体电解质氧传感器连续地测量出铜液中的氧含量，自动加料装置则根据铜液中氧含量结果计算出需要添加磷的数量。

浇注温度过高、铸造速度过快，或者冷却强度过大，都容易造成铸锭的内部裂纹缺陷。磷脱氧铜的铸造裂纹倾向比其他纯铜更加严重。

C 无氧铜铸锭生产

工频有铁芯感应电炉容易密封，有利于避免铜熔体的氧化和吸气，因此该炉型一般都作为无氧铜熔炼设备的首选。但更高品质如电真空器件用的无氧铜，可采用真空熔炼和铸造的方式生产铸锭。工频有铁芯感应电炉，同时又是生产无氧铜比较理想的保温和铸造设备。铜液通过炉前室中的锥形出铜口和导流管进入结晶器，流量可以自由调节。

现代无氧铜生产线，在熔炼、铜液转注、保温和铸造作业中大多都有避免铜液氧化的精心设计。从保证无氧铜铸锭质量的角度，连续铸造比半连续铸造稳定。某些工厂采用半连续铸造生产无氧铜，主要是因为铸锭规格多，变换规格比较方便。半连续铸造和连续铸造都需要对浇注过程进行严密的保护。炭黑、煤气或氮气等经常被用来作为无氧铜熔体的保护介质，氩气则是一种更高级的保护介质。结晶器内金属液面受到介质严密保护，但保护介质不能妨碍凝固过程中析出气体的顺利溢出。带有石墨内衬的结晶器，比全铜质结晶器具有更好的冷却效果和润滑效果，因此铸锭表面质量比较好，而且稳定。

氧含量控制是无氧铜铸锭生产技术的关键。现代电子工业的飞跃发展，对无氧铜的氧含量要求越来越严格。最新的国标 GB/5231—2001 中规定 TU0 牌号的氧含量在 0.0005% 以下。无氧铜的氧含量主要与熔炼过程有关，如果希望在保温炉内继续降低氧含量，可向熔池中吹入氮气或者氮与一氧化碳的混合气体。铸造过程中广泛采用的保护介质是炭黑、煤气或者氮气。

高纯无氧铜铸锭中容易产生一种“泡沫”状气孔。所谓“泡沫”状气孔，即均匀分布在铸锭内的微小气孔群。此类气孔似海绵状或呈针状，或呈小球状分布在晶内或晶界上，只有非常仔细检查时才能发现。用烧氢法检查铸锭氧含量时，由于“泡沫”状气孔的存在而掩盖了氧的氢脆病暴发。原来铸锭中氧含量比较高，但在烧氢即 820～850℃氢气气氛中退火时，晶界上的 Cu_2O 与 H_2 反应所产生的高压水蒸气，有相当多的部分集聚到了压力较低的密集的“泡沫”状气孔中，因而减少了高压水蒸气致使晶界开裂的状况。

上海大学和上大众鑫采用电磁铸造法生产无氧铜取得了很好的进展。利用物理-化学综合作用原理，通过外加于结晶器的电磁场改善脱氧动力学条件，促使熔融金属中的氧原子与还原剂结合并快速溢出，达到降低氧含量的效果。

12.3.3.2 黄铜铸锭生产

A 普通黄铜铸锭

工频有铁芯感应电炉，是普通黄铜半连续或连续铸造生产的理想设备。工频有铁芯感应电炉的前室比较适合安装熔体流量调节系统。大型铸造生产线可采用数台熔炼炉同时向一台保温炉供给铜液，一台保温炉通过长流槽同时向几台铸造机供应铜液，每台铸造机有自己的分流装置。高锌黄铜浇注温度比较低，熔体流量调节系统中的塞棒、出铜口和导流管，不仅可以采用石墨材质，也可以采用耐热铸铁或耐热铸钢材料制造。

熔融硼砂型覆盖铸造技术的出现，为黄铜半连续和连续铸造生产开辟了更加广阔的发展前景。在此之前，半连续和连续铸造黄铜时，结晶器内金属液面上通常采用的是用煤气保护和同时用变压器油等润滑的办法，铸锭表面质量并不是很好控制。和所有的铜合金一样，铸锭规格越小，铸造速度越快。增加结晶器有效高度或者适当加大冷却强度可提高铸造速度。黄铜扁铸锭铸造速度过快，可以引起因收缩补充不足而出现大面凹心现象。某些黄铜大断面圆铸锭对铸造速度变化比较敏感，某些杂质如铅含量高可能引起内部裂纹。

在保持冷却水流量不变条件下，提高结晶器高度有助于铸造速度的提高。铸造 H63 黄铜 160mm×610mm 铸锭时，结晶器高度从 300mm 加到 400mm 时，铸造速度由原来的 8m/s 提高到 10m/s。

B　铅黄铜铸锭生产

现代铜加工厂生产铅黄铜铸锭主要采用半连续和连续铸造的方法。立式半连续铸造多利用工频有芯炉前室作导流箱，通过其中的液流调整装置控制流量。

小容量炉子铸造时，往往需要比较高的浇注温度，即“喷火”二次到三次；大容量炉子熔炼时，“喷火”可能造成比较大的金属损失，往往不能等到“喷火”现象发生。实际上，感应器电流表指针出现摆动现象，表明熔沟熔体中已在发生锌沸腾现象，即表明温度已经成熟，可以进行浇注。

采用直接水冷方式铸造铅黄铜大断面铸锭时，铸锭内部容易产生裂纹，这主要是因为一定数量铅存在所致。为避免裂纹不得已降低铸造速度时，往往造成铸锭表面质量的恶化。有一种适合铸造铅黄铜铸锭的结晶器装置，其主要特征是一次冷却和二次冷却强度可以分别控制。一次冷却仅仅形成铸锭表层的凝固壳，铸锭离开结晶器以后即进入微弱的二次冷却区并在一段时间内保持为红热状态，俗称“红锭铸造”。“红锭铸造”时一次冷却强度必须保证。结晶器带有一定锥度，可以减少铸锭与结晶器之间的空气间隙而强化一次冷却。红锭铸造提高了铸造速度，同时改善了铸锭的表面质量。

表 12-14 是半连续铸造试验 HPb59-1(80mm×360mm) 扁铸锭的有关数据。其他条件相同时，当把铸造速度从 4.0～5.0mm/s 降到 2.5～3.5mm/s 时，结晶组织由原来的粗大柱状晶变成细小等轴晶。铸造速度较低时铸锭内部以细小等轴晶为主，可以较好地承受压力加工；铸造速度较高时铸锭内部以粗大柱状晶为主，热轧时容易出现碎裂现象。

表 12-14　HPb59-1 铸锭铸造工艺试验结果

化学成分/%					浇注温度/℃	铸造速度/mm·s^{-1}	冷却水压力/MPa	铸锭组织
Cu	Zn	Pb	Fe	Al				
58.00	余量	1.11	0.025	0.022	1080～1100	4.5～5.0	0.015～0.02	粗大柱状晶
58.37	余量	1.07	0.029	0.15	1030～1070	3.5～4.5	0.15	较粗大柱状晶
59.20	余量	1.32	0.030	0.125	1070～1090	2.5～3.0	0.08～0.10	细小等轴晶

C　铝黄铜铸锭生产

HAl77-2 通常采用带有前室的工频有铁芯感应电炉作为保温铸造炉，铜液通过导流管进入结晶器封闭式铸造。HAl77-2 圆铸锭的表面质量比较容易控制。熔融硼砂覆盖剂的应用，基本上保证了铸锭表面质量的稳定。小断面铸锭可采用水平连续铸造的方式生产。

HAl77-2 铸锭高倍组织多呈树枝状偏析的 α 固溶体，枝晶间部分为富锌富铝区。HAl59-3-2 铸锭高倍组织以 β 为基，间有星花状及颗粒状 γ 相。β 相在常温下硬度高、塑性差，γ 相比 β 相更加硬脆，花状及块状的 γ 相可能是直接水冷半连续铸造时铸锭容易劈裂的原因。

12.3.3.3 青铜铸锭生产

A 锡青铜铸锭

锡青铜具有较大的结晶温度范围、较小的线收缩率，以及严重的锡反偏析倾向等一系列特殊的铸造性质，给滑动结晶器铸造造成很大困难。在很长一段时间内，当大多数铜及铜合金都已实现了半连续乃至连续铸造时，仍旧有不少工厂采用铁模或者水冷模铸造的方式生产各种规格的锡青铜铸锭。

带石墨内衬的结晶器非常适合锡磷青铜铸锭的生产。带石墨内衬的结晶器，有利于减小铸锭与结晶器之间的收缩间隙，强化结晶器的一次冷却。因此，铸锭表面和表层一直受到连续冷却，凝壳结晶致密而坚固。枝晶间低熔点物的同时凝固，则封堵了通往铸锭表面的全部管道。如果在结晶器有效高度内，过早地出现较大的收缩间隙，铸锭最初凝壳，随后局部有可能发生重熔，而最先可能被重熔的正是枝晶间含有较多低熔点的物相，于是打开了低熔点物涌向铸锭表面的虹吸通道。

结晶器振动有助于改善铸锭的表面质量。结晶器自然振动铸造法在改善铸锭表面质量，尤其是在减少和防止锡反偏析方面，与其他铸造方法相比具有独到之处。结晶器自然振动铸造法，几乎适于所有规格铸锭的生产。自然振动铸造法铸造的铸锭表面呈与合金自然本色相似的粉红颜色，而有明显反偏析缺陷的铸锭表面呈灰青色。

水平连铸带坯技术的发展为锡磷青铜铸锭生产开辟了广阔前景，可谓是铜合金铸锭生产中具有划时代意义的一大进步。目前，多种规格的锡磷青铜带坯都可以在水平连铸线上生产。

锡锌青铜容易发生反偏析，而且锌挥发和生成的氧化锌等物质容易集结在液面上或黏结到结晶器工作表面上，不仅妨碍连续铸造过程的正常进行，同时铸锭质量亦难以控制。结晶器内采用气体保护及油润滑，或者炭黑的严密覆盖，都可以减少氧化和生渣的机会。结晶器振动有助于改善锡锌青铜铸锭的表面质量。

采用滑动结晶器铸造锡锌青铜锭时，常发生铸锭表面反偏析、夹杂以至凝壳局部拉裂，甚至被拉断造成漏铜等现象。为了获得比较好的铸锭表面质量，结晶器结构、浇注方式及浇注温度、铸造速度、冷却强度等诸多工艺因素的选择和优化非常重要。

B 铝青铜铸锭

铝青铜具有吸气性强、易氧化生渣，凝固收缩量大、导热性能差等性质，给铸造生产造成一定困难。起初铝青铜也是采用铁模方式铸造，不过由于铸造时液流落差大，飞溅严重，氧化渣容易被卷入铸锭，铸锭内部质量问题始终没有得到彻底解决。现在大都采用半连续铸造方式生产。尽可能使铜液比较平稳地进入结晶器是需要考虑的主要因素，结晶器内金属液面上覆盖炭黑可以防止氧化生渣并有润滑作用。

铸造圆铸锭时结晶器内金属液面可以不用任何保护。结晶器内的金属液面上放置一个与结晶器尺寸相当的石墨漏斗，熔体通过漏斗进入结晶器。漏斗孔径既要保证与铸造速度相匹配，同时也要保证漏斗内熔体保持一定液位，保证浮渣不能从漏斗孔流出。铸造时漏斗底部外缘与结晶器壁之间距离约为 20 ~ 30mm，此敞露金属液面被一层坚固的氧化铝薄膜保护。漏斗底埋入液面下 10 ~ 15mm，氧化铝膜对结晶器壁和漏斗材料都不浸润，敞露液面始终保持着向上凸拱的状态。在液流的推动下凸拱面不停地向结晶器壁滚动。液面上的氧化铝膜即成为后来的铸锭表面，铸锭表面呈微波浪状但比较圆滑。图 12-18 所示为 QAl7 扁铸锭的低倍结晶组织，可以看出柱状结晶比较发达。

图 12-18　QAl7 扁铸锭的低倍结晶组织

参 考 文 献

[1] 连法增. 工程材料学[M]. 沈阳: 东北大学出版社, 2005.
[2] 向凌霄. 原铝及其合金的熔炼与铸锭[M]. 北京: 冶金工业出版社, 2005.
[3] 耿香月. 工程材料学[M]. 天津: 天津大学出版社, 2002.
[4] 邢淑仪, 王世洪. 铝合金和钛合金[M]. 北京: 机械工业出版社, 1987.
[5] 林肇琦. 有色金属材料学[M]. 沈阳: 东北工学院出版社, 1986.
[6] 赵品, 谢辅洲, 孙振国. 材料科学基础教程[M]. 哈尔滨: 哈尔滨工业大学出版社, 2002.
[7] 朱传校. 工程材料[M]. 北京: 清华大学出版社, 2001.
[8] 丁文江, 等. 镁合金科学与技术[M]. 北京: 科学出版社, 2007.
[9] 耿浩然, 腾新营, 王艳, 等. 铸造铝、镁合金[M]. 北京: 化学工业出版社, 2007.
[10] Okamoto H. Magnesium, phase diagrams of binary magnesium alloys[M]. ASM International, 1988.
[11] Avedisian M M, Baker H. ASM specialty handbook: Magnesium and Magnesium alloys[M]. ASM, 1999.
[12] 闵乃本. 晶体生长的物理基础[M]. 上海: 上海科学出版社, 1982.
[13] 胡汉起. 金属凝固[M]. 北京: 冶金工业出版社, 1985.
[14] 周尧和, 胡壮麒, 介万奇. 凝固技术[M]. 北京: 机械工业出版社, 1998.
[15] Flemings M C. 凝固过程[M]. 关玉龙等译. 北京: 冶金工业出版社, 1981.
[16] 盖格 G H, 波伊里尔 D R. 冶金中的传热传质现象[M]. 俞景禄等译. 北京: 冶金工业出版社, 1981.
[17] 李庆春, 等. 铸件形成理论基础[M]. 北京: 机械工业出版社, 1982.
[18] 大野笃美. 金属凝固学[M]. 唐彦斌等译. 北京: 机械工业出版社, 1983.
[19] Shallman R E. 现代物理冶金学[M]. 张人佶译. 北京: 冶金工业出版社, 1980.
[20] Monodolfo L F. Aluminium Alloys: Structure and Properties, London. 1976.
[21] 卡恩 R W, 哈森 P, 克雷默. 材料科学与技术丛书: 第 15 卷. 金属与合金工艺[M]. 北京: 科学出版社, 1999.
[22] 王振东, 等. 感应炉熔炼[M]. 北京: 冶金工业出版社, 1986.
[23] 傅杰, 等. 特种冶炼[M]. 北京: 冶金工业出版社, 1982.
[24] 重有色金属材料加工手册编写组. 重有色金属材料加工手册: 第二分册[M]. 北京: 冶金工业出版社, 1979.
[25] 轻金属材料加工手册编写组. 轻金属材料加工手册: 下册: [M]. 北京: 冶金工业出版社, 1980.
[26] 中国有色金属加工协会. 有色金属加工科技成果交流资料汇编[M]. 中国有色金属加工协会, 1982.
[27] Winkler D. 真空冶金学[M]. 康显澄等译. 上海: 上海科技出版社, 1982.
[28] 稀有金属材料加工手册编写组. 稀有金属材料加工手册[M]. 北京: 冶金工业出版社, 1984.
[29] 常鹏北. 有衬炉电渣冶金[M]. 昆明: 云南人民出版社, 1979.
[30] 田沛然. 铜加工专集[M]. 中国有色金属加工协会, 1986.
[31] Pond, R R, 等. 金属材料加工处理新技术[M]. 姚守谌等译. 上海: 上海科技出版社, 1982.
[32] 王金华. 悬浮铸造[M]. 北京: 国防工业出版社, 1982.
[33] 陈嵩生, 等. 半固态铸造[M]. 北京: 国防工业出版社, 1978.
[34] Singer A R E. 国外金属材料[J]. 杨家媛等译. 1981.
[35] 洪伟. 有色金属连铸设备[M]. 北京: 冶金工业出版社, 1987.

冶金工业出版社部分图书推荐

书　　名	定价(元)
热镀锌实用数据手册	108.00
氧氯化锆制备工艺与应用	39.00
常用金属材料的耐腐蚀性	29.00
冶金资源综合利用	46.00
预焙槽炼铝（第3版）	89.00
有色金属资源循环利用	65.00
铝加工技术实用手册	248.00
铜加工技术实用手册	268.00
湿法提锌工艺与技术	26.00
平板玻璃原料及生产技术	59.00
锆铪冶金	60.00
锆铪及其化合物应用	45.00
钨钼冶金	79.00
钛冶金	33.00
金银冶金	49.00
电炉炼锌	75.00
铟冶金	56.00
稀有金属冶金学	34.80
材料的结构	49.00
有色金属冶金动力学及新工艺（英文版）	28.00
有色冶金炉窑仿真与优化	32.50
固体电解质和化学传感器	54.00
有色金属材料的真空冶金	42.00
有色金属提取冶金手册·铜镍	65.00
有色金属提取冶金手册·锡锑汞	59.00
轻金属冶金学	39.80
有色冶金工厂设计基础	24.00
矿石及有色金属分析手册	47.80
有色冶金炉设计手册	165.00